HATRA

Verlag Podszun-Motorbücher GmbH
Elisabethstraße 23-25, D-59929 Brilon
Herstellung: LUC Medienhaus, Greven
Internet: www.podszun-verlag.de
Email: info@podszun-verlag.de
ISBN 978-3-7516-1076-6

Ulf Böge

HATRA

Baumaschinen und Schiffe

PODSZUN

Vorwort

Als mich vor mehr als 30 Jahren der damals noch junge Student Ulf Böge in meinem Büro aufsuchte, um sich über HATRA Baumaschinen zu informieren, war ich zunächst mehr als skeptisch, als er mir sagte, er wolle über die Geschichte der Firma ein Buch schreiben. Mir erschien dieses Vorhaben – damals bereits über zwei Jahrzehnte nach Beendigung der aktiven Produktionszeit des Unternehmens und dem zwischenzeitlichen Versterben zahlreicher ehemaliger Mitarbeiter – nur schwer möglich. Viele Aktivitäten meines Großvaters, Senator Alfred Hagelstein, datieren vor 1945 und die wechselseitigen engen Verbindungen zwischen Werft und Baumaschinenfertigung meines Vaters, Konsul Hans Hagelstein, liegen lange zurück. Andererseits ist die unternehmerische Verantwortung meiner Vorfahren nur im historischen Zusammenhang sowie mit den engen Beziehungen zu den ehemaligen Mitarbeitern und Bewohnern Travemündes zu verstehen. „HATRA-ianer:Innen“ waren ein bedeutender Bestandteil des wirtschaftlichen und sozialen Lebens des Ortsteils.

Nach vielen Jahren der Recherche und einem währenddessen regelmäßigen Austausch untereinander sowie der Zurverfügungstellung bisher unveröffentlichter Dokumente ist es dem Autor gelungen, dieser Herausforderung durchaus gerecht zu werden. Mit hoher fachlicher Einschätzung, großer Kenntnis über die Baumaschinenmärkte sowie einfühlsamem Respekt vor dem Familienunternehmen hat er nunmehr ein abgerundetes Werk über das Wirken der Firma HATRA geschaffen. Dankbar sind wir, dass jetzt das Ergebnis seiner Forschungsarbeit vorliegt, die – nicht nur mir – Neues über die HATRA anschaulich verdeutlicht.

Dr. Hans Hagelstein

Nehms, 30. November 2022

Inhalt

Alfred Hagelstein

19. August 1897 – 10. August 1956

Ein herausragender Gründer, Unternehmer und Politiker

Auch wenn der Hitzesommer im September des Jahres 1919 in die Geschichte der Meteorologie eingehen sollte, so war der August dieses Jahres zunächst noch verhältnismäßig kühl und regnerisch. Im damaligen, direkt an der Ostsee gelegenen Travemünde – der so genannten Perle von Lübeck – war das Wetter natürlich ebenfalls ein Thema für die einst noch zahlreichen Fischer des kleinen Ortes. Es bestimmte nicht unerheblich den Erfolg ihrer Arbeit, an der dann auch das Wohlergehen vieler Familien hing. Den gerade erst 22 Jahre alt gewordenen Alfred Hagelstein aus der Torstraße 9 dürften jedoch zu dieser Zeit ganz andere Dinge beschäftigt haben.

Alfred Hagelstein wurde am 19. August 1897 in bescheidenen Verhältnissen in Travemünde geboren. Sein Vater war ein einfacher Gemeindediener für den Rechtschaffenheit, Fleiß und christliche Nächstenliebe hohe Güter bedeuteten, die er an seinen Sohn stets versucht hatte weiterzugeben. Offensichtlich gelang ihm das, denn nach erfolgreich absolvierter Volksschule in Travemünde hatte der junge Alfred Hagelstein 1911 eine fachliche Ausbildung im Schlosserhandwerk begonnen. Sein Meister war Karl Wendelborn, der in einer kleinen Werkstatt in Travemünde tagtäglich um seine Existenz kämpfen musste. Daher war jeder – vom Meister bis zum jüngsten Lehrling – vom frühen Morgen bis zum späten Abend dort tüchtig gefordert worden. Es waren harte Jahre, wie Alfred Hagelstein später oft selber sagte, aber er lernte dabei schnell eigenständig und verantwortungsvoll zu arbeiten.

Nach Beendigung der Lehrzeit war er eine kurze Zeit lang auf dem damaligen Flugplatz in Travemünde beschäftigt, bevor er als Ersatz-Rekrut in den Ersten Weltkrieg eingezogen wurde. Aufgrund einer Augenverletzung, die er sich bei einem früheren Unfall in der Schlosserwerkstatt zugezogen hatte, war seine Wehrtauglichkeit jedoch eingeschränkt. Nach rund sechs Monaten in Darmstadt wurde Alfred Hagelstein daher zu verschiedenen Berliner Betrieben dienstverpflichtet. Dort sollte er als Schlosser eingesetzt werden. Zuletzt kam so zur Firma Görtz, bei der er beim Montieren von U-Boot-Sehrohren half und seine Fähigkeiten im Metallbau vertiefen konnte.

Nach dieser Zeit zog es ihn nach Kiel zum U-Boot-Bau. Hier bliebt er nun mehrere Jahre und lernte verschiedene Arbeiten auf der Werft gut kennen. Beruflich boten ihm diese Jahre natürlich beachtliche Vorteile, da er sich schnell zum versierten Facharbeiter mit erheblichen Kenntnissen im Schiffbau entwickeln konnte. Diese Fügung sollte Jahre später eine weiterer Grundlage für seinen Erfolg darstellen.

Rückkehr nach Travemünde

Als Alfred Hagelstein 1919 nach Travemünde zurückkehrte, hatte er nunmehr die Absicht sich mit seinen erworbenen Kenntnissen selbständig zu machen. Seine letzte Anstellung bei der Schlosserei Dreier hatte ihm den Entschluss noch leichter gemacht. Nach „gedienter Lehrzeit als Schlosser und strebsamer Gesellentätigkeit" sollte es nun so sein. Drei Tage nach seinem Geburtstag setzte er sein Vorhaben in die Tat um

Alfred Hagelstein im Jahr 1954: Als innovativer Unternehmer und engagierter Politiker verschaffte er sich höchste Anerkennung und Respekt bei seinen Geschäftspartnern, Beschäftigten, aber auch in der Bevölkerung. Den Fischern von Travemünde war er bis zuletzt sehr verbunden.

und bezog dafür eine kleine Schmiede, unmittelbar neben der Travemünder Kirche in einem kleinen Schuppen, den er vom Schmiedemeister Krebs mietete. Hiermit begann sein Werk und hierfür widmete er fortan sein kommendes Leben.

Die Zeiten waren schlecht und es herrschte Arbeitsmangel, doch Alfred Hagelstein ließ sich nicht von seinem Wagnis abbringen. Dazu gehörte auch, dass er 1921 seine Meisterprüfung im Maschinenbau erfolgreich bestand. Zu seinem Angebot zählten nun neben den regulären Schlosser- und Kunstschmiedearbeiten auch Reparaturen an Fuhrwerken, landwirtschaftlichen Geräten, aber auch an Booten und Fischkuttern. Besonders bei den Fischern des Ortes war Alfred Hagelstein durch seine verbindliche Art schnell beliebt und so dauerte es nicht lange, bis auch Aufträge aus Niendorf, Timmendorf bis hinauf nach Haffkrug eingingen. Langsam wuchs der Erfolg seines kleinen Geschäftes.

Die Werkstatt wurde nun zu klein und so entschied sich Alfred Hagelstein, zusammen mit seinem Bruder, dem Kohlenhändler Walter, 1923 eine große Scheune in der Travemünder Kurgartenstraße 156 zu beziehen. Der eine war nun für Brennstoffe, der andere für Reparaturen verantwortlich. Eine gute Allianz in Zeiten zunehmender Motorisierung – bis es wegen eines dritten stillen Teilhabers zu einem Zerwürfnis kam und die Firma „Gebrüder Hagelstein" wieder aufgelöst werden sollte.

Auf seinen zahlreichen Autofahrten zwischen Travemünde und Kiel ließ Alfred Hagelstein seinen Chauffeur immer wieder am Niendorfer Friedhof halten. Hier gedachte er dann still seinen verstorbenen Fischerfreunden, denen er viel zu verdanken hatte.

Spezialwerkstatt für Automobile und Schiffs-Dieselmotoren

Folglich nahm Alfred Hagelstein nun das Werk seiner Spezialwerkstatt wieder alleine in die Hände. Nach und nach wurden Drehbänke, Werkzeuge und eine große Schmiede angeschafft, deren Feuer den ganzen Tag über brannte. An den Wänden standen Schlosserbänke und der große Raum war stets schummerig, so dass den ganzen Tag über mit zusätzlicher Beleuchtung gearbeitet werden musste. Zu dieser Zeit hatte Alfred Hagelstein bereits drei bis vier Gefolgschaftsmitglieder, die ihm Unterstützung boten. Einer davon erledigte die schriftlichen Arbeiten.

Begeistert war Alfred Hagelstein von den neu aufkommenden Automobilen mit Verbrennungsmotoren. In diesem Bereich sah er große Chancen für die Zukunft und beschäftigte sich intensiv mit der neuartigen Technologie. Erfahrungen konnte er bereits darüber sammeln, denn zu seinen Tätigkeitsbereichen zählten nun auch vermehrt der Einbau und die Reparatur von Schiffs-Dieselmotoren. Hauptsächlich waren es die Travemünder Fischer, die ihre Kutter nach und nach umbauen ließen. Ein Segen für deren Berufsstand, denn von nun an gehörte das Segeln und Rudern schrittweise der Vergangenheit an.

Gerne hätte Alfred Hagelstein zu dieser Zeit auch eine offizielle Vertretung für Automobile einer der damals begehrten Marken betrieben – den sehr hohen Ansprüchen und finanziellen Anforderungen der Hersteller konnte er jedoch zum damaligen Zeitpunkt nicht entsprechen. Umso mehr wuchs die Verbindung zum Motorenhersteller Deutz aus Köln. Zahlreiche Umbauten auf Schiffen konnten bereits durchgeführt werden und so war der kleine Betrieb an der Trave ein mittlerweile beachtlicher Abnehmer der Dieselmotoren aus dem Rheinland geworden. Nicht zuletzt konnte der Erfolg auch auf das persönliche Wesen von Alfred Hagelstein zurückgeführt werden. Seine einnehmende, gewinnende Art sowie die verständnisvolle Nähe, die er seinen Kunden und Fischerfreunden entgegenbrachte, machten ihn zu einem immer gern gesehenen Geschäftspartner und Gast. Hart im Handeln, aber stets fair und mit dem Blick auf Zukünftiges führte er auch seinen Betrieb und seine Belegschaft. Dabei kam aber auch die Fröhlichkeit nicht zu kurz und verlangte so manche langen Nächte in Geselligkeit von ihm ab. Seiner gesellschaftlichen Stellung und der damaligen Zeit geschuldet, hatte die Familie indes oftmals das Nachsehen. Zwischenzeitlich war Alfred Hagelstein mit Elsa Heyn verheiratet und wurde Vater eines Sohnes. Hans Hagelstein erblickte am 8. Juni 1923 in der Travemünder Kirchenstraße 6 das Licht der Welt.

Alfred Hagelstein verfolgte den Aufbau seines Betriebes gut strukturiert und mit einem klaren Blick nach vorne. Und auch politisch hatte er eine klare Position. Schon sein Vater vermittelte ihm soziale Werte, denen er dann auch weiterhin als Mensch folgte. Stets galt sein Interesse aber auch allen Mitmenschen und deren Ansinnen und Belangen. Wo er helfen konnte, half er – wo er sich einbringen konnte, brachte er sich ein. So beispielsweise auch 1946, als er der St.-Lorenz-Kirchengemeinde in Travemünde dabei half, ihre im Krieg demontierten, glücklicherweise jedoch noch rechtzeitig auf dem „Glockenfriedhof"

Alfred Hagelstein (rechts) waren Kontakte zu seinen Geschäftspartnern immer wichtig. Aufmerksam und lösungsorientiert hörte er zu und ließ es sich selbstverständlich nicht nehmen, jede Gelegenheit zu nutzen, um Kundennähe und Partnerschaft zu beweisen. Für ihn zählte neben allen geschäftlichen Dingen vor allem immer noch der „hanseatische Handschlag". Eine Tugend, die einen großen Teil seines Erfolges ausmachen sollte.

So sehr Alfred Hagelstein mit seiner Heimat Travemünde verbunden war - beerdigt werden wollte der dort nicht. Noch kurz vor seinem unvorhersehbaren Tod bestimmte er seinem Sohn Hans, ihn auf seinem Anwesen in Ihlkamp beisetzen zu lassen. Hier erwarb Alfred Hagelstein bereits 1931 eine kleine Fischerhütte am See, um dort ungestört vom Treiben der Stadt seine Ruhe finden zu können.

in Hamburg vor dem Einschmelzen bewahrten Glocken wieder zurück auf den Turm zu bringen.

Politisch engagierter Unternehmer

Wo er stand, da stand er – unverrückbar. Viele Ämter und Ehrenposten konnte er so im Laufe der Jahre erfolgreich bekleiden. Besonders nach dem Ende des Zweiten Weltkriegs engagierte er sich über alle Maßen für den Wiederaufbau Deutschlands, was aus seiner Sicht nur über den Weg in die Politik gelingen konnte. Von 1947 bis 1951 war er Landtagsabgeordneter für Schleswig-Holstein, ebenfalls von 1947 an für fünf Jahre Finanzsenator und stellvertretender Bürgermeister von Lübeck und ab 1955 Senator für Handel, Schifffahrt und Gewerbe in der Hansestadt. Ein besonderes Anliegen war es für ihn zudem, die Handelsverbindungen zu den Nordländern zu intensivieren. Es ist daher auch seinem beharrlichen Bestreben zu verdanken, dass sich die Fährverbindungen von Travemünde nach Dänemark, Schweden und Finnland gut und stetig entwickeln konnten. Oft waren die Arbeitstage von Alfred Hagelstein lang. Ständig war er unterwegs.

Immer weniger Zeit konnte er für sein mittlerweile auf über 600 Beschäftigte angewachsenes Unternehmen aufbringen. Dennoch brachte er sich immer wieder kompetent und unterstützend ein. Oft erhielt sein Sohn Hans, der mittlerweile in das Unternehmen eingestiegen war, am Nachmittag vom Vater „Anregungen", die es dann im Betrieb umzusetzen galt. Ständig waren Alfred Hagelstein und sein Chauffeur unterwegs. Quer durch die Bundesrepublik, durch Schweden, Finnland, Holland, Belgien, Frankreich, die Schweiz oder Italien. Immer auf dem Weg zu Besprechungen, Wirtschaftsmessen und -ausstellungen, Geschäftspartnern und Auftraggebern. Einziges Refugium stellte sein Anwesen Ihlkamp bei Bad Segeberg dar. Hier hatte er sich und seiner Familie seit 1931 einen idyllischen Rückzugsort geschaffen, den er jedoch viel zu selten nutzte.

Auch am 10. August 1956 war Alfred Hagelstein wieder unterwegs. Diesmal auf einer Probefahrt eines Schiffsneubaus, dessen Erfolg nun im Ratskeller zu Hamburg gewürdigt werden sollte. Gegen vier Uhr nachmittags – noch während seiner Ansprache – sackte der stattliche Körper von Alfred Hagelstein leblos zusammen. Ein Schlaganfall riss ihn aus dem Leben. Alle, die ihn kannten, waren erschüttert und betroffen. In Lübeck und Travemünde wurde sofort Trauerbeflaggung angeordnet. Am 15. August 1956 fand in der Marienkirche zu Lübeck eine große Trauerfeier statt. Das bis dahin geschaffene Werk von Alfred Hagelstein sollte nun von seinem Sohn Hans weitergeführt werden, der das ohnehin erfolgreiche Unternehmen nun noch einmal in eine völlig neue, großartige Ära führen konnte.

Nach seinem Tode widmete die Hansestadt Lübeck Alfred Hagelstein in Travemünde einen Straßennamen.

Letztes Geleit: Bei der großen Trauerfeier in der Lübecker Marienkirche erwiesen Familienmitglieder und zahlreiche Ehrengäste dem verstorbenen Alfred Hagelstein die letzte Ehre.

Vom Reparaturbetrieb zur Maschinenfabrik

In bescheidenen Anfängen wurde der Grundstein für den Erfolg gelegt

In den ersten zehn Jahren nach Gründung hatte sich das Unternehmen im Ostseebad Travemünde von einem Handwerksbetrieb über ein „Spezial-Reparaturwerk für Dieselmotoren Automobile und Zubehörteile", so wie es jetzt gut sichtbar am Gebäude stand, hin zu einem kleinen Fabrikationsbetrieb entwickelt. So konnten von 1927 bis 1929 eigene Ein-Zylinder-Glühkopfmotoren mit 12 PS hergestellt werden, die erstmals unter der neuen Bezeichnung HATRA – also einer Kombination der Anfangsbuchstaben aus den Namen Hagelstein und Travemünde – angeboten wurden. Rund 30 Stück wurden seinerzeit davon produziert, welche die Deutz-Schiffsmotoren – deren Regionalvertretung die Firma nunmehr seit 1924 inne hatte – gut ergänzten. Daneben gelang es Alfred Hagelstein ein Patent für ein Verfahren zum Abdichten von Zylindern mit Bronzeringen anzumelden. Ab 1930 folgte die Produktion kompletter Schiffswellenanlagen mit Stevenrohren sowie Ruderanlagen und Schiffswinden für Fischereifahrzeuge und kleine Küstenfahrzeuge. Auch erste Reparaturen an Schnellbooten der Reichsmarine sollten von nun an von der kleinen Maschinenfabrik in Travemünde erledigt werden.

Alfred Hagelstein war ständig bestrebt, zusammen mit seiner wachsenden Zahl an Mitarbeitern – diese stieg zwischenzeitlich auf zwölf –, Bestehendes zu verbessern und weiter zu entwicklen. Er war ein kritischer und unnachgiebiger Mensch, wenn es um die Belange seiner Firma und um Verbesserungen ging. Was auf der einen Seite für daran Beteiligte nicht immer einfach war, ergab jedoch am Schluss oft die bestmögliche Lösung, für ihn, seine Belegschaft und die Kundschaft. Das wurde gleichermaßen von allen Seiten geschätzt und so galt er nun als anerkannter und verlässiger Experte in seinem Metier. Dieser Umstand sollte nun auch ein wesentlicher Grund dafür sein, dass Alfred Hagelstein nun einen entscheidenden und wichtigen Schritt nach vorne gehen sollte.

Umzug zum Baggersand

Die überaus guten Geschäftsbeziehungen zur Klöckner-Humbold-Deutz AG in Köln hatten sich im Laufe der vergangenen Jahre derart verfestigt, dass Alfred Hagelstein von 1934 an eine exklusive Vermarktung der Deutz-Schiffsdieselmotoren für Fischerei- und Küstenmotorschiffe entlang der damaligen Ostseeküste angeboten wurde. Diese erstreckte sich von Schleswig-Holstein bis hin nach Ostpreußen und bot damit ein derart großes Potential, dass rasch die Kapazitäten und die Belegschaft aufgestockt werden mussten. Eine zusätzliche Werkstatt für die Motorisierung von Schiffen wurde daher in Niendorf an der Ostsee eingerichtet. Es war eine große Herausforderung, denn besonders die Umrüstung der zahlreichen Dampfschiffe mit modernen Dieselan-

Links: Der Anfang: Rund drei Jahre arbeitete Alfred Hagelstein in dieser kleinen angemieteten Werkstatt in unmittelbarer Nähe der Travemünder St.-Lorenz-Kirche. Der junge Geselle verdingte sich dort mit kleinen Kunstschmiede- und Metallbauarbeiten sowie Reparaturen. Zur gleichen Zeit, als dieses Bild entstand, erwarb Alfred Hagelstein 1921 seinen Meistertitel. *Rechts:* In die Travemünder Kurgartenstraße 156 zog es die Brüder Alfred und Walter Hagelstein zunächst gemeinsam. Nach kurzer Zeit trennten sich jedoch ihre Wege. Fortan betrieb Alfred Hagelstein an dieser Stelle sein Spezial-Reparaturwerk für Dieselmotoren und Automobile.

Links: Die ursprüngliche Scheune wurde zu einem zeitgemäßen Firmengebäude umgebaut. Eine große Einfahrt ermöglichte die wetterunabhängige Reparatur von Automobilen, während die Nebenräume die Schmiede und das Kontor beherbergten. Das Gebäude existierte bis zum Jahr 1959. *Rechts:* Neubau am Baggersand: Mit zunehmender Auftragslage wuchs auch der Platzbedarf. Die neuen bis dahin unbesiedelten Grundstücke auf dem Baggersand boten hierfür ab 1937 nun reichlich Kapazitäten. Der direkte Zugang zur Trave und die damit verbundene Möglichkeit dort Schiffsreparaturen ausführen zu können begünstigten die Standortwahl zusätzlich.

trieben war seinerzeit schier unerschöpflich. Daneben wurde die Firma um eine neue Stahlbauabteilung erweitert, die unter anderem viele Arbeiten an der damaligen Luftwaffenanlage auf dem Priwall durchführte.

Der Erfolg war nicht allein auf seine technischen und handwerklichen Fähigkeiten zurückzuführen, auch kaufmännisch war Alfred Hagelstein ein sehr geschickter Geschäftsmann, der das Handelsgeschäft mit Motoren sehr gut verstand. Im Jahr 1933 kam die kleine Werkstatt an ihre Kapazitätsgrenze – der große Erfolg hatte Folgen und es fehlte an nötigem Platz. Nun musste ein neuer Standort gefunden werden. Dieser konnte 1937 auf dem bis dahin vollkommen unbesiedelten Grundstück „Auf dem Baggersand" gefunden werden und damit nun die ersehnte Erweiterung mit entsprechenden Neubauten stattfinden. Die Flächen waren dort einst zur Landgewinnung durch die Aufspülung und Ausbaggerung der Trave entstanden und konnten nun individuell bebaut werden. Alfred Hagelstein hatte sich dadurch von einem ursprünglichen Handwerksbetrieb zu einer kleinen Maschinenfabrik mit rund 30 Beschäftigten entwickeln können.

Nach und nach entwickelte sich der Betrieb zu einer kleinen Fabrik. Neue Verwaltungs- und Hallengebäude waren der stetig steigenden Auslastung geschuldet.

Durch die neue Lage des Betriebes direkt an der Trave und dicht am Travemünder Fischereihafen war nun noch mehr Nähe zu den Fischkuttern, Schiffen und somit allen Arbeiten, die damit verbunden waren, gegeben. Ab 1939 konnten daher auch direkt vor Ort größere Reparaturen an Schwimmbaggern der damaligen Firma Holzmann vorgenommen werden. Deren verschlissene Eimer wurden damals noch genietet, obwohl Alfred Hagelstein seit 1935 bereits das elektrische Schweißen eingeführt hatte. Aber auch herkömmliche Dampfmaschinen und Winden konnten weiterhin repariert werden. Das bisherige Angebot an Schmiedearbeiten und Stahlbau wurde somit erheblich erweitert und die Belegschaft auf nunmehr rund 50 Beschäftigte erhöht.

Stahlbau für Eimerkettenbagger

Unternehmerisch weitsichtig beließ es Alfred Hagelstein jedoch nicht dabei, sich von nur einer Kundengruppe abhängig zu machen. So suchte er nach weiteren Möglichkeiten und fand diese im naheliegenden Lübeck. Dort konnte er für die LMG (Lübecker Maschinenbau Gesellschaft) Stahlkonstruktionen,

Links: Zu den ersten eigenen Maschinen gehörten kleine Eimerkettenbagger. Diese wurden ab 1945 in einer kleinen Serie von 30 Stück vornehmlich für die Torfgewinnung produzierte. Auf dem Werkshof am Baggersand wurden diese ersten Erdbewegungsmaschinen aufgebaut und geprüft. *Rechts:* Lohnarbeiten: Schwere Stahlbauteile wurden hier auf dem Werksgelände genietet. Im Laufe der Jahre entstanden so neben Bauteilen für Eimerkettenbagger der LMG auch Hafenkrane für MAN.

Links: Kritischer Blick: Höchst persönlich überzeugte sich Alfred Hagelstein hier vom Fortschritt der Arbeiten und begutachtete die fertigen Eimerkettenbagger vor deren Auslieferung. *Rechts:* Neben der Ausführung auf einem Raupenfahrwerk konnten die Eimerkettenbagger von Alfred Hagelstein auch auf Schienen fortbewegt werden. Die Bagger hatten elektrische Antriebe und waren schwenkbar.

Links: Das Werksgelände von Alfred Hagelstein: Neben den Hallen wurden erste Turmkrane angeschafft, die schwere Materialien und Bauteile nun an jeden gewünschten Produktionsort heben konnten. Auf Schienen gelangten sie später über Brücken auch zu den verschiedenen Schiffbau-, Ausrüstungs- und Lagerplätzen. *Rechts:* Probelauf: Alle Funktionen der Eimerkettenbagger wurden hier gründlich geprüft. Während das Schwenkwerk und der Antrieb mechanisch betrieben wurden, bewegten sich die Ausrüstungsteile der Baggereinrichtung mit Hilfe von Seilen.

Täglich versorgte Elsa Hagelstein die Beschäftigten mit warmer Verpflegung aus der Werksküche. Das galt auch für die ukrainischen Arbeiter, die ab 1942 in einer Holzbaracke auf dem Betriebsgelände untergebracht wurden. Unmut kam zuweilen aus der Not leidenden Bevölkerung darüber, dass die „Ostarbeiter“ bei Hagelstein oft wohlgenährter waren als andere Travemünder seinerzeit.

Oben: Mit Hilfe einer Holzrampe wurden die fabrikneuen Eimerkettenbagger von Alfred Hagelstein auf die zum Transport bereitstehenden Eisenbahnwaggons verladen. Auf den Schienen, die entlang der Trave in Richtung Süden führten, gelangten so rund 30 Bagger in alle Teile Deutschlands. Dieser Teil der Arbeit stellte für die Beschäftigten von Alfred Hagelstein immer eine ganz besonderes Ereignis dar. Die fertige Maschine, in kompletter Ausrüstung mit Kabeltrommel und Arbeitsleuchte über dem Schaufelband, fuhr nunmehr ihrer Bestimmung entgegen. Der Torfabbau stellte in den ersten Jahren nach dem Zweiten Weltkrieg eine wichtige Grundlage zur Energieversorgung der Bevölkerung dar.

Unten: Eimerkettenbagger mit einer Förderleistung von bis zu 500 m^3 pro Stunde konnte die Maschinenfabrik von Alfred Hagelstein ebenfalls abliefern. Dieser entstand ab 1950 jedoch später als die kleinen Maschinen auf Raupenfahrwerken.

Unfälle gehörten zum Alltag, wenn auch nur sehr selten. Im Jahr 1941 jedoch explodierte ein Kessel in der Werkstatt derart, dass zwei Arbeiter dabei schwer verletzt wurden. Einer davon verstarb. Er gehörte zu den ersten Gefolgschaftsmitgliedern von Alfred Hagelstein, der sich danach um die hinterbliebene Familie sorgte.

Die HATRA-Kraftzentralen mit Deutz-Dieselmotoren gehörten ebenfalls zu den ersten Eigenprodukten, die Alfred Hagelstein in seiner Maschinenfabrik fertigen ließ. Diese Diesel-Drehstrom-Aggregate mit 230 oder 400 Volt waren für die unterschiedlichsten stationären oder mobilen Anwendungen geeignet. Natürlich fanden die großen Stromerzeuger auch in zahlreichen Schiffsrümpfen ihren Platz. Die Typen AM 120, AM 190 und AM 250 lieferten Leistungen von 150, 230 und 310 PS. Jeweils vier, sechs oder acht Zylinder brachten dann Generatorleistungen von 120, 190 oder 250 KVA. Das Herzstück der Anlagen bildete zumeist ein wassergekühlter 4-Takt-Deutz-Dieselmotor AM 428. Dazu kamen ein Drehstrom-Synchron-Generator mit drei Phasen und wahlweise 50 oder 60 Hz sowie ein einzelstehender Schaltschrank aus Stahlblech.

Links: Höchste Leistung: Geschlossene Bauweise, leichte Wartung, einfache Bedienung sowie größte Betriebssicherheit boten die HATRA-Diesel-Aggregate. *Rechts:* Stromerzeuger für medizinische Zwecke: Für das Krankenhaus Süd in Lübeck lieferte HATRA im Jahr 1959 einen Stromerzeuger, der die Versorgung in der Klinik während eines etwaigen Stromausfalls sichern sollte.

Maschinenteile und Getriebe für die großen Eimerkettenbagger anfertigen. Eigens dafür wurde 1942 ein großes Bohrwerk angeschafft. Eine weitere Zusammenarbeit gab es mit der Firma M.A.N., für die Alfred Hagelstein Hafenkrane mitentwickelt und aufgebaut hatte. Es entstand dadurch eine ausgewogene Mischung unterschiedlicher Produkte, die eine kontinuierliche Auslastung sowie bestmögliche Unabhängigkeit schaffen sollte. Die Werkhalle musste jetzt mehrmals vergrößert werden und auch für die laufenden Arbeiten im Fischereihafen wurde eine eigene Brücke errichtet. Alles reichte dennoch nicht und so entstand 1943 eine zweite Werkhalle mit einem zusätzlichen 10-t-Deckenkran. Für die Arbeiten auf dem mittlerweile 10.000 m^2 großen Gelände standen zudem ein Turmkran mit 7 t und ein Schienenkran mit 5 t Tragkraft zur Verfügung. Und auch der kaufmännische Bereich wuchs mit: Das Kontor vergrößerte sich von einst drei Angestellten auf ganze drei Abteilungen für den Einkauf, das Lohnbüro sowie die Buchhaltung. Zur Erleichterung dieser Arbeiten wurde schon damals eine moderne Buchungsmaschine eingesetzt. Dem Wachstum und unternehmerischen Wirken der Firma stand in diesen Jahren jedoch ein entscheidendes Ereignis gegenüber. Der Krieg war auch in Travemünde von Tag zu Tag spürbarer geworden und entzog täglich wertvolle Arbeitskräfte. Neben den wirtschaftlichen Erfolgen drängte daher ein weiterer Grund zur Expansion: Das Unternehmen wurde als kriegsrelevanter Betrieb eingestuft und sollte auf Anordnung für militärische Zwecke ausgeweitet werden. Somit mussten in den letzten Jahren des Zweiten Weltkriegs hauptsächlich Sektionsteile für die Mi-

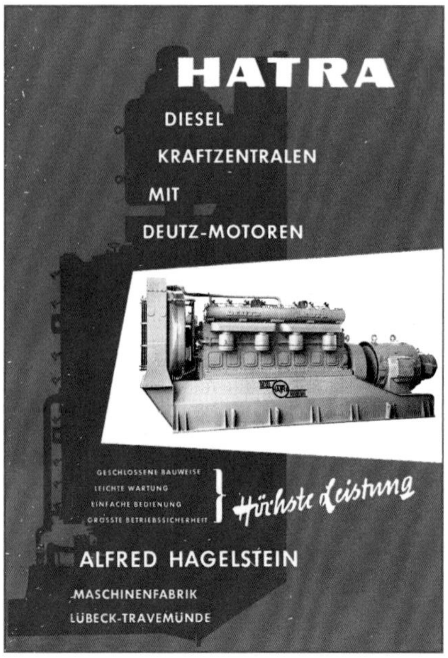

Prospekt aus dem Jahr 1955

Der Blick vom See: Alfred Hagelstein Maschinenfabrik und Schiffswerft im Jahr 1953.

Die Siechenbucht aus der Luft: Werft und Montagehallen von Alfred Hagelstein dominierten bereits im Jahr 1951 das Gelände auf dem Baggersand. Die Arbeiten an den ersten Schiffsneubauten waren in vollem Gange und über den Gleisanschluss verließen neue Kemna Straßenwalzen das Werk. Nach und nach wurden auch die umliegenden Grundstücke neben der ebenfalls dort angesiedelten Böbs Werft übernommen.

nensuchboote Typ M 47 hergestellt und Umbauten an U-Booten Typ C 21 durchgeführt werden. Dazu kamen Reparaturen an Kleinst-U-Booten, den sogenannten „Seehunden".

Kleine Eimerkettenbagger für den Neuanfang

Erst ab dem Frühsommer 1945 konnte langsam wieder gehofft werden, dass sich die Verhältnisse regulieren mögen. Dennoch war vieles noch unsicher. Durch die Besetzung durch Englische Truppen kam der Betrieb zunächst zum Erliegen. Viel konnte ohnehin nicht erreicht werden, da kaum noch Arbeitskräfte zur Verfügung standen. Während zu Kriegszeiten noch mit einer dezimierten Gefolgschaft, 80 Ostarbeitern und 40 Frauen gearbeitet werden konnte, befand sich das Unternehmen nun bei Stunde Null. Der Diplomatie von Alfred Hagelstein war es dann zu verdanken, dass recht schnell wieder eine halbwegs geregelte Produktion anlaufen konnte. Er überzeugte die Engländer davon, deutsche Kriegsgefangene für die Arbeit freizustellen, um zivile Produkte anfertigen zu können. Dem Bedarf der Zeit und der herrschenden Nachkriegsnot entsprechend stand die Produktion von Ofenrohren, Kochtöpfen und Brennhexen zum Kochen dringend an. Aber auch Reparaturen an deutschen Minenräumbooten, die nun in Dienst der Alliierten standen, konnten wieder durchgeführt werden.

Im Laufe des Jahres 1945 entstanden auch die ersten HATRA-Eimerkettenbagger. Es waren kleine Maschinen, die vorzugsweise zur Torfgewinnung eingesetzt wurden. Torf galt damals als wichtiger Brennstoff für die Not leidende Bevölkerung in der Nachkriegszeit. Rund 30 Stück der kleinen Raupenbagger entstanden nun in Travemünde, daneben auch zahlreiche Torfpressen bis zur Währungsunion im Jahr 1948. Kurz darauf wurde sogar auch die Produktion einiger großer Eimerkettenbagger aufgenommen, die eigenständige Konstruktionen von Alfred Hagelstein darstellten. Langsam entwickelte sich der Betrieb damit wieder aufwärts und die Zeit für einen Neuanfang war nun endgültig gekommen.

Hans Hagelstein

8. Juni 1923 – 19. November 1977

Ein Visionär, moderner Fabrikant und Konsul von Schweden

Inmitten der ersten Aufbaujahre des Unternehmens wurde der gemeinsame Sohn von Alfred Hagelstein und seiner Frau Elsa geboren. Hans Heinrich Albert Hagelstein erblickte am 8. Juni 1923 das Licht der Welt. Kurz Hans genannt, galt er von Anfang an als ein aufgeweckter und wissbegieriger Mensch, der zuweilen den strengen Konventionen der väterlichen Erziehung widersprach, diese jedoch stets tapfer erduldete. Es waren sowohl die damalige Zeit als auch die Umstände, die zwischen Vater und Sohn nicht immer die Nähe haben aufkommen lassen, derer es vielleicht von Zeit zu Zeit bedurft hätte. Dennoch hatten beide ein inniges Verhältnis zueinander. Das Wort von Alfred Hagelstein gab jedoch meist die Richtung vor – wohlmeinend und verantwortungsvoll aus seiner Sichtweise. So war der Werdegang des jungen Hans Hagelstein bereits früh durch die Bestimmung seines Vaters vorgezeichnet: Der Volksschule sollte eine Gesellenlehre folgen, die sodann zunächst die Unterordnung im Familienbetrieb vorsah und folgend – nach gestrenger Bewährung – dessen Fortbestand sichern sollte.

Bis zur absolvierten Volksschule entsprach Hans Hagelstein dem Wunsch seines Vaters. Doch dann kamen zwischen beiden Meinungsverschiedenheiten auf. Hans war neugierig, hatte viel gelesen und strebte nun eine weiterführende Schulausbildung an. Einen derart akademischen Lebensweg hatte sich Alfred Hagelstein für seinen Sohn jedoch nicht vorgestellt, sollte er doch seinen bewährten Tugenden Folge leisten. Zuweilen gerieten beide überdies aneinander und Hans hatte Mühe, seine Wünsche durchzusetzen. Nur aufgrund der Beharrlichkeit und dem Zuspruch seiner Mutter und verständnisvoller Tanten konnte er nun tatsächlich die Lübecker Oberschule zum Dom besuchen, die er später mit dem Reifezeugnis verlassen konnte.

Zwischenzeitlich begann der Zweite Weltkrieg und der heranwachsende Hans Hagelstein verfolgte das Zeitgeschehen mit größter Besorgnis. Lange hatte er sich mit den politischen Gegebenheiten befasst und entwickelte für sich daraus durchaus pazifistisch tendierende Ansichten. Der Krieg war nichts für ihn und dennoch war dieser in unmittelbarer Nähe. Auch wenn sich die Meinungen von Vater und Sohn nicht immer überschnitten, so waren beide in politischen und militärischen Angelegenheiten einer ähnlichen Ansicht. Durch seinen Vater hatte Hans bereits einen kritischen und geschärften Blick auf die damals herrschenden Verhältnisse in Deutschland und nun griff der Krieg auch nach ihm. Um ihren Sohn möglichst lange vom direkten Kampfgeschehen zu schützen, wählten Alfred und Elsa Hagelstein eine damals neuartige militärische Ausbildung für Hans. Trotz aller Ablehnung beider Eltern gegenüber der Wehrmacht sollte er nun ab 1942 Marineflieger werden. Drei Jahre dauerte es dann mindestens, bis er eingesetzt werden konnte. Vielleicht war der Krieg dann ja auch schon beendet, hofften alle für den jungen Mann. Zudem erfolgte die Ausbildung zum Seeflieger auch in unmittelbarer Nähe seines Wohnortes auf dem Priwall – auf der gegenüberliegenden Seite der Trave.

Engagierter Unternehmer und Geschäftsmann: Auch auf den zahlreichen Industriemessen in Hannover nutzte Hans Hagelstein die Gelegenheit, sich persönlich in die Geschicke der Firma einzubringen.

Rettung in letzter Sekunde

Der Krieg war im Februar 1945 jedoch noch in vollem Gange, als der Leutnant Hagelstein auf einem Flug in Richtung Osten aus der Luft abgeschossen wurde und in die kalte Ostsee stürzte. An Trümmerreste geklammert trieb er in der aufgewühlten See. Fast schien es, als ob alle Anstrengungen, dem Kriegstot zu entkommen, vergebens waren. Doch

Modern und zukunftsorientiert wie er selber mussten auch die Produktion und die Produkte sein, die er in Travemünde herstellen ließ. Dabei bewies Hans Hagelstein neben seinem wirtschaftlichen Können ebenfalls ein höchstes Verständnis für die Möglichkeiten der Technik. Nicht ohne Grund zählten HATRA Baumaschinen seinerzeit zu den modernsten in Europa.

dann traf in letzter Minute – fast einem Wunder gleich – die Rettung ein. Durch Notrufsignale, die vor dem Absturz noch abgesetzt werden konnten, wurde eine U-Boot-Besatzung auf Hans Hagelstein aufmerksam und brachte ihn in Sicherheit.

Nach einem kurzen Krankenhausaufenthalt in Hamburg wurde der junge Offizier danach nun sofort wieder mit einer „zusammengewürfelten Truppe" zum Volkssturm in Richtung der Ostfront kommandiert. Doch bis dahin kam er nicht. Viel zu chaotisch und unstrukturiert war das Kriegsgeschehen zu dieser Zeit und den Überblick zu verlieren war nicht schwer. Ohne weitere Befehle und militärisch orientierungslos zog es Hans Hagelstein dann instinktiv und besonnen in die Heimat. Wenn er noch etwas ausrichten konnte, dann dort.

Die Vernunft sollte siegen

Seine Vermutungen sollten sich bewahrheiten. Als Hans Hagelstein unmittelbar vor Kriegende wieder in Travemünde eintraf, waren deutsche Truppen gerade dabei, den „Nerobefehl" umzusetzen. Sämtliche noch brauchbare Infrastruktur, Technik, Maschinen und Produktionseinrichtungen sollten vor Eintreffen der alliierten Siegermächte zerstört werden. Nichts Brauchbares sollte in feindliche Hände fallen. Dazu gehörte auch die Maschinenfabrik auf dem Travemünder Baggersand, in der Alfred Hagelstein – wie vielen in dieser Zeit – befohlen war, während der Kriegsjahre nun auch für militärische Zwecke Arbeiten auszuführen. Das kleine Werk – von den verheerenden Luftangriffen auf Lübeck verschont geblieben – sollte nun von den vor Ort anwesenden deutschen Truppen in Schutt und Asche gelegt werden. Und wieder schien es wie ein Wunder, was Hans Hagelstein nun vermochte. In voller Uniform, leicht bewaffnet und mit wohl einem enormen Selbstbewusstsein ausgestattet stellte er sich den anrückenden Soldaten entgegen. Vielleicht war es auch mehr eine Vermischung aus Überraschung, Kriegsmüdigkeit und – man mag es hoffen – einem letzten Funken gesunden Verstand seines Gegenübers, dass diese Situation zur Erleichterung von Hans Hagelstein nicht eskalierte und zu einem guten Ende fand.

Schwerer Start im väterlichen Betrieb

Der Krieg war nun endlich beendet. Hans Hagelstein hatte allen Gefahren getrotzt und auch die Maschinenfabrik von Alfred Hagelstein blieb von Bestand. Das dieses so war, lag schließlich am beherzten und mutigen Eingreifen von Hans Hagelstein. Der heimgekommene Sohn war nun zu Hause willkommen, musste sich aber noch gegenüber seinem Vater beweisen. Daher begann er am 1. Juli 1945 offiziell seine Mitarbeit im väterlichen Betrieb. Nach des Vaters Willen durchlief er nun alle Abteilungen der Firma, lernte den Maschinenbau und wurde Geselle. Zunächst noch ohne Zuspruch des Vaters besuchte er daneben zudem auch die Handelsschule, um sich auch auf wirtschaftlichem Gebiet praktisch und gut orientieren zu können. In den darauffolgenden Jahren brachte er sich fortan dynamisch und progressiv in die Firma ein, um schon zu Lebzeiten seines Vaters entscheidende Weichen für die Zukunft des Unternehmens stellen zu können. Maßgeblich für den späteren Erfolg waren hierbei seine frühen Bemühungen – möglicherweise dadurch eine angestrebte Selbständigkeit zu erlangen – um die Lizenzfertigung der aus Breslau stammenden Kemna Straßenwalzen. Durch gute Kontakte zum damaligen Familienzweig der Familie Kemna, der sich in Travemünde nach der Flucht niedergelassen hatte, gelang es Hans Hagelstein zunächst im Alleingang, noch ohne Wissen des Vaters und mit Hilfe eines verschworenen Teams ihm zugewandter Mitarbeiter, die erste Walze an einer entlegenen Stelle des Betriebs zu fertigen. Ein mutiger Schritt, der sich zudem als wegweisend für das Unternehmen herausstellen sollte.

Innovativ und vielseitig

Nach dem frühen Tod seines Vaters wurde Hans Hagelstein vor die große Aufgabe gestellt, die Unternehmungen nun allesamt alleine weiterzuführen. In den folgenden Jahren kontrollierte er insgesamt über 15 Firmen, zu denen, neben der HATRA Maschinenfabrik und Schiffswerft auch zahlreiche verschiedenartige Aktivitäten wie beispielsweise diverse Auslandsgesellschaften, der Sportbootsbau und Marina, ein Bootshandel, Reedereien, eine Gesellschaft für Datenverarbeitung sowie Restaurationsbetriebe – beispielsweise das „Fährhaus Inn" – oder auch die Blumenzucht Euroflora gehörten. Diversifikation war für Hans Hagelstein immer sehr wichtig gewesen, denn nur auf verschiedenen Standbeinen ließen sich konjunkturelle Schwankungen absichern. Der fortschrittliche Alleinunternehmer wurde jetzt mehr und mehr zu einem modernen Manager mit vielen Ideen und Visionen. Dabei halfen ihm sein gutes Gespür und seine Weitsicht in den unterschiedlichsten Bereichen. So war es nicht verwunderlich, dass sich Hans Hagelstein beispielsweise schon lange vor deren Popularität mit der Herstellung von Seecontainern befasst hatte oder auch die Entwicklung eines speziellen Schöpfpontons zur Reinigung von Ölverschmutzungen erdachte. Eigens aus Amerika wurden auch zwei Amphibien-Landungsboote beschafft,

> Im Jahr 1970 schrieben die Lübecker Nachrichten: „Man muss dem Unternehmer Hans Hagelstein attestieren, dass er in sich Progressivität und Dynamik vereinigt und somit einen Mann des modernen Managements darstellt. In der Wirtschaft erwarb er sich Ruf und Ansehen durch die Tatsache, dass er alle Gegebenheiten des Marktes zu analysieren und zu prognostizieren verstand - und den Mut fand, sich ihnen durch rasches Handeln anzupassen."

die für den Bedarf der Bundesmarine modifiziert und als Eigenprodukte angeboten werden sollten. Aber dieses ambitionierte Projekt wurde schließlich verworfen. Das technisch bestens Machbare, verbunden mit einer klaren, modernen Formgebung trieb Hans Hagelstein an und das zeigte sich gleichfalls bei allen neuen HATRA-Produkten und -Projekten. Dabei stand zuweilen oft die Ungeduld bei der Umsetzung im Wege, was ihn zu einem stets fordern-

Porträt von Hans Hagelstein aus dem Jahr 1970

den, höchst anspruchsvollen und manchmal wechselhaften Handeln anspornte.

Ebenso wie seinen Großvater und seinen Vater zog es Hans Hagelstein später in zahlreiche politische Ämter und Gremien verschiedenster wirtschaftsorientierter Organisationen. Im Juni 1970 wurde er dazu noch zum Königlich Schwedischen Konsul zu Lübeck berufen. Seine Berufung hatte einen Hintergrund, denn gerade in seiner unternehmerischen Tätigkeit hatte er sich stets auch für die schwedische Wirtschaft sowie eine gute Handelsverbindung dorthin eingesetzt und hierdurch im Norden zahlreiche Freunde gewonnen. Ein Resultat war auch die Kooperation mit dem Industrieunternehmen Kockum-Landsverk in Landskrona. Ohnehin stand Hans Hagelstein der schwedischen Kultur sehr nahe, denn beide seiner Großmütter stammten aus Südschweden.

Auch nach der Einstellung des Produktionsbetriebes der HATRA blieb Hans Hagelstein als Geschäftsmann und Konsul weiterhin aktiv und war an zahlreichen Projektentwicklungen und Unternehmen beteiligt. Sein Leben wurde am 19. November 1977 bei einem Flugzeugabsturz auf Madeira unglücklicherweise jedoch abrupt beendet. Er befand sich an Bord einer Boeing 727 der portugiesischen Fluggesellschaft PAP, die auf dem Linienflug von Brüssel, über Lissabon nach Funchal unterwegs war. Der Zielflughafen Santa Cruz gehörte damals zu den gefährlichsten der Welt, da größere Flugzeuge auf der kurzen Piste, die auf beiden Seiten nur etwa 100 Meter von den steilen Meeresklippen entfernt war, nur erschwert landen konnten. Trotz Nebel und Regen erteilte der Tower des Flughafens damals die Erlaubnis zur Landung. Eine folgenschwere Fehlentscheidung, denn die Landung missglückte und das Flugzeug setzte zu spät auf. Es überschlug sich und zerbrach dabei. Der anschließenden Explosion konnten nur 39 der insgesamt 165 Insassen lebend entkommen. Darunter auch Hans Hagelsteins Ehefrau Heilwig-Sabine, die bei dem Unglück schwerste Verletzungen erlitt. Hans Hagelstein wurde nur 54 Jahre alt und starb wie sein Vater ebenfalls viel zu früh. Neben seiner Witwe hinterließ er die beiden Kinder Annette-Susanne und Dr. Hans Hagelstein sowie dessen Sohn Henrik. Unter großer Anteilnahme vieler Leidtragender fand am 30. Dezember 1977 im Dom zu Lübeck schließlich die Trauerfeier statt.

> Hans Hagelstein war nicht nur Unternehmer - stets war er bestrebt, seinen Erfolg auch zum Wohle der Gemeinschaft einzubringen. Zahlreiche unterstützende Maßnahmen wurden daher von ihm initiiert. Dazu zählten auch die Schenkung eines Seniorenstifts in Travemünde, der Bau des Meerwasser-Aquariums in Travemünde sowie die Einrichtung des HATRA-Unterstützungsvereins für ehemalige Mitarbeiter.

Die Schiffswerft Alfred Hagelstein

Rund zehn Jahre bedeutender Schiffsbaubetrieb in Travemünde

Das Unternehmen von Alfred Hagelstein war seit seiner Gründung eng mit der Fischerei und der Reparatur von sämtlichen Wasserfahrzeugen verbunden. Ab 1937 wurden neben zahlreichen Motorreparaturen und Motorisierungen von Kleinschiffen nun auch Schwimmbagger, Schlepper und Küstenmotorschiffe instand gesetzt oder umgerüstet. In dieser Zeit entstanden bereits die ersten Ansätze für den späteren Werftbetrieb.

Nach dem Zweiten Weltkrieg kamen Reparaturarbeiten an deutschen Minen-Räumfahrzeugen, die nunmehr in britischen Diensten standen, sowie an Torpedo-Fangbooten und sonstigen Marinebooten, die später an die Russen und Polen ausgeliefert werden sollten, hinzu. Aber auch an zivilen Aufträgen gab es keinen Mangel. Viele davon kamen aus der Fischerei, denn die heimischen Fischer, die zuvor im Kriegsdienst waren, wollten nun möglichst schnell wieder ihrem eigentlichen Beruf nachgehen. Zu ihnen kamen jetzt auch zahlreiche, der Heimat vertriebene Fischer aus den ehemaligen Ostgebieten, die nach ihrer anstrengenden und langen Flucht in die Lübecker Bucht nun hoffnungsvoll Arbeit und eine neue Heimat finden wollten. Viele der Fischer mussten jedoch ihre Kutter erst einmal wieder seetüchtig machen, um sicher auf Fangfahrt gehen zu können. Die Motoren klapperten, Lager waren ausgeschlagen und Wellen gebrochen. Hier konnte Alfred Hagelstein nun helfen. Aus zunächst zum Teil Schrott wurden Ersatzteile zusammengesetzt und mit viel Improvisation konnten zahlreiche der Kutter in kurzer Zeit wieder fahrbereit gemacht werden. Einen weiteren Schub brachte dem Unternehmen die Währungsreform. Nach dieser und der verbindlichen Freigabe der ehemaligen Kriegskutter konnten die Fischer ihr Geschäft wieder lukrativ betreiben. Die Auftragslage war nun wieder ansteigend und der Umsatz lag Ende 1948 bei rund einer Millionen Deutscher Mark. Der Grundstein für eine Schiffswerft am Baggersand wurde jedoch erst einige Jahr später gelegt.

Ausbau der Werftanlagen ab 1951

Zwischenzeitlich hatte sich Alfred Hagelstein vom Vollblutunternehmer zu einem anerkannten Politiker entwickelt. Er sah sich stets als Vertreter beider Seiten – der von Unternehmern, aber auch der von „kleinen Leuten" und Fischern und so gab es vor allem in den Jahren nach der Währungsreform eine Menge zur Entwicklung und Förderung von Wirtschaft und Wohlstand zu erörtern, erstreiten und neu zu erschaffen. Fast rund um die Uhr war er nun für sein Unternehmen und zugleich die Politik eingebunden, was ihn gesundheitlich an Grenzen brachte. Mit dem Entschluss, nun etwas weniger politisch aktiv zu sein, stieg allerdings auch sein Tatendrang, das Unternehmen weiter auszubauen. Dazu gehörte folglich die erhebliche Erweiterung der Fabrikanlagen und Kapazitäten. Bislang beschränkte sich das Angebot auf Umbauten und Reparaturen sowie die Motorisierung von See- und Küstenschiffen, Binnen- und Hafenfahrzeugen, Marinebooten und nicht zuletzt von Kuttern der See- und Küstenfischer der westdeutschen Ostseeregion. Die erste erfolgreiche Totalerneuerung auf der neuen Werft war 1952 die „Silbermöwe" für die Reederei Kapitän Heinrich Krohn. Danach sollte nun endgültig der Ausbau der bestehenden Betriebsanlagen zu einer modernen Seeschiffswerft vorangetrieben werden.

Mit der Umrüstung zahlreicher Fischkutter von Dampf- zu Dieselantrieb wurde bereits der Grundstein für die spätere Werft von Alfred Hagelstein gelegt. Seit 1937 wurden die Werksanlagen laufend ausgebaut und auch leistungsstarke Krane gehörten zur Ausstattung des neuen Ausrüstungskais mit der Brücke. Diese waren auch notwendig, denn die neuen Motoren hatten ein erhebliches Gewicht. Hier wartete der Kranfahrer zusammen mit dem fabrikneuen Aggregat an der Kailinie auf den Einbau in den festgemachten Fischkutter.

Neben Reparaturen an Motoren- und Wellenanlagen sowie Winden wurden auch Holzarbeiten aller Art ausgeführt. Dazu gehörte auch die Anfertigung vollständiger und komfortabler Ruderhäuser. Das Angebot für die anfangs überwiegend aus der Fischerei stammende Kundschaft wuchs rasch: Kundendienstwagen standen an allen Küstenplätzen der Ostsee auf Abruf bereit. Neue und gebrauchte Motoren und Ersatzteile konnten schnell geliefert werden und auch Liegeplätze in ausreichender Zahl standen zur Verfügung. Sogar für die Finanzierung und Darlehensbearbeitung konnten sich die Fischer vertrauensvoll an Alfred Hagelstein wenden.

Um diesen Schritt gehen zu können, musste Alfred Hagelstein zunächst die Nachbargrundstücke erwerben, denn der bisherige Wasserzugang beschränkte sich auf nur rund 30 m. Hiernach wurde 1953 die erste Neubauhelling errichtet und ein großes Schwimmdock beschafft. Auch alle zusätzlich benötigten Werkzeug- und Blechbearbeitungsmaschinen, Versorgungseinrichtungen sowie ein mächtiger Werftkran waren in kurzer Zeit jetzt einsatzbereit. Damit die Abläufe in seinem Betrieb so reibungslos wie effizient vonstatten gehen konnten, wurde das gesamte

Von oben: 1. Bild: Die MS „Silbermöwe" mit 400 tdw war der erste große Auftrag, der auf der Werft von Alfred Hagelstein 1951 durchgeführt wurde. Das ehemalige Dampfschiff der Ostseelinie der Reederei Heinrich Krohn wurde modernisiert und mit einem 300-PS-Deutz-Schiffsdieselmotor ausgerüstet.
2. Bild: Der ehemalige Dampfer „Elin" erhielt 1952 ebenfalls eine Umrüstung auf der Hagelstein-Werft in Travemünde. Fortan konnte das 800-tdw-Frachtschiff als „MS Sturmmöwe" mit 500 PS in See stechen.
3. Bild: 1955 wurde bei Alfred Hagelstein aus dem einstigen Dampfer „Patricia" die „Seemöwe" mit 1750 tdw und 1000 PS Motorleistung.
4. Bild: Ein weiterer Großumbau war im Jahr 1956 die „Fjordmöwe" mit 3000 tdw und 2000 PS Motorleistung. Das Schiff war zuvor als Dampfer MS „Fjord" auf den Meeren unterwegs.
5. Bild: Mit einen neuen Schiffsdieselmotor und 1000 PS wurde der ehemalige Dampfer „Delphin" ab 1953 nun als MS „Kapmöwe" mit 1750 tdw auf große Fahrt geschickt.

Links: Der erste Schiffsneubau bei Alfred Hagelstein war 1953 die „Möwe I", die für die Reederei Kapitän Heinrich Krohn in Lübeck ausgeliefert wurde. Das Ereignis zog in Travemünde nicht nur die Aufmerksamkeit der Werftbeschäftigten und deren Familien auf sich. Der ganze Ort nahm Anteil an dieser Premiere. Kurz vor dem Stapellauf stieg die Spannung: Wird das Schiff planmäßig ins Wasser der Trave gelassen werden können, in der die „Passat" bereits im Hintergrund noch vor Anker lag? *Rechts:* Große Erleichterung und Stolz erfüllten dann alle Anwesenden, als der mächtige Schiffskörper planmäßig seinen Bauplatz in Richtung Trave verlassen hatte. Danach kam die „Möwe I" an den Ausrüstungskai, damit mit den anschließenden Arbeiten gleich am nächsten Tag begonnen werden konnte.

Oben links: Kurz vor der Auslieferung: Mit 29 m Länge erheblich kürzer als der erste Neubau „Möwe I" waren die beiden Zollkreuzer „Fehmarn" und „Priwall", welche die Werft 1954 an das Bundesfinanzministerium übergeben konnte. Gut zu erkennen war daneben die noch relativ einfache Betriebsanlage mit den alten Barackenbauten. Nach und nach verschwanden diese im Zuge der zahlreichen Umbauten und Erweiterungen des Geländes am Travemünder Baggersand.

Oben rechts: Baunummer 575: Noch während der erste Neubau auf der Helge lag, folgte mit der „Möwe II" 1954 ein weiterer Frachter mit 999 BRT für die Reederei Kapitän Heinrich Krohn.

Rechts: Der große Moment des Stapellaufs: Die „Möwe II" glitt planmäßig auf dem gut geschmierten Schlitten die Helling ab. Zahlreiche am Bau beteiligte Menschen, aber auch viele Schaulustige und Pressevertreter wohnten der Zeremonie der Schiffstaufe bei. Die Ausrüstungsbrücke wurde zuvor in einem aufwendigen Bauvorhaben errichtet. Der Kran stammte aus ehemaligen Beständen der Amerikaner und wurde aus der französischen Hafenstadt Cherbourg nach Travemünde gebracht.

Oben links: Reparaturen an ehemaligen Kriegsfischkuttern und Marinebooten gehörten ebenso zum Alltag der Werft wie auch die Instandsetzung von zivilen Wasserfahrzeugen.

Oben rechts: Neben der „Inge Leonhardt" mit der Baunummer 585 wurden 1957 noch fünf weitere Neubauten gleicher Bauart mit 999 BRT fertiggestellt. Insgesamt hatte sich der Schiffstyp „Assen" mit bis zu diesem Zeitpunkt neun Frachtschiff-Neubauten überaus erfolgreich entwickelt. Während im Hintergrund ein weiteres Schiff auf der Helgen lag, warteten die beiden Neubauten nach erfolgtem Stapellauf nun auf ihre Ausrüstung und die spätere Probefahrt auf der Ostsee.

Links: Ausbau der Werft: Das neue Schwimmdock ermöglichte nun auch größere Schiffe zu reparieren oder umzurüsten.

Werftgelände in arbeitsorganisatorischer Hinsicht vollkommen neu gestaltet. Noch während der erste Schiffsneubau, die „Möwe I", errichtet wurde, kam bereits eine zweite Helling dazu. Ebenso begann der Bau einer rund 75 m langen Ausrüstungsbrücke aus Beton mit fahrbarem Kran. Rund 5 Millionen Deutsche Mark Umsatz konnten damals bereits wieder erwirtschaftet werden.

Die Belegschaftsstärke war inzwischen auf über 500 angestiegen. Um gutes und fachkundiges Personal zu bekommen, hatte Alfred Hagelstein zuweilen von der Gunst der Stunde profitieren können. Ein großer Teil des Schiffbaupersonals bestand aus Flüchtlingen, die 1945 von ostdeutschen Werften nach Travemünde gekommen waren. Ein anderer Teil der Fachkräfte stammte aus der Übernahme der 1953 in Liquidation geratenen Schlichting-Werft.

Erfolgreich mit Frachtmotorschiffen

Am 17. September 1953 lief dann der erste Seeschiff-Neubau vom Stapel. Die „Möwe I" war ein 999 BRT großer Singledecker mit der Baunummer 574. Der Frachter hatte ein Ladevermögen von 1946 tdw, eine Länge von 66,6 m, eine Breite von 10,25 m und einen Tiefgang von 5 m. Bestimmt war es für die Reederei Heinrich Krohn, deren Inhaber Alfred Hagelstein mittlerweile geworden war. Noch während die „Möwe I" am Kai ausgerüstet wurde und noch bevor sie ihre Probefahrt bestand, legte die Werft bereits die „Möwe II" auf Helling. Ihr Stapellauf fand sodann am 6. November 1954 statt, so dass sie zu Beginn des Jahres 1956 an die Reederei abgeliefert werden konnte. Schon kurz darauf lief der vierte Singledecker dieser Serie, die „Assen", im Juli 1956 vom Stapel. Dieser Schiffstyp wurde von Alfred Hagelstein sodann auch als Referenz für weitere Kunden herangezogen. „Größtes Ladevolumen, hohe Tragfähigkeit, geringe Vermessung, große Geschwindigkeit und eine Ausrüstung mit den modernsten Maschinen – die Forderung nach einem äußerst wirtschaftlichen Schiffstyp führte zur Konstruktion des Frachtmotorschiffs Typ ‚Assen'. Dieses Schiff besitzt alle geforderten Eigenschaften und entspricht den optimalen Werten dieser Schiffsgröße. Deshalb ist es so wirtschaftlich. Auf allen Meeren hat es sich bereits bewährt und seine

Direkt neben dem ersten HATRA-Verwaltungsgebäude und einem hohen Fabrikzaun lagen die Schiffbauplätze. Von 1953 bis 1961 war dort immer das Schlagen, Bohren und Schweißen der Werftarbeiter zu hören. Von der früh bis zum Teil spät in den Abend, wenn es die Arbeit verlangte, herrschte reges Treiben. Stück für Stück entstanden aus unzähligen Stahlteilen die späteren Schiffskörper.

guten Fahrergebnisse werden in Fachkreisen lobend anerkannt", verlautete die Baubeschreibung. Das Schiff entsprach zudem der zweckmäßigen „Maierform-Linie", die ihm eine schlanke und elegante Form verlieh. Der Schiffskörper wurde durch drei wasserdichte Schotten in vier Abteilungen unterteilt: Vorpiek, Lagerraum, Maschinenraum und Achterpiek. Die Hauptverbände des Schiffes waren genietet, während Doppelboden und Plattenstöße elektrisch geschweißt wurden. Als Antrieb diente ein 1000 PS starker Deutz-Dieselmotor vom Typ RBV 8 M 545 mit Büchi-Aufladung und angebauter Süßwasser-Umlaufkühlung. Über die beiden 15 x 6 m großen Ladeluken konnten sowohl Stückgut, Holz oder Erze geladen werden. Der Typ „Assen" gehörte zu den wohl erfolgreichsten und interessantesten Konstruktionen dieser Schiffsklasse.

Der Werftbetrieb lief auf Hochtouren und beide Neubauhellingen waren für die kommenden Jahre voll ausgelastet. Allein acht Singledecker mit jeweils 999 BRT waren im Vorlauf. Die Investitionen hatten sich für Alfred Hagelstein mehr als gelohnt. Zwischen 1953 und 1955 wurden zudem noch die Zollkreuzer „Fehmarn" und „Priwall" sowie fünf Binnenfrachtschiffe für die Reederei Lafrentz gebaut. Dem weiteren Auftrieb der Werft schien nun nichts mehr im Weg zu stehen, wenn nicht neben allem wirtschaftlichen Kalkül und kaufmännischer Besonnenheit auch noch andere Ereignisse großen Einfluss hätten.

Links: Die „Senator Hagelstein" war 1957 ein Großumbau eines US-Versorgers Typ Liberty mit 3220 tdw und 2000 PS Motorleistung. Die Fertigstellung der Arbeiten hatte der Firmengründer nicht mehr erleben können. Sein Andenken sollte das Schiff nun gebührend übernehmen. Zuvor wurden auf der Werft bereits fünf weitere Umbauten vorgenommen: 1951 MS „Silbermöwe" (300 tdw/300 PS), 1952 MS „Sturmmöwe" (ehemals Dampfer „Elin", 800 tdw/500 PS), 1953 MS „Kapmöwe" (ehemals Dampfer „Delphin" 1750 tdw/1000 PS), 1955 MS „Seemöwe" (ehemals Dampfer „Patricia", 1500 tdw/1000 PS), 1956 MS „Fjordmöwe" (ehemals MS Fjord, 3000 tdw/2000 PS) sowie weitere drei Schiffe mit 800 bis 1000 tdw und rund 1000 PS. *Rechts:* Hier machte die „Oskar Mathies" 1957 nach erfolgreicher Probefahrt am Travemünder Ostpreußenkai fest. Das Schiff hatte die Baunummer 585 und war mit seinem 999 BRT von der Reederei L.F. Mathies & Co. aus Hamburg geordert worden.

Links: Wieder einmal ein großer Tag auf der Werft: Stolze Arbeiter und deren Familienangehörige waren stets zugegen, wenn ein Neubau zu Wasser gelassen wurde. Auch die Kinder waren beeindruckt von den sonst oft verborgenen Einblicken in die Arbeitswelt der Eltern. Die „Inge Leonhardt" mit der Baunummer 586 war 1957 ein weiterer Frachter, der diesmal für die Reederei Leonhardt & Blumberg in Hamburg gebaut wurde. Links daneben entstand bereits der nächste Schiffsrumpf, so dass der Kran stets für mindestens zwei Bauplätze zuständig war. *Rechts:* Bereit für die Hochsee: Nach erfolgreicher Probefahrt konnte die „Inge Leonhardt" planmäßig an ihren neuen Eigner übergeben werden. Zuvor lag das Schiff am Kai an der Vorderreihe und konnte so auch den Travemündern eine kurze Zeit lang stolz präsentiert werden.

Kapitän verließ die Brücke

Inmitten des geschäftlichen Geschehens und seiner unternehmerischen Pflichten stand Alfred Hagelstein auch am Tage seines frühen Todes. In seiner Funktion als Wirtschaftssenator der Hansestadt Lübeck fuhr er am 10. August 1956 nach Lauenburg, um an der Probefahrt des ersten Schiffes des „Schifffahrts- und Befrachtungskontors Rhein-Elbe" teilzunehmen. Am Nachmittag wurde das Ereignis im Hamburger Ratskeller dann noch gefeiert und Alfred Hagelstein überreichte dem Reeder im Auftrag des Lübecker Senats noch ein Bildgeschenk. In diesem Moment sollte sein Leben beendet sein. Er starb mit nur 59 Jahren.

Der Trauer mussten nun rasche Anpassungen in der Unternehmensführung folgen, damit der Fortbestand in allen Belangen gesichert werden konnte. Ab sofort sollte nun sein Sohn Hans Hagelstein die volle Verantwortung übernehmen. Er konnte mit seinem innerhalb der vergangenen rund zehn Jahre im Betrieb gewonnenen Wissen sowie einer zwischenzeitlich erworbenen kaufmännischen Abschlussprüfung einen fast reibungslosen Übergang schaffen. Nicht zuletzt hatte er schon in der Vergangenheit für längere Zeiten die praktische Leitung übernehmen müssen, da gesundheitliche Ausfälle des Vaters dieses notwendig machten. Eine der ersten großen Herausforderungen stand schon nach wenigen Wochen an. Die Metallarbeiter streikten um die Lohnfortzahlung im Krankheitsfall und so hätte auch der Betrieb in Travemünde ab Oktober 1956 für 115 Tage fast stillgestanden, wenn nicht einige Mitarbeiter aus der Verwaltung und auch Hans Hagelstein zeitweise die nötigsten Arbeiten verrichtet hätten.

Unter der Führung von Hans Hagelstein entstanden nun auf dem Fabrikgelände am Baggersand in Travemünde bis 1961 rund 31 Hochsee-Frachtmotorschiffe und weitere 8 Binnenwasserschiffe. Auf dem „HATRA WERFT" Schwimmdock wurden daneben zahlreiche Dampfer umgebaut und repariert. Weltweit waren jetzt Schiffe von Alfred Hagelsteins Schiffswerft unterwegs. Das Unternehmen stand nun vor einer großen Entscheidung. Einerseits war der Schiffbau noch recht einträglich, dennoch wären, um wirtschaftlich notwendige Erweiterungen zu realisieren, um größere Schiffe bauen zu können, hohe Investitionen notwendig. Andererseits wurden zur selben Zeit unfassbar viele Kapazitäten benötigt, um den zwischenzeitlich erhaltenen Großauftrag über die vielen hundert HATRA Schwenklader für die Bundeswehr planmäßig zu erfüllen. Von einer angedachten Erweiterung der Werftanlagen landeinwärts wurde daher Abstand genommen. Letzter Werftneubau mit der Nummer 605 war dann 1961 der Frachter „Karl-Heinz Parchmann" mit 1266 BRT für die gleichnamige Reederei in Bremen.

Vom Hochseeschiff zum Sportboot

Auch nach der Einstellung der Neubauwerft für Seeschiffe im Jahr 1961 – infolge der großen deutschen Schiffbaukrise – wurden zahlreiche maritime Aktivitäten von HATRA beibehalten. Die Erfahrungen des Unternehmens, die beim Bau von Schiffen über Jahrzehnte gesammelt wurden, sollten nun in einem neuen Dienstleistungsbereich weiter bestehen. Die Reparaturwerft

Die „Assen" mit der Baunummer 584 galt ab 1956 als Musterschiff und begründete eine Reihe sehr erfolgreicher Neubauten gleicher Bauart. Universelle Küstenmotorfrachter waren gefragt und das Schiff entsprach in vielen belangen den Anforderungen der Reedereien.

Als am 14. Juli 1956 der vierte Singledecker, die „Assen", vom Stapel laufen sollte, setzte sich der Neubau vorzeitig in Bewegung. Das galt unter Seeleuten als unheilvoll. Die teils verschreckten Anwesenden beruhigte Alfred Hagelstein souverän mit den Worten: „Die See kann es wohl gar nicht mehr erwarten, ein solch stolzes Schiff aufzunehmen." Vielleicht war es aber auch die Feierlaune und der Alkohol, der seinerzeit bei derartigen Veranstaltungen noch reichlich floss.

Im Jahr 1956 wurde die „Assen" an die gleichnamige Reederei in Lübeck übergeben. Vorher stand eine ausgiebige Probefahrt an, auf der möglichst alle späteren Situationen und Manövriermanöver durchgespielt wurden.

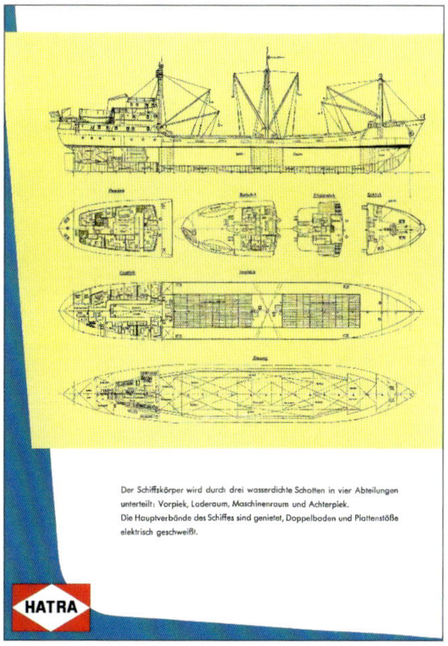

Bewegte Zeit: Die am 24. Januar 1956 für die Reederei Kapitän Heinrich Krohn in Lübeck gebaute „Möwe III" wurde 1959 in „Beachwood" umbenannt und fuhr kurze Zeit für die Durban-Linie, bevor es an die Orion-Schifffahrtsgesellschaft in Hamburg verkauft und wieder in „Möwe III" umbenannt wurde. Ab 1962 gehörte das Schiff dann der Keller Shipping in Basel, die es fortan „Laupen" nannte. Die Schweizer verkauften es 1980 an Jebel Ali National Marine Co. in Jumairah. Dort erhielt das Schiff den Namen „Jebili Ali I". Zwei Jahre später, am 14. Juli 1982, sank das Schiff nach einem Brand im Maschinenraum auf der Reise von Dubai nach Mogadischu, ungefähr 50 Seemeilen südöstlich der Dante Küste vor Somalia. Die Mannschaft konnte vollständig gerettet werden.

Zur Verbindung zwischen Travemünde und dem gegenüberliegenden Priwall wurden Fähren eingesetzt. Die Autofähre „Mecklenburg" entstand 1958 auf der Werft von Alfred Hagelstein und wurde im darauffolgenden Jahr in Betrieb genommen.

blieb somit erhalten und wurde im Jahr 1964 noch um zwei große Hallen erweitert, in denen regelmäßig auch Schnellboote der Bundesmarine überholt wurden. Für die neue Reparaturwerft fanden aus den alten Anlagen nur noch das Schwimmdock und die Ausrüstungsbrücke Verwendung. Die Anlegeplätze konnten vergrößert und so eine Nutzungswasserfläche von rund 20.000 m^2 gesichert werden. Ergänzend wurde die Werftanlage mit einer hochmodernen Synchron-Lift-Schiffshebeanlage ausgestattet. Diese lieferte Krupp, war rund 55 m lang und 10 m breit. Mit einer Tragkraft von 500 t war das der erste und größte Hydraulik-Hebelift seiner Zeit in Europa. Mit ihm konnten nun Schiffe und Boote schnell aus dem Wasser gehoben und mit einer Zugmaschine direkt in die neuen geräumigen Hallen verbracht werden. Rund 150 Beschäftigte zählte 1965 allein dieser Geschäftsbereich. Und es entstanden weitere Aktivitäten: Von 1969 bis 1972 baute die HATRA Werft neun Fischkutter mit 75 bis 106 BRT. Deren Besonderheit waren hydraulische bzw. elektrische Netzwinden, für deren Entwicklung der Ingenieur Erwin Willms wieder eine Reihe innovativer Lösungen beigetragen hatte.

Hans Hagelstein erkannte schon früh die große Nachfrage im Bereich der Freizeitschifffahrt. Hierfür wurde die HATRA-Marina gegründet, welche – dem amerikanischen Konzept folgend – eine hochmoderne und dienstleistungsorientierte Ausrichtung auf alle Belange

Die Reederei Sven Mattson aus der schwedischen Stadt Visby auf Gotland erhielt 1960 die „Norsklint". Der Schiffsname wurde zunächst noch verdeckt. Nach erfolgter Taufe glitt der Neubau Nummer 597 geschmeidig ins Wasser der Travemündung. Das Schiff gehörte nach der „Hoburgen", die ein Jahr zuvor ausgeliefert wurde, mit 500 BRT zu den kleinsten Frachtern, die auf der Werft gebaut wurden.

Links: Die „Norsklint" traf nach erfolgreicher Probefahrt wieder im Hafen von Travemünde ein. Am 3. Juni 1960 konnte das Schiff mit 710 tdw und 500 BRT dann abgeliefert werden. Als Antrieb diente ein Deutz-Dieselmotor mit 500 PS und 380 U/min – die Länge betrug 52,2 m, die Breite 8,8 m. *Rechts:* Mitte im Geschehen: HATRA gehörte zum Travemünder Hafen wie die Fischer, die dort täglich zur Fangfahrt ablegten. Viele der dort liegenden Kutter hatten in den Jahren zuvor einen modernen Deutz-Dieselmotor von Alfred Hagelstein erhalten und nutzten die Nähe zur Werft weiterhin, um bei etwaigen Schäden oder technischen Problemen rasch Hilfe zu bekommen. HATRA versprach rund um die Uhr einen guten Kundendienst mit kurzen Wartezeiten.

des Motorboot- und Segelsports hatte und darüber hinaus 130 Liegeplätze bot. Hierbei sollte sich das Angebot nicht nur auf die Reparatur und Wartung beschränken, sondern den modernen Trend nach Erholung auf dem Wasser rundum bedienen. Immerhin fuhren auf den Gewässern der Bundesrepublik bereits wieder rund 68.000 Motor- und Segelboote. Zweistellige Zuwachsraten und das steigende deutsche Interesse an Motorjachten waren vielversprechend und ein idealer Zweig neben dem Baumaschinengeschäft.

Coronet Handelsvertretung für Deutschland

Den Trend der Sportboote prägten Anfang der Sechzigerjahre vor allem die sogenannten „Moppies". Das waren Gleitboote, die ursprünglich vom amerikanischen Yachtkonstrukteur Ray Hunt

Links: Vor der historischen Kulisse des Seebades herrschte rege Beschäftigung: Kutter lagen am Ausrüstungskai oder wurden außerhalb des Wassers repariert. Dafür stand eine Patent-Slipanlage mit Verschiebe- und Absetzvorrichtung sowie das Schwimmdock zur Verfügung. Kleines Detail: Die Bezeichnung des Fischkutters rechts daneben (SO) stand für „Schleswigsch-Niendorf" und wurde bis 1955 verwendet. *Mitte und rechts:* Auch für Küsten-Motorschiffe wie die „Ozean" bot das HATRA Schwimmdock ausreichend Platz. Oft mussten die Reparaturen unter großem zeitlichen Druck erfolgen. Umso wichtiger war es dann, dass alle Abläufe problemlos und vor allem sicher für die Werftarbeiter durchgeführt werden konnten.

Besonderer Auftrag: Als Missionarsschiff „Stella Maris" wurde dieser Frachter 138 BRT bei der Steyler Mission in St. Auguststein in den Dienst der katholischen Kirche gestellt. Der Stapellauf des Neubaus 594 erfolgte am 18. Oktober 1958.

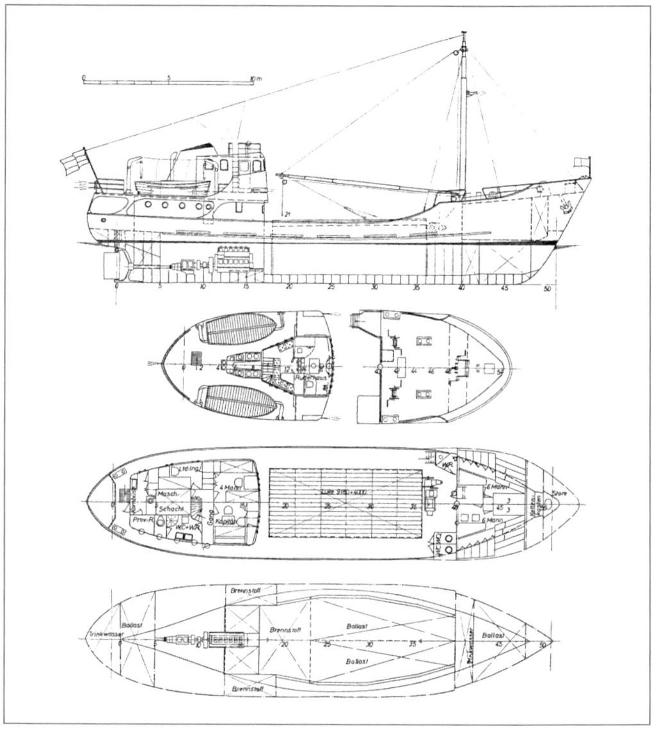

Oben links: Vor der planmäßigen Ablieferung der „Stella Maris" am 10. Januar 1959 musste noch eine Menge Arbeit erledigt werden. Am Ausrüstungskai wurde der Bau des 29 m langen Schiffes dann vollendet. Auch der 230 PS starke Motor wurde genau eingestellt, um später die gewünschte Geschwindigkeit von 9,5 kn erreichen zu können.

Oben rechts: Nach 31 Jahren: Der „Stella Maris" sollte ein bewegtes Leben bevorstehen. Im Jahr 1990 wurde sie jedoch bereits abgewrackt.

Links: Mit dem Ziel Indonesien wurde die fertige „Stella Maris" im Hamburger Hafen auf ein größeres Frachtschiff umgeladen, um von dort die lange Reise anzutreten. Fortan sollte der Frachter für das Apostolische Vikariat in Ende auf der Insel Flores eingesetzt werden.

und dessen Partner Richard Bertram entwickelt wurden. Die Besonderheit dieser neuen Bootsform bestand aus ihrem Rumpf, dessen Gestaltung einen vollkommen neuen Standard setzte. 1960 ging der Prototyp „Moppie“ erstmals an den Start eines Bootsrennens vor der Küste Floridas. Sofort wurden alle bisherigen Geschwindigkeitsrekorde gebrochen. Gelingen konnte dieses nur durch die ausgefeilte Rumpf-Bauart, welche die Eigenschaften eines sogenannten Verdrängers mit denen eines Gleitboot-Typs verband. So entstand ein tiefgehender, V-förmiger Bootsboden (Deep-V-Hull), der auch bei bewegter See eine Stabilität aufweisen konnte, wie sie bislang nur von Verdrängerschiffen erbracht wurde. Gleichzeitig bewirkten sogenannte Stringerleisten – kantige Wülste, die sich vom Bug zum Heck außen am Bootsboden entlangzogen –, dass sich das Boot bei Fahrt fast wie ein Gleiter aus dem Wasser heben und somit große Geschwindigkeiten erreichen konnte. Ein weiterer Pluspunkt bestand in der unvergleichlichen Kurventüchtigkeit.

Auf diesen neuen Bootstyp wurde Ole Botved aus Dänemark aufmerksam, der dort auf seiner Werft seit 1951 kleine Boote baute und zudem ein aktiver Segelsportler war. Anfangs fertigte er dort lediglich Schlauchboote, aber schon bald folgte die Einführung von Glasfasern bei der Herstellung neuer kleiner Boote. Aus Amerika übernahm seine neue Firma jetzt das Konzept der „Moppies“ und entwickelte daraus 1963 die erste „Coronet 22 Explorer“ mit GFK-Ummantelung, welche zukünftig zum Inbegriff des anspruchsvollen Freizeit-Wassersports werden sollte.

Die Orion Schifffahrtsgesellschaft Reith & Co. aus Hamburg erhielt insgesamt zwei Neubauten von Alfred Hagelstein. Nach der „Susanne Reith“ mit der Baunummer 592 im Jahr 1958 folgte im darauffolgenden Jahr mit Baunummer 593 die „Berolina“. Beide Schiffe verfügten über die gleichen Leistungsdaten: 999 BRT, 1700 tdw, 65,32 m Länge, 10,36 m Breite, 5,35 m Höhe bei einem Tiefgang von 5,06 m. Der Antrieb erfolgte jeweils durch einen Deutz-Viertaktmotor mit 1000 PS bei 386 U/min. Rund 12 kn Fahrt konnten so aufgenommen werden. Der Stapellauf der „Berolina“ erfolgte am 28. Februar 1959.

Diese neuen modernen Sportboote aus Dänemark passten sehr gut in das Konzept der HATRA-Marina und so bemühte sich Hans Hagelstein frühzeitig um die exklusiven Verkaufsrechte in Deutschland. Die neue Coronet Boats GmbH war nun ein Teil der HATRA-Gruppe geworden und eine repräsentative Verkaufsstation direkt an der Travemünder Vorderreihe sorgte für große Aufmerksamkeit bei den Wassersportlern. Das neue Geschäft entwickelte sich hervorragend und HATRA wurde als Handelspartner für Coronet Sportboote in wenigen Jahren zum weltweit erfolgreichsten Verkäufer für die Dänen. Das Verhältnis zu Ole Botved hatte sich jedoch – möglicherweise auch wegen des großen Erfolges, aber wohl auch

Nach erfolgreicher Probefahrt bereit zur Abnahme: Die „Hoburgen“ war mit 52,2 m Länge über Alles und 8,2 m Breite identisch mit der „Norsklint“ und ging ebenfalls auf die schwedische Insel Gotland. Dort wurde sie von der Ängfartygs-A/B in Väsby in den Dienst gestellt. Ihr Stapellauf erfolgte am 11. April 1959.

Stapellauf der „M.S. Dinklage" am 24. August 1957. Die erfolgreiche Abnahmefahrt fand dann am 2. November des selben Jahres statt. Danach trat das Schiff seine Jungfernreise nach Gent an.

Mit der Baunummer 588 ging nun ein weiteres Schiff mit 999 BRT an die Reederei Assen in Lübeck. Die „Dinklage" war gegenüber der ein Jahr zuvor ausgelieferten „Assen" um 1 m länger, so konnte die Tragfähigkeit von 1600 auf 1700 t erhöht werden.

Ausrüstungsstandard: Brücke, Kajüten, Aufenthaltsräume, Sanitäreinrichtungen und Schiffstechnik entsprachen in allen Belangen den höchsten Ansprüchen der Fünfzigerjahre.

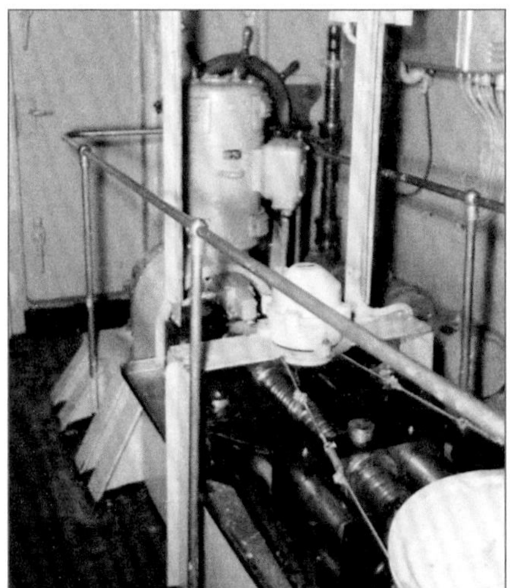

Stapellauf der „Maria Althoff“: Der 999-BRT-Frachter wurde 1957 bei der Hera Transport- & Schifffahrtsgesellschaft in Flensburg in Dienst gestellt.

Blick über die Montagehalle auf die Schiffswerft: 1957 lag die „Maria Althof“ dort bereits an der Ausrüstungsbrücke und wartete auf ihre Übergabe, während die „Richard Bröhan“ noch auf Helge lag. Ebenfalls im Bau befindlich war eine weitere Werkshalle – traveabwärts liegend.

Die „Mona Rosa“ war ein Küstenmotorschiff der Reederei J. Blöckert aus Travemünde. Der Neubau mit der Nummer 600 zählte mit 299 BRT und 460 tdw zu einer Reihe weiterer kleiner Frachtmotorschiffe, die von der Schiffswerft Alfred Hagelstein zwischen 1959 und 1961 gebaut wurden. Mit 3000 PS Motorleistung des Deutz-Dieselmotors konnte eine Fahrt von 9,5 kn aufgenommen werden. Stapellauf der „Mona Rosa“ erfolgte am 21. Juni 1960.

Links: Mit 46,1 m Länge und 299 BRT gehörte die „Adolf Flint“ ebenfalls zu den kleineren Küsten-Motorschiffen, die von der Werft abgeliefert wurden. Der Neubau hatte die Nummer 599 und begründete eine Serie von vier weiteren Schiffen gleicher Bauart. Hierzu zählten neben der „Mona Rosa“ auch die „Jytte Bres“ mit 300 PS starkem MAK-Motor von 1960 sowie die „Störtebecker“ und „Gisela Flint“ im darauffolgenden Jahr. Wie so oft staunten auch bei diesem Stapellauf wieder zahlreiche Gäste. Nicht weniger interessant schien der Eimerketten-Schwimmbagger zu sein, der zur selben Zeit zur Reparatur an der Brücke lag. *Rechts:* Im Jahr 1953 entstand das HATRA-Schwimmdock und erweiterte die Werftanlagen erheblich.

Blick über den Zaun: Das HATRA-Werftgelände am Baggersand. Im Laufe der Jahre wurden die Werftanlagen und Hellingen ausgebaut. Neben der Ausrüstungsbrücke kamen zahlreiche Krane hinzu. An bis zu drei Neubauten konnte so gleichzeitig gearbeitet werden.

Abschied vom Schiffbau: Im Jahr 1961 wurde mit dem 1060-PS-Frachter „Karl-Heinz Parchmann"der letzte Stapellauf vollzogen. Das Schiff ging mit 1266 BRT und 2050 tdw an die gleichnamige Reederei in Bremen. Nach der Baunummer 605 wurde nunmehr endgültig die Neubauwerft eingestellt.

Nachdem der letzte Neubau bei HATRA sicher in der Trave schwamm, zogen sich die Werftarbeiter nachdenklich zurück. Zwar war noch eine Menge zu erledigen, bis das Schiff vollständig an seinen Auftraggeber abgeliefert werden konnte, dennoch wurde Wehmut deutlich. Längst hatte die Baumaschinenfertigung einen Großteil der Kapazitäten beansprucht und viele der ehemaligen Schiffbauer wechselten ab jetzt in diesen für sie neuen Bereich über. Arbeit war für alle da, nur der traditionelle Schiffbau war nunmehr Geschichte.

Neben dieselbetriebenen Stromerzeugern lieferte HATRA auch eine Vielzahl an unterschiedlichen Ladewinden. Diese Eigenentwicklungen waren sowohl an Deck der Neubauten wie auch auf zahlreichen Kuttern zu finden, auf denen diese bewährten und in der Praxis erprobten Aggregate nachträglich installiert wurden.

wegen Voreingenommenheit gegenüber dem deutschen Partner – über die Zeit etwas abgekühlt. Um unabhängiger von einem Lieferanten zu sein, entschied sich Hans Hagelstein daher dazu, die Entwicklung eigener Sportboote mit denselben Eigenschaften oder, wenn möglich, noch besseren zu beginnen. Dafür beauftragte er Karl-Heinz-Hacker mit dem Aufbau einer eigenen Kunststoff-Abteilung sowie mit der Zielsetzung, nun selber weich laufende Gleitboote in großen Stückzahlen herzustellen. Im Jahr 1968 wurde hierfür eigens die neue Firma HATRA BOATS gegründete.

HATRA BOATS setzt neue Maßstäbe

Bei der Konzeption eigener Sportboote orientierte sich HATRA nun zwar an der gefälligen Bauart von Coronet, dennoch steckte in den neuen Konstruktionen aus Travemünde eine Menge zusätzlicher Entwicklungsarbeit. So wurde beispielsweise der Rumpf vollkommen neu den spezifischen Verhältnissen in den Ostseegewässern angepasst. Ersten Prototypen – noch aus Holz gebaut – folgten die Serienboote vom Typ HATRA Daycruiser 600 DC. Zahlreiche Tests und zum Teil auch Rückschläge führten dann zum endgültigen Durchbruch: Die Typen HATRA 708 D und HATRA 708 K wurden jetzt zu ernsthaften Konkurrenten für Coronet.

Ole Botved gefiel das natürlich weniger. Sein stärkster Händler in Deutschland hatte nun zusätzlich ein eigenes Sportboot im Angebot. Zudem setzte sich HATRA BOATS noch weiter ab, denn die beliebten Freizeitboote waren zudem in den seinerzeit top modernen „Porsche-Farben" individuell bestellbar. Am Ende einigten sich beide Parteien auf eine weitere Zusammenarbeit, denn die von Coronet gefertigten Stückzahlen von bis zu 1000 Yachten jährlich konnte HATRA nicht liefern.

Links: Ein Schwenkkran der ehemaligen Lübecker Flender-Werft wurde benötigt, um die neue Liftanlage vor dem Werk II einzurichten. *Rechts:* Beeindruckende 500 t Gewicht konnte die Schiffshebeanlage bewältigen. Im Jahr 1966 wurde sie von Krupp an die Trave geliefert. Der erste Einsatz der damals neuen Einrichtung galt dem Bergungsleichter „Eider", der zur Reparatur in die neuen Hallen verbracht wurde.

Bereits ab 1964 entstanden die beiden großen HATRA-Hallen auf der Südseite des Firmengeländes. Zunächst waren sie für die zu dieser Zeit neu geschaffene HATRA-Marina gedacht und sollten Platz für Neu- und Umbauten sowie für die Lagerung bieten. Nach dem Verkauf des Werk I zogen auch Teile der Baumaschinenproduktion hierher, dennoch wuchsen vor allem der Reparaturbetrieb mit der neuen Liftanlage sowie der Sportbootbereich erheblich. Aus diesem Grunde entstanden links und rechts der markanten Hallen drei weitere Bauten. An den Stegen lagen zunächst Coronet Boote, ab 1969 kamen die Eigenentwicklungen dazu. Auffällig waren der HATRA Dampfer mit Gastronomiebetrieb sowie die Segeljacht „Makrele", die für Hans Hagelstein stets abfahrbereit lag.

Nachdem ein Schiff von der Anlage aus dem Wasser gehoben wurde, rollte es auf Schienen in Richtung der offenen Hallentore. Sicher lief es nun an seinen Reparaturplatz. Die großen Hallen boten ausreichend Raum für die zahlreichen Wasserfahrzeuge. Darunter waren auch viele Schiffe, die für die Bundesmarine repariert und umgebaut wurden. Bei Neubauten verhielt es sich umgekehrt, sie wurden in den Hallen gebaut und dann über die Liftanlage zu Wasser gelassen.

Auch die damalige Prominenz schätzte die modernen und großzügigen Marina Sportbootanlagen bei HATRA. So hatten beispielsweise der Schauspieler und Entertainer Hans-Joachim Kulenkampff sowie der Verleger und Publizist Henry Nannen ihre Yachten in Travemünde liegen. Daneben spielen einige Szenen des im Jahr 1968 gedrehte Spielfilms „Der Arzt von St. Pauli" mit Curd Jürgens und Fritz Wepper auf der HATRA-Marina.

Links: Den letzten Werftbau mit der Nummer 553 stellte der Fischkutter „Mercator" mit 106 BRT dar. Im Jahr 1973 lief dieser zu einer Probefahrt in die Ostsee aus und wurde später an die G. Mano in Kiel übergeben. Auch wenn noch ein weiterer Kutter „Diana" mit der Baunummer 555 nachrangig zu sein schien, wurde dieser bereits ein Jahr zuvor zu Wasser gelassen. *Rechts:* Aus den Hallen des HATRA Werk II gelangte der Neubau „Kormoran" im Jahr 1973 direkt über die Liftanlage in Richtung Trave. Die Baunummer 552 wurde anschließend an die H. & D. Ehsemann nach Bremerhaven ausgeliefert. Im Hintergrund zeigte sich die Travemünder Altstadt sowie das fast fertiggestellte Maritim Hotel, das seitdem die Funktion des Leuchtfeuers für die Schifffahrt an der Travemündung übernommen hatte.

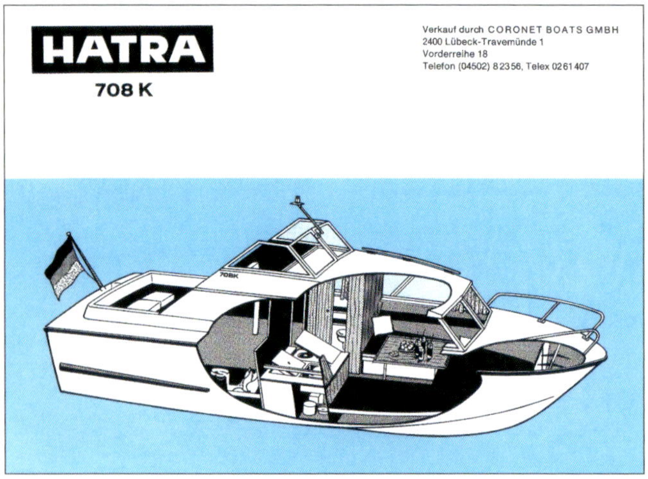

Ideal auf den Freizeit- und Wassersportbereich zugeschnitten war der HATRA Daycruiser 708 K. Durch die Kabine wurde ein attraktiver Innenraum mit allem Komfort geschaffen. Anfangs wurden die Sportboote aus Travemünde noch über Coronet angeboten, dessen Vertretung ebenfalls zu Hans Hagelsteins Firmengruppe gehörte.

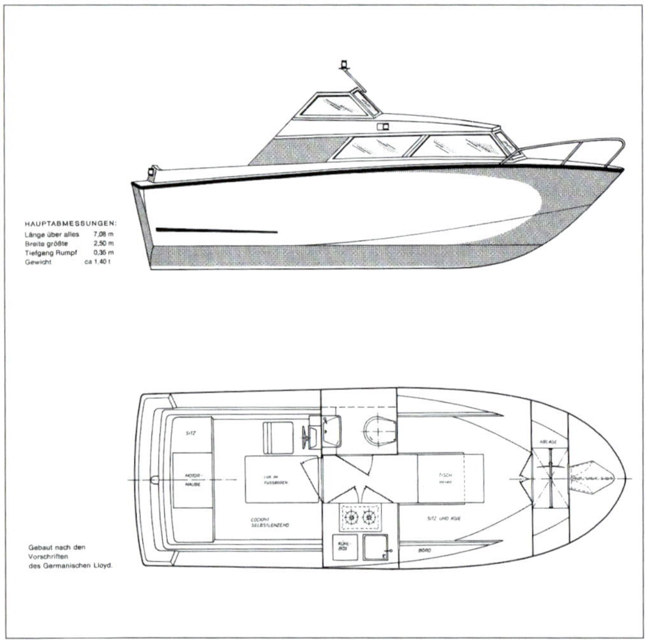

Seit 1963 wurde zur bekannten Travemünder Woche die inoffizielle Weltmeisterschaft der nordischen Folkeboot-Klasse ausgesegelt. Die Siegestrophäe wurde hier von Hans Hagelstein gestiftet und bestand aus dem „Senator Alfred Hagelstein"-Wanderpokal aus 18-karätigem Gold im Wert von rund 30.000 Mark. Er wurde überwiegend in einem Tresor aufbewahrt und wurde niemals mit dem Siegernamen graviert. Lediglich auf einer Pergamentrolle im Inneren des rund 1 kg schweren Pokals wurden die Gewinner genannt. Die Gewinner erhielten jedoch ein nagelneues Folkeboot sowie eine goldene Gedächtnismünze mit dem Reliefbild von Alfred Hagelstein.

Spitzenleistung: 1972 fuhr Siegfried Austel mit dem Mono-Wasserski in 5,6 Stunden von Travemünde nach Trelleborg. Bis heute ist dieser Weltrekord ungebrochen. Damals wurde der Sportler von einem HATRA Daycruiser 708 D rund 150 Meilen über das Wasser gezogen. Das Sportboot stellte Hans Hagelstein dem Sportler und seinem Team rund acht Wochen – inklusive Treibstoff – kostenfrei zur Verfügung.

Eine Besonderheit im Marina Geschäft stellte das HATRA Swimtramp dar, mit dem 1969 eine neue Wohnwagenepoche beginnen sollte. Sowohl für den Einsatz zu Lande als auch im Wasser wurde dieses neue Konzept verwirklicht und war eine innovative Kombination aus Wohnwagen, Haus- und Motorboot. Trotz des durchaus marktfähigen und zeitgemäßen Konzeptes war dieser neuen Idee kein Erfolg beschieden. Es blieb bei einigen wenigen Vorführmodellen.

Nach einer Neuausrichtung der HATRA-Gruppe im Jahr 1970 sowie dem Verkauf der Hydraulikbagger-Produktion an die Rheinischen Stahlwerke wurden noch einmal verstärkt millionenhohe Investitionen in die Produktionsstätten des Werftbetriebes getätigt. Neben dem verbliebenen Baumaschinengeschäft konzentrierte sich Hans Hagelstein weiterhin auf den Ausbau der Sportboot- und Freizeitindustrie, in der HATRA weiterhin eine hervorragende Marktposition hielt. Nach wie vor waren hier Zuwachsraten von jährlich mehr als 30 Prozent zu erwarten. Zusätzlich zur Werft in Travemünde hatte HATRA BOATS für die Fertigung der Sportboote noch ein weiteres

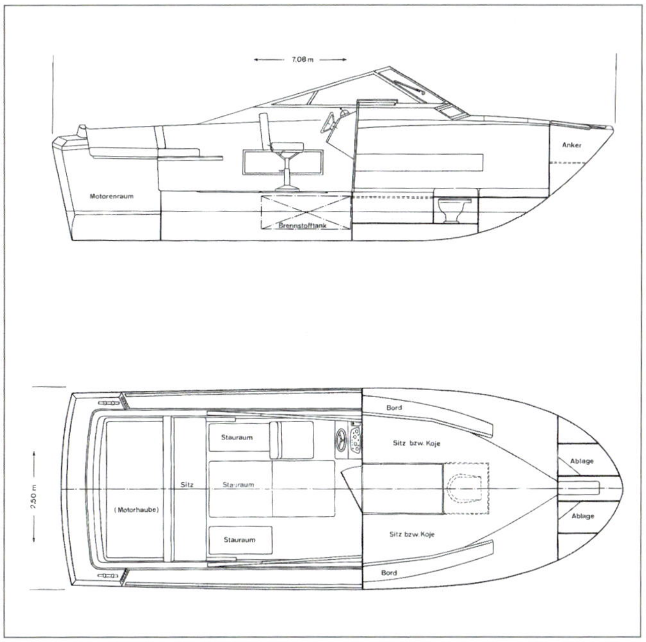

Freiheit auf dem Wasser: Der HATRA 708 D erfüllte die gehobenen Freizeitansprüche der Siebzigerjahre und wurde dafür perfekt in Szene gesetzt. Schnell, sportlich und zumeist jung – das war die Zielgruppe dieser weiterhin noch recht exklusiven Kundschaft. Rund 20.000,00 Deutsche Mark kostetet das Vergnügen dann ab Werk. Doch wer wollte nicht der Kapitän zwischen den drei Bikinischönheiten sein, der das Sportboot souverän nach einer Ausfahrt vor Travemünde wieder sicher in den Hafen brachte? Das untere Bild zeigt die Abmessungen des HATRA 708 D.

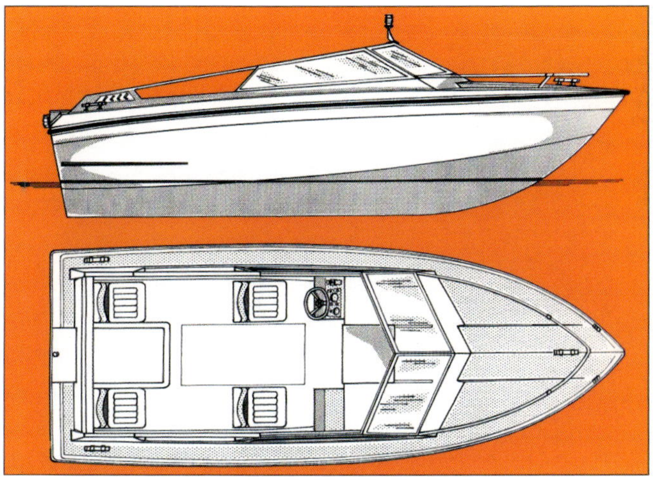

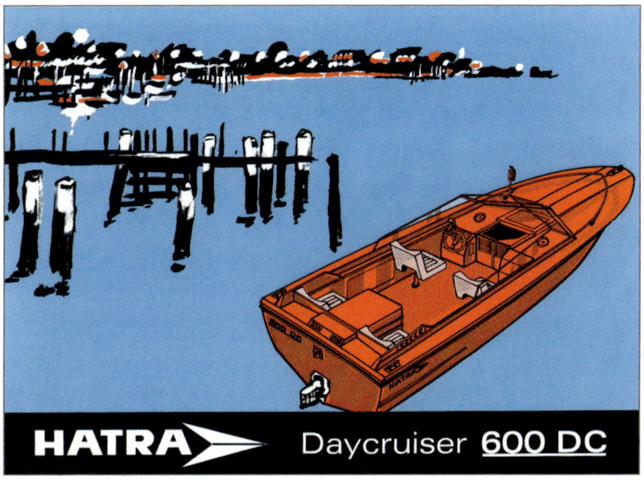

Eine etwas günstigere und rund einen Meter kürzere Alternative bot der HATRA Daycruiser DC 600. Mit weniger Innenraum, aber immerhin Platz für vier Personen konnte auch mit diesem Sportboot aus Travemünde eine Menge Spaß erlebt werden. Vom Fahrverhalten her konnte die kleinere Variante jedoch nicht mit dem Bestseller HATRA Daycruiser 708 D mithalten und erwies sich als etwas unbändiger.

Ausfahrt vor historischer Kulisse: Während der Motorbootexperte Willi Pickel den HATRA Daycruiser DC 600 mit voller Kraft die Trave aufwärts fährt, verfolgt sein Kollege im HATRA Daycruiser 708 D gespannt die Aufholaktion. Hinter sich lassen beide das Werksgelände mit den beiden markanten Hallen und dem rechts daneben anschließenden Verwaltungsgebäude sowie dem Werk II. Damals – im Jahr 1971 – gehörte dieser Teil bereits zu Rheinstahl Hanomag.

Eine durchaus vielversprechende Idee war das HATRA Swimtramp, das ab 1969 auf zahlreichen Sportboot-Messen präsentiert wurde. Entstanden war der Amphibien-Wohnwagen unter Mitwirkung von Louis L. Lepoix, der dafür zahlreiche Designentwürfe machte. Konzept und Bauweise stimmen überein und auch die Probefahrt in Travemünde bewies, dass der Schwimmkörper dicht und gut zu manövrieren war. Dennoch wurden nur rund fünf dieser außergewöhnlichen Fahrzeuge bei HATRA gefertigt.

HATRA Daycruiser 600 DC

Länge: 6 m
Breite: 2,3 m
Gewicht: 800 kg
Motor: Volvo Penta Apu
(1 oder 2 x 130 oder 170 PS)

HATRA Daycruiser 708 D

Länge: 7,08 m
Breite: 2,5 m
Gewicht: 1530 kg
Motor: Volvo Penta Aqu
(1 oder 2 x 130 oder 170 PS)
Motor: OMS-Johnsen 1 x 215 PS

HATRA 708 K (Kabine)

Länge: 7,08 m
Breite: 2,5 m
Gewicht: 1400 kg
Motor: Volvo Penta Aqu
(1 oder 2 x 130 oder 170 PS)

HATRA Swimtramp

Länge: 5,6 m
Breite: 2,1 m
Gewicht: 900 kg

kleines Werk in Lübeck-Siems, direkt an der Trave, neben der damaligen Klappbrücke unterhalten. Dort wurden zunächst Hydraulikkomponenten für die Baumaschinen gefertigt und später auch die Rümpfe der Sportboote laminiert.

Erst die wirtschaftlichen Schwierigkeiten, die im Zusammenhang mit der Fortführung der Baumaschinenproduktion standen, führten auch im Jahr 1973 zur Einstellung des Sportbootbaus in Travemünde. Bis dahin konnten allerdings rund 500 HATRA Daycruiser unterschiedlicher Typen gefertigt und ausgeliefert werden.

Kemna Straßenwalzen aus Breslau

Tradition und Weltruhm konnten in Travemünde fortgesetzt werden

Der fast kometenhafte Aufstieg der Maschinenfabrik von Alfred Hagelstein war seither eng verbunden mit den legendären Kemna Straßenwalzen aus Breslau. Dort begann Julius Kemna 1867 mit einer Werkstätte für den Bau landwirtschaftlicher Maschinen. Hierzu zählten überwiegend Pflüge, die zunächst noch von Pferden durch das Erdreich gezogen wurden. Ab 1871 erkannte Kemna die Vorzüge von dampfbetriebenen Pflügen, die jetzt aus England bezogen und in Deutschland verkauft wurden. Mit der Gründung einer Maschinenfabrik und Eisengießerei begann ab 1882 die Produktion eigener Dampfmobile, Lokomotiven und Straßenwalzen. Vor allem durch die Fertigung von leistungsstarken Dampffahrzeugen gelang es dem Unternehmen rasch zu einem Pionier bei der Herstellung von Landmaschinen aufzusteigen.

Kemna Maschinen und Fahrzeuge waren also weltweit gefragt und genossen einen hervorragenden Ruf. Gefördert wurde der hohe Exportanteil durch die seinerzeit zahlreichen deutschen Kolonien, in denen der Bedarf an derartigen Gerätschaften hoch war. Aber auch in den beiden Weltkriegen kamen immer wieder Kemna Dampf-Straßenzugmaschinen, Dampfwalzen, Traktoren oder Seilwinden zum Einsatz.

Die erste Kemna Straßenwalze

Nach dem Tod von Julius Kemna im Jahr 1898 übernahm sein Sohn Erich Kemna den Straßen- und Maschinenbau, der sich nun intensiv mit dem Wandel vom Dampf- hin zum Dieselantrieb befasste. Überaus praktisch war dabei ein 1920 neu vorgestellter Dampf-Kleinpflug, der auch als Straßenlokomotive Verwendung finden konnte und einen speziellen Walzensatz besaß. Hierdurch konnte nach kurzer Umrüstung eine Dampf-Straßenwalze entstehen. Im Jahr 1923 wurde dann die

Links: Prospekt aus dem Jahr 1926 *Mitte:* International anerkannt: Auf der Illustration von 1929 wurde eine Kemna Dreiradwalze HMS dem Zeitgeist entsprechend abgebildet. *Rechts:* Prospekt aus dem Jahr 1930

Links: Straßenbau in Afrika: Während der Kolonialzeit gelangten zahlreiche Kemna Saßenwalzen auch auf den afrikanischen Kontinent. Noch viele Jahre nach dieser Ära wurden die langlebigen Maschinen dort von einheimischen Baufirmen eingesetzt.
Rechts: Unter Palmen: Auch auf den Philippinen waren Kemna Straßenwalzen aus Breslau anzutreffen.

erste deutsche Straßenwalze mit Rohölmotor präsentiert. Deren Herzstück war jetzt ein Vier-Zylinder-Deutz-Motor, konstruiert als Viertakt-Vergasermaschine mit einem Spezial-Rohölvernebler.

Mehr und mehr bekamen nun Land- und Straßenbaumaschinen eine große Bedeutung für das Unternehmen aus Niederschlesien und vor allem das Angebot an Straßenwalzen wuchs beachtlich. Daneben genoss die zuvor 1932 ausgegliederte Kemna Straßenbauabteilung in Berlin ein hohes Ansehen in der Fachwelt. Kemna war damit sowohl Produzent als auch Bauunternehmen. Das durchaus umfangreiche Bauprogramm wurde jedoch ab 1938 erheblich reduziert. Grund dafür war die durch die Nationalsozialisten angeordnete Vereinheitlichung der Baumaschinen im Deutschen Reich. Diese sah vor, dass alle damaligen Hersteller nur noch abgestimmt Maschinen produzieren sollten. Von den Motorwalzen hatten so die Einradwalzen mit und ohne Lenkrad nur noch Grundgewichte von 1, 2, 3 und 4 t, Tandemwalzen durften ausschließlich 5 t wiegen und Dreiradwalzen lediglich Grundgewichte von 4, 6, 8, 10 und 12 t besitzen. Für Einsätze in anderen Ländern und Kolonien waren allerdings von dieser Norm abweichende Gewichte zugelassen. Bis 1942 verließen noch Kemna Walzen das Werk in Breslau – unter ihnen auch die neuentwickelte Kemna Gigant Dreiradwalze.

Der Zweite Weltkrieg hinterließ auch in Breslau furchtbare Spuren. Die gesamten Produktionsanlagen lagen in Schutt und Asche. Im Zuge der Gebietsabtretung Schlesiens an Polen wurde das Kemna-Werk im Jahr 1945 enteignet. Später stellte die polnische Firma Fadroma dort wieder Baumaschinen wie Straßenwalzen und Schaufellader her. Sowohl die Kemna-Straßenbauabteilung in Berlin als auch die Maschinenbauabteilungen aus Breslau machten sich nunmehr auf den Weg Richtung Westen, gleichwohl in der Hoffnung, dort einen Neuanfang wagen zu können. Ein Teil des Trecks gelangte über den Landweg nach Norddeutschland. Von dort aus begann sich der Straßenbau wieder neu auszurichten. Auf diesem Gebiet war Kemna seit Jahrzehnten führend und hatte den damals „neuzeitlichen Straßenbau“ mit Asphaltmischanlagen, Einbauverfahren und natürlich Straßenwalzen entscheidend geprägt. In Lübeck und Pinneberg entstanden nun neue Niederlassungen, die schon bald erfolgreich weiterarbeiten konnten. Weniger gelungen war zunächst der Neuanfang für die Kemna-Straßenwalzenproduktion. Diese sollte ab 1945 in Heidenheim als Rheinhessische Maschinenbaugesellschaft im Rheinland starten. Dieser Versuch scheiterte jedoch.

Neubeginn an der Ostsee

Eine persönliche Bekanntschaft zwischen Hans Hagelstein und den Eheleuten Hans-Wolf und Hildegard von Eisenhart-Rothe, einer geborenen Kemna, sollte die abrupt durch den Krieg beendete Tradition der Kemna Straßenwalzen nun jedoch wieder weiterleben lassen. Während die aus Schlesien Vertriebenen mit der Unterstützung von Hans Hagelstein in Travemünde eine neue Heimat finden konnten, einigten sich beide Seiten darauf, die Bau- und Markenrechte nach und nach abzutreten.

Typ	tonn.	Ausführung
HLE	6^2–8	Tandem
HLN	8–9^5	Tandem
HLS	8–9^5	a tre ruote
KG	6–7^5	Attrezzatura per la marcia su binario ferroviario
KGS	8–9^5	a tre ruote
HM	10^5–14	a tre ruote
HMS	12^5–18	a tre ruote
KBN	1^5–2	Con attrezzatura per la marcia su strada con 4 gomme semipiene
KBS	2^6–3^8	Con attrezzatura per la marcia su strada con 4 gomme semipiene
HZ	4–6^1	Con attrezzatura per la marcia su strada con 4 gomme semipiene
		Con attrezzatura per la marcia su binario ferroviario
HZN	6–7	Tandem
HZNS	$4.^2$–$7.^5$	
HZS	$4.^3$–$8.^6$	
KGN	$4.^3$–$8.^8$	

Kemna Straßenwalzen-Programm 1936

Die Perspektive, Straßenbaumaschinen in Travemünde zu fertigen, erschien Hans Hagelstein überaus interessant. Möglicherweise geschah das alles während eines längeren krankheitsbedingten Ausfalls seines Vater im Jahr 1948, denn dieser war in die Pläne zunächst nicht eingeweiht worden. Ohnehin war der Seniorchef zu der Zeit über Gebühr und sehr aufreibend in politischer Tätigkeit – als Landtagsabgeordneter, Mitglied der Lübecker Bürgerschaft und schließlich als Finanzsenator der Hansestadt – im ganzen Land unterwegs und widmete sich daher nicht mit der vollen Aufmerksamkeit allen Details im ansonsten gut laufenden Betrieb.

In einem „Geheimbund" mit einigen eingeschworenen Mitarbeitern ließ Hans Hagelstein nun erste Kemna-Konstruktionspläne prüfen und begann nächtens an einer abgelegenen Stelle auf dem Fabrikgelände mit den ersten Stahlbauarbeiten. Da unmöglich das gesamte Fertigungsprogramm von Kemna übernommen werden konnte, konzentrierte sich die Arbeit vor allem auf die drei kleineren Einradwalzen der Typen EW 15, EW 30 und EW 50 sowie die noch kurz vor Kriegsausbruch von Kemna vollkommen neu entwickelten Dreiradwalzen der Typen Gigant 10 sowie Gigant 12. Vor allem in diesen beiden hochmodernen Dieselwalzen sah Hans Hagelstein eine Zukunft, denn der Wiederaufbau der neuen Bundesrepublik stand kurz bevor. Unfassbar groß schätzte er den Bedarf an Baumaschinen jeglicher Art ein und sollte damit Recht behalten.

Bis zum Jahr 1945 wurde die Kemna Einradwalze EW 30 auch unter der Maschinen-Nummer 802 45 01 von der Deutschen Reichsbahn offiziell für Gleisbauarbeiten angeschafft und eingesetzt.

Die Firma Savigliano in Turin fertigte ab 1936 Kemna Straßenwalzen auch in Lizenz. Unter der Bezeichnung Kemnarulli wurden diese dann in Italien sowie auf einigen Exportmärkten der damaligen Zeit vertrieben.

Links: Prospekt aus dem Jahr 1937 *Rechts:* Die ursprünglich aus Breslau stammende Kemna Einradwalze EW 30 gehörte zu den ersten Maschinen, deren Produktion nach dem Zweiten Weltkrieg in Travemünde wieder aufgenommen wurde.

Links: Eine Kemna Einradwalze KBN beim Verdichten eines Dammes. *Rechts:* Bereits in den Dreißigerjahren wurden die kompakten Kemna Einradwalzen beim Bau von Wegen und für Straßenreparaturen sehr geschätzt. Auch für den Komfort war gesorgt und so konnten die Maschinen bereits damals mit einem Schutzhaus ausgerüstet werden.

Links: Auf der Walz: Auf eigener Achse und mit dem Aufreißer konnte die Kemna Einradwalze EW 50 von einem Einsatzort zum nächsten fahren. *Rechts:* Typischer Einsatz: Für die Befestigung der Gehwege, entlang der mit Kopfsteinen gepflasterten Straßen, wurde hier eine Kemna Einradwalze EW 30 eingesetzt.

Baustellenalltag in den Dreißigerjahren.

Premiere in Hannover

Schnell wurde allen jedoch auch deutlich, dass vor allem die großen, glatten Bandagen eine Herausforderung für die sonst dem Schiffbau zugewandten Metallbauer waren. Dennoch waren die Fabrikationsanlagen für derartige Ausführungen besten ausgestattet und es gelang zügig, geeignete Lösungen zu finden. Beistand hatte Hans Hagelstein und seine Belegschaft dann auch von einigen ehemaligen Kemna-Konstrukteuren aus Breslau, die neben einem persönlichen nun auch einen beruflichen Neuanfang in Travemünde fanden.

Ihre Premiere hatten die Kemna Straßenwalzen vom „Alleinhersteller Alfred Hagelstein“ im Jahr 1950 auf der Industriemesse in Hannover. Mit einem heimlich der Schiffswerft „entliehenen“ Transporter startete Hans Hagelstein zusammen mit seiner Frau Heilwig im März nach Hannover. Auf einem noch recht bescheidenen Ausstellungsstand – mit gemietetem Sonnenschirm und Klappstuhl – zeigten beide erstmals der Fachwelt die neue Baumaschine aus Travemünde. Sie waren zunächst, ob der doch recht verhaltenen Reaktionen der Messebesucher, nicht überaus gestärkt, den rechten Entschluss gefasst zu haben. Immerhin galt es neben den zukünftigen Kunden auch den noch durchaus kritischen Vater von seinem Vorhaben zu überzeugen. Doch der Anschein täuschte, denn noch rechtzeitig kurz vor Messeschluss konnte das mitgebrachte tonnenschwere Exponat direkt verkauft werden. Neben diesem in Gänze erfreulichen Umstand nahmen viele Besucher der Messe nun auch die Botschaft „Kemna ist wieder da“ mit nach Hause und nach nur wenigen Wochen gingen tatsächlich erste Bestellungen ein. Die Serienproduktion konnte nun beginnen und die Marke Kemna nach drei Generationen in Breslau, ab 1951 im Besitz von Hans Hagelstein, weiterbestehen.

Prospekt aus dem Jahr 1930

Große Steigfähigkeit: Eindrucksvoll wurden die Vorzüge der Kemna Einradwalzen bei deren Verladung in Szene gesetzt.

Geländegängigkeit bewies diese Kemna Einradwalze: Der Lenkkopf konnte auch größere Neigungen gut ausgleichen.

Prospekt aus dem Jahr 1937

Prospekt aus dem Jahr 1940

Links: Prospekt aus dem Jahr 1939 *Rechts:* Museumsstück: Anlässlich des HATRA-Firmenjubiläums im Jahr 1969 beschafften sich einige technische Mitarbeiter diese damals 45 Jahre alte Kemna Dreiradwalze HMS, um sie später vollständig restauriert an Hans Hagelstein zu übergeben. Seit Dezember 1968 posierte die alte Maschine dann vor dem Haupteingang des Verwaltungsgebäudes. Einige Zeit später wurde sie zum Werk II geschafft. Noch bis 1979 stand die historische Walze auf dem Gelände an der Travemünder Landstraße.

Von der Schiffswerft zur Baumaschinenfabrik

Die einzigartige und erfolgreiche Umstellung des Unternehmens

Bereits im ersten Jahr nach ihrer Vorstellung auf der Exportmesse in Hannover konnten rund 100 Straßenwalzen aus Travemünde ausgeliefert werden. So zögerlich sich der Start vollzog, schnell stieg die Nachfrage nach den Maschinen der Traditionsmarke Kemna nun auch aus der neuen Produktionsstätte. Um hier möglichst zügig liefern zu können, musste im Werk rasch Platz geschaffen werden. Anfangs wurden die Walzen in Reihen nebeneinander und in Kleinserien von fünf oder zehn Stück aufgelegt. Dennoch blieb die Kemna Straßenwalzen-Produktion anfangs für einige Zeit ein Nebengeschäft, denn mit der Schiffs- und Reparaturwerft wurden nach wie vor die meisten Umsätze generiert.

Doch das sollte sich bald ändern, denn in der Bundesrepublik waren die Kemna Straßenwalzen sehr stark gefragt. Neben dem inländischen Bedarf wuchs auch der Export stetig – teilweise lag er bei 80 Prozent – und in Holland, Norwegen, Island, Indonesien und Japan wurden neue Märkte erschlossen. Der Baumarkt entwickelte eine schier unfassbare Nachfrage an Baumaschinen und die Gesamtproduktion aller deutschen Hersteller von Straßenwalzen stiegt vom Jahr 1952 mit 8379 t hergestellten Maschinengewichten und einem Wert von 22,6 Millionen Mark auf 12.400 t und 39,1 Millionen Mark im Jahr 1956.

Der außergewöhnliche Erfolg der Straßenwalzen gab Hans Hagelstein nun Recht und zudem eine gewisse Genugtuung gegenüber seinem Vater. Auch dieser erkannte nunmehr das Potential der Baumaschinensparte in der nahenden Zeit des deutschen Wirtschaftswunders und gewährte seinem Sohn für diesen neuen Geschäftsbe-

Das HATRA Verwaltungsgebäude am Travemünder Baggersand: Neben der Schiffswerft begann ab 1950 fast zeitgleich die Produktion der ersten Kemna Straßenwalzen. Damals hatte das Unternehmen rund 165 Beschäftigte und erwirtschaftete einen Umsatz von 4,8 Millionen Deutsche Mark. Als ab 1953 auch Seeschiffe gefertigt wurden, stieg die Belegschaft auf über 300 und der Umsatz konnte dadurch fast verdoppelt werden.

Blick auf den Fabrikhof: Zahlreiche neue Kemna Straßenwalzen warteten auf dem Vorplatz auf ihre Verladung. Daneben herrschte geschäftiges Treiben – in der Maschinenfabrik gleichermaßen wie in der Schiffswerft. Nacheinander wurden die Flächen später neu gestaltet und viele Gebäudeteile kamen hinzu. Über eine Verladerampe konnten die fabrikneuen Baumaschinen entweder auf einen Eisenbahnwaggon oder auf Lastzüge bugsiert werden.

Links: Lange Reise: Von Travemünde aus gelangten viele Maschinen auf dem Seeweg zu ihrem Bestimmungsort. Auch diese Kemna Gigant Dreiradwalze der ersten Bauart wurde im Lübecker Hafen verladen, um so beispielsweise über die Ostsee weiterverschifft zu werden. Am dortigen Behnkai stand dann für die Umladung derartiger Schwergewichte ein geeigneter Hafenkran zur Verfügung.
Rechts: Auf in die Welt: Eine Kemna Tandemwalze TW 61 wurde hier für den Exportversand vorbereitet. Ihr Ziel war Indonesien – für dieses Land übernahm von 1951 bis 1958 die Ferrostahl in Essen den Vertrieb von HATRA Baumaschinen. Zuvor hatte die Tischlerei für den langen Weg entsprechende Transportkisten gefertigt, mit denen die Maschinen dann abgedeckt wurden. Insgesamt sollten hier noch weitere vier Walzen folgen und auf die lange Reise gehen.

reich ab jetzt mehr Freiraum. Dennoch schlug das Herz des Seniors weiterhin für den Schiffbau. Immerhin stammten seinerzeit noch rund zwei Drittel des Gesamtumsatzes aus dem Werftbetrieb. Anders als sein Vater sah Hans Hagelstein trotz der anhaltend guten Auftragslage im Schiffbau die kommende Entwicklung voraus und versuchte mit allen Möglichkeiten den Maschinenbau zu forcieren. Auch hatte er, wie er selber formulierte, von Anbeginn dem Schiffbau nicht die gleiche Liebe entgegengebracht wie sein Vater, der ihm kein leichter Partner war und es deshalb mitunter recht schwer gewesen sein mochte, die eigene Meinung durchzusetzen.

Große Verkaufserfolge im In- und Ausland

Der Absatz der Straßenwalzen entwickelte sich von Jahr zu Jahr besser. Überwiegend auf Messen, im In- und Ausland, wurden anfangs neue Kunden gefunden. Erst nach und nach kam eine zusätzliche Vertriebsstruktur über das Händlergeschäft – überwiegend im

Bereit zur Verladung stand diese Charge von sechs Kemna Gigant Dreiradwalzen im Lübecker Hafen. Die Umladung auf ein Seeschiff erfolgte dann mit dem großen Hafenkran. In der Hansestadt herrschte in den Nachkriegsjahren ein reges Treiben und der Ostseehafen hatte eine immense Bedeutung für die Region. Gegenüber dem Behnkai befanden sich die Fabrikanlagen der LMG, später Orenstein & Koppel.

Oben und Mitte: Eindrucksvoll rumpelten diese fünf nagelneuen Kemna Gigant Dreiradwalzen über die Kopfsteine zur Verladestelle im Lübecker Hafen. Das Geräusch der Stahlbandagen hatte sicherlich für zusätzliche Aufmerksamkeit gesorgt. Dabei war es damals durchaus üblich, dass Straßenwalzen sich auch auf öffentlichen Straßen fortbewegten. Lange Wege waren dabei nicht selten und so stellten die 17 km vom Werk in Travemünde nach Lübeck auch keine große Herausforderung für die Maschinen dar.

Unten: Im Lübecker Hafen angekommen wurden die fabrikneuen Straßenwalzen zunächst für das Fotomotiv vor der historischen Altstadtkulisse der Hansestadt Lübeck in Position gebracht. Diese war seinerzeit noch deutlich vom Krieg gezeichnet: Trümmerberge und die fehlenden Türme der Marienkirche zeugten noch vom zurückliegenden Palmarum des 29. März 1942. Doch nicht alles fiel den Bomben zum Opfer. Der große hydraulische Bockdrehkran von Daniel & Lueg aus dem Baujahr 1893, vor dem die Kemna Gigant Dreiradwalzen damals standen, ist auch heute noch auf der Spitze der nördlichen Wallhalbinsel zu finden.

Links: Gut verpackt gingen hier weitere Kemna Gigant Dreiradwalzen auf dem Exportweg in die Welt. Bestimmungsort war die Stadt Makassar in Indonesien.

Rechts: Prospekt aus dem Jahr 1955

Links: Industriemesse in Hannover: Auch 1956 zeigte HATRA sein Bauprogramm auf der weltgrößten Leistungsschau für Investitionsgüter. Messen waren für das Unternehmen eine der wichtigsten Möglichkeiten mit Kunden aus aller Welt in Kontakt zu treten. Mit Erfolg: Nach jeder Veranstaltung kamen die Verkäufer mit prall gefüllten Auftragsbüchern zurück nach Travemünde. Ebenso wurden Anregungen für neue Baumaschinen gesammelt und danach durchdacht. *Rechts:* Premiere: Auch die erste Eigenentwicklung aus Travemünde durfte auf der Industriemesse in Hannover nicht fehlen. Die neue Kemna Gigant 6 wurde dafür entsprechend auf den Sockel gehoben. Auch wenn sich die erste Bauform der kleinsten Dreiradwalze aus Travemünde noch gegenüber der späteren Serienfertigung ändern sollte, war die Maschine ein die Fachwelt beeindruckendes Exponat.

Auch auf der Baumusterschau des Jahres 1956 in München wurde das Programm der Kemna Straßenwalzen präsentiert. Erst zwei Jahre später entstand der zukünftige Name „bauma", der bis heute für die weltgrößte Ausstellung dieser Art steht. Die Messe wuchs von Jahr zu Jahr – ebenso HATRA: 1957 beschäftigte das Unternehmen bereits über 600 Menschen und erwirtschaftete einen Umsatz von über 21 Millionen Deutsche Mark.

Links: Fest verzurrt und gut fixiert verließ eine weitere Kemna Gigant Dreiradwalze das Travemünder Werk auf dem Schienenweg. Der direkte Gleisanschluss an der Travemünder Landstraße eröffnete so tausenden Baumaschinen den Weg in die Welt. *Mitte:* Kemna Straßenwalzen aus Travemünde in aller Welt im Einsatz. *Rechts:* Der weltweite Export der Kemna Straßenwalzen begann bereits 1950. Zu den ersten Ländern gehörten die Schweiz, Österreich, Belgien, Holland, Indonesien, Südafrika, Schweden, Norwegen, Dänemark, Finnland, Irland, Frankreich, Spanien, Portugal, Argentinien, Ägypten, Griechenland, Türkei, Indien, Iran, Polen, Bulgarien, Rumänien, die Tschechoslowakei sowie die Sowjetunion. Den Vertrieb in Italien übernahm Dr. Michele Castagnetto aus Mailand, der hier zusammen mit Hans (links) und Alfred Hagelstein vor der Hauptverwaltung in Travemünde zusammengetroffen war.

Ausland – hinzu. Die Resonanz der Kunden hinsichtlich der Qualität und Ausstattungen der Straßenwalzen war sehr gut und die einstigen Schiffbauer aus Travemünde waren sichtlich stolz auf ihren internationalen Erfolg und die große Anerkennung, die ihnen gegenüber innerhalb der doch recht kurzen Zeit ihrer Marktpräsenz ausgesprochen wurde.

Auch die Wettbewerber wurden aufmerksamer und sahen eine starke Konkurrenz in den Kemna Straßenwalzen von der Ostsee. Der Baumaschinenmarkt war, kurz nach der Währungsreform, nun langsam wieder etwas erstarkt und vor allem die alteingesessenen Hersteller aus dem Westen der Bundesrepublik positionierten sich neu. Zu den Hauptwettbewerbern, die das Kriegsgeschehen überstanden hatten, gehörten seinerzeit die Firmen Kaelble, Ruthemeyer, Scheid und eine Weile noch Orenstein & Koppel. Andere Firmen, wie Pemag aus Pommern oder Schwartzkopff aus Berlin, hatten die Zeiten nicht überlebt. Der Blick auf das Marktumfeld war für Hans Hagelstein daher ebenso wichtig wie das Bestreben nach ständigen Verbesserungen seiner Maschinen. Auch hörte der Unternehmer den Kunden immer genau zu und nahm deren Belange und Anregungen stets in seine nächsten Überlegungen mit auf. Nun hieß es, das Bewährte rasch weiterzuentwickeln. Viele der Abnehmer von Straßenwalzen wünschten sich neben Straßenwalzen auch eine weitere Baumaschine in derselben Qualität, um in ihrer Produktionsfolge rationeller arbeiten zu können, denn vor dem Walzen stand die Erdbewegung.

Mehr Angebot durch Schaufellader

Inspiriert durch die zahlreichen Messen und Ausstellungen wurde das Interesse von Hans Hagelstein recht schnell auf eine damals vollkommen neue Erdbewegungsmaschine gelenkt. Waren es bis dato überwiegend große Seilbagger und Planierraupen, die auf Baustellen große

In Italien beliebt: Eine Kemna Gigant Dreiradwalze posierte vor dem Porta Sempione in Mailand.

Mengen an Erdreich bewegten, wurde nun aus den USA ein luftbereiftes Ladegerät präsentiert, das dort schon seit Jahren bewährt war: der Schaufellader. Das Angebot an diesen neuartigen Baumaschinen war 1952 noch sehr überschaubar, aber es zeichneten sich bereits unterschiedliche Bauarten ab, über deren Zukunft am Ende die Gesetze des Marktes entscheiden würden. Zum einen waren da handelsübliche Traktoren, die mit einer Frontladeeinrichtung versehen wurden. Zum anderen existierten Lader, die auf einem umgedrehten Traktor basierten und deren große Räder beim Vorschub eine gute Traktion verschafften. Eine weitere Variante wurde vom amerikanischen Hersteller Mandt aus Ohio, später Pettibone, gezeigt. Das charakteristische Merkmal dieser Maschinen war deren Schwenkbarkeit um jeweils 90 Grad aus der Fahrtrichtung nach links und rechts. Ein Manövrieren und damit anstrengendes Lenken des Laders, wie es bei allen anderen Versionen üblich war, entfiel. Das Material konnte – der menschlichen Schaufelbewegung gleich – links oder rechts abgeworfen werden. Weniger Fahrwege reduzierten den Verschleiß von Antrieb und Bereifung. Zudem konnten die ersten Mandt Typen 58 und 78 auch mit einem Kran- oder einem Tieflöffelausleger versehen werden und waren dadurch noch universeller einsetzbar. Alle Bewegungen wurden hydraulisch gesteuert und konnten daher bequem von einer Person ausgeführt werden. So etwas gab es vorher noch nicht und auch Hans Hagelstein war begeistert und überzeugt zugleich, dass eine solche Baumaschine eine große Zukunft haben würde.

Zwischenzeitlich war auch Alfred Hagelstein leichter von den Vorschlägen seines Sohnes zu überzeugen und so leitete er unbemerkt von den meisten seiner Mitarbeiter bereits 1954 die Konstruktionsarbeiten für den Bau eines Schwenk-Schürfladers ein. Nun hieß es für die ehemaligen Schiffbauer in völlig anderen Dimensionen zu denken und zu entwickeln. Noch fehlte es an der nötigen Erfahrung und viele Anläufe glichen Experimenten. Physikalische Wirkungen, Materialsorten und vor allem die noch kaum erlernte Kenntniss von hydraulischen Kräften bei der Konstruktion von Baumaschinen stellen das Entwicklerteam vor eine große Aufgabe. Zwar hatte man mit den Konstrukteuren Horst Betten, Karl Görner und Erwin Willms durchaus erfahrene Männer zur Verfügung, aber Schaufellader waren noch etwas anderes als Straßenwalzen. Zusätzlich drängte die Zeit und die Ungeduld vor allem von Hans Hagelstein, der ja rechtzeitig mit einer Innovation die Kunden begeistern und die Konkurrenz beeindrucken wollte. Nicht zu Unrecht, denn ein Mitbewerber, ganz in der Nähe bei Rendsburg be-

Einsatz in Indien: Auf diese Kemna EW 30 wartete im südasiatischen Land eine Menge Arbeit. Viele Walzen standen Jahrzehnte zuverlässig im Dienst der dortigen Bauunternehmen. Das galt auch für die gleichfalls nach Indien gelieferten Kemna Gigant Dreiradwalzen, die im Dschungel wie auch im Großstadtgewimmel wertvolle Arbeit verrichteten.

Einsatz in der Schweiz: Eine Kemna Gigant 10 mit mechanischem Aufreißer.

Anzeige aus dem Jahr 1959

heimatet, hatte bereits das Konzept eines Schwenkladers umgesetzt und konnte mit dem Ahlmann „Allround" seit 1952 nun eine solche marktfähige Maschine anbieten.

So präsentierte HATRA auch bei der Messe 1954 bei weitem noch keine ausgereifte Serienmaschine. Vielmehr ging es darum, der Fachwelt zu zeigen, dass neben den bewährten Kemna Straßenwalzen nun auch eine Erdbewegungsmaschine in das Angebot mit aufgenommen wurde und diese zugleich überaus zukunftsweisend war. Hatte diese doch bereits ein durchaus außergewöhnliches Konstruktionsdetail, welches bislang noch von keinem der etablierten Radladerhersteller in Deutschland gewagt wurde: eine Allradlenkung. Lediglich The Baker-Lull Corp. aus Minneapolis hatte diese Eigenschaft an einem, jedoch konventionellen „Fahrlader" umgesetzt. Das Konstruktionsbüro in Travemünde dachte somit schon viel weiter und konnte dadurch mehr anbieten als das schwenkbare Vorbild aus den USA und die Konkurrenz in Deutschland. Und Hans Hagelstein behielt mit derartigen Lösungen die praxisbezogenen Aufgaben der Kunden immer im Blick. Es war nun ein Schaufellader geschaffen worden, der alle bis dahin möglichen Vorteile in sich vereinigte und höchstmöglichen Nutzen versprach. Mit diesem zweiten großartigen Produkt und allen darauffolgenden, zum großen Teil innovativen Weiterentwicklungen entstand jetzt neben Kemna eine weitere große deutsche Baumaschinenmarke: HATRA.

Unikat: Die frühen Jahre der deutschen Baumaschinenindustrie waren vielfältig und erfindungsreich. Auch HATRA unternahm viele Versuche der überwältigenden Nachfrage mit neuen Maschinen zu begegnen. Neben den bereits gut eingeführten Kemna Straßenwalzen sollte 1956 auch eine Rüttelplatte das Angebot ergänzen – jedoch nicht mit dem erhofften Erfolg.

Die HATRA Baumaschinenproduktion

Der kometenhafte Aufstieg und weltweiter Ruhm

Drei Jahre nach der Einstellung des Schiffbaus waren am Travemünder Baggersand noch die Reste der Hellingen zu erkennen, auf denen rund zehn Jahre lang eine rege Beschäftigung stattfand. Nun wurde der Platz für neue Werksanlagen benötigt, da sich das Baumaschinengeschäft bei HATRA seit 1962 überproportional erfolgreich entwickelt hatte. Neben den Kemna Straßenwalzen war es vor allem der durchschlagende Erfolg des HATRA Schwenkladers SL 125, dessen große Nachfrage das Unternehmen nunmehr an seine Kapazitätsgrenze brachte.

Und der Bedarf schien nicht zu enden: Bereits 1961 wurde deutlich, dass eine wirtschaftliche Durchführung der von der damaligen Bundesregierung vorgegebenen zwei separaten Vierjahrespläne zum Ausbau der Verkehrsinfrastruktur bis zum September 1966 nur dann zu realisieren wäre, wenn eine weitergehende Mechanisierung im Bauwesen erfolgen würde. Die deutsche Straßenbauindustrie verfügte zu diesem Zeitpunkt über einen Bestand an Maschinen in Höhe von rund 600 Millionen Deutsche Mark. Dieser musste nunmehr erheblich erhöht und Investitionen für Erweiterungen und Erneuerungen vorgenommen werden. An die Hersteller von Baumaschinen wurden jetzt beträchtliche Anforderungen gestellt, damit diese den großen Bedarf zu decken vermochten. Die Entscheidung von Hans Hagelstein, das Angebot um weitere Baumaschinen zu erweitern, war goldrichtig und lag somit vollkommen im Trend der Zeit.

Immerhin war es Hans Hagelstein bisher sehr gut gelungen, die Umstellung von einer Werft hin zu einem Maschinenbauunternehmen zu vollziehen, was nicht nur höchste finanzielle, organisatorische und personelle Herausforderungen mit sich brachte, sondern auch das erfolgreiche Umschiffen zahlreicher steuerrechtlicher Klippen voraussetzte. Das Steuergesetz machte es seinerzeit fast unmöglich einen Werftbetrieb hin zum Maschinenbau zu wandeln, aber auch hier fand Hans Hagelstein Mittel und Wege. Immerhin ist es ihm mit HATRA als einzigen westdeutschen Unternehmen überhaupt gelungen, den Werftbetrieb rechtzeitig und nahezu vollständig auf eine andere Fertigung mit großem Erfolg auszurichten und im Jahr 1963 mit dem Baumaschinenwerk I und durchschnittlich 820 Beschäftigten einen Umsatz von über 90 Millionen Deutsche Mark zu erwirtschaften.

Über 15 Millionen Deutsche Mark Investitionen bis 1966

Im Fokus der Anstrengungen standen zunächst die Neueinrichtungen weiterer moderner Produktionsstätten für die Fertigung der Walzen und Schaufellader. Bei der Erweiterung und Umplanung des Werkes I wurde neben elektronisch gesteuerten Werkzeugmaschinen, die zum Teil selbst entwickelt wurden, sowie einem leerlauffreien Produktionsfluss auch auf eine elektronisch gesteuerte Lagerhaltung großer Wert gelegt. Besonders rationell und damit kostensparend hatte sich die Entwicklung werkseigener Normen erwiesen. Einzelne Bauteile waren so für unterschiedliche Typen verwendbar, was auch die Ersatzteilvorhaltung deutlich reduzierte. Durch die Anwendung des Baukastenprinzips bei der Montage der einzelnen Typen galt so das Gesetz der großen Serie auch dort, wo die Stückzahl durch die Marktsituation zeitweise beschränkt war. Rund 10 Millionen Deutsche Mark investierte das Unternehmen bis 1963 allein aus eigenen Mitteln. Der Rest, weitere 5 Millionen Deutsche Mark bis 1966, musste über Kredithilfe von Geldinstituten herbeigeschafft werden.

Die Einrichtung des ab 1965 erweiterten Werkes I mit Fließbandfertigung entsprach dem modernsten Stand des technisch Möglichen. Hierzu zählten auch eine EDV-Anlage – zunächst IBM 360.20 – und eine elektronische Fertigungssteuerung mit funkgesteuerter Materialbereitstellung. Alles wurde je Arbeitsplan elektronisch erstellt und auf Mikrofilmen gespeichert. In der Fertigung waren Fließ- und Taktstraßen eingerichtet worden. Weiter gab es Bearbeitungsautomaten und NC-Drehmaschinen. Auch das im Jahr 1966 eingerichtete moderne Hochregal-Teillager wurde elektronisch gesteuert und unterhielt somit schon damals eine permanente Inventur. Innerbetriebliche Aufträge und eilige Änderungen von Arbeitsanweisungen wurden per Rohrpostanlage versendet. Die Gabelstapler auf den Materialplätzen waren allesamt per Sprechfunk verbunden.

Einführung der Fließbandarbeit für alle Baumaschinen

Für die Produktion waren die Abteilungen für die Werkzeugplanung, die konstruktive Arbeitsvorbereitung und die Endmontagenplanung maßgeblich. Durch sie wurden für alle Baumaschinen die Schweißgruppen für die Taktstraßen und die Fließbandmontage festgelegt. Es konnten dadurch unterschiedliche Typen unabhängig ihrer Bauart nacheinander montiert werden. Durch die permanente Bereitstellung der richtigen Teile konnte fortlaufend produziert werden. Weitere Abteilungen waren der Stahlbau (Halle I) für Walzenbandagen und Rahmen, die Montagen (Halle II) mit Lackierung und Erprobung, die mechanische Werkstatt (Halle III), das Zentrallager (Halle IV), das Konstruktionsbüro u.a. mit Zeichnungsverwaltung, Entwicklung und Versuchen sowie die Verwaltung mit dem Verkauf, der Werbung und der Geschäftsleitung.

Insgesamt bestand das Werk I für die Baumaschinenfertigung aus vier Hallen, die im Laufe der Expansion in unterschiedlichen Bauarten aneinander gestellt wurden. Zuweilen musste aufgrund der raschen Produktionsausdehnung auch nach außergewöhnlichen Wegen gesucht werden. Durch die große Bestellung der Bundeswehr über den HATRA Schwenklader SL 125 beispielsweise und den doch recht zügig vorgesehenen Lieferzeitraum, musste rasch umbauter Raum geschaffen werden. Hans Hagelstein entschied sich dazu, die langen Bauzeiten und Verfahren zu umgehen und orderte kurzerhand einen ehemaligen Hangar der englischen Royal Air Force. Dieser gelangte sodann auf dem Seeweg nach Travemünde, wurde dort wieder errichtet, den Anforderungen vor Ort angepasst und bot fortan den benötigten Platz für die Produktion der Feldarbeitsgeräte.

Die insgesamt 1650 HATRA Schwenklader SL 125, die von der Bundeswehr ab 1962 geordert wurden, sollten rationell am Taktband gefertigt werden. Somit wurden im Stahlbau zwei Bänder eingerichtet – eines für das Fahrgestell und eines für das Fahrerhaus. In der Endmontage waren es dann auch zwei Montage-Laufbänder. Auf dem einen konnte der Führerstand zusammengesetzt werden und das zweite war für die Montage des gesamten Schwenkladers vorgesehen. Jeweils rund 50 m lang waren beide Taktstraßen. Um den vorhandenen Raum möglichst gut auszunutzen, waren die Stellplätze der Montagekästen äußerst knapp bemessen. Alle Montagecontainer standen an der Hallenwand, daran schloss sich die Fahrbahn für Gabelstapler und Transportfahrzeuge an und danach folgte die rund 1,5 m breite Montagereihe. Die Bandbreiten entsprachen in etwa der jeweils herzustellenden Maschinentypen. Im Anschluss folgte dann eine weitere Montagereihe. Sowohl im Stahlbau als auch in der Montage wurde zudem größter Wert auf Ordnung und Sauberkeit gelegt, alles war exakt gestapelt und gereinigt. Auch die Werkzeugmaschinen wurden ständig gepflegt und erhielten regelmäßige Anstriche. Die Qualität der HATRA Baumaschinen sollte nach Ansicht von Hans Hagelstein bereits in allen Fertigungsbereichen sichtbar sein.

Moderne EDV unterstützt die Produktion

Eine große Herausforderung stellte die Materialbereitstellung dar. Alle Teile mussten exakt am richtigen Ort vorhanden sein, damit zügig und ohne Stillstand produziert werden konnte. Am Bandende befand sich die Tankstation, an der die fertigen Schwenklader mit Brenn- und Betriebsstoffen befüllt wurden. Direkt dahinter lag der Werkshof mit einem Stellplatz für jeweils vier fertige Maschinen. Diese entsprachen der geplanten Tagesproduktion. Alles war genau geplant und ein Stoppen des Montagebandes wurde nicht zugelassen. Wenn dann doch Teile fehlten und

Bereits 1954 gehörte HATRA auf der Industriemesse in Hannover zu den regelmäßigen Ausstellern. Imposant wurden dabei die Exponate in Position gebracht. Nahezu alle aktuell angebotenen HATRA Baumaschinen wurden so einem internationalen Fachpublikum präsentiert.

es dazu kam, wurde der Missstand auf dem Hof sofort sichtbar und eine entsprechende Reaktion von Hans Hagelstein, der stets das Geschehen im Blick hatte, folgte umgehend. Überhaupt war er, seiner Unternehmerpflicht folgend, höchst anspruchsvoll in Hinblick auf Neuerungen, Personalstrukturen und Industriedesign. Stets sollte Neues und Modernes im Betrieb integriert werden. Außerordentlich fortschrittlich war HATRA auch bei der Einführung der elektronischen Datenverarbeitung. Diese war in alle Bereiche durchgedrungen und machte die Abläufe hocheffizient. Nach Einführung der EDV-Arbeitspapiere wurden beispielsweise sämtliche Zeichnungen des Konstruktionsbüros mikroverfilmt und konnten nun über eine Zeichnungs-Vergrößerungsanlage bearbeitet werden. Die zuvor erstellten Zeichnungs-Bestellungs-Lochkarten der entsprechenden Arbeitsaufträge wurden in die Anlage eingegeben, danach erstellte diese automatisch die zugehörigen Zeichnung in unterschiedlichen DIN-Formaten. Diese Zeichnungen wurden danach manuell den Auftragspapieren beigefügt. Jeder Werksauftrag erhielt also eine neue Zeichnung, die nach Auftragserledigung vernichtet wurde.

Auch im mechanischen Bereich wurde automatisiert und eine Fertigungssteuerung installiert. Das Scheuer-System war so eingerichtet, dass immer zehn Baumaschinen zu einer Steuerungssäule gehörten. Jede Säule hatte zehn Zeilenfächer, die wiederum in die drei Spalten „Vorbereitung", „Arbeit" und „erledigt" unterteilt waren. Die Säulen waren telefonisch und optisch mit der Steuerungszentrale verbunden. Diese befand sich oberhalb der Produktion in einem Glasbau und wurde von einem Meister bedient. Hatte ein Werker seinen Auftrag erledigt, meldete er sich von der Säule aus in der Zentrale, der Meister zog die Papiere des gemeldeten Auftrages, stempelte den Lohnschein und gab diesen zur Verrechnung. Dann teilte er dem Arbeiter mit, dass seine erledigten Papiere in das entsprechende Fach als „erledigt" abzulegen seien und dass er den nächsten Auftrag aus dem Fach in „Vorbereitung" in das Fach in „Arbeit" zu legen hätte. Die Kontrolle und der Werksverkehr erledigte nun alles automatisch. Für Eilaufträge war ein Gabelstapler mit Sprechfunk ausgerüstet.

Erprobungsgelände und Versuchslabor

Jede neu gefertigte HATRA Baumaschine wurde vor ihrer Auslieferung an den Kunden sorgfältig geprüft. Hierzu gehörte die korrekte Einstellung sämtlicher Funktionen ebenso wie deren praktische Überprüfung. Die Walzen und Schaufellader wurden beispielsweise über eine längere Distanz in sämtlichen Gangstufen über die Straßen rund um das Werksgelände verfahren, wurden gebremst und mussten Steigungen überwinden. Oft führte der Weg auch ins nahegelegene Pöppendorf. Dort befand sich das Erprobungsgelände für alle Prototypen der Konstruktionsabteilung sowie aller fabrikneuer Maschinen vor deren Endabnahme. Vor allem die Erdbewegungsmaschinen wurden hier gründlich unter realen Einsatzbedingungen gefordert, um etwaige Undichtigkeiten innerhalb der Hydraulikanlage oder des Getriebes festzustellen. Danach ging es zur Mängelbeseitigung zurück ins Werk, wo nach einer Grundreinigung die endgültige Lackierung aufgebracht wurde. Jede HATRA Baumaschine sollte einwandfrei auf den Weg zum Kunden gehen.

Bei der Erprobung neuer Maschinen arbeiteten die Konstrukteure auch eng mit Anwendern und Kunden zusammen. Oft wurden Prototypen auch dort über eine längere Zeit unter praktischen Verhältnissen eingesetzt und auf mögliche Verbesserungen hin getestet. Besonders im Straßenbau und bei der Bodenverdichtung waren diese Einsätze unerlässlich. Allgemeingültige Angaben über Verdichtungsleistungen zu erhalten, scheiterten oft an der Gesetzlosigkeit der verschiedenartigen Materialien. Daher mussten alle weiteren Faktoren wie Geschwindigkeit, Frequenz bei Rüttelwalzen, Gewicht und Erregerkräfte genau berücksichtigt und erforscht werden.

Aber auch bei den Schaufelladern und Hydraulikbaggern mussten Bodenarten, Kräfte und Füllgrade genau abgestimmt werden, um leistungsstarke Maschinen entwickeln zu können. Hierfür befand sich in der HATRA-Konstruktionsabteilung ein spezielles Labor für derartige Auswertungen und Analysen.

Vertrieb über Klöckner & Co. und Kundendienst rund um die Uhr

Der Absatz der Kemna Straßenwalzen und des HATRA Schwenkladers SL 150 hatte sich zwischenzeitlich außergewöhnlich gut entwickelt. Der Hauptanteil der Kunden kam mit rund 65 Prozent aus Deutschland, der Rest war Exportgeschäft mit steigender Tendenz. Je nach Baumaschine waren hier jedoch auch Unterschiede zu verzeichnen, so lag der Exportanteil der Straßenwalzen zeitweise sogar bei 80 Prozent. Der Vertrieb der HATRA Baumaschinen erfolgte in Deutschland ab 1958 über die Handelsorganisation Klöckner & Co. aus Duisburg. Diese unterhielt seinerzeit bundesweite Niederlassungen in Hamburg, Hannover, Köln, Frankfurt, Stuttgart, Nürnberg und München. In den anderen Regionen verpflichtete HATRA kleinere Händler oder übernahm den Verkauf direkt. Ebenso wurde die gesamte HATRA-Kundendienstorganisation von Travemünde aus gesteuert. Überall hatte Hans Hagelstein dafür gesorgt, dass bestens im Werk ausgebildete Fach-

Vor der Montagehalle an Baggersand wartete 1959 ein Teil der fabrikneuen Straßenwalzen auf ihre Auslieferung. Ein weiterer Teil war noch nicht vollständig fertiggestellt. Der HATRA Schwenklader SL 150 kam aus der Erprobung zurück und wurde im Anschluss gründlich gereinigt und danach noch einmal lackiert. Gegenüber der Werkhalle befanden sich die ursprünglichen Büros der Konstrukteure. Im Hintergrund ragten noch die Werftkrane ihre Ausleger in den Himmel. Gut zu erkennen: Der Turm der St.-Lorenz-Kirche in der Travemünder Altstadt.

Links: Auf dem Werkshof, gleich hinter dem Haupttor, wurden die Bauteile unterschiedlicher HATRA Baumaschinen zwischengelagert. Überwiegend bestand dieser Vorrat 1961 allerdings für die Fertigung des HATRA Schwenkladers SL 125, die nun zügig für die Bundeswehr erfolgen musste. Die wichtigsten Baugruppen waren hier vorgefertigt: Rahmen, Achsen, Hubarme, Geräteträger, Schaufeln und Kabinen warteten darauf, zu einer kompletten Einheit zusammengefügt zu werden. Dafür standen Rollwagen bereit, mit denen die schweren Teile auf Schienen in die Montagehalle verbracht werden konnten. Entsprechenden Nachschub an Material lieferten die werkeigenen Transporter. Und auch Rahmen der HATRA Tandemwalze wurde schon bald zu einer fabrikneuen Baumaschine gefertigt. *Rechts:* Serienfertigung der HATRA Straßenwalzen: Ab 1962 wurden die Baumaschinen im Takt gebaut. Je nach Fertigungsstand rollten die Einheiten dann auf Schienen weiter, um Stück für Stück fertig montiert zu werden. Dabei wurden durchaus unterschiedliche Typen aufgelegt, was eine große Herausforderung für die Materialbereitstellung darstellte. Hier entstanden, neben den Straßenwalzen, auch die Schwenklader in Serie.

Von 1958 bis 1966 verkaufte die Handelsorganisation Klöckner & Co. alle Baumaschinen von HATRA.

Links: Der Werkshof wurde zum Abnahmegelände für die HATRA Feldarbeitsgeräte, die nun täglich in Losen von rund vier Maschinen das Montageband verließen. Während die fünf Schwenklader vorne bereits abfahrbereit waren, kamen die beiden hinteren Maschinen – eine davon mit Frisch-Planiereinrichtung – gerade aus der Erprobung und mussten noch fertiggestellt werden. Der Platz wurde immer begrenzter – Bauteile wie Achsen oder Bandagen für die Straßenwalzen lagerten überall. Ebenso die Prüfgewichte für die Schwenklader. Noch existierten die Flachbauten für die Konstruktion und die Techniker, doch schon bald mussten diese für weitere Hallen weichen. *Rechts:* Die große Nachfrage an HATRA Baumaschinen – vor allem der Auftrag der Bundeswehr – machte eine rasche Erweiterung der Werksanlagen notwendig. Neben der Montagehalle entstanden nun neue Gebäude, in denen die Werkzeug- und Fertigungsmaschinen untergebracht wurden.

Oben: Die Serienfertigung der HATRA Schwenklader SL 125: Die jeweilige Baunummer wurde zur Kennzeichnung gut sichtbar auf allen in der Produktion befindlichen Schwenkladern aufgebracht. So war jederzeit erkennbar, wie weit die Fertigung vorangeschritten war. Auf Schienen rollend erhielten sie nun immer mehr Gestalt, um am Ende zu einer bis heute außergewöhnlichen Baumaschine zu werden. Der Großauftrag für die Bundeswehr brachte für HATRA jedoch nicht nur eine Vollauslastung der Produktion, auch der Umsatz stieg in den Jahren 1961 bis 1963 von 82,8 Millionen auf 96 Millionen Deutsche Mark und erreichte seinen Rekord im Jahr 1966 mit insgesamt 98,0 Millionen Deutsche Mark.

Links: Parallel entstanden Schwenklader und Straßenwalzen. An jeder Montagestation standen die benötigten Bauteile rechtzeitig bereit. Ob Motoren, Verkleidungen oder Reifen – alles musste taktgenau eingebaut und unter den gegebenen Vorgaben fertiggestellt werden.

Zahlreiche Auslandsvertretungen übernahmen den Vertrieb von HATRA und Kemna Baumaschinen auf der ganzen Welt. Von 1951 bis 1958 verkaufte beispielsweise Ferrostahl aus Essen recht erfolgreich Straßenwalzen nach Indonesien. Von 1958 bis 1969 übernahm dann Klöckner das Handelsgeschäft für dieses Land und erweiterte um Indien und Fern-Ost.

Links und unten links: Publikumsmagnet: Die zahlreichen Messen waren eine hervorragende Gelegenheit für HATRA, die Neuheiten zum Teil spektakulär in Szene zu setzen. 1962 gelang das ganz besonders gut, denn auf dem großen Messestand in Hannover zeigten die Vorführfahrer vor allem den HATRA Schwenklader 125 in Aktion. Ein Spektakel, das sich offensichtlich keiner der Anwesenden entgehen lassen wollte. Die weiteren Neuheiten, wie die HATRA Schwenklader SL 80 und SL 200 sowie die erste HATRA Gummiradwalze GRW 90, verdienten aber eine ebensolche Aufmerksamkeit.

Rechts: Immer in Aktion: In Bewegung waren auf den Messeständen auch die Straßenwalzen. Hier demonstriert Werksmonteur und Vorführer Dietrich Juch eindrucksvoll die 18-Prozent-Steigfähigkeit der Kemna Tandemwalze TW 61.

Großes Programm: Auf einer Freifläche an der Travemünder Landstraße, die später auch als HATRA-Parkplatz für Mitarbeiter diente, wurden 1964 sämtliche aktuell gefertigten Baumaschinen für ein Gruppenfoto aufgereiht. Brandneu war der HATRA Schaufellader FL 50 sowie die HATRA Gummiradwalze GW 22. Ebenfalls neu ins Angebot kamen damals die handgefügten HATRA Duplex-Tandemwalzen.

An Ende der Bandstraße verließen die neuen HATRA Baumaschinen die Schienenwagen und rollten eigenständig weiter. Kurz drauf erfolgte die Prüfung sowie die Befüllung mit sämtlichen Betriebsstoffen. Voraussetzung für einen reibungslosen Produktionsablauf war eine sorgfältige Vorplanung für alle in der Taktfertigung vorgesehenen Typen. Ordentlich und griffbereit mussten daher die Bauteile entlang der Fertigungsstraße abgestellt werden.

leute als Monteure jederzeit einsatzbereit waren. Und das war mehr als ein Versprechen, denn HATRA garantierte seinen Kunden eine 24-Stunden-Reparaturzeit. Die Monteure waren fast Tag und Nacht unterwegs – ob Wochentag oder Wochenende. Dringend benötigte Ersatzteile wurden täglich von Hamburg per Luftfracht zu den nächstgelegenen Flughäfen der Einsatzorte gebracht, um dann sofort bei den Kunden oder auf den Baustellen eingebaut zu werden. Gleiches galt oft auch für Reparaturen im Ausland. Bei schwerwiegenden Problemen mussten meistens die Monteure aus Deutschland anreisen.

Auch wenn mit Klöckner & Co. ein Partner gefunden war, der die Vorzüge eines großen Handelshauses bot und zusammen mit anderen Baumaschinenmarken wie Liebherr, Demag, Zettelmeyer und natürlich den Magirus-Deutz Lastwagen für den Kunden ein recht umfängliches und interessantes Angebot bereitstellte, bedeutete diese Partnerschaft aber auch Nachteile. Zum einen schwand bei jedem Handel – trotz des Cashgeschäftes – ein Teil der Marge, zum anderen konnte Klöckner & Co. die hohen Ansprüche an das HATRA-Kundendienstversprechen nicht vollumfänglich erfüllen. Auch gab es teilweise Überschneidungen mit den Produkten der anderen Hersteller. Dennoch sollte das Vertriebsabkommen bis zum Jahr 1968 andauern.

HATRA Auslandsvertretungen

Seit Anbeginn der Baumaschinenproduktion baute HATRA Vertretungen auch im Ausland auf. Der Exportmarkt stellte eine wichtige Absatzmöglichkeit dar und so wurden zunächst in Dänemark, Schweden, Norwegen, Holland, Belgien, Frankreich, Österreich, der Schweiz, Irland, Italien, Spanien, Portugal, Ägypten, Brasilien, Argentinien, Südafrika, Griechenland, Indonesien, der Türkei oder im Iran Vertriebspartner gefunden. Zum einen konnten dafür Händler in den einzelnen Länder gefunden werden, zum anderen arbeitete die HATRA-Exportabteilung auch mit Agenten vor Ort. Diese waren dann auch in Nord- und Südamerika aktiv.

Links: Nachdem die letzten Neubauten die Schiffswerft verlassen hatten, wurde auf dem Gelände für die Helligen mit dem Bau einer weiteren Werkshalle begonnen. Hier wurden nach deren Fertigstellung Rahmen und Fertigungsteile für unterschiedliche Baugruppen hergestellt. Ebenso waren in der neuen Halle Farbspritzkabinen sowie später das Hochregallager untergebracht. *Rechts:* Weltweit gefragt: Auf dem Seeweg gelangten zahlreiche HATRA Baumaschinen in die entferntesten Länder der Erde. Seit 1958 gehörten auch Brasilien und Argentinien zu den erfolgreichen Exportländern.

Oben: Stark in Nordafrika: Rund zehn Jahre, von 1964 bis 1974, existierte die HATRA-Algerie als selbständiges Unternehmen mit Sitz in Algier. Neben dem Handel und Vertrieb von HATRA Baumaschinen wurde eine Service-Station sowie ein umfangreiches Ersatzteillager aufgebaut. In den ersten Jahren konnten bis 1966 zahlreiche Maschinen an die algerische Armee geliefert werden. Zusätzlich lieferte HATRA auch Fahrzeuge und Maschinen anderer Hersteller wie Frisch, Faun oder Wilhag an das Militär. Von 1967 an konnte die staatliche Ölgesellschaft Sonatrasch von HATRA mit eigenen Walzen und Hydraulikbaggern sowie mit Gradern von Frisch beliefert werden. Weiter erhielt beispielsweise die staatliche Baumaschinen-Einkaufsgesellschaft Sonacom zusätzlich auch Hydraulikbagger von O&K und die staatliche Straßenbaugesellschaft neben HATRA Baumaschinen auch Lastwagen von MAN. Insgesamt konnte HATRA in Algerien so jährlich rund 6 bis 8 Millionen Deutsche Mark Umsatz erzielen.

Rechts oben und Mitte: Um auf dem nordafrikanischen Markt erfolgreich sein zu können, war es ebenso notwendig, das Angebot und die Neuheiten stets und ständig zu präsentieren. Auf allen relevanten Messen und Ausstellungen war HATRA damals daher zu finden, um sich gegenüber der internationalen Konkurrenz zu etablieren. HATRA-Algerie zeigte unterschiedliche Typen für die zivile und militärische Nutzung. Das HATRA Mehrzweckgerät ML 70 durfte dabei natürlich nicht fehlen.

Rechts unten: Der Messestand war spartanisch. Drei Stühle, ein Tisch und ein Sonnenschirm mussten 1968 reichen, um die aktuellen HATRA Baumaschinen zu präsentieren. Mit dabei: Die HATRA Mobilbagger M 40 und M 60, die HATRA Schaufellader 700 und 1500, die HATRA Gummiradwalze GW 22 sowie die neue HATRA Tandemwalze TW 61 – allesamt in gelber sonnenabsorbierender Lackierung.

Eine besondere Aufmerksamkeit gegenüber HATRA Baumaschinen entwickelten seinerzeit auch einige bislang autokratisch geführte Länder wie Spanien, damals noch eine Diktatur, und das nordafrikanische Algerien. Besonders in Afrika konnte HATRA sehr enge und gute Beziehungen aufbauen. Möglicherweise lag es mit daran, dass sich das Land eigenständiger orientieren und sich weniger abhängig vom französischen Einfluss machen wollte. Hinzu kam, dass der Umgang mit derartigen Staatsformen von Hans Hagelstein und seinem Management offenbar gut verstanden wurde. So entstand eine respektierte Verkaufsbasis auf gleicher Augenhöhe, die HATRA nicht nur einen guten Absatz seiner Schwenklader SL 125 bei der Algerischen Armee ermöglichte, sondern auch eine gute Position im zivilen Markt sicherte. Für diesen wichtigen Markt wurde 1964 die eigenständige HATRA Algerie gegründet, von der aus nunmehr alle Vertriebs- und Kundendienstaktivitäten koordiniert wurden.

Fast jährlich neue HATRA Baumaschinen

Im Konstruktionsbüro in Travemünde wurde unterdessen unentwegt gearbeitet und das nicht nur, weil Hans Hagelstein stets darum bemüht war seine Baumaschinen zu verbessern und den sich verändernden Marktgegebenheiten anzupassen. Auch war ihm bewusst, dass der große Auftrag der Bundeswehr die Produktionskapazitäten seines Unternehmens lediglich bis 1965 voll auslasten würde. Aus diesen Erwägungen heraus wurden Marktforschungen betrieben und die guten Kontakte zur Kundschaft und den Händlern genutzt.

Im HATRA-Baumaschinenprogramm waren im Jahr 1962 die Straßenwalzen mit über 15 verschiedenen Typen gut vertreten. Für die Erdbewegung standen jedoch nur die Schaufellader HATRA SL 80 und HATRA SL 125 zur Auswahl und somit bestand im wachsenden Bereich der Erdbewegung noch erheblicher Nachholbedarf.

Markterhebungen hatten ergeben, dass der Wunsch vieler Bauunternehmer nach kleineren und wendigen Schaufelladern anstieg. Mit dem vorhandenen HATRA SL 80 konnte jedoch zunächst nicht der gewünschte Markterfolg erreicht werden und der HATRA SL 125 war für viele Aufgaben zu groß und erheblich teurer. Hans Hagelstein gab seinen Konstrukteuren somit die Aufgabe, einen praxisnahen, kompakten und einfach zu bedienenden Schaufellader zu entwickeln der dazu günstig zu produzieren war. Zudem, und das war dem Unternehmer wichtig, sollte die Maschine auch durch eine ansprechende, moderne Formensprache zukunftsweisend gekennzeichnet sein.

Der Konstruktionsgruppenleiter Friedrich Hachmann hatte folglich eine überaus herausfordernde Aufgabe erhalten, die so manchen nächtlichen Arbeitseinsatz notwendig machte. Alles bis dahin Realisierte musste neu erdacht werden – und das bei einer Baumaschinenart, die sich ohnehin erst seit ein paar Jahren gegenüber den bis dahin herkömmlichen Laderraupen zu etablieren versuchte. Nach einigen Prototypen und Abwägungen bezüglich der zu wählenden Antriebsformen konnte 1964 ein großartiger Erfolg vermeldet werden. Der neue HATRA Schaufellader FL 50 A entsprach in allen Punkten den anspruchsvollen Vorstellungen von Hans Hagelstein. Und auch bei der modernen Formgebung überließ man nichts dem Zufall.

Ausgezeichnetes Industriedesign bei allen neuen Baumaschinen

Das moderne Maschinendesign aller neuen HATRA Baumaschinen stammte jetzt erstmals von Louis L. Lepoix. Linear und stringent, kantig und sauber sowie mit glatten Flächen unterschieden sich dessen Entwürfe von den bislang runden und gewölbten Formen erheblich von den bisherigen Baumaschinen der Fünfziger- und Sechzigerjahre. Zudem war alles auch konstruktiv wohl durchdacht, praktisch und fertigungsgerecht. Neben der Optik standen für Louis L. Lepoix, der als international anerkannter Industriedesigner auch für weitere herausragende Entwicklungen anderer Baumaschinen und Nutzfahrzeuge erfolgreich war, stets auch der Blick des Bedieners auf die Maschinen im Fokus seines Schaffens. Deshalb wurden neben dem Komfort und dem Sichtfeld auch immer sämtliche Aspekte für eine bequeme Wartung und Pflege mit guter Zugänglichkeit aller dafür wichtigen Stellen berücksichtigt. Als Ergebnis dieser sowohl modernen, ansprechenden, genormten sowie praxisnahen Überlegungen entstand die sogenannte HATRA Zweckform.

Der neue Schaufellader HATRA FL 50 A erhielt im Jahr seines Erscheinens sogleich die von der Hannover-Messe verliehene Auszeichnung „if – Die gute Industrieform". Das war nun Prädikat und Ansporn zugleich für Hans Hagelstein und sein Konstruktionsbüro, auch bei allen weiteren Neuentwicklungen führend in diesem Punkt zu sein. Überhaupt sah sich das Unternehmen auf gutem Wege, in die Spitzengruppe der europäischen Baumaschinenhersteller vorzustoßen. Um dieses Ziel erreichen zu können, müsste, da war Hans Hagelstein sicher, das Angebot diversifiziert und erweitert werden. Nur mit guten Straßenwalzen und Schaufelladern alleine würden die stets steigenden Bedürfnisse der internationalen Märkte zukünftig nicht ausreichend abgedeckt sein. Eine weitere herausragende Erdbewegungsmaschine sollte nun folgen – modern und zukunftsweisend zugleich.

In vielen Ländern waren HATRA Baumaschinen gefragt – auch in Spanien. Bis zum Jahr 1964 übernahm Klöckner das Exportgeschäft, danach wurde die HATRA-Espania mit Sitz in Madrid als eigene Tochtergesellschaft gegründet. Weitere Auslandsgesellschaften waren HATRA-Export in der Schweiz (1963–70), HATRA-France in Paris (1963–67) sowie HATRA-Austria in Wien (1965–70).

Zukunftsmarkt für Hydraulikbagger

Die zahlreichen Messen und Ausstellungen, auf denen HATRA seine neuesten Erzeugnisse präsentierte, boten auch immer einen hervorragenden Überblick auf die Trends und Entwicklungen des sich damals rasant verändernden Baumaschinensektors. Sowohl deutsche als auch internationale Anbieter waren wie niemals zuvor damit befasst, von Jahr zu Jahr ihre Neuentwicklungen vorzustellen. Somit entging auch Hans Hagelstein nicht, dass besonders der Baggermarkt wuchs und einer einschneidenden Zäsur unterworfen war. Erstmals seit ihrer Erfindung wurden Bagger nicht mehr nur mit Seilen bewegt. Die fortschreitende Entwicklung hydraulischer Systeme brachte jetzt neue Möglichkeiten und eine vollkommen neuartige Baumaschine hervor den Hydraulikbagger.

Der Entschluss, auch einen solchen innovativen Bagger entwickeln zu wollen und das HATRA-Baumaschinenprogramm damit zu erweitern, wurde mit dem Beginn der ersten Konstruktionsarbeiten im Jahr 1963 konkret. Wieder stellten die großen Erwartungen und strengen Anforderungen von Hans Hagelstein für das Konstruktionsteam eine außergewöhnlich hohe Herausforderung dar. Nachdem sich dieses nunmehr an den Erfahrungen bei den Schaufelladern orientierte, wurde schnell deutlich, dass die Entwicklung eines hydraulischen Baggers wiederum eine ganz andere Qualifikation voraussetzte und zusätzliches Wissen erforderte. Doch wie sollte beides beschafft werden? Zwar hatte Hans Hagelstein während der Umstellung auf den Maschinenbau viele seiner ehemaligen Schiffbauer umschulen können, aber das Konstruktionspotential für die Entwicklung eines Hydraulikbaggers konnten diese natürlich noch nicht bieten. Auch war das Abwerben von Konstrukteuren der norddeutschen Baumaschinenhersteller Ahlmann, Orenstein & Koppel und Menck & Hambrock durch ein gegenseitiges Abkommen untersagt worden.

Führend bei der Entwicklung von Hydraulikbaggern waren in Deutschland Atlas, Liebherr und O&K. International lagen seinerzeit Yumbo und Poclain aus Frankreich in diesem Bereich an der Spitze. Um jetzt zügig eine marktfähige Maschine anbieten zu können, war es unerlässlich, sich der Erfahrungen dieser Hersteller anzunehmen. Als eine Koryphäe auf dem Gebiet der Hydraulik galt damals der Ingenieur Karl-Heinz Ullmann, der zuvor bereits bei Liebherr als Chefkonstrukteur die Hydraulikbagger A und R 500 entwickelt hatte und dort nun an weiteren Maschinen arbeitete. Da Messen und Ausstellungen schon immer nicht nur der Neuheitenpräsentation, sondern auch der Kontaktpflege innerhalb der Fachwelt dienten, hatte sich zwischen beiden Seiten eine Verbindung ergeben. Hans Hagelstein war überzeugt, mit den außergewöhnlichen Erfahrungen und Fähigkeiten von Karl-Heinz Ullmann nun seinem Ziel, einen Bagger der Spitzenklasse entwicklen zu können, näher gekommen zu sein. Nach zahlreichen und zähen Verhandlungen sowie der Zahlung einer erheblichen Ablösesumme an Hans Liebherr hatte das Konstruktionsteam bei HATRA nun Verstärkung aus Süddeutschland sowie eine neue Leitung. Und diese hatte nun einen klaren Auftrag: Wenn schon hydraulisch, dann vollhydraulisch.

Die ambitionierten Pläne hinsichtlich einer neuen Hydraulikbagger-Baureihe gingen auf. Im Frühjahr des Jahres 1965 konnte die 0-Serie der ersten zwei Grundmodelle der staunenden Fachwelt vorgestellt und die Produktion entsprechend begonnen werden. Auf nunmehr insgesamt drei Taktbändern wurden Straßenwalzen, Schaufellader sowie die neuen Bagger gemeinsam montiert. Neben den Produktionsanlagen wurde ab 1966 auch ein neues Verwaltungsgebäude errichtet. Direkt neben dem bisherigen Gebäude entstand jetzt ein moderner Zweckbau mit vier Stockwerken und einem ausgedehnten Penthouse. Im sogenannten HATRA-Haus waren jetzt alle Verwaltungsabteilungen, die Konstruktion, der Vertrieb und ganz oben die Geschäftsleitung untergebracht. Im Anschluss wurde der Gebäudekomplex der ehemaligen Verwaltung abgebrochen und die daran anschließende Halle um ein Hochregallager erweitert.

Die ständigen Neuentwicklungen und alle damit verbundenen Kosten sowie die erheblichen Erweiterungen des Baumaschinenwerkes I stellten eine nicht unerhebliche Beanspruchung der finanziellen Mittel dar. Alleine die Investitionen für die Jahre 1965 und 1966 lagen bei rund sechs Millionen Deutsche Mark. Bis zum Jahr 1970 plante Hans Hagelstein noch etwa weitere acht Millionen Deutsche Mark für Erweiterungen. Bislang stand das Unternehmen auch in dieser Hinsicht auf festem Boden. Vielmehr konnten die erforderlichen Investitionen sogar vollständig aus der eigenen Ertragskraft, also ohne fremde Kredite, aufgebracht werden. Das war wirtschaftlich auch mehr als erstrebenswert, da etwaige Zinsen von seinerzeit rund 10,5 Prozent aufgrund der gegebenen Markverhältnisse und der zu erzielenden Margen kaum zu bedienen waren. Das Baumaschinengeschäft lief zwar weiterhin sehr gut – bei Straßenwalzen hatte HATRA im Jahr 1966 einen Marktanteil von 40 Prozent – und mit insgesamt 32 verschiedenen Typen, von denen 60 Prozent erst nach 1964 auf den Markt kamen, war das Unternehmen bestens aufgestellt. Neben den neuen HATRA Hydraulikbaggern R 60 und M 60 erreichten die HATRA Gummiradwalze GW 22 sowie der Schaufellader HATRA 700 L höchste Verkaufszahlen.

Doch wie auch schon oft zuvor, war Hans Hagelstein weitsichtig genug, um zu erkennen, dass Erfolg stets eine Momentaufnahme darstellte und sich rasch entgegengesetzt entwickeln konnte. Nicht zuletzt deuteten sich am Markt bereits erste leichte konjunkturelle Veränderungen an, denn die großen Wiederaufbauvorhaben konnten zur Mitte der Sechzigerjahre überwiegend abgeschlossen werden. Der Bau neuer Straßen versprach nicht mehr das gewohnte Wachstum. Es galt nun, die gewonnene Stärke, Größe und die Marktposition von HATRA zu sichern.

Immer wieder gab es daher Überlegungen, aufgrund des schnellen Wachstums der vergangenen Jahre, die Unternehmensform zu ändern – wobei die Umwandlung in eine Aktiengesellschaft zu teuer erschien – oder sich an einen größeren Partner anzulehnen. Besonders vor dem Hintergrund der angespannten Wettbewerbssituation und der harten Preispolitik in der Baumaschinenbranche stieg der Druck erheblich, sowohl Absatz als auch Ertrag zu steigern. Neue Märkte mussten erschlossen werden und einmal mehr brachten nun seine hervorragenden Verbindungen nach Schweden Hans Hagelstein zu einem neuen und vielversprechenden Geschäft.

Kooperation mit Kockum-Landsverk

Im Jahr 1966 konnte folglich mit der Kockum-Gruppe ein Kooperationsvertrag abgeschlossen werden. Dieser sah langfristig die gemeinsame Entwicklung sowie den Vertrieb von Hydraulikbaggern vor. Unter der Markenbezeichnung Kockum-Landsverk wurden Hydraulikbagger aus Travemünder Produktion von nun an in allen nördlichen Ländern exklusiv verkauft. Nach anfänglich einigen technischen Problemen hinsichtlich der Materialbeanspruchungen unter den harten Bedingungen in Skandinavien wurden die Hydraulikbagger von HATRA letztendlich verbessert und in verhältnismäßig großen Stückzahlen abgesetzt.

Produktionssteigerung durch neues EDV-System

Im Jahr 1967 befand sich die Baumaschinenproduktion nunmehr weiterhin auf einem Wachstumskurs. Besonders die bis dahin überaus gute Markteinführung der Hydraulikbagger in Verbindung mit dem neuen Absatzmarkt in Schweden sorgte vor allem hier nahezu für eine Vollauslastung. Aber auch das Walzen- und Schaufelladergeschäft mit zahlreichen Neuentwicklungen lief noch hervorragend. Immer bestrebt, die Herstellung zu verbessern und damit die Produktivität zu optimieren, entschied sich Hans Hagelstein dazu, weitere Prozesse im Unternehmen durch eine leistungsstarke EDV-Anlage zu unterstützen. Eine gute Entscheidung, denn noch im selben Jahr der Einführung des neuen Siemens-Systems 4004, eine erste Betriebssoftware für die Fertigung von Baumaschinen, konnten exzellente Resultate erzielt werden. Insgesamt wurden damit nun 18.000 Arbeitspläne, 50.000 Lagerpositionen, 80.000 Stücklisten-Positionen und 12.000 Kundenadressen verwaltet. Bereits im 1. Quartal des Jahres 1968 konnte somit beispielsweise die Produktion der Hydraulikbagger um 170 Prozent gesteigert werden.

Veränderte Marktgegebenheiten

Dennoch deutete sich nun eine Veränderung der bislang geltenden Marktgegebenheiten an. Die vergangenen Monate hatten mehr und mehr gezeigt, dass sich der seit fast 30 Jahren bestehende Käufermarkt zu einem echten Verkäufermarkt wandeln würde. Die Zeiten der Rationalisierung und damit verbunde-

HATRA Schwenklader SL 125 auf dem Weg nach Algerien: Über den Hamburger Hafen wurden die ersten von insgesamt 25 Feldarbeitsgeräten verschifft. Dafür mussten die Maschinen umgeladen werden. Erst danach konnte die Reise durch die Meerenge von Gibraltar mit Ziel Algier angetreten werden.

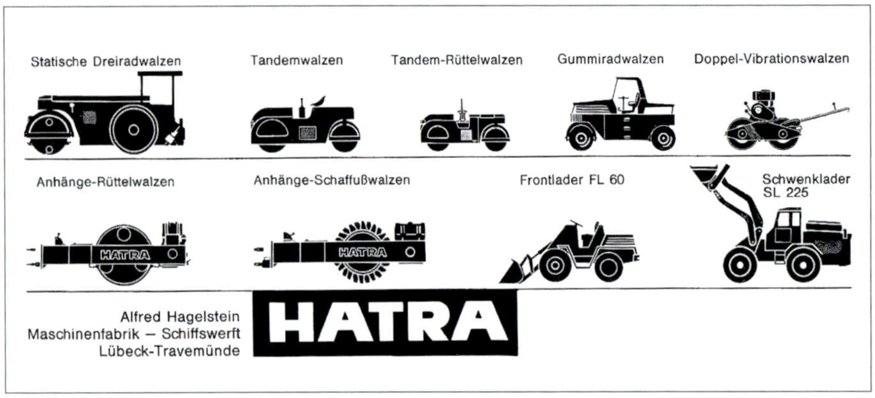

Anzeige aus dem Jahr 1964

nen Hochkonjunktur in der Baumaschinenbranche schienen endgültig beendet zu sein. Vorbei waren somit auch die Zeiten der starken Nachfrage, in denen Baumaschinen den Kunden zugeteilt werden konnten oder diese geduldig darauf warteten. Auch lautete bis jetzt stets die Prämisse der Hersteller, möglichst hohe Stückzahlen zu produzieren, um somit schnell dem hohen Bedarf der Kunden zu höchstmöglichen Preisen begegnen zu können. Auch die Verkäufer bei HATRA mussten nun umdenken. Bei vielen war in Vergessenheit geraten, dass das die natürlichste Erscheinung der freien Wirtschaft war und schließlich wurde auch dem letzten bewusst, dass nicht mehr die Höhe der produzierten Stückzahlen über den Erfolg des Unternehmens entscheiden sollte, sondern die Höhe der verkauften Baumaschinen. Erstmals seit Kriegsende wurde nun bei HATRA offen über den Bestand der Firma und der damit verbundenen Arbeitsplätze gesprochen.

Alle Beschäftigten, und das war auch Hans Hagelsteins dringender Appell, waren am Erfolg des Unternehmens gleichermaßen beteiligt und verantwortlich. Während die Verkäufer sich in ihrer nunmehr neuen Position zurechtfinden mussten, sollten sich alle Bereiche ihrer sozialen Verpflichtung gegenüber den anderen bewusst werden. Dem Verkäufer sollte nun jede nur erdenkliche Unterstützung entgegenge-

Messen und Ausstellungen gehörten zum Geschäft: Nur wer sich zeigte, der konnte auch verkaufen. Leistungsschauen waren für Baumaschinenhersteller und deren Kunden damals die einzige Möglichkeit miteinander direkt in Kontakt zu kommen. Je auffälliger die Präsentation, desto mehr Aufmerksamkeit konnte auf sich gezogen werden. Für waghalsige Vorführungen waren vor allem die HATRA Schaufellader geeignet. Auch hier zeigte der Vorführer eindrucksvoll, was der HATRA Schaufellader 700 zu leisten vermochte. Aber auch statisch machten die HATRA Gummiradwalzen GW 14 und GW 22 einen guten Eindruck. Ihr modernes, funktionelles und formschönes Design zog die Blicke zahlreicher Messebesucher auf die Baumaschinen aus Travemünde.

Der HATRA Schaufellader 700 entwickelte sich rasch zu einem großen Erfolg. Design und Technik wurden in ihm optimal vereint und in der neuen kompakten Größenklasse sahen viele Bauunternehmer eine perfekte Maschine für den rationellen Einsatz.

bracht werden – durch Termintreue und Qualität sowie das Mitdenken im Sinne des Vertriebs. Alle etwaigen Missstände versprach die Geschäftsleitung schnellstens abzustellen. Viel wurde unternommen um sich auf zukünftige schwere Monate einzustellen. Die Konzentration der Verkaufsbemühungen war vor allem auf die Maschinen gerichtet, die aufgrund hoher Bestände kurzfristig geliefert werden konnten – und das waren Hydraulikbagger und Schaufellader.

Kurze Allianz: HATRA-FRISCH

Was sich nun immer deutlicher abzeichnete, war eine Verschlechterung der Marktsituation. Alle Bemühungen und Marketingmaßnahmen konnten nicht verhindern, dass die Verkaufszahlen an das Niveau der zurückliegenden Jahre anknüpfenden würden. Nicht nur HATRA wurde mit dieser Situation konfrontiert – für fast alle deutschen Hersteller begannen nun harte Zeiten. Hans Hagelstein hatte das bereits früh erkannt und suchte ständig nach Wegen, den Absatz der Baumaschinen zu vergrößern. Zwar wirkte sich die Allianz mit Kockum-Landsverk im Bereich der Hydraulikbagger recht erfreulich auf das Geschäft aus, dennoch lief der Verkauf von Straßenwalzen und Schaufelladern insgesamt zurückhaltender als erwartet. Weder die Inlands- noch die Auslandsnachfrage schien hier kurzfristig eine Änderung zu versprechen. Vielerorten war der Bedarf gedeckt und HATRA Baumaschinen, die rund fünf oder zehn Jahre alt waren, liefen – Dank ihrer hervorragenden Qualität – auch weiterhin problemlos bei den Baufirmen. Auch der Handelspartner Klöckner & Co., der viele Jahre erhebliche Stückzahlen verkaufte, erfüllte nun nicht mehr die Erwartungen von Hans Hagelstein. Zudem hatte sich die Partnerschaft ohnehin etwas eingetrübt, so dass nun die Idee konkreter wurde, sich mit einem weiteren Baumaschinenhersteller zu verbünden, um so die Bereiche Vertrieb, Service und Entwicklung zu bündeln und daraus entstehende Synergien zu nutzen. Der Anspruch, immer die modernsten Maschinen präsentieren zu können und das Programm aus eigenen Mitteln ständig zu erweitern, stieß nun langsam an seine Grenzen. Unter dem großen Druck von Hans Hagelstein sollten immer neue Typen in immer kürzerer Zeit am Reißbrett entstehen. Um die Leistung des Konstruktionsbüros zu erhöhen, wurden nun zusätzlich teure externe Fachkräfte vom Ingenieur Kontor Lübeck (IKL) nach Travemünde geholt, um die hohen Ziele realisieren zu können. Überhaupt waren die Kosten für Neuentwicklungen bei HATRA in Höhen gestiegen, die von den derzeit zu erzielenden Erträgen kaum noch zu decken waren.

Eine ähnliche Situation hatten auch die Eisenwerke Gebrüder Frisch, die im Bereich der Schaufellader und Grader eine Marktführende Postion innehatten, aufgrund der damaligen Situation jedoch ebenfalls eine stagnierende Entwicklung erleben mussten. Beide Firmen – sowohl HATRA als auch Frisch – wurden bislang über die Handelsorganisation von Klöckner & Co. vertreten und die Produkte ergänzten sich daher ideal. Bereits 1967 begannen erste Gespräche zwischen beiden Unternehmen, die zum Ziel hatten, eine Kooperation anzustreben, um so gestärkt am Markt besser bestehen zu können.

Am 1. Januar 1968 konnte schließlich verkündete werden, „dass zwei maßgebende deutsche Baumaschinenhersteller unter dem Namen HATRA-FRISCH GmbH eine neue Gesellschaft gegründet haben, in der die Vertriebsaufgaben der beiden Häuser zusammenführt und wahrgenommen werden." Der Sitz der neuen Gesellschaft war Travemünde, das Stammkapital betrug zunächst 500.000,00 Deutsche Mark. Im Beirat saßen, neben Hans Hagelstein, noch zwei weitere Vertreter von Frisch sowie zwei Direktoren und ein Staatssekretär. Dazu kamen zwei Geschäftsführer, die nun die Aufgabe hatten, die Produktionsprogramme der beiden Herstellerwerke aufeinander abzustimmen. Weiter sollte durch die Normung von Teilen eine rationelle Lagerhaltung, ein gemeinsamer Einkauf sowie eine koordinierte Entwicklung neuer Baumaschinen eingeführt werden. Ebenso sollte es eine gegenseitige Abstimmung auf allen relevanten Exportmärkten geben.

Neben dem gemeinsamen Vertrieb von Hydraulikbaggern, Schaufelladern, Gradern und Straßenwalzen sollte nun eine gemeinsame Serviceorganisation für alle Kunden geschaffen werden. Dafür standen im Verbund rund 70 Monteure und Werkstattwagen zur Verfügung. Sowohl der Vertrieb als auch der Kundendienst waren jetzt auf bundesweit regionale Kundendienstniederlassungen dezentralisiert. Die Monteure wurden von nun an dezentral von den Außenstellen in Bremen, Hannover, Düsseldorf, Pfungstadt, Liblar, Frommen und Eltersdorf angefordert sowie eingeteilt und auch die Betreuung der Bundeswehr erfolgte nicht mehr direkt aus Travemünde. Gleiches galt für die Lieferung von Ersatzteilen, wobei die Abläufe sowie die entsprechenden Monteurberichte denen von Frisch angeglichen wurden. Das Ziel war eine optimale Disposition der Einsätze und eine damit verbundene Effizienzsteigerung dieses doch recht kostenintensiven Geschäftsbereiches.

Die Pläne und Erwartungen beider neuer Partner waren sehr ambitioniert. Der Beirat und die Geschäftsführung ließen zum Start verlauten, dass sie „im Sinne einer europäischen Lösung" die Beteiligung weiterer Partner erwarten, die das bestehende Lieferprogramm ergänzen und abrunden sollen. Zumindest war nun mit der HATRA-FRISCH GmbH ein beeindruckendes Angebot von fünf Radladern, sechs Gradern, zwölf Straßenwalzen und sieben Hydraulikbaggern entstanden. Eigens für diese neue Gesellschaftsform wurde ein separates Firmenzeichen beauftragt, bei dessen Entwicklung auf die bewährte Arbeit von Louis L. Lepoix zurückgegriffen wurde. Dieser schuf nunmehr neue Imageelemente für die Darstellung in den unterschiedlichen Bereichen. Neben einem neuen Namenszug war ab sofort auch ein zusätzliches Signet auf den Baumaschinen von HATRA und Frisch zu erkennen. Zudem formulierte Louis L. Lepoix seine Interpretation der HATRA-FRISCH GmbH wie folgt: „… damit bietet zum ersten Mal eine finanzstarke deutsche Firmengruppe – frei von jeglichem Konzerndenken – für den Unternehmer alle Vorteile: Ein abgestimmtes Programm von fortschrittlichen Straßenbau- und Erdbewegungsmaschinen. Fachliche Beratung durch einsatzerfahrene Ingenieure, qualifizierte Werksverkäufer und den autorisierten Baumaschinen-Handel. Die Konstruktionserfahrungen zweier führender Baumaschinenhersteller garantieren unternehmerischen Erfolg im Wettbewerb der Zukunft." Und auch optisch sollte die Allianz beider Hersteller deutlich erkennbar sein. So war vorgesehen, die Maschinen einheitlich in den Farben RAL 2002 oder RAL 1023 oberhalb und RAL 7022 unterhalb zu lackieren. Selbstbewusst präsentieren sich die beiden Unternehmen dann auch im neuen einheitlichen Marktauftritt auch auf allen relevanten Fachausstellungen und Messen in Deutschland. Alles deutete darauf hin, dass mit diesem Schritt der Zusammenlegung nun ein neues und erfolgreiches Zeitalter in der Unternehmensgeschichte beginnen sollte. Auch konjunkturell sprach einiges dafür.

50 Jahre HATRA

Das Jahr 1968 hatte für die deutsche Wirtschaft und die damit verbundene Bauindustrie eine Wende gebracht. Die Rezession der zurückliegenden zwei Jahre, die besonders die Baumaschinenhersteller zu spüren bekamen, schien überwunden zu sein. Wenn auch das Bauhauptgewerbe an dem damaligen Konjunkturumschwung erst verspätet teilnehmen konnte und nicht mit der selben Intensität wie die übrigen Wirtschaftszweige davon erfasst wurde, so konnte zumindest bis zum Jahresende der Rückstand im Arbeitsvolumen gegenüber dem Jahr 1967 aufgeholt werden. Dennoch war die Situation noch lange nicht als stabil anzusehen und auch im laufenden Jahr 1969 blieb die Bautätigkeit in ihrer Entwicklung hinter den Erwartungen zurück und behielt somit ihre Position als Schlusslicht der Wirtschaft bei. Auch blieben die erhofften Investitionen in den Gerätepark der Bauunternehmen in einem überschaubaren Ausmaß. Nicht zuletzt, weil der Markt eine gewisse Sättigung erfahren hatte. Das galt auch in den für HATRA relevanten Absatzbereichen. So waren seinerzeit rund 32.000 Bagger, 12.000 Radlader und 18.000 Straßenwalzen bundesweit im Einsatz. Viele davon wurden erst in den zurückliegenden fünf Jahren angeschafft. Die Zahlen zeigten somit nicht nur den aktuellen Stand der in Deutschland zur Verfügung stehenden Produktionsmittel, sondern deuteten auch auf ein sich immer weiter verschlechterndes Marktumfeld hin. Immer härter wurde der Wettbewerb unter den Herstellern und nicht selten waren Verkäufe nur noch über große Preisnachlässe zu realisieren. Aufwand und Ertrag standen sich oftmals in keiner wirtschaftlich vertretbaren Relation gegenüber. Dennoch bescherten die ersten Monate des Jahres 1969 der Baumaschinenindustrie in Deutschland einen außergewöhnlichen Auftragsboom. Grund hierfür waren die beiden Leitmessen, die Bauma in München im März sowie die Industriemesse in Hannover im April. Hier präsentierte HATRA auch sein 50-jähriges Jubiläum mit zahlreichen neuen und modernen Baumaschinentypen. Innerhalb der Firma wurde dieser Anlass jedoch nur nachrangig begangen.

Auch HATRA profitierte von der nun wieder stärkeren Nachfrage der Bauunternehmen und hatte für diese eine Vielzahl an Neuentwicklungen vorbereitet. Neben Walzen mit fortschrittlichem Design investierte Hans Hagelstein immens in die Hydraulikbaggerproduktion. Herausragen konnte dadurch der neue HATRA Raupenbagger R 100, der in allen Belangen als überaus zukunftsweisend anerkannte wurde – sowohl von den Kunden als auch von den Wettbewerben. Auch der Verkauf dieses neuen modernen Baggers lief innerhalb der HATRA-FRISCH-Vertriebsorganisation sehr gut an. In Erwartung guter Prognosen wurde die Fertigung der Bagger hochgefahren und lief somit auch im ersten Halbjahr 1969 auf Hochtouren. Nach und nach jedoch lag der Verkauf unter den produzierten Stückzahlen und der Absatz geriet ins Stocken. Grund hierfür waren weniger die HATRA Hydraulikbagger an sich, als vielmehr die zunehmende Anzahl

Anlässlich des 50-jährigen Bestehens der Firma hatte die Belegschaft ein besonderes Geschenk für Hans Hagelstein. Dieser erhielt eine vollständig aufgearbeitete Kemna Straßenwalze aus den Zwanzigerjahren, welche in mühevoller Arbeit und zusätzlicher Leistung zu einem Schmuckstück wurde. Sie zierte eine Zeit lang den Haupteingang des HATRA-Hauses am Baggersand.

Links: Hannover Messe 1965: Die brandneuen HATRA Vollhydraulikbagger waren nur ein Teil der Neuheiten, die auf dem imposanten Stand gezeigt wurden. *Rechts:* Eindrucksvoll präsentierte sich HATRA mit dem gesamten Produktionsprogramm. Dazu gehörten auch sämtliche Straßenwalzen.

Durchgestylt: Der moderne Messebau musste natürlich den Fortschritt ebenso widerspiegel wie die Exponate selber. Auf allen Ausstellungen war der Stand von HATRA immer einer der auffälligsten und einprägsamsten. Das lag nicht zuletzt am gelungenen Marketinggeschick von Hans Hagelstein, der es wahrlich vermochte, seine Firma innovativ und selbstbewusst darzustellen. Erstmals wurden hier auch zwei für militärische Zwecke entwickelte HATRA Mehrzweckgeräte ML 70 gezeigt.

Links: Die HATRA Schaufellader im Jahr 1965: Alle bis dahin angebotenen Leistungsklassen wurden auf dem Messestand gezeigt. Neu war dabei der HATRA 1500. *Rechts:* Die neuen HATRA Vollhydraulikbagger wurden auf der Hannover Messe 1966 in drei verschiedenen Leistungsklassen gezeigt. Neu waren die HATRA-Typen R 40 und M 40, mit denen nun auch kleinere Maschinen angeboten werden konnten. Der HATRA Raupenbagger R 60 zeigte auf dem Vorführgelände mit der neuen Ladeschaufeleinrichtung, was damit zu leisten war.

Die Markennamen Kemna und HATRA hatten sich seit ihrer Markteinführung zu festen Größen positioniert. Besonders die Straßenwalzen trugen zum stetig wachsenden Erfolg des Unternehmens bei. Lag der Umsatz nach dem Beginn mit den ersten Baumaschinen im Jahr 1952 bei rund 4,8 Millionen Deutsche Mark, stieg dieser bis zum Jahr 1957 auf knapp 22 Millionen Deutsche Mark an. Darin waren allerdings auch noch die Erlöse des Werftbetriebes enthalten.

Straßenbau wie aus dem Lehrbuch: Für alle Einbauprozesse bot das HATRA-Straßenwalzenprogramm die richtige Lösung. Direkt hinter dem Fertiger verdichtete eine leichte HATRA Tandemwalze TW 61, danach walkte die HATRA Gummiradwalze GW 22 das Material, um dann Platz zu machen für eine HATRA Gigant Dreiradwalze, welche die neue Asphaltschicht statisch fest verdichtete.

der Wettbewerber. Innerhalb der zurückliegenden vier Jahre hatte sich das Konzept der hydraulischen Bagger massiv durchgesetzt. Seilbagger waren in Leistungsklassen bis zu 1,5 m^3 kaum noch anzutreffen. Neben starken Konkurrenten wie Atlas, Liebherr, Poclain oder O&K traten nun auch vermehrt kleinerer Produzenten mit ihren Baggern auf den Markt. Die Zahl der allein aus Deutschland stammenden Hersteller hatte sich von 1965 bis 1969 mehr als verdoppelt. Zudem kamen nun auch weitere ausländische Marken hinzu, wodurch sich die Situation weiter anspannte. Nie zuvor wurden mehr Hydraulikbagger angeboten als jetzt.

Was nach außen stark wirkte, entwickelte sich in der Realität nicht zu dem, was sich sowohl Hans Hagelstein und sein Management als auch die Führung der Gebrüder Frisch Eisenwerke versprochen hatten. Die Pläne einer starken Vertriebs- und Kundendienstorganisation zeigten schon im Laufe des ersten Jahres nach der Gründung ihre Schwachpunkte. Zwei in sich organisch gewachsene Unternehmen zu einer schlagkräftigen Union zu führen erwies sich mehr und mehr als schwierig bis unmöglich. Und selbst wenn sich die Strukturen theoretisch optimieren ließen, so waren es am Ende doch ausschließlich Menschen, die ein solches neues Konstrukt hätten erfolgreich werden lassen können. Doch immer wieder stießen diese an die Grenzen der Möglichkeiten, waren Kompetenzen nicht klar abgegrenzt oder entstand am

Links: Neuer Aufritt: Ab 1963 trugen die Straßenwalzen fast ausschließlich die Markenbezeichnung HATRA, wobei der zusätzliche Kemna-Namenszug auch weiterhin unregelmäßig verwendet wurde. *Rechts:* Um für den großen Bedarf der Bauunternehmen nach neuen Gummiradwalzen auch eine leichtere Maschine anbieten zu können, präsentierte HATRA im Jahr 1965 die GW 14.

Ende wirtschaftliche Unausgewogenheit. Dass die Vision der großen HATRA-FRISCH GmbH keine Zukunft haben würde, war Hans Hagelstein recht bald bewusst geworden. Ebenso die Tatsache, dass sich ein erfolgreiches Weiterbestehen der HATRA in einem sich dramatisch verändernden Marktumfeld erheblich schwieriger gestalten würde. Um weiterhin die angestrebte Spitzenposition halten zu können, wären erhebliche Investitionen, eine rasche Expansion und ein breiter aufgestelltes Produktprogramm notwendig gewesen. Da der Versuch einer Partnerschaft mit Frisch gescheitet war und die Beschaffung von Fremdkapital immer schwieriger wurde, öffnete sich der Weg für eine andere Entwicklungsmöglichkeit des Unternehmens. Hierbei würde HATRA als Spezialist für

Links: Ab 1968 zeigten sich HATRA und Frisch zusammen auf der Hannover Messe. Deutlich wurde die Allianz durch das Signet auf allen Maschinen. Im Fachgespräch wurden interessierte Messebesucher von den Verkäufern der HATRA-FRISCH GmbH auf Neuheiten und Details hingewiesen. Hier ging es um die Vorzüge des HATRA Vollhydraulikbaggers M 40. *Rechts:* HATRA Vollhydraulikbagger – hier der R 80 – erweiterten das Baumaschinenangebot enorm. Das machte sich auch im Umsatz deutlich bemerkbar. 1966 lag dieser bei rund 98 Millionen Deutsche Mark. Zu dieser Zeit gehörte das Unternehmen zu den stärksten in Schleswig-Holstein.

Der HATRA-Fuhrpark: Eigene Auslieferungsfahrzeuge sorgte dafür, dass die fabrikneuen Baumaschinen schnell zu den Händlern und Kunden gelangten.

Dienst am Kunden: Mit unterschiedlichen Fahrzeugen wurden die HATRA-Kundendienstmonteure zu ihren Einsätzen entsandt. Anfangs Mercedes und VW fahrend, wechselte die Hausmarke dann zu Ford. In Deutschland sorgten rund 15 technische Mitarbeiter im Außendienst dafür, dass auf den Baustellen bei der Kundschaft alles zufriedenstellend lief. Hans Hagelstein legte großen Wert auf guten Service.

Im Jahr 1967 lag das Durchschnittsalter der HATRA-Geschäftsleitung bei 43 Jahren.

Walzen zu seinen Kernkompetenzen zurückkehren, das Walzenangebot weiter ausbauen und den exzellenten Ruf der Marke Kemna weiterführen. Eine weitere Vision von Hans Hagelstein war es, zukünftig kleinere Baumaschinen zu entwickeln – für die er durchaus einen Trend sah –, um diese in großen und wirtschaftlichen Stückzahlen zu produzieren. Die Anforderungen, die eine solche Fertigung an die Zulieferer stellte, waren in Zeiten, in denen „Just in Time" noch kein Begriff darstellte, allerdings kaum zu erbringen. Somit blieb nur dieser beachtliche innovative Ansatz.

Verkauf der Hydraulikbaggerproduktion an Rheinstahl

Auch die Pläne von Hans Hagelstein, den seit 1966 wieder belebten Werftbetrieb und die damit verbundene Marina- und Freizeitindustrie weiter auszubauen, waren in den Überlegungen dieser Neuausrichtung enthalten. Um beides zu erreichen, war folglich ein nicht unerheblicher Kapitaleinsatz notwendig, der sich aufgrund hoher Bankzinsen als nicht sehr wirtschaftlich darstellte. Um auf einem anderen Weg für die benötigte Liquidität zu sorgen, zog Hans Hagelstein nun auch den Verkauf der

1966 erwarb Hans Hagelstein eine Minderheitsbeteiligung von 25 Prozent an der IBAG (Internationale Baumaschinenfabrik AG) in Neustadt an der Weinstraße, an der zur selben Zeit auch Wilhag eine Beteiligung hielt. IBAG stellte damals unter anderem Beton-Straßenfertiger her, die eine sinnvolle Ergänzung für HATRA hätten darstellen können. Hierzu kam es jedoch nicht und HATRA stieg im Jahr 1969 aus dem Engagement wieder aus, nachdem IBAG durch die Kord-Gruppe und die Midland Ross Corporation übernommen worden war.

HATRA-Hydraulikbaggerproduktion in Erwägung. Dieser Geschäftsbereich schien in Zeiten eines ständig wachsenden Markes die größten Chancen für eine Akquisition zu bieten. Immerhin war HATRA seit nunmehr fast fünf Jahren ein etablierter Anbieter dieser Baumaschinen und hatte eine Menge in die Entwicklung investiert. Zahlreiche zukunftsweisende Prototypen, wie der Mobilbagger M 40 B oder der Raupenbagger R 120, waren zwischenzeitlich angefertigt worden und sorgten auf den Messen auch bei den Mitbewerbern für großes Interesse, obwohl der Weg zu einzelnen serienreifen Maschinen noch lang war.

Das HATRA-Hydraulikbaggerprogramm sowie das hoch eingeschätzte Potential weiterer neuer Maschinen machten auch die Rheinischen Stahlwerke aufmerksam. Diese waren gerade dabei, ihre Geschäftsbereiche neu zu organisieren und den Baumaschinen eine hervorstechende Bedeutung zu geben. Mit der Aufteilung in fünf Gruppen und 15 Geschäftsbereiche innerhalb des Konzerns wurde entschieden, dass der Sitz des Geschäftsbereichs für Bau- und Landmaschinen nunmehr in Hannover sein sollte. Mit dieser Entscheidung wurde gleichzeitig zum Ausdruck gebracht, dass die Rheinstahl Hanomag AG mit der Produktion von Erdbewegungsmaschinen Kern dieses Geschäftsbereiches darstellte. Hierzu gehörten fortan auch die Tochterunternehmen Herman Schwarz KG und die Rheinstahl Schmiedetechnik in Wattenscheid, die sich mit der Herstellung von Laufwerken und Laufwerksteilen befassten sowie das Hydraulikbagger-Programm der Rheinstahl Union AG in Dortmund.

Diese befasste sich bereits seit 1953 mit der Lizenzfertigung von Seilbaggern des US-Amerikanischen Herstellers P&H Harnischfeger und hatte nach langem Zögern ab 1968 auch die selbst entwickelten Hydraulikbagger der R.U.B. Master Baureihe im Angebot. Aus Kapazitätsgründen blieb es zunächst bei zwei Grundtypen mit jeweils Raupen- oder Mobilunterwagen und so kooperierte das Unternehmen bei der Herstellung eines kleineren Typen mit der Firma Franz Eder aus Mainburg. Um zukünftig jedoch auch im Baggersegment eine entscheidende Rolle spielen zu können, entsprach diese Sortimentsauswahl nicht den Ansprüchen des an sich sehr umfangreichen und abgestimmten Baumaschinenprogramms von Rheinstahl Hanomag. Die Entwicklung neuer Typen in verschiedenen Leistungsklassen hätte zudem viel Zeit in Anspruch genommen. Diese hatte Rheinstahl Hanomag in Anbetracht der rasanten Marktentwicklung jedoch nicht. Eine Ergänzung mit modernen und ausgereiften Maschinen, wie denen von HATRA, erschien somit mehr als verlockend.

Die Rheinischen Stahlwerke und Hans Hagelstein hatten nach ausgiebigen Verhandlungen im Dezember des Jahres 1969 nun vereinbart, dass die Hydraulikbaggerproduktion und die dafür in den vorausgegangenen Jahren im Werk I neu eingerichteten Fertigungsstätten in Travemünde ab dem 1. Februar 1970 von Rheinstahl übernommen wurden. Dieser Erwerb war für Rheinstahl somit ein weiterer Schritt

Links: Nicht zu übersehen: Der Messeauftritt von HATRA im Jahr 1968 in Hannover. *Rechts:* Der Zeit voraus: Das Firmenjubiläum 1969 wurde nicht ausschweifend gefeiert, dafür jedoch mit einem besonderen Signet gewürdigt. Die darauf abgebildete Dreiradwalze entsprach allerdings vom Typ keiner Serienmaschine und existierte unter der Bezeichnung DW 90 lediglich als Prototyp.

Links: Beeindruckende Neubauten: Die großen Hallen des HATRA Werk II wurden im Jahr 1966 fertiggestellt. Zunächst sollten sie für den wieder aufgenommenen Schiffsreparaturbetrieb sowie der HATRA-Marina dienen. Später zog die Fertigung der Baumaschinen ebenfalls in Teile der Hallen, die im Laufe der folgenden Jahre noch um drei weitere seitliche Hallen ergänzt wurden. *Rechts:* Der Blick in die im Bau befindlichen Hallenschiffe des HATRA Werk II verdeutlicht deren Ausmaße.

im Sinne der angekündigten Ausdehnung des Baumaschinengeschäftes. Rheinstahl erhielt damit die Möglichkeit, zu dem guten Marktanteil im Bereich der Baumaschinen seine entsprechenden Ziele auf dem Sektor der Hydraulikbagger zu erhöhen. Die bisherige Baggerreihe der Rheinstahl Union AG in den mittleren Leistungsklassen und die Zusammenarbeit mit der Maschinenfabrik Franz Eder in Mainburg in den unteren Leistungsklassen wurde durch die HATRA-Typen nach oben hin abgerundet. Dem ständig wachsenden Hydraulikbagger-Markt konnte Rheinstahl damit ab sofort ein breites Programm anbieten. Die Produktions- und Konstruktionskapazitäten von HATRA mit rund 800 Beschäftigten gestatteten Rheinstahl nun eine Konzentration der Hydraulikbagger-Fertigung in den technisch modern ausgestatteten Anlagen. Das Hydraulikbagger-Programm wurde im Rahmen des Rheinstahl Geschäftsbereichs Bau- und Landmaschinen von der Rheinstahl Hanomag geführt. Diese übernahm ab jetzt auch den Kundendienst sowie die Ersatzteilversorgung für die HATRA Hydraulikbagger. Travemünde sollte perspektivisch zum zentralen Entwicklungs- und Produktionsstandort aller Hanomag Bagger werden.

Unberührt durch den Vertrag mit Rheinstahl verblieben bei HATRA weiterhin die Straßenwalzen und Schaufellader, die im Werk II produziert wurden, sowie die Betätigung in der Werft- und Freizeitindustrie. Auf diese beiden Be-

Das HATRA-Werksgelände im Jahr 1965: Das Verwaltungsgebäude war noch im Bau und das bisherige Haupthaus rechts daneben bestand noch. Bald wich es einem neuen Hochregallager. An die ursprüngliche Montagehalle mit den signifikanten runden Fenstern und den Pappeln davor haben sich weitere neue Hallen und Gebäude angeschlossen. Südlich waren nun die beiden großen Hallen in unmittelbarer Nachbarschaft zum neuen Skandinavienkai entstanden. Vom einstigen Werftbetrieb existierte noch das HATRA-Schwimmdock und zwei Krane. Ganz rechst schloss sich die Materialannahme mit Lagerplatz an.

Rechts: Baumaschinenmontage im HATRA Werk I: In Serien entstanden im Jahr 1969 unterschiedliche Typen zur selben Zeit. Neben dem HATRA Schaufellader 700 L entstanden rechts daneben unterschiedliche Vollhydraulikbagger – vorne der HATRA Spezial-Moorraupenbagger R 80 M – während links zwei HATRA Mobilbagger M 60 sowie eine HATRA Tandemwalze TW 61 auf ihre Fertigstellung warteten.

Unten: Die zuverlässige Bevorratung aller benötigter Bauteile war Bedingung für einen zügigen Taktbetrieb. Neben Baggerkabinen standen hier geordnet und sortiert auch Felgen, Reifen, Reißzähne, Guss- und Verkleidungsteile jeder Art für ständigen Zugriff.

Links: Ein Hallenschiff des HATRA Werk II wurde auch für die Baumaschinenproduktion genutzt. Hier fand beispielsweise die Prüfung, Endfertigung, Ausrüstung und Lackierung der zuvor getesteten Maschinen statt. Die Kennzeichnung der Maschinen mit ihrer jeweiligen Baunummer wurde auch 1969 noch beibehalten. *Rechts:* Aus dem entgegengesetzten Blickwinkel heraus zeigten sich unterschiedliche HATRA Baumaschinen. Neben einem HATRA Schaufellader 700 L waren hier noch weitere HATRA Raupenbagger R 100, ein HATRA Mobilbagger M 40 sowie ein HATRA Schwenklader SL 225 sowie eine HATRA Tandemwalze TW 61 in der Bearbeitung. An unterschiedlichen Stellen lagerten zwischen Werkbänken und Regalen Verkleidungsteile, Motorgitter, Ausleger, Stiele, Rohrleitungen und sogar eine komplette Ladeschaufelausrüstung, die vermutlich an einen der großen Raupenbagger montiert werden sollte.

Obwohl die Produktion beendet war, wurde 1973 noch eine allerletzte TRW 20 gefertigt. Fast vollständig alleine übernahm diese Aufgabe Horst Kuppi, der damit auch der letzte Werktätige bei HATRA war. Bestimmt war diese Walze für Schweden.

Travemünde im Winter 1969: Vor den Hallen des HATRA Werk II warten zahlreiche HATRA Vollhydraulikbagger R 60 auf die Endmontage. Ein weiterer HATRA Raupenbagger R 100 sowie ein HATRA Mobilbagger M 40 sind von der Erprobung zurückgekehrt. Inmitten der halbfertigen Baumaschinen stand gut versteckt ebenfalls der Prototyp der Dreiradwalze DW 90 als Unikat.

Links: Repräsentativ: Der Haupteingang zur Unternehmenszentrale lag direkt am Baggersand Nummer 17. Rechts davon befand sich das Verwaltungsgebäude – das HATRA-Haus, links gegenüber erstreckten sich die Werkshallen sowie vorne an der Straße das neue Hochregallager. Auf dem Parkplatz vor den Hallen stand seit Dezember 1968 eine restaurierte Kemna Dreiradwalze von 1923, die die Belegschaft anlässlich des anstehenden Jubiläums dem Inhaber Hans Hagelstein als Geschenk überlassen hatte. *Rechts:* Auf dem Werkshof hinter der Montagehalle – vor dem Eingang zur Kantine – standen hier fünf HATRA Mobilbagger M 60 sowie ein HATRA Raupenbagger R 100 neben zwei HATRA Gigant Dreiradwalzen und warteten auf ihre endgültige Fertigstellung.

Rund eine Woche dauerte im Schnitt die Produktion einer neuen HATRA Baumaschine. Anfangs befand sich die Lackierwerkstatt außerhalb des Werkes.

Aus einer anderen Perspektive waren die rückwärtige Einfahrt zum HATRA Werk I, die anschließende Montagehalle sowie das dahinter liegende Verwaltungsgebäude mit dem Penthouse von Hans Hagelstein gut erkennbar. Sämtliche Gebäudekomplexe – auch das Pförtnerhaus – existierten bei Fertigstellung dieses Buches noch.

Blick in die Fertigung: Hier entstanden beispielsweise die Fahrerhäuser für den HATRA Raupenbagger R 100 (links) oder die Ausleger und Löffelstiele (rechts). Die Fertigungstiefe war bei HATRA sehr hoch. Fast alles, was möglich war, wurde selber entwickelt und hergestellt. Das brachte eine außergewöhnliche Expertise für alle Bereiche, war jedoch sicher mit sehr hohen Kosten verbunden.

Werbung und Marketing hatten bei HATRA eine große Bedeutung. Um die Wahrnehmung der Marke und der Maschinen zu steigern, hatte Hans Hagelstein schon früh die Idee, auch Werbemodelle einzusetzen. Eine Kemna Gigant Dreiradwalze wurde ab 1955 als Spielzeugmodell bei Siku entwickelt. Ab 1962 folgte von dort auch eine Miniatur des HATRA Schwenk-Schürfladers. Große internationale Verbreitung erreichten die Modelle des englischen Herstellers Lesney, der ab 1965 zwei unterschiedliche Versionen des HATRA Schwenkladers SL 125 als Matchbox Modelle herstellte.

Während das HATRA Verwaltungsgebäude am Baggersand stand, zogen sich die Werkhallen entlang der Travemünder Landstraße.

Links: Von der entgegengesetzten Seite aus erstreckten sich ebenfalls Werkhallen entlang des Baggersandes, die auf den ehemaligen Hellingen entstanden. Die Halle links mit dem markanten Schriftzug entstand bereits zu Zeiten der Schiffswerft. *Links:* Das HATRA Werk I im Jahr 1969

Bestseller: Die HATRA Vollhydraulikbagger R 60 und M 60 gehörten zu den erfolgreichsten Baumaschinen aus diesem Fertigungssegment. Über 200 Mobilbagger und über 300 Raupenbagger entstanden in den Jahren 1965 bis 1969. Auch als die Fertigung von Rheinstahl Hanomag übernommen wurde, bildeten diese Typen die Spitze der Verkaufszahlen.

Hannover Messe 1969: Gemeinsam mit Frisch stelle HATRA seine Baumaschinen zur Schau. Im Gegensatz zu den Aufritten der zurückliegenden Jahre war der Anteil der Präsentationsfläche etwas reduziert worden. Sichtbar blieb HATRA dennoch: Der große Turmbau war Wegweiser für viele Besucher. Es war die letzte Messe, auf der HATRA Vollhydraulikbagger zeigen sollte. Auch wenn auf dem Stand bereits der Prototyp des neuen HATRA Mobilbaggers M 40 B zu sehen war, wurde diese Produktgruppe bereits zum Ende des Jahres an Rheinstahl veräußert.

reiche konzentrierte Hans Hagelstein nun sein geschäftliches Engagement und somit hatten die seit längerem geplanten Veränderungen einen konkreten Rahmen erhalten. Die unternehmerischen Planungen und Zielsetzungen der weiterbestehenden HATRA-Gruppe zeigten nun eindeutig, dass Hans Hagelstein die verbleibenden Aktivitäten intensivieren und ausbauen wollte. Mit dem durch den Verkauf erzielten Kapital waren unter anderem die Investitionen von mehreren Millionen Deutscher Mark in die Produktionsstätten kurzfristig vorgesehen. Immerhin sah HATRA für das Jahr 1970 ein Umsatzziel von 45 bis 50 Millionen Deutsche Mark vor.

Neue Walzen für die 1970er-Jahre

Die zukünftige Ausrichtung des HATRA-Baumaschinenprogramms sollte sich jetzt auf die Kompetenzen bei den Straßenwalzen konzentrieren. Der Plan sah vor, bis zum Jahr 1971 rund elf vollkommen neue und moderne Typen präsentieren zu können. Hierzu gehörten auch die hydrostatisch angeriebenen Dreiradwalzen sowie eine Vibrationswalze mit Knicklenkung und ein 12-t-Walzenzug. Mit der Entwicklung

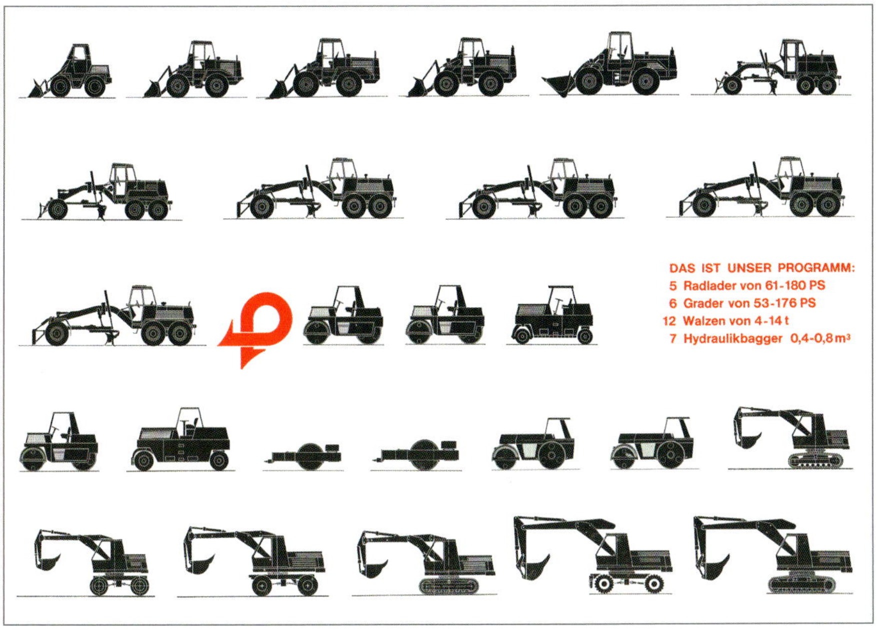

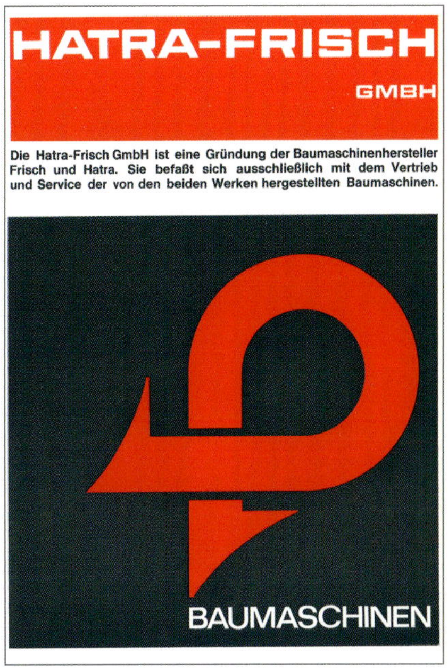

und den Konstruktionsarbeiten für diese neuen Maschinen beauftragte Hans Hagelstein wieder auch das externe Ingenieur Kontor Lübeck (IKL) von Ulrich Gabler. Verbindungen hierzu bestanden bereits aus früheren gemeinsamen Aktivitäten für die Bundesmarine.

Tatsächlich wurde jedoch nur ein Teil der geplanten neuen Straßenwalzen in die Produktion aufgenommen, da Entwicklung und Erprobung mehr Zeit und Kosten in Anspruch nahmen, als zunächst erwartet. Das Angebot von HATRA bestand somit größtenteils aus zwar bewährten, dennoch nicht mehr ganz zeitgemäßen Baumaschinen. Zwar verkauften sich der HATRA Schaufellader 700 L und die HATRA Gummiradwalze GW 22 weiterhin recht gut – die restlichen Maschinen waren jedoch nach und nach schwieriger abzusetzen. Insgesamt bestand das Angebot zu diesem Zeitpunkt aus vier Dreiradwalzen, drei statischen Tandemwalzen, drei Vibrationswalzen, zwei Gummiradwalzen sowie zwei Schaufelladern. Was nun auch gegenüber dem Wettbewerb fehlte, war die immer von Hans Hagelstein geforderte Dynamik, sich auf die neuen Gegebenheiten und Herausforderungen einzustellen. Hierfür fehlten jedoch nun sowohl die geeigneten Produktionskapazitäten wie auch das dafür benötigte Kapital. Dessen externe Beschaffung stellte sich jetzt vermehr als problematisch dar, da die geforderten Konditionen in keiner wirtschaftlichen Relation mehr standen.

Letzte HATRA Baumaschine aus Travemünde

Die Wirtschaftskrise in der Bundesrepublik Deutschland war jetzt auch bei HATRA angekommen. Mit den Siebzigerjahren endet das deutsche Wirtschaftswunder endgültig. Nach Jahren des Aufschwungs war nunmehr die Binnennachfrage bei der Bauwirtschaft größtenteils gesättigt, neue Produktionsverfahren und steigende Rationalisierung verringerten den Arbeitsaufwand, die Arbeitslosenzahlen stiegen, während die Einkommen sanken. Neben der sinkenden Nachfrage in Deutschland war auch der für HATRA wichtige Exportmarkt schwieriger geworden. 1971 beschloss zudem die amerikanische Regierung Dollars nicht länger gegen Gold einzulösen. Diese internationale Währungsordnung beruhte auf dem „Gold-Dollar-Standard“, einer Einlösepflicht der Leitwährung Dollar in Gold und festen Wechselkursen der übrigen Mitgliedswährungen gegenüber dem Dollar, was vor allem Exporteuren zusätzliche Sicherheiten bot. Hans Hagelstein sah diese Gegebenheiten mit Sorge und es war ihm klar, dass eine rasche Veränderung auch durch spontan geplante politische Maßnahmen nicht zu erwarten war.

Ein diesen Entwicklungen folgender unvermeidlicher Schritt schien nun die Einstellung der Baumaschinenproduktion zu sein. Zudem hatte sich auch die Situation auf dem deutschen Baumaschinenmarkt weiter zugespitzt. Offensichtlich lag Hans Hagelstein schon Jahre vorher richtig mit seiner Einschätzung und dem daraus resultierten Verkauf der HATRA Hydraulikbagger an Rheinstahl. Denn auch hier sah die Lage keinesfalls besser aus, was die Schließung der Hanomag Produktion in Travemünde bereits zwei Jahre nach der Übernahme deutlich machen sollte. Um diesen Weg ein zweites Mal zu gehen, war das verbliebene HATRA-Baumaschinenprogramm hingegen für etwaige Akquisitionen nicht mehr attraktiv genug. Es blieb somit nur noch der Weg der vollständigen Aufgabe. Im

HATRA aus der Luft gesehen: Das Bild aus dem Jahr 1968 zeigte sehr anschaulich, wie sich das Unternehmen im Laufe der vergangenen Jahre entwickelt hatte. Über die gesamte Siechenbucht erstreckten sich die Produktions- und Werftanlagen. Neben einem eigenen Schienenanschluss bestand mit dem nahegelegenen Skandinavienkai nun eine weitere Möglichkeit die Maschinen in alle Welt auszuliefern. Travemünde war geprägt durch HATRA – auch die Wohngebäude entlang der Ivendorfer Landstraße gehörten dazu und waren Werkswohnungen für Mitarbeiter.

ZEICHENERKLÄRUNG	
+	Gleiche Baugruppen TW / TRW
○	Gleiche Baugruppen Gigant
N	Neu
D	Deutz
P	Perkins
3	3 Zyl. Motor
4	4 Zyl. Motor
6	6 Zyl. Motor

	TYPE	RAHMEN	MOTOR-LAGERUNG	ANTRIEBS-BANDAGE	LENK-BANDAGE	VORGELEGE 1 Stufe	VORGELEGE 2 Stufe	GETRIEBE	VIBRATION	FAHR-ANTRIEB, hydr	LENKUNG	TANKANLAGE Kraftstoff, Wasser	BREMSE	FAHRSTAND	BERIESELUNG	SCHALTKASTEN	GEWICHT, max Mp	VIBRATIONS-ANTRIEB, hydr
1970 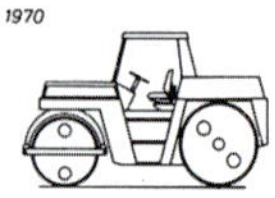	Gigant 8	○	3 + (D+P)	○	+	+	+	Differentialeinsatz wie GW 22	—	75	+	+	+ 2×	+	+	+	10	—
	Gigant 10	○	3/4 + (D+P)	○ mit Zusatzgew	+ mit Zusatzgew	+	+	Differentialeinsatz wie GW 22	—	75	+	+	+ 2×	+	+	+	12	—
	Gigant 12	○	4 + (D+P)	○ mit Zusatzgew	+ mit Zusatzgew	+	+	Differentialeinsatz wie GW 22	—	105	+	+	+ 2×	+	+	+	14	—
1970 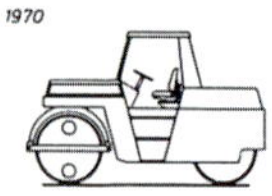	TRW 60	+	3 + (D+P)	+	+	+	+	—	+	50	+	+	+ 1×	+	+	+	6,5	35
	TRW 80	+ mit Zusatzgew	3 + (D+P)	+	+	+	+	—	+	75	+	+	+ 2×	+	+	+	8	35
1970 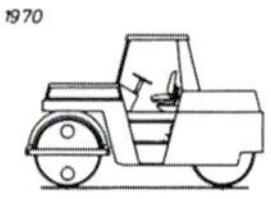	TW 61	+	3 + (D+P)	+	+	+	+	—	—	75	+	+	+ 1×	+	+	+	8	—
	TW 81	+	4 + (D+P)	+ mit Zusatzgew	+ mit Zusatzgew	+	+	—	—	105	+	+	+ 2×	+	+	+	10	—
	TW 101	+	4 + (D+P)	+ mit Zusatzgew	+ mit Zusatzgew	+	+	—	—	105	+	+	+ 2×	+	+	+	12	—
1970 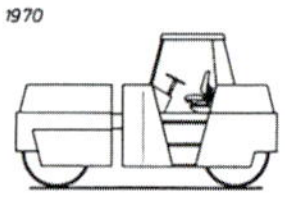	2T RW 100	N	6 N (D+P)	+ +	—	+ +	+	—	—	2× 50	N Knicklenkung	N	+ 2×	+	+	+	10	2× 35
1971 		N	6 N (D+P) wie 2T RW 100	N	Planetenstarrachse	N	N	—	N	—	N Knicklenkung	—	N	N	—	N	ca. 12	35
1970 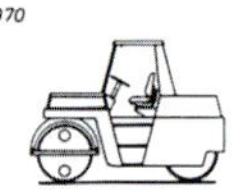	TRW 40	N	N	N	N	N	N	—	N	35	+	N	N	+	+	+	4	—
	TW 41	wie TRW 40	wie TRW 40	wie TRW 40	wie TRW 40	wie TRW 40	wie TRW 40	—	—	35	+	wie TRW 40	wie TRW 40	+	+	+	6	—

Programm der Zukunft: Nach dem Verkauf der Hydraulikbaggerproduktion und des HATRA Werk I sollte die Entwicklung und Fertigung nun auf die Straßenwalzen und Schaufellader fokussiert werden. Hierzu entstanden konkrete Pläne für kommende neue Baumaschinen.

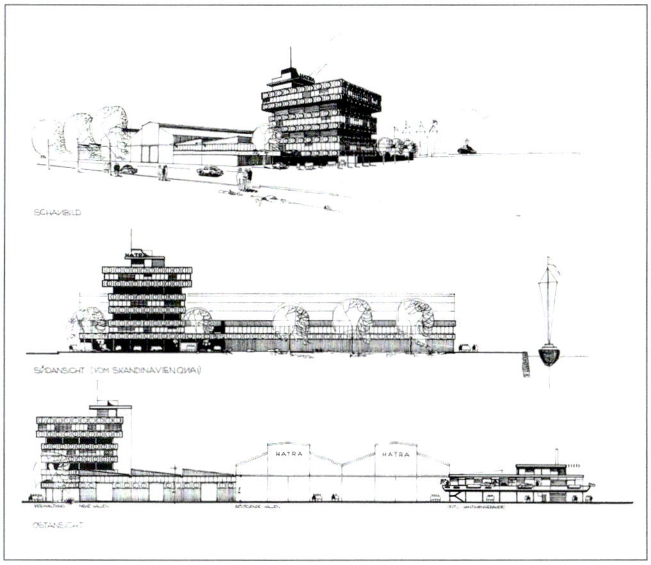

Links: Zukunftsvisionen: HATRA sollte nach dem Wunsch von Hans Hagelstein mit dem Werk II zu neuer Stärke finden. Die Kombination aus Baumaschinenfabrik und Schiffbauwerft hatte seiner Ansicht nach viel Potential gehabt. Erste Entwürfe für ein „HATRA der Zukunft" entstanden bereits – realisiert werden konnten sie jedoch nie. *Rechts:* Das HATRA Werk II im Jahr 1970: Die beiden markanten Hallen erhielten jeweils noch weitere Anbauten, um damit genügend Raum für die verbliebenen Aktivitäten schaffen zu können. Gut zu erkennen war der große Bestand an Feldarbeitsgeräten, die dort nun für die Bundeswehr komplett instand gesetzt wurden. Daneben produzierte HATRA weiter die Schaufellader und Straßenwalzen für den zivilen Bedarf.

Dezember 1972 wurde die Serienproduktion mit einer letzten HATRA Gummiradwalze GW 22 und damit die Ära der Baumaschinen aus Travemünde beendet.

Insgesamt bis 1972 gebaute HATRA Baumaschinen: 5500 Walzen, 1650 Schwenklader (BAB SL 125), 300 Schwenklader (zivil SL 225), 550 Schaufellader und 500 Hydraulikbagger.

Um den zahlreichen Kunden in aller Welt auch weiterhin den benötigten Kundendienst für die im Einsatz befindlichen HATRA Baumaschinen zur Verfügung zu stellen, wurden von Hans Hagelstein entsprechende Maßnahmen eingeleitet. Die Ersatzteilversorgung für die HATRA Straßenwalzen und den HATRA Schaufellader 700 L wurde zunächst dem Walzenhersteller Hamm aus Tirschenreuth übertragen. Dieser verfügte nunmehr über sämtliche Kundendaten sowie Zeichnungen und konnte somit das anstehende Ersatzteilgeschäft auch für zukünftige Verkäufe seiner eigenen Produkte nutzen.

Die Betreuung der HATRA Schwenklader SL 125, hauptsächliche der im Militärbestand befindlichen Einheiten, wurde ab 1972 an die Industriewerke Saar (IWS) übertragen. Diese führten auch die regelmäßig vorgeschriebenen Generalüberholungen der FAG durch. Zudem vermarktete das Unternehmen noch bis in die späten Siebzigerjahre von dort aufbereitete Maschinen auf dem zivilen Markt. Auf diesem Wege gelangten die Baurechte auch nach China. In Lizenz wurde der SL 225 dort noch bis 1993 gebaut. Die Tianjin Engineering Machinery Factory fertigte den für den chinesischen Markt leicht veränderten Schwenklader als Typ Z-160.

Endgültiges Ende der HATRA

Der wirtschaftlichen Situation geschuldet entschloss sich Hans Hagelstein nun auch dazu, die Liegenschaften seiner Firma an der Trave zu veräußern. Im März 1973 wurden daraufhin Grundstück und Gebäude an die Hamburger Orion Schifffahrtsgesellschaft Reith & Co. verkauft. Diese beabsichtigte sodann, auf dem wassergebundenen Gelände die Marina weiter zu betreiben und mit guten Möglichkeiten zur Bootslagerung auszubauen. Ferner sollten dort die Marineaufträge weiterhin ausgeführt werden.

Anfängliche Pläne von Hans Hagelstein, die Baumaschinenproduktion in Pacht fortzuführen, hatten sich nicht realisieren lassen. Die letzten 190 der einst rund 800 HATRA-Arbeitsplätze wurden nun nach und nach abgebaut und der aktive Betrieb eingestellt. Auch wenn wirtschaftliche Zwänge zu dieser Lage führten, so gab es zu keiner Zeit einen Anlass zur Eröffnung eines Konkursverfahrens. Die Eigenständigkeit bei seinen Entscheidungsfindungen hatte sich Hans Hagelstein so bis zum Schluss erhalten können.

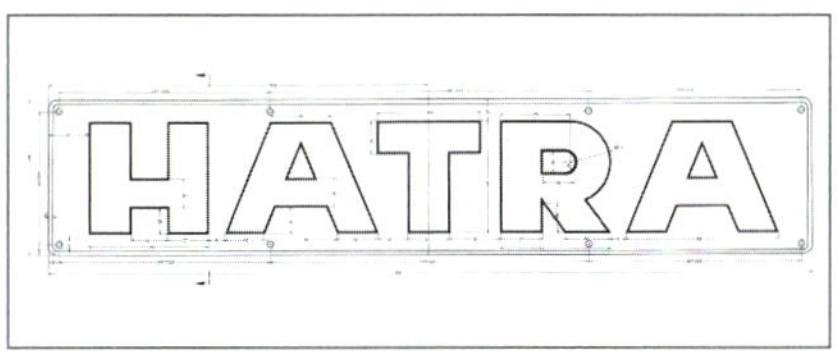

Das HATRA Werk III in Dillingen

Auch im Saarland wurde produziert

Auch wenn die Produktion des Baumaschinenwerkes I in Travemünde die Kapazitäten der Walzen- und Schaufelladerfertigung gut aufnehmen konnte, entschloss sich Hans Hagelstein ab 1962 ein Zweigwerk im saarländischen Dillingen in Betrieb zu nehmen. Ein Grund war, dass HATRA seit der umfangreichen Lieferung der Feldarbeitsgeräte für die Truppen der Bundeswehr beim Verteidigungsministerium in der Pflicht stand, unbedingt bei Eintritt eines möglichen Verteidigungsfalles die Instandhaltung und Lieferung von Ersatzteilen verbindlich sicherstellen zu können. Immerhin galt das FAG bei den Pionieren und den Nachschubverbänden der Bundeswehr als Schlüsselgerät für deren Aufgaben und vor dem Hintergrund der damaligen weltpolitischen Situation und dem aufziehenden „Eisernen Vorhang" zwischen Ost und West barg eine Baumaschinenfabrik unmittelbar an der damaligen Zonengrenze ein gewisses Gefahrenpotential der angestrebten Versorgungssicherheit. Mit einem Werk im weit entfernten Saarland – auf der anderen Seite der Bundesrepublik – war zumindest für den Ernstfall eine gewisse Beruhigung zu erreichen. Ein weiterer Grund für die Standortwahl war möglicherweise auch ein damals in Kraft getretenes neues Gesetz der Bundesregierung, das vorsah, Firmen im westlichen Zonenrandgebiet des Saarlandes Zu-

Von einer Eröffnungsfeier des neuen Werkes hatte Hans Hagelstein abgesehen, weil kurz zuvor der dort beschäftigte Giacomo Nicotra aus Farara bei einer Zugfahrt tödlich verunglückt war. Vielmehr erhielt der in Saarlouis stationierte katholische Seelsorger der etwa 6000 italienischen Gastarbeiter einen Scheck in Höhe von 10.000 Mark zur Verwaltung und Verwendung für die Hinterbliebenen des 32-Jährigen.

Oben: Repräsentativ im Stil der Zeit: Auch das HATRA Werk Dillingen sollte den modernen Ansprüchen des damaligen Zeitgeistes entsprechen und so wurden die Büro- und Werkshallen der vorhandenen Immobile entsprechend angepasst und erweitert. Auch im Saarland entstanden damit attraktive Arbeitsplätze bei HATRA.

Unten: HATRA Werk III: Das gesamte Gelände an der Industriestraße in Dillingen bot ausreichend Platz und bestand insgesamt aus einen Verwaltungsgebäude sowie mehreren Hallentrakten.

schüsse zu gewähren, da dort bisweilen eine recht schlechte Beschäftigungslage herrschte.

Im Januar 1962 konnte ein an der Industriestraße in Dillingen gelegenes Fabrikgelände erworben und ausgebaut werden. Ab dem Sommer wurden so auf dem rund 12.000 m² großen Werksgelände und in der 5.000 m² großen Fabrik zunächst Teile wie zum Beispiel Schaufeln für den HATRA Schwenklader SL 125 gefertigt. Anfangs wurde das Material in Travemünde zugeschnitten, mit einem eigens für diese Touren beschafften Lkw nach Dillingen transportiert, dort geschweißt und dann zur Fertigbearbeitung nach Travemünde zurückgeliefert.

Aber das neue HATRA Werk III sollte auch eigene Produkte entwickeln und dadurch seine Auslastung sichern. So entwickelte das Konstruktionsbüro den Schwenklader-Prototyp SL 200 sowie verschiedene Arbeitseinrichtungen, beispielsweise einen speziellen Planierschild für den Schwenklader. Auch wurden einige neue Walzentypen in

Links: Hauptsächlicher Grund für die Neugründung des Zweigwerkes war die unbedingte Forderung der Bundeswehr, fernab des Herstellungsortes – nahe der damaligen Zonengrenze – zusätzlich sichere Kapazitäten für die Reparatur, Instandsetzung und Ersatzteilversorgung der HATRA Schwenklader SL 125 zu schaffen. Zudem übernahm das Werk III die Vorfertigung ganzer Bauteile für die Baumaschinenproduktion in Travemünde. *Rechts:* Die hohen und hellen Werkshallen in Dillingen boten ausreichend Platz für die zur Reparatur eingetroffenen HATRA Schwenklader SL 125. Diese kamen nun aus allen Teilen der Bundesrepublik und wurden vorschriftsgemäß und gründlich instand gesetzt.

Links: Reparatur in Serie: Aufgrund der großen Anzahl zuvor ausgelieferter Maschinen sowie möglicher Defekte und vorgeschriebener Instandsetzungsmaßnahmen durchliefen wöchentlich zahlreiche HATRA Schwenklader SL 125 die Werksanlagen in Dillingen. Somit entwickelte sich auch dieser Geschäftsbereich sehr einträglich. Mit rund 280 Beschäftigten konnten so insgesamt jährlich rund 7 Millionen Deutsche Mark Umsatz erzielt werden. *Rechts:* Alles wurde repariert und konnte ausgetauscht werden. Von Kleinteilen über Reifen bis hin zu ganzen Motoren stand ein umfangreicher Lagerbestand zur Verfügung. Ziel war es, die HATRA Schwenklader SL 125 so rasch wie nur möglich wieder an die Truppe zurückgeben zu können. Da musste eine Reifenreparatur des eigenen VW-Kundendienstfahrzeuges schon einmal zurückgestellt werden.

Links: Service-Station: Neben den Feldarbeitsgeräten wurden im HATRA Zweigwerk in Dillingen natürlich auch zivile Baumaschinen repariert und Gewährleistungsansprüche erfüllt. *Rechts:* Anzeige aus dem Jahr 1964

Dillingen gefertigt, darunter auch die HATRA Anhänge-Rüttelwalze, die HATRA Duplex-Handwalze sowie die kleine HATRA Vibrationswalze TRW 15. Eine Besonderheit stellte der hydraulische Kantenski dar, der ebenfalls im HATRA Werk III gebaut wurde. Daneben befassten sich die rund 200 Beschäftigten mit der Reparatur und Instandhaltung der an die Bundeswehr ausgelieferten Maschinen.

Eine weitere Aufgabe erhielt das Werk III in Dillingen durch die kurzzeitige Produktion der Kleinraupe HR 12. Diese – vormals als HM 280 bezeichnete Maschine – wurde durch den Erwerb der Baurechte vom Hüttenwerk Michelstadt ab 1962 für kurze Zeit in das HATRA-Programm übernommen. Zunächst angestrebte Pläne einer Weiterentwicklung dieser Raupe sowie eines Anbau-Heckbaggers und einer Grabenfräse wurden jedoch lediglich als Prototypen realisiert.

Bis zum Jahr 1969 blieb HATRA mit seinem Werk III in Dillingen. Danach wurden die Werksanlagen an den Gabelstaplerhersteller Eaton Yale & Down veräußert. Zahlreiche Beschäftigte wechselten danach an die Ostsee und fanden dort im Werk Travemünde wieder eine neue Aufgabe.

Links: Zu dem exklusiv in Dillingen gefertigten Baumaschinen gehörten auch die HATRA Anhänge-Vibrationswalzen. Die ersten Typen ARW 40 und ARW 60 wurden ab 1963 von dort ausgeliefert. *Rechts:* Prototyp: Auch die kleine HATRA TRW 20 – später TRW 15 – wurde im Werk III entwickelt und hergestellt. Ebenso wie bei den handgefügten HATRA Duplex-Rüttelwalzen von dort erfolgte auch bei dieser Vibrationswalze der Antrieb über einen Kettenstrang.

Übernahme der Kleinraupe HM 280 vom Hüttenwerk Michelstadt

Die kurze Zeit der HATRA HR 12

Bereits 1951 entstand die Idee zu einer neuartigen Kleinraupe. Auf Initiative eines Landmaschinenhändlers aus Schlettstadt im Elsass wurde von der Firma Karls Blank & Söhne in Dirmstein die sogenannte „Unirag"-Weinberg-Raupe entwickelt, mit der den Kunden eine Alternative zu den bisher eingesetzten Pferden geboten werden sollte. Diese war zunächst mit einem 10-PS-Sachs-Dieselmotor und einem Kurbelanlasser ausgestattet.

Für die Produktion konnte ab 1952 das Hüttenwerk Michelstadt gewonnen werden, das die Kleinraupe bis zum Jahr 1962 weiter entwickelte und zuletzt unter der Bezeichnung HM 280 rund 350 mal fertigte. Dabei war die Raupe auch für den Einsatz in der Bauwirtschaft ausgerüstet worden und konnte beispielsweise mit unterschiedlichen Lade- oder Planierschild-Einrichtungen, Aufreißern sowie einem Heckbagger, der über eine genormte Getriebe-Zapfwelle Antrieb fand, eingesetzt werden. Eine praxisnahe Abstufung des Fünf-Gang-Getriebes – mit fünf Vorwärts- und zwei Rückwärtsgängen – bot in Verbindung mit einer 3-Punkt-Aufhängung Gewähr dafür, dass sämtliche Zug- und Zapfwellenarbeiten problemlos mit dem kleinen Raupenschlepper durchgeführt werden konnten. Die Hydraulikanlage für die Anbauwerkzeuge bestand aus einer kupplungsun-

HW HM 280 / HATRA HR 12

Motor: 12 PS ILO-Diesel
Spurbreite: 630 mm
Kettenbreite: 170 mm
Gesamtbreite: 800 mm
Gewicht: 1850 kg

Links: Vielseitiger Zwerg: Die Dieselkleinraupe HM 280 vom Hüttenwerk Michelstadt entsprach den Anforderungen an eine kleine, robuste und vor allem vielseitige Baumaschine. Mit einer Ladeeinrichtung von Schaeff und dem Wetterschutzdach konnte sie beispielsweise als kleine Erdbewegungsmaschine lohnintensive Arbeiten übernehmen. Dabei lag sie im Trend, denn auch andere Hersteller wie Bergtechnik oder Schmiedag boten als Wettbewerber ähnliche Mehrzweckmaschinen an. *Rechts:* Anzeige aus dem Jahr 1962

Mit hydraulischer Planiereinrichtung und zapfwellenbetriebenem Mulcher war die Kleinraupe HM 280 eine ideale Baumaschine für den Kulturbau. Kleine Flächen konnten so gerodet und eingeebnet werden. Der Heckmulcher bereitete den Boden danach für eine spätere Bearbeitung vor.

Auch im eigenen Betrieb war die Kleinraupe stets bei unterschiedlichen Arbeiten anzutreffen. Damit die Kräfte des Schaeff Frontladers optimal genutzt werden konnten, wurden heckseitig Gewichte montiert, um die Kipplast zu erhöhen. Besonders war bei dieser Ausführung, dass die Parallelführung der Schaufel mit nur einem Zylinder nebst Umlenkgestänge vollzogen wurde. Verschiedene, durchaus schwere Arbeiten wurden mit der kleinen Maschinen im eigenen Hüttenwerk vollbracht. Das bot eine ideale Testumgebung für die Vervollkommnung der Serienmaschine.

abhängigen, vom Motor direkt angetriebenen Bosch-Zahnradpumpe mit 120 bar Betriebsdruck. Für Erdarbeiten stand zudem eine Schaeff Planiereinrichtung mit 25-Grad-Schwenkwinkel oder eine Ladeschaufel zur Auswahl.

Ab dem Jahr 1961 übernahm der englische Landmaschinenhersteller Howard das Hüttenwerk Michelstadt und errichtete dort bis 1964 ein vollkommen neues Zweigwerk, um für das europäische Festland produzieren zu können. Die Kleinraupe HM 280 wurde noch kurzzeitig angeboten, dann jedoch konnte HATRA die Baurechte erwerben.

Hans Hagelstein erkannte bereits damals das große Potential, das in kleinen und vielseitigen Baumaschinen vorhanden war. Besonders in Zeiten der Vollbeschäftigung und vor dem Hinterrund der voranschreitenden Rationalisierungsbestrebungen auch in der Bauwirtschaft konnten diese kompakten

Links: Fabrikneu: Diese Kleinraupe HM 280 wartete auf den Abtransport zum Kunden. Mit Ladeschaufel und Heckaufreißer wurde sie sicherlich zukünftig im Erd- und Straßenbau eingesetzt. Vielleicht wartete aber auch ein Gartenbaubetrieb sehnsüchtig auf sie. Alle Ausrüstungen waren auch später gegeneinander austauschbar, so dass…

Unten: …die kompakte Baumaschine auch als Planierraupe zum Einsatz kommen konnte. Durch die relativ hohe Bodenfreiheit von nur 260 mm konnten dann auch problemlos kleinere Hindernisse überwunden werden.

Schon bei der Auslieferung zeigte die Kleinraupe HM 280 ihre Stärken. Problemlos ließ sie sich ohne weitere Hebezeuge auf einen Transporter bugsieren. Diese Eigenschaft wussten dann auch die späteren Anwender zu schätzen, die mit der Baumaschine vom Hüttenwerk Michelstadt einen flinken Helfer hatten. Ohne Zeitverlust konnte mit der Arbeit begonnen werden. Dafür war dann auch keine Spezialkraft notwendig: Zwei Stunden genügten, um die Funktion und die Beherrschung der wenigen Bedienelemente einwandfrei zu erlernen.

Mehrzweckraupen die bis dahin teure und schwere Handarbeit ersetzen. „Die zunehmende Maschinisierung der Kleinbetriebe des Bauwesens lässt für diese Erzeugnisse gute Absatz-Verhältnisse erwarten", hieß es damals.

Alle bis dahin halbfertigen Raupen, Werkzeuge und Baupläne wechselten im Jahr 1962 von Michelstadt in das neu geschaffene HATRA Zweigwerk nach Dillingen. Dort wurden noch einige der Raupen fertiggestellt und als HATRA HR 12 auf mehreren Messen präsentiert. Es war vorgesehen, die HATRA HR 12 mit verschiedenen zusätzlichen Arbeitsgeräten, beispielsweise auch mit Grabenfräsen oder Kabelpflügen, anzubieten. Ebenso gab es – für die damalige Zeit höchst innovativ – Überlegungen, die Kleinraupe auch als Friedhofsbagger anzubieten. Trotz vielversprechender Ansätze wurde das Vorhaben jedoch 1964 wieder eingestellt.

Links: Eine zusätzliche Erweiterung des möglichen Einsatzgebietes der Kleinraupe HM 280 stellte die Montage eines Atlas Laders Typ 402 dar. In der Kombination mit einer Schaeff Planierreinrichtung entstand so ein dem damaligen Zeitgeist entsprechendes Mehrzweckgerät für kleine Baustellen. Diese Erkenntnisse waren schlussendlich auch dafür maßgeblich entscheidend, die Maschinen vom Hüttenwerk Michelstadt in das HATRA-Programm zu integrieren. *Rechts:* Schier unendlich erschienen die Möglichkeiten, die das Einsatzgebiet der Kleinraupe HM 280 erweitern konnten. Dazu gehörte auch ein Heck-Grader, der vornehmlich im Wegebau Verwendung fand.

Niemals in Produktion gegangen: Auch eine noch kleinere Mehrzweckraupe wurde als Prototyp und mit verschiedenen Heckgeräten – wie Häufel-, Abzacker- oder Zweischarbeetpflug und Grubber mit Zinken sowie einer zweiteiligen Scheibenegge – für den Weinbau- und die Landwirtschaft entwickelt. In die Serienfertigung gelangte die Maschine jedoch nicht.

Oben: 1963: Aus der HM 280 wurde die HATRA HR 12. *Links:* Vielseitigkeit auf einen Blick: Auch ein Schaeff Heckbagger gehörte zum großen Ausrüstungsangebot der Kleinraupe HM 280. Als „Alleinherrscher auf der Baustelle – und die kostensparende Ergänzung für die Großmaschinen" wurde die vielseitige und formschöne HM 280 damals beschrieben.

Mann und Maschine: Für das Prospektfoto musste die Kleinraupe HM 280 besonders in Szene gesetzt werden. Um später das Bild freistellen zu können und es dann grafisch wie gestalterisch einzuarbeiten, wurde der Hintergrund möglichst neutral abgehängt. Der Fahrer posierte stilvoll gekleidet und mit konzentriertem Blick – die Lenkhebel fest im Griff. Das Resultat der Arbeit war eine sachliche Darstellung der kompakten und durchaus modernen Maschine, die dem Bediener einen ergonomischen Arbeitsplatz bot. Rund 9.655,00 Deutsche Mark wurden im Jahre 1962 für das Grundgerät fällig.

Das HATRA Kart 100 A

Einzigartige Go-Karts aus Dillingen

Außergewöhnlich war der Versuch von HATRA, auch im Motorsport ein geeignetes Produkt anbieten zu können. Da neben der Baumaschinenproduktion auch immer der Freizeit- und Sportbootbereich entsprechend weiterentwickelt wurde, waren die Gegebenheiten im HATRA Werk III in Dillingen für ein derartiges Vorhaben gut geeignet. Hans Hagelstein ließ dafür Kapazitäten schaffen und die Entwicklung eines weiteren neuen Produktes wurde gestartet. Im Jahr 1967 konnte daher ein 100-ccm-Kart unter der Bezeichnung HATRA 100 A auf den Markt gebracht werden. Der Entwurf dieser Konstruktion stammte von dem bekannten Schweden und Formel 1-Piloten Bengt Ronald „Ronnie" Peterson (1944–1978). Auch hierbei machten sich Hans Hagelsteins engen Verbindungen in das skandinavische Land bemerkbar.

Das kleine Rennfahrzeug sollte sich nunmehr perfekt in das geplante Freizeitangebot einfügen und war durchaus für diesen Markt gut geeignet. Das Fahrgestell wog rund 36 kg und kostete damals – ohne Bereifung – 750,00 Deutsche Mark. Daneben erschien noch das HATRA 100 L in der „deluxe-Variante" zum Preis von 1100,00 Deutsche Mark. Als Antrieb diente jeweils ein Petry-Motor.

Auch wenn die Fachpresse damals die Fahreigenschaften als beachtlich bezeichnete, blieb es bei einer nur kleinen Anzahl der heute sehr seltenen HATRA Karts.

HATRA Kart 100 A

Länge: 1495 mm
Breite: 915 mm
Achsenabstand: 1020 mm
Spurweite vorne: 790 mm
Spurweite hinten: 800 mm
Gewicht ohne Reifen: 36 kg

Vor dem Haupteingang des Dillinger Zweigwerks wurde das HATRA Kart 100 A sportlich in Szene gesetzt. Dahinter einer der damaligen Kundendienstwagen.

Arbeiten bei HATRA

Vom Werden und Wirken der Menschen

Aus Helfern wurde Gefolgschaft, dann Beschäftigte. Sowohl Alfred Hagelstein als auch sein Sohn Hans sahen in ihrer Belegschaft immer ein überaus wertvolles Gut. Beiden war stets klar, dass sie ihr Ziele niemals hätten alleine erreichen können. Daher forderten sie nicht nur Höchstleistungen von ihren Angestellten, sondern boten diesen dafür auch eine Menge an freiwilligen Leistungen.

Angefangen hatte das bereits in den frühen Dreißigerjahren. Nicht ganz uneigennützig bot Alfred Hagelstein damals zur Mittagspause eine warme Mahlzeit in seinem Betrieb an. Die Gefolgschaft freute das von seiner Frau Else oft persönlich zubereitete Essen sehr. Für den Unternehmer bedeutete das neben einer Festigung der Bindung zu „seinen Leuten" aber auch eine reduzierte Pausenzeit, denn der oft vorgenommene und nicht immer pünktlich beendete Weg der Arbeiter zum heimischen Mittagstisch entfiel somit. Zudem war sich Alfred Hagelstein durch diesen Dienst sicher, dass durch ausgewählte Kost auch beste Leistungen zu erwarten waren.

Aber auch an Freizeitaktivitäten mangelte es nicht. So war der jährliche Betriebsausflug oft ein den christlichen Festen gleichgesetzter Höhepunkt bei den Beschäftigten. Schon früh morgens wurde mit dem Fischkutter in See gestochen, um nach launiger Ausfahrt im Niendorfer Hafen Rast zu machen. Nach einer anständigen Mahlzeit und anschließendem Kaffeegedeck ging es wieder zurück nach Travemünde. Dort wurde dann die Schmiede zur Tanzdiele umgestellt und das ausgelassene Treiben klang erst spät in der Nacht aus.

Betriebsfeste wurden auch nach dem Tod von Alfred Hagelstein durch seinen Sohn weiter initiiert. Auch ihm war die Nähe zu den Beschäftigten wichtig. Mehr denn je war das auch notwendig, denn Arbeitskräfte wurden seinerzeit dringlich benötigt. So war es nicht ungewöhnlich, dass bei HATRA auch Menschen aus fremden Branchen angestellt wurden. Sie auszubilden und zu halten war höchstes Gebot. Anfang der Sechzigerjahre begann Hans Hagelstein damit, eigens für Werksangehörige Wohnungen zu bauen. Einige hundert wurden so im Laufe der Zeit in unmittelbarer Nähe zum Werk errichtet. Auch sorgte er dafür, dass die HATRA-Unterstützungskasse eingerichtet wurde. Diese wurde später als Verein geführt und bot Ausgeschiedenen oder etwaigen Hinterbliebenen von Beschäftigten eine zusätzliche finanzielle Absicherung. Gefüllt war diese Kasse bis zum Schluss mit rund einer Millionen Deutscher Mark. 1968 wurde zudem der Seniorenstift „Else Hagelstein" in Rönnau bei Travemünde gegründet.

Wer sich während seiner Arbeit bei HATRA Gedanken zur Verbesserung

Links: Schichtende: Vor dem Haupttor des Firmengeländes am Travemünder Baggersand herrschte am Ende eines Arbeitstages noch reges Treiben. Zu Fuß, per Fahrrad und Bahn oder – wer konnte – mit dem eigenen Auto ging es dann auf den Heimweg. E-Schweißer und Schiffbauer wurden laufend gesucht und die damals noch zahlreichen Metallverarbeitenden Firmen in Lübeck buhlten um gute Beschäftigte. *Rechts:* Großer Schreck: Einer der Werftkrane geriet in Schieflage und stürzte um. Glücklicherweise kam dabei niemand ernsthaft zu Schaden. Kleine Missgeschicke gab es zuweilen und der Werksarzt konnte helfen. Schlimme Folgen hatten nur wenige Unfälle, die während der Arbeit geschahen.

Links: Mittlerweile war der umgestürzte Kran wieder aufgerichtet und alles nahm seinen gewohnten Lauf. Dazu gehörte auch die Serienproduktion der Kemna Straßenwalzen, deren Vollendung die daran beteiligten Montagearbeiter mit großem Stolz erfüllte. Diese Tandemwalzen wurden für den Export vorbereitet und standen bereits auf Holzpaletten, die später zusätzlich mit Kisten abgedeckt wurden. Dabei half ein Demag Mobilkran, der auf dem Werksgelände stets einsatzbereit war. *Rechts:* Der Speiseraum: In den Pausen konnten hier die hungrigen Fabrikarbeiter, aber auch die Angestellten aus Konstruktion und Verwaltung aus drei verschiedenen Gerichten wählen, die zuvor in ausgewählten Gaststättenbetrieben vorgekocht und dann in Wärmebehältern angeliefert und ausgegeben wurden. Über allem wachte das Porträt des Firmengründers.

Oben links: Serienproduktion bis 1960: In Reihe standen hier die Kemna Gigant Dreiradwalzen und wurden nebeneinander fertiggestellt. In Gruppen wurde an den einzelnen Maschinen gearbeitet. Der Einbau der Antriebseinheit stellte dabei auch für die Werker ein besonderes Ereignis dar. Um die Kapazitäten zu steigern und die Produktion effizienter zu gestalten, wurde ab 1962 die Fließbandfertigung eingeführt. Zunächst für die Schwenklader und Straßenwalzen, ab 1965 dann für alle Baumaschinen.

Oben rechts: Während auf dem einen Taktband fast ausschließlich die HATRA Schwenklader SL 125 montiert wurden, bauten daneben fleißige Montagearbeiter die Dreiradwalzen zusammen. Für einen reibungslosen Ablauf war die Bereitstellung aller benötigten Teile von höchster Wichtigkeit und die Arbeitsvorbereitung hatte alle Hände voll zu tun, alles am Laufen zu halten.

Rechts: Hintereinander entstand eine Straßenwalze nach der anderen: Die Montage der Bandagen erforderte besondere Aufmerksamkeit und wurde unter ständigen Kontrollen durchgeführt.

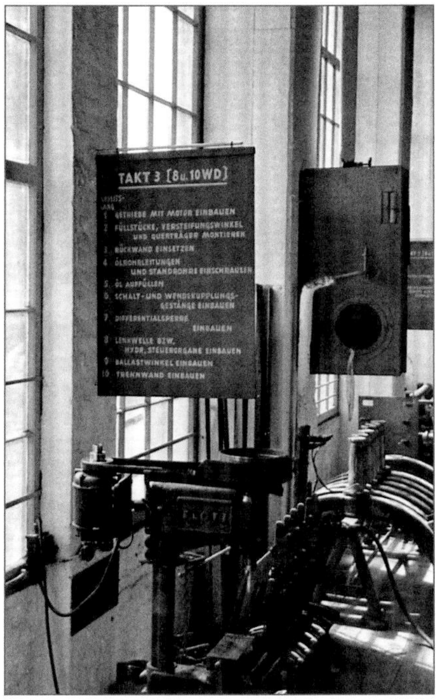

Links und Mitte: Die letzten HATRA Schwenklader SL 150 wurden hier in Serie gefertigt und danach durch die nächste Baureihe abgelöst. Auf dem zweiten Taktband entstanden gleichzeitig unterschiedliche Walzentypen. *Rechts:* Anleitung: Auf großen Tafeln waren die einzelnen Arbeitsgänge für alle Beschäftigten gut sichtbar angebracht. Hier wurde beispielsweise der Ablauf der bei der Montage der Kemna Gigant Dreiradwalzen 8 und 10 Punkt für Punkt erläutert.

von Abläufen machte oder gar neue Ideen einbrachte, die sodann von der Betriebsleitung ob ihrer Umsetzbarkeit geprüft wurden, konnte sich so ebenfalls ein zusätzliches Einkommen verschaffen. Hierzu entwickelte das Unternehmen ein umfangreiches Regelwerk, das von den Beschäftigten gut und gerne angenommen wurde. Ebenso die Betriebs-Sportmannschaft, die beim Fussball bis zum Anfang der Siebzigerjahre aktiv war und so manchen Staffel- und Pokalsieg erringen konnte.

Allen Zugaben und Begünstigungen standen jedoch auch immer ein Maximum an geforderter Leistung gegenüber. Hans Hagelstein war es wichtig, dass sein Unternehmen stets modern und innovativ aufgestellt war. Er suchte daher immer nach jungen, aufgeschlossenen und tatkräftigen Akademikern als Führungskräfte. Das Durchschnittsalter in der Geschäftsführung lag im Jahr 1967 somit bei rund 43 Jahren. Um die-

Die mechanische Werkstatt bei HATRA gehörte mit seinerzeit hochmodernen Maschinen zu den fortschrittlichsten Arbeitsstätten überhaupt. Immer wieder wurden neue Maschinen angeschafft und die Arbeitsplätze verbessert.

Links: Neben den Schaufelladern HATRA 700 L entstanden parallel unterschiedliche Vollhydraulikbagger und Straßenwalzen auf den Taktbändern der Montagehalle. Durch die Normung vieler Bauteile – der HATRA Zweckform – konnte die Arbeitsvorbereitung erheblich rationalisiert werden. Nur so war es möglich, unterschiedliche Typen nacheinander auf demselben Takt zu fertigen. *Rechts:* Nachschub: Neben der ursprünglichen Werfthalle, die zwischenzeitlich in die neuen Hallenbauten integriert und ausgebaut wurde, lag das Rohstofflager von HATRA. Regelmäßig wurden dort alle benötigten Materialien angeliefert und für die Produktion entsprechend vorgehalten. In den daran anschließenden Hallentrakten befanden sich die Kleinteilfertigung, verschiedene Farbspritzkabinen, die Fertigung der Rahmen und Unterwagen sowie das Hochregallager.

Rechts: Sturmschaden: Ein heftiger Ostwind hatte der Halle auf dem Erprobungsgelände in Pöppendorf stark zugesetzt. Verletzt wurde niemand, darunter abgestellte Maschinen erlitten allerdings einige Blessuren.

Links: Nach Beendigung der Montage wurden die fertigen Maschinen zunächst geprüft und entsprechend eingestellt. Günter Arndt (rechts) gehörte zu den Spezialisten, die sich mit den technischen Gegebenheiten der HATRA Baumaschinen ausgesprochen gut auskannten. Dazu gehörte auch die über 500 mal gebaute HATRA Gummiradwalze GW 22, die hier zusammen mit einem Kollegen aus der Werkhalle gefahren wurde. *Rechts:* Aufgeräumt: Rund 50.000 Lagerpositionen umfasste der Bestand des Hochregallagers, das ab 1968 mit Hilfe einer Siemens Computeranlage System 4004 verwaltet wurde. Bei HATRA sorgte somit eine der ersten Betriebssoftware für die Fertigung und Ersatzteilverwaltung von Baumaschinen. Dabei herrschte im Lagerbereich allerhöchste Sorgfalt und Sauberkeit – Unordnung wurde nicht geduldet und die zuständigen Beschäftigten waren dafür persönlich verantwortlich.

Gute Ideen wurden belohnt: Mit dem betrieblichen Vorschlagswesen wurden alle Beschäftigten aufgefordert, sich an der Optimierung von Abläufen oder Verbesserung von Verfahren zu beteiligen. Eingereichte Vorschläge wurden geprüft und bei nachweislich gutem Resultat in der Praxis umgesetzt. Zum Lohn gab es dann eine Prämie von bis zu 500,00 Deutsche Mark. Führungskräften wurde diese nicht gewährt – von Ihnen wurde derartig umsichtiges Verhalten grundsätzlich vorausgesetzt.

HATRA

MASCHINENFABRIK TRAVEMÜNDE

Für unsere Abt. Verkauf suchen wir eine tüchtige jüngere (bis 30 J.)

Schreibkraft

die neben der Erledigung der anfallenden Korrespondenz (nach Diktaphon) selbständig kontoristische Aufgaben mit übernehmen kann und über englische sowie evtl. spanische Sprachkenntnisse verfügt.

Wir bieten Ihnen einen modernen Arbeitsplatz in unserem neuen Verwaltungsgebäude, die 40-Stunden-Woche und Kolleginnen und Kollegen, die Ihnen die Einarbeitung erleichtern werden.

Bitte setzen Sie sich mit uns telefonisch oder gleich persönlich in Verbindung und machen Sie sich mit dem Aufgabengebiet vertraut.

ALFRED HAGELSTEIN — Personal-Abteilung

2407 Lübeck-Travemünde, Tel. 0 45 02 — 40 21, App. 87

ses Klientel zu motivieren, konnte dann auch schon mal ein schickes Motorboot als Gratifikation möglich sein. Hierfür wurde dann aber auch höchstes Engagement abverlangt. Wurde das nicht erfüllt, konnte das dann auch flugs ein rasches Ende des Beschäftigungsverhältnisses bedeuten. So gab es nicht selten einen regen Wechsel, vor allem bei den führenden Positionen.

Wer sich jedoch engagierte und arrangierte, dem bot HATRA bis zum Schluss einen guten und zuverlässigen Arbeitsplatz. Stets moderne Arbeitsmethoden, neuartige Werkzeuge und eine soziale Absicherung war zum Ende der Sechzigerjahre für insgesamt über 1000 Beschäftigte ein guter Grund bei HATRA zu arbeiten.

Links: Etwas für Spezialisten: Eine Karusselldrehmaschine in der mechanischen Werkstatt. *Mitte:* Moderne Fertigung: Mit einer Zahnradstoßmaschine wurden bei HATRA beispielsweise Bandagenantriebe für die Walzen oder die Drehkränze der Vollhydraulikbagger gefertigt. *Rechts:* Getriebemontage beim HATRA Schaufellader FL 50 A: Willi Bensien (links) kannte jeden Handgriff, damit aus vielen Teilen am Ende eine vollständige Baumaschine entstehen konnte. Und er kannte alle, denn von 1953 bis zur Einstellung der Produktion war er bei HATRA beschäftigt.

Links: Kundendienstmonteur Dietrich Juch wusste sich zu helfen: Selbst bei der Reparatur einer der schweren Bandagen dieser Kemna Gigant Dreiradwalze fand sich ein Weg. Hilfreich war dabei der hydraulische Aufreißer, der in diesem Fall eine Hebefunktion übernahm. Derartige Reparaturen konnten einige Tage in Anspruch nehmen, so dass oftmals unterwegs ein Quartier gesucht werden musste… *Rechts:* …oder im Notfall auch im VW Bulli geschlafen wurde. Hier posierte Dietrich Juch allerdings nicht im Kundendiensteinsatz, sondern auf der Industriemesse in Hannover. Als Vorführer trug er dann den blütenweißen Kemna-Overall und stand auf der Messe für technische Fragen zur Verfügung.

Links: Damit die Kundendienstmonteure immer auf dem neusten Stand der Technik ausgebildet waren, wurden in Travemünde regelmäßig Schulungen durchgeführt. Auch vom 20. Januar bis um 1. Februar 1969 kamen so alle Kollegen im HATRA Werk zusammen. Wichtig war dabei auch der Austausch von Erfahrungen und die daraus entstehenden Verbesserungen für zukünftiges Arbeiten. Aus ganz Deutschland reisten die Techniker dann nach Travemünde. Ausdrücklich nicht mit dem Kundendienstwagen, sondern mit dem Zug 2. Klasse. *Rechts:* Sportlich: Die HATRA-Betriebs-Fussballmannschaft im Jahr 1971.

Sozial engagiert: Mitglieder der HATRA-Belegschaft wurden in der Not vom Unterstützungsverein aufgefangen. Dieser wurde von Hans Hagelstein nach dem Tod seines Vaters gegründet.

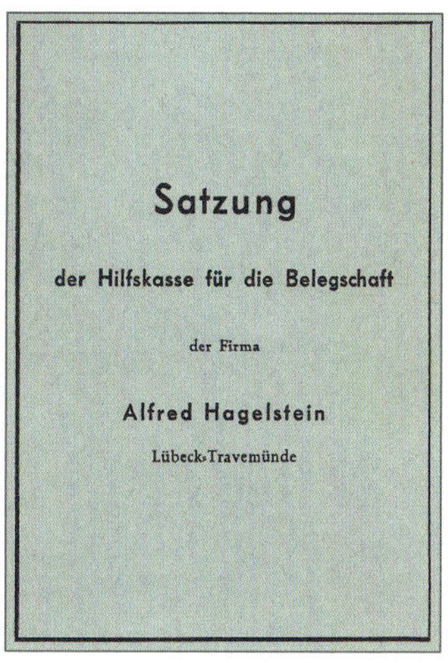

Satzung

der Hilfskasse für die Belegschaft

der Firma

Alfred Hagelstein

Lübeck-Travemünde

Leider gab es bei HATRA auch tragische Momente. So verlor ein junger Mann in der Montagehalle sein Leben. Er geriet unter eine abrutschende Tandemwalze und erlitt dabei tödliche Kopfverletzungen. Nach dem Unfall wurde die gesamte Produktion für diesen Tag eingestellt. Einige Jahre später verunglückte ein Lackierer. Er verbrannte nach einer Verpuffung in der Kabine und suchte noch Rettung mit einem Sprung ins nahe Travewasser. Auch er verstarb nur kurze Zeit darauf.

Die Straßenwalzen

Die Kemna Gigant Dreiradwalzen

Die legendären Baumaschinen eroberten wieder die Welt

Der neuzeitliche Straßenbau und die damit verbundene Verbreitung von Asphaltdecken hatten in den späten Dreißigerjahren gerade erst begonnen. Nach und nach wurde – vor allem auf den Hauptstraßen – das herkömmliche Kopfsteinpflaster gegen homogenere Materialien wie Beton oder Materialmischungen aus Kies und Bitumen ausgetauscht. Besonders in der Zeit nach dem Zweiten Weltkrieg hatte der Straßenbau eine immens hohe Bedeutung in Deutschland bekommen. Das Aufbau- und Erweiterungspotential der desolaten Verkehrsinfrastruktur war so hoch wie niemals zuvor. Die Chancen, die sich für Hans Hagelstein durch die Übernahme der Kemna-Baurechte ergeben sollten, erschienen somit unendlich groß.

Überhaupt versprach das Geschäft mit Baumaschinen in der unmittelbaren Nachkriegszeit grundsätzlich ein bis dahin nie gekanntes Potential zu bieten: Die Zerstörung war riesig, der Bedarf ebenso. Nur die Produktionsmittel an Mensch und Maschine waren noch Mangelware. Maschinen zur Mechanisierung von Baustellen, ob im Hoch-, Tief- oder Straßenbau, waren entweder

Eine der ersten Kemna Gigant Dreiradwalzen aus der Travemünder Herstellung. Die kurze Zeit seit der Übernahme der Baurechte hatten die Konstrukteure eifrig genutzt, um die bereits weltweit bewährten Baumaschinen in vielen Details noch besser zu machen. Zu den hauptsächlichen Neuerungen gehörten beispielsweise die Kraftsteuerung, die Schwingachsen sowie die rasche Möglichkeit der Gewichtsveränderung durch zusätzliche Gewichte.

Anfänge der Serienfertigung in den frühen Fünfzigerjahren: Zunächst wurden die ersten Dreiradwalzen in kleinen Stückzahlen in der Montagehalle am Baggersand produziert. Neben sechs bereits fast fertigen Walzen der Typen Kemna Gigant 10 und 12 warteten hier noch die vorbereiteten Rahmen zweier weiterer Walzen der gleichen Typen sowie zwei der kleineren Kemna Gigant 6 auf ihre Fertigstellung. Die lichtdurchflutete Werkhalle mit ihren charakteristischen runden Fenstern bot schon bald nicht mehr genügend Kapazitäten, um der immer höheren Nachfrage begegnen zu können. Nach und nach wurde sie erweitert und diente bis zum Verkauf des Werk I als Montagehalle für sämtliche HATRA Baumaschinen aus Travemünde.

Rechts: Wieder in aller Welt: Schon kurz nach Produktionsaufnahme in Travemünde stieg auch die internationale Nachfrage enorm an. Die Marke Kemna hatte daran einen ebensolchen Anteil wie die hervorragende Qualität der Maschinen aus Travemünde. Dennoch blieb Alfred Hagelstein als der neue Hersteller noch etwas im Hintergrund und die Walzen wurden zunächst noch unter der Bezeichnung „Deutz Kemna" angeboten. Beide Namen waren etabliert und sorgten für raschen Erfolg. Der Exportanteil lag bereits 1952 bei rund 30 Prozent und regelmäßig wurden nun Kemna Gigant Dreiradwalzen auf unterschiedlichen Wegen zu ihren Abnehmern auf dem gesamten Erdball geliefert. In ferne Länder mit dem Seeschiff…

Unten: …oder wie hier – nach Österreich – auch mit der Eisenbahn. Die ersten Kemna Gigant Dreiradwalzen 10 und 12 besaßen noch den konisch zulaufenden Lenkkopf, der sie von den späteren gleichnamigen Typen unterschied, ebenso wie die Motortür mit Lamellen. Gut zu erkennen: Die Spannkloben am Rahmen der Lenkwalze. An ihnen konnten Spannhaken und Verladegeschirr befestigt werden. Ebenfalls sichtbar: Das Rillenlager für die Lenkung, die ebenso wie der Aufreißer bei dieser Ausführung manuell betätigt wurde.

funktionsunfähig oder abgetreten worden. Ohnehin waren Baumaschinen auch vor dem Kriegsende bei weitem noch nicht so weit verbreitet. Zum einen waren viele Hersteller zuvor gezwungen worden, ihre Produktion den militärischen Bedürfnissen anzupassen, zum anderen waren menschliche Arbeitskräfte bis dahin oftmals reichlich durch den Arbeitsdienst oder Zwangsarbeit vorhanden. Beides gab es nun glücklicherweise nicht mehr und die wenigen Restbestände an brauchbaren Materialien konnten das zu erwartende Bauvolumen bei weitem nicht erfüllen. Als Hans Hagelstein die ersten Konstruktionspläne der Kemna Straßenwalzen in den Händen hielt, waren in Deutschland lediglich sieben Firmen in der Lage derartige Baumaschinen zu fertigen. Der Entschluss – wie und wo auch immer – die Produktion der legendären Kemna Straßenwalzen wieder fortzusetzen, stellte ab jetzt das Fundament für die spätere HATRA-Baumaschinenproduktion dar. Ein richtiger Weg, wie sich herausstellen sollte.

Noch zu Kriegszeiten hatte Kemna in Breslau mit der Gigant-Baureihe eine vollkommen neue Diesel-Dreiradwalze entwickelt. In zwei Versionen – mit jeweils 10 und 12 t Grundgewicht – sollten diese die bisherigen Typen dieser Bauart ablösen. Die Kemna Gigant zeichnete sich durch eine neuartige und kompakte Bauform sowie eine einfache Bedienbarkeit aus. Gebaut wurden bis zur Zerstörung der Werksanlagen in Breslau jedoch nur wenige Exemplare, so dass sich das Marktpotential dieses neuen und modernen Walzentyps – anders als bei den Kemna Einradwalzen – noch gar nicht vollständig entwickeln konnte. Zudem waren die Konstruktionen für 6 und 8 t schwere Walzen bereits in Vorbereitung.

Ohnehin gehörten Straßenwalzen – überwiegend Dreiradwalzen – bis dahin zu den Schlüsselmaschinen auf Straßenbaustellen. Oftmals waren sie auch die einzigen Baumaschinen, die überhaupt dort eingesetzt wurden. Ihnen oblag dann das statische Verdichten von Schotter und Einebnen von Wegen. Ei-

Links: Eine Kemna Gigant beim Verdichten von Baumaterial: Viele Baufirmen schätzten die hohe Qualität der robusten Maschinen aus Travemünde und wurden zufriedene und langjährige Abnehmer. Auch die Firma Kemna Bau, deren nunmehr von Berlin nach Pinneberg umgesiedelter Fachbereich des Straßenbaus unmittelbar auch mit der Maschinenfabrik in Breslau zusammenhing, nutzte jetzt für die Durchführung der eigenen Arbeiten Straßenwalzen aus der Produktion von Alfred Hagelstein. Um Walzen mit dem Namen ihrer Eigentümer kennzeichnen zu können, konnte werksseitig eine Firmenleiste angeboten werden. Diese wurde direkt in der Fabrik gemalt und danach gut sichtbar seitlich am Dach befestigt. *Rechts:* In der nächsten Entwicklungsstufe verfügten die Kemna Gigant Dreiradwalzen nun über den in runder Bauart ausgeführten Lenkkopf aus Gussmaterial. Die Lamellen an der Motorklappe wurden gegen einen Rahmen mit Gittermatte ersetzt. Der beidseitige Aufreißer besaß jeweils drei Aufreißstähle, die jeweils zwischen einer Beilage mit Splint und einem Keil befestigt wurden. Mit den Handrädern wurden dann über Spindeln die beiden Aufreißkörper in die jeweils gewünschte Position bewegt. Für etwas Komfort bei dieser recht körperlichen Tätigkeit, die in unabdingbarer Verbindung mit der sicher geführten Straßenwalze stand, sorgte dann der seitliche Polstersitz für den Fahrer.

Links: Eine weitere Kemna Gigant Dreiradwalze vor ihrer Auslieferung. Diesmal entschied sich der Abnehmer für eine Ausführung ohne Aufreißer. Ein nachträglicher Anbau wäre allerdings jederzeit möglich gewesen. Gut zu erkennen: Die beiden Handräder. Während das kleine links die Bremsfunktion übernahm, wurde mit dem rechten die Walze gelenkt. Ebenfalls auf der linken Fahrerstandseite waren die Hebel für die Wendekupplung sowie die Schaltung der Gänge angeordnet. Die Abkratzer an den Bandagen sorgten für stets einwandfrei saubere Walzflächen. *Rechts:* Auf dem Weg zum ersten Einsatzort: Üblicherweise fuhren seinerzeit die Straßenwalzen auf öffentlichen Straßen von Baustelle zu Baustelle. Auch diese Kemna Gigant Dreiradwalze rumpelte mit einer Geschwindigkeit von rund 6 km/h über das Kopfsteinpflaster. Konstruktionsdetail: Die Bogenform im Verlauf vom Lenkkopf hinunter veränderte sich mit Einführung der neuen Bauform ab 1963.

Prospekt aus dem Jahr 1950

Bereit für den Weg nach Übersee: Die Spannkloben an den Rahmen der Lenkwalzen dieser drei Kemna Gigant 12 Dreiradwalzen waren bereits befestigt und boten anschließend ausreichend Halt für die Anschlagmittel, die für das Kranen zur Weiterverladung notwendig wurden. Noch warteten die Maschinen am Bahnhof auf die Weiterfahrt. Diesmal ging es von Travemünde aus direkt in die USA.

gens dafür waren viele Walzentypen bereits mit einem mechanischen Aufreißer am Heck ausgerüstet. Die restlichen Arbeiten wurden üblicherweise mit Schaufel und Spitzhacke erledigt.

Produktionsbeginn der ersten Dreiradwalzen

Die ersten Kemna Dreiradwalzen, die in Travemünde ab 1949 gefertigt wurden, waren die Typen Gigant 10 und Gigant 12. „Mit ihnen war nun“, wie es damals bei der der Präsentation lautete, „der alten, ehrwürdigen Dampfwalze ein Wettbewerber entstanden, der alle ihre Vorzüge, nämlich Höchstleistungen bei Walzen wie beim Aufreißen, Schmiegsamkeit in der Kraftabgabe und Unempfindlichkeit und lange Lebensdauer in sich vereint, darüber hinaus alle Bedingungen erfüllt, die der heutige Straßenbau auf Autobahn und Landstraße hinsichtlich einer neuzeitlichen Walze von höchster Anpassungsfähigkeit stellt.“

Tatsächlich wurden die Kemna Gigant Dreiradwalzen zugleich den robusten als auch mittlerweile immer moderneren Ansprüchen im Straßenbau in idealer Weise gerecht. Sie waren sowohl in vielseitiger Weise als sogenannte Schotterwalzen für den Bau oder das Aufreißen von Straßen geeignet, aber aufgrund ihrer Konstruktion auch als Spezialwalzen für den bituminösen Deckenbau hervorragend einzusetzen. Hier zeichneten sich die guten Fahr- und Walzeigenschaften sowie die exzellente Kurvenarbeit besonders aus.

Rahmeneinheit mit Motor und Getriebe

Kernstück der Kemna Gigant 10 und 12 war der massive Ganzstahlrahmen. Er bestand aus zwei Stahlplatten, welche mehrfach durch Stahlstreben, Stahlrahmen und Brücken mittels Schrauben oder durch Schweißen miteinander verbunden wurden. Durch starke Querstreben – solide versteift – wurde er vollkommen windungsfrei konstruiert. Motor und Getriebe waren jeweils fest auf dem Rahmen montiert und konnten so auch als Einheit ausgebaut werden. Als „wichtigstes Teil höchster Vollkommenheit“ bezeichneten die Konstrukteure den Motor und garantierten zugleich, dass ausschließlich Aggregate einer „Spezialfabrik von Weltruf, und zwar der Firma Deutz, zum Einbau gelangten“. Hierbei handelte es sich um einen für die Aufgaben des Walzenbetriebes besonders geeigneten kompressorlosen, luftgekühlten Viertakt-Motor stehender Bauart. Der Motor war kein Schnellläufer und hatte hohe Leistungsreserven von 10 Prozent – auch wenn beispielsweise steilste Walzstrecken von bis zu 18 Prozent zurückgelegt werden mussten. Zudem schwärmten die Erbauer von der außergewöhnlichen Schmiegsamkeit durch die Möglichkeit des großen Drehzahlverstellbereiches. Die Luftkühlung des Deutz-Motors ermöglichte dazu eine überaus anspruchslose Bedienung und Betriebssicherheit und versprach kein Einfrieren im Winter oder keine Überhitzung in den Tropen. Weitere Eigenschaften wie eine zuverlässige Druckumlaufschmierung, hochwertige Filter für Verbrennungsluft, Brennstoff und Schmieröl oder austauschbare Einzelzylinder gehörten zum Standard. Das Anlassen des Motors erfolgte von Anfang an elektrisch – nur im Bedarfsfall konnte auch von Hand gekurbelt werden.

Eine Komet-Mecano-Einscheiben-Trockenkupplung diente zum leichten Abschalten des Getriebes durch einen

Handhebel beim Start des Motors. Jeweils drei Gänge, vor- und rückwärts, standen zur Auswahl. Eine Schnellumsteuerung wurde durch die verschleißfreie Mehrscheiben-Lamellen-Wendekupplung mit gehärteten und geschliffenen Lamellen ermöglicht. Lamellenkupplungen boten besonders in Straßenwalzen den Vorteil, diese sanft und ohne merklichen Stillstand in die entgegengesetzte Fahrtrichtung zu versetzen, was beim Walzen von Schwarzdecken besonders wichtig war.

Das Differentialgetriebe mit Sperrvorrichtung konnte direkt vom Führerstand aus betätigt werden. Dieses Ausgleichsgetriebe bewirkte automatisch bei Fahrt in Kurven das langsamere Drehen des inneren und das schnellere Drehen des äußeren Hinterwalzenrades. Bei eingerückter Differentialsperre wurden beide Bandagen gleich schnell angetrieben. Die Sperre wurde dann genutzt, wenn die Walzenräder infolge Schlupfes auf schmierigen Fahrstrecken die Walze nicht mehr vorwärts zu treiben vermochten, ebenso aber auch, wenn bei schweren Aufreißerarbeiten die vorderen Bandagen seitlich abzurutschen drohten.

Prospekt aus dem Jahr 1955

Der Hauptantrieb wirkte doppelseitig auf beide Hinterwalzen und bestand aus tief gehärteten Ritzeln und innenverzahnten Zahnkränzen, hergestellt aus verschleißfestem Stahlguss. Günstige Eingriffsdauer, geringer Flächendruck und geräuscharmer Lauf waren die Vorteile der Innenverzahnung. Eine sorgfältig durchgebildete Verkleidung schützte die Räderpaare gegen Verschmutzung.

Die Walzenräder aus Spezial-Hart-Stahlguss bestanden aus einem auswechselbaren Walzenmantel, dessen Flächen blank abgedreht wurden, der Radnabe und den beiden Bodenblechen, welche miteinander durch kräftige Schrauben verbunden waren. Im äußeren Boden waren Öffnungen vorgesehen, welche dem Einfüllen von Sandballast in voneinander unabhängige Kammern dienten und durch Deckel verschossen werden konnten. Die Nabe enthielt zwei reichlich bemessene Langrollenlager, die ausreichend mit Fett geschmiert werden mussten.

Die großen Durchmesser der Bandagen sorgten für die Vermeidung von Wellenbildung und eine optimale Ab-

Links: Waren statische Dreiradwalzen anfangs zur Verdichtung von Schotterstraßen vorgesehen, änderten sich die Anforderungen im Zuge des neuzeitlichen Straßenbaus erheblich. Vermehrt wurde nun auch Asphalt mit dem Straßenfertiger eingebaut, den es ordnungsgemäß zu walzen galt. Straßen aus Gestein und Bitumen galten fortan als zukunftsweisend. Sie waren eben, verkehrssicher, staubfrei, geräuscharm und haltbar. Voraussetzung für das alles war eine vorschriftsmäßige Verdingung der Asphaltmischung mit der richtigen Walze. Dreiradwalzen – vornehmlich mit Gewichten von 10 bis 12 t – wurden in diesem Prozess für die Hauptverdichtung und das Glattbügeln verwendet. *Rechts:* Eine der ersten eigenen Neuentwicklungen aus Travemünde war die Kemna Gigant 6. Mit ihr wurde das Angebot der bestehenden beiden größeren Typen mit jeweils 10 und 12 t nun um eine Maschine mit 6 t Grundgewicht erweitert. Eindrucksvoll wurde die fabrikneue Dreiradwalze auf einem drehbaren Podest auf der Industriemesse in Hannover vorgestellt. Ihre außergewöhnliche Bauart wurde bei den Nachfolgetypen mit gleicher Bezeichnung allerdings nicht wieder übernommen.

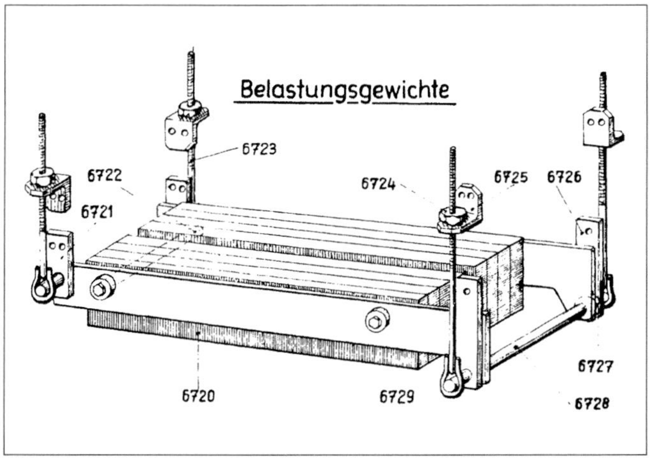

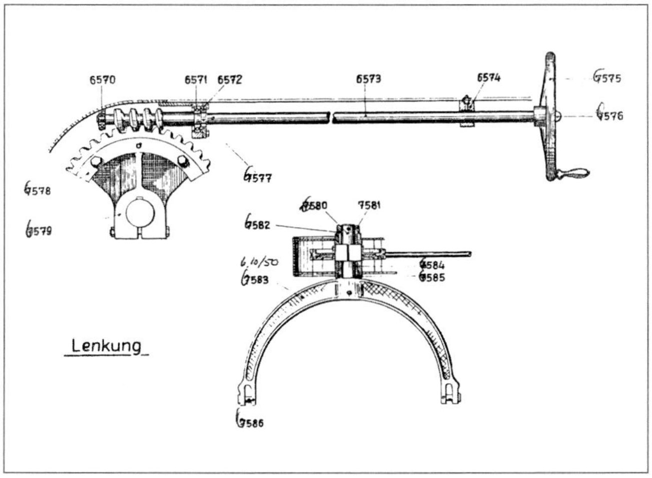

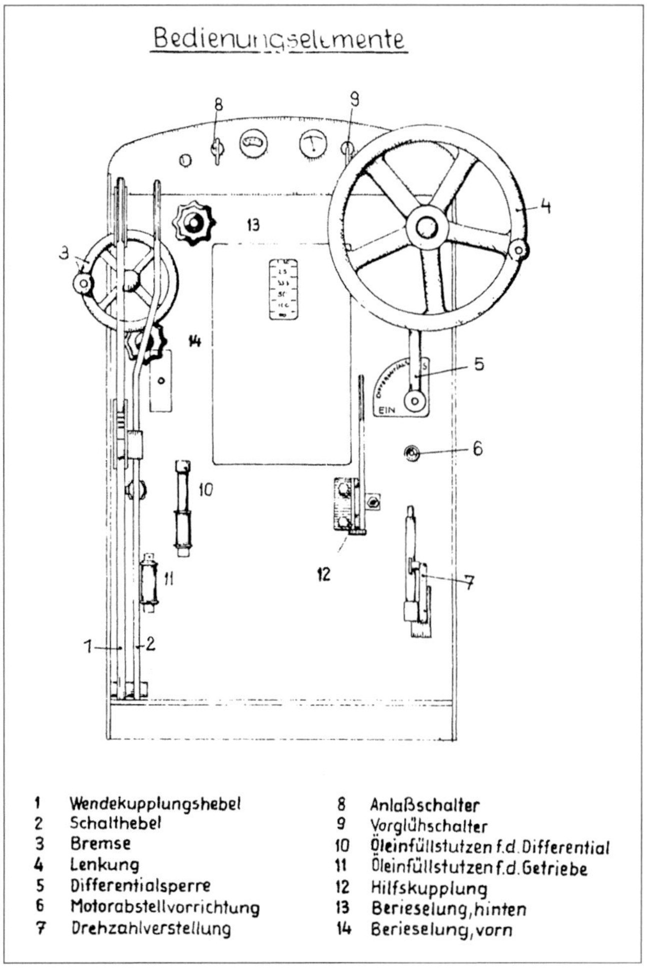

Links oben: Das Gewicht der Kemna Gigant 6 konnte – wie bei allen Dreiradwalzen – mit zusätzlichem Eisenballast erhöht werden. Mit 1 t Eisen und 2 t Sand wurde so ein Höchstgewicht von insgesamt 9 t erreicht. Die jeweiligen Eisengewichte wurden in einem Ballastträger mit Hilfe von Hubspindeln zwischen den Achsen befestigt. *Links unten:* Aufbau und Bauteile der Lenkung der Kemna Gigant 6 *Rechts:* Der Fahrerstand: Alle Bedienelemente der Kemna Gigant 6

stimmung der Breiten aller Walzen für reichliche Überdeckung beim Verdichten des Materials. Eine hohe Wendigkeit wurde zudem durch den kurzen Radstand von 2600 mm erzielt.

Gelenkt wurden die Kemna Gigant 10 und 12 zunächst mittels eines Kegelrad-Schneckengetriebes. Dadurch wurde eine starre und spielfreie, aber leicht zu bedienende Lenkung ermöglicht. Die Schnecke war gehärtet und die Zähne des Schneckenrades waren aus dem Vollen gefräst worden. Auf Wunsch konnte eine Kraftlenkung eingebaut werden.

Sollten die Walzen zum Stehen kommen, wirkte die handspindelbetätigte, schnellwirkende Getriebe-Bandbremse. Sie war als Innenbackenbremse mit selbstverstärkender Wirkung so konzipiert, dass der Kraftbedarf am Handrad sehr gering ausfiel. Durch eine große Steigung im Spindelgewinde war ein rasches und sicheres Festhalten der Walze auch auf steiler Straße mit vollem Ballast gewährleistet.

Leichte Bedienung

Der Aufstieg zum Führerstand gestaltete sich bequem von hinten. Von dort hatte der Fahrer eine hervorragende Sicht auf den gesamten Arbeitsbereich. Die zweckmäßige Anordnung der Bedienungshebel und Handräder machte das Erlernen der unterschiedlichen Funktionen einfach und auch ein seitlich klappbarer, gepolsterter Sitz sorgte für etwas Komfort. Zum Lieferumfang gehörte stets auch ein starkes und stabiles Dach. Dieses konnte auf besonderen Wunsch auch mit Firmennamen-Leisten, Vorhängen oder in geschlossener Bauweise bezogen werden.

Als Sonderausrüstung standen beispielsweise zusätzliche Belastungsgewichte zur Auswahl. Diese konnten zur weiteren Erhöhung des Walzendrucks in einem unter dem Rahmen angebrachten Träger untergebracht werden. Jeweils 2 t zusätzliches Eisengewicht konnten so aufgenommen werden.

Ein weiteres Extra stellte die vollautomatische Hinterradeinstellung beziehungsweise die Anpassung der Hinter-

Oben links: Fabrikneu präsentierte sich diese Kemna Gigant 10 auf dem Fabrikhof am Travemünder Baggersand. Das Programm der Dreiradwalzen umfasste 1960 bereits fünf verschiedene Typen mit Gewichten von 6 bis 14 t. *Oben rechts und unten:* Rundum vollkommen: Der Blick aus unterschiedlichen Perspektiven verdeutlichte die gelungene Konstruktion der Kemna Gigant Dreiradwalzen, die nunmehr ihre endgültige Bauform erreicht hatten. Die Lenkung war kraftunterstützt und wurde mit einem Hebel gesteuert. Alle Bauteile waren gut zugänglich und auch die Verkleidungselemente entsprachen einer formschönen Designlinie. Mittlerweile konnte auch der Aufreißer hydraulisch betätigt werden. Dazu entwickelten die Ingenieure aus Travemünde einen neuartigen und patentierten Festaufreißer. „In Verbindung mit der Voith-Turbokupplung erreicht und überschreitet die Kemna-Straßenwalze bei weitem die Aufreißleistungen der altbewährten Dampfwalze", hieß es bei Vorstellung der Neuheit, deren Vorteil vor allem in der gleichbleibenden Neigung der Reißstähle lag.

walzen an das Straßenprofil durch Schwingachsen mit Doppelfederung dar. Um der Straßendecke jedes gewünschte Profil geben zu können, war die Schwingachse jederzeit vom Führerstand aus fest einstellbar. Bei fest eingestellter Schwingachse konnte die Walze zudem unbedenklich schwere Arbeiten mit dem anmontierten Aufreißer ausführen. Dieser ebenfalls zusätzliche Festaufreißer mit jeweils drei Stählen, Stützen und Keilen konnte ein- oder zweiseitig angebaut werden und war um seine Querachse schwenkbar. Durch eine Handspindel konnte dann eine schnelle Verstellung vorgenommen werden. Ebenfalls eine Sonderausstattung war damals noch die Wasserberieselung der Vorder- und Hinterwalzen durch zwei unter der Verkleidung angebrachte Tanks mit entsprechenden Rohrleitungen und Pumpe.

In Travemünde wurden zunächst Kleinserien von fünf bis zehn Stück gefertigt. Ständig wurde dadurch die Konstruktion verändert, Details verbessert und laufend an die in der Praxis erworbenen Erfahrungen angepasst. Die Typen Kemna Gigant 10 und 12 bildeten nun die Basis für alle weiteren größeren und kleineren Dreiradwalzen, die in den nächsten Jahren von Hans Hagelstein und seinen Konstrukteuren vorge-

Kemna Gigant 10
Bauart 1949

Grundgewicht: 10 t
Maximales Gewicht: 14,4 t
Motor: Deutz 3-Zylinder luftgekühlt
Leistung: 30/35 PS bei 1150/1350 U/min
Maximale Geschwindigkeit: 6 km/h
Arbeitsbreite: 2000 mm
Länge: 5350 mm, Höhe: 2580 mm

Kemna Gigant 12
Bauart ab 1949

Grundgewicht: 12 t
Maximales Gewicht: 16,5 t
Motor: Deutz 3-Zylinder luftgekühlt
Leistung: 30/35 PS bei 1150/1350 U/min
Maximale Geschwindigkeit: 6 km/h
Arbeitsbreite: 2100 mm
Länge: 5350 mm, Höhe: 2580 mm

Kemna Gigant 10
Bauart ab 1959

Grundgewicht: 10 t
Maximales Gewicht: 13 t
Motor: Deutz 2-Zylinder luftgekühlt
Leistung: 30 PS bei 1600 U/min
Maximale Geschwindigkeit: 7 km/h
Arbeitsbreite: 1920 mm
Länge: 4900 mm, Höhe: 2500 mm

Kemna Gigant 12
Bauart ab 1959

Grundgewicht: 12 t
Maximales Gewicht: 17 t
Motor: Deutz 3-Zylinder luftgekühlt
Leistung: 45 PS bei 1600 U/min
Maximale Geschwindigkeit: 7 km/h
Arbeitsbreite: 2020 mm
Länge: 4900 mm, Höhe: 2540 mm

stellt werden sollten. Obwohl sich die Typenbezeichnungen während der unterschiedlichen Bauzeiten niemals änderten, wurden die Walzen stets weiterentwickelt und auf den neusten Stand der technischen Möglichkeiten gebracht. Somit wichen im Laufe der Produktionszeit aufgrund der vorgenommenen konstruktiven Veränderungen die technischen Daten zum Teil erheblich voneinander ab. Auch optisch wiesen einige der ersten Walzen Unterschiede bei der Formgebung auf. Erst bei der Aufnahme der Großserien Mitte der Fünfzigerjahre setzte eine Normung der Baureihen ein.

Neue kleinere Dreiradwalze mit 6 t Grundgewicht

So entsprach auch die 1950 als Neuentwicklung vorgestellte Kemna Gigant 6 nicht der stringenten Formgebung, die etwa die größeren Typen Kemna Gi-

Links: Beim Ausbau einer Landstraße kam diese Kemna Gigant Dreiradwalze direkt hinter dem Straßenfertiger zum Einsatz. Dabei galt es, die richtigen Walzvorgänge einzuhalten, um später ein einwandfreies Resultat zu erhalten. Zunächst wurde an der Außenkante entlang beginnend die Walze bis dicht an den Fertiger gefahren. Dabei war wichtig, dass die großen angetriebenen Bandagen zum Fertiger hin gerichtet wurden und das Material unter sich ziehen konnten. Die schwere Kette mit dem Schlepphaken an der vorderen Öse ließ vermuten, dass die Walze zuweilen auch als Zugmaschine verwendet wurde. *Rechts:* Wendig: Bis auf die Kemna Gigant 6 hatten alle größeren Dreiradwalzen in etwa die gleichen Abmessungen. Die wesentlichen Unterschiede bestanden in den Grundgewichten und den unterschiedlichen Durchmessern der Bandagen. Somit war auch der Achsstand bei allen Typen mit 2600 mm jeweils derselbe, was einen weitgehend einheitlichen Wendekreis bei den Maschinen ergab.

Straßenbau im Jahr 1960: Spur für Spur verdichtete hier die Kemna Gigant Dreiradwalze einer Baufirma aus Neumünster sorgfältig die Asphaltdecke hinter dem Fertiger. Nachdem die Außenkanten verdichtet wurden, bewegte sich die Walze zurück in der gewalzten Spur bis auf die erkaltete Decke und wurde dann um eine halbe Spur versetzt. Nun konnte sie wieder nach vorne – etwas näher an den Fertiger – gefahren werden, um den gesamten Vorgang danach immer zu wiederholen. Am Ende der letzten Spur konnte die Dreiradwalze dann schräg zur ersten Spur zurückkehren, um die Enden der vorigen Spuren zu glätten.

gant 10 und 12 vorgaben. Diese hatte eine kompaktere Bauart und der Drehzapfen der Lenkwelle baute außerhalb des Lenkkopfes auf. Dennoch verfügte sie über die bewährten Schwingachsen und die Möglichkeit einer entsprechenden Kraftlenkung. Als Antriebsaggregat diente der Kemna Gigant 6 ein luftgekühlter Zwei-Zylinder-4-Takt-Deutz-Dieselmotor vom Typ A 2 L 712 oder 514. Der Prototyp wurde nach seiner ersten Vorstellung auf der Industriemesse in Hannover dann jedoch noch erheblich modifiziert, so dass die bereits kurze Zeit später in Serie gebaute Kemna Gigant 6 Dreiradwalze nun ebenfalls in das einheitlich geltende Gestaltungskonzept passen sollte.

Diesem Konzept entsprach auch die Anfang 1955 präsentierte neue Kemna Dreiradwalze Gigant 8. Diese Maschine hatte nun ein Grundgewicht von 8 t, das wiederum durch zusätzlichen Sandballast von 2 t in den Vorder- und Hinterbandagen auf 10 t und durch weitere 2 t Eisenballast auf bis zu 12 t erhöht werden konnte. Wie bereits in den vorhergegangenen Kemna Gigant Walzentypen besaß auch dieser neue Typ einen luftgekühlten Dieselmotor, eine Voith-Turbo-Flüssigkeitskupplung, Ölbadwechselgetriebe mit Sinus-Lammellenkupplung, die patentierte Schwingachse (DP 850 903), eine hydraulische Lenkung sowie auf Wunsch einen federnden Aufreißer mit Parallelführung.

Als Antriebsmotor diente auch der Kemna Gigant 8 ein stehender luftgekühlter Deutz-Diesel-Motor Typ F 2 L 514 mit einer Leistung von 30 PS. Spätere Ausführungen erhielten einen Motor mit drei Zylindern. Die Strömungskupplung – vom System Föttinger – übertrug die Leistung des Motors vollkommen stoßfrei auf das Getriebe, wodurch eine weitgehende Schonung des Aggregates sowie des Getriebes gewährleistet werden konnte. In Verbindung mit einer Sinus-Lamellen-Wendekupplung wurde dann auch im dritten Gang ein vollkommen sanftes Umschalten und Anfahren der Walze erreicht. Das dreigängige Getriebe sowie das Differentialgetriebe liefen im Ölbad und sämtliche Zahnräder waren selbstverständlich gehärtet. Der Antrieb der hinteren Walzenkörper erfolgte bewährt durch Stirnräder, die durch Einkapselung vor Staub und Verschmutzung geschützt waren. Im Prinzip folgten nunmehr alle Kemna Gigant Dreiradwalzen demselben Konstruktionsprinzip.

Kemna Gigant 6
Bauart ab 1950

Grundgewicht: 6 t
Maximales Gewicht: 9 t
Motor: Deutz 2-Zylinder luftgekühlt
Leistung: 22/30 PS bei 1150/2200 U/min
Maximale Geschwindigkeit: 6,4 km/h
Arbeitsbreite: 1800 mm
Länge: 5180 mm, Höhe: 2450 mm

Kemna Gigant 6
Bauart ab 1959

Grundgewicht: 6 t
Maximales Gewicht: 10,5 t
Motor: Deutz 2-Zylinder luftgekühlt
Leistung: 22/30 PS bei 1600/2200 U/min
Maximale Geschwindigkeit: 7 km/h
Arbeitsbreite: 1920 mm
Länge: 4800 mm, Höhe: 2480 mm

Patentierte Schwingachsen

Auch das System der Schwingachsen, das sich bereits bei den anderen Kemna Dreiradwalzen bewährt hatte, kam bei der Gigant 8 wieder zur Anwendung. Die beiden unter Federwirkung stehenden Hinterwalzen konnten aus der horizontalen Lage in eine Schrägstellung bis zu rund 3 Grad (Neigung 1:20) sowie in jeder beliebigen Zwischenstellung blockiert werden. Ohne Blockierung

Oben: Kemna Gigant 10 mit geschlossenem Fahrerhaus: Für Einsätze in dauerhaft kälteren Regionen konnte eine Stahlkabine mit großflächiger Verglasung geliefert werden. Zahlreiche Maschinen kamen so zum Einsatz in den Nordländern oder in der Schweiz. Hier wurde eine schmale Version der Kabine gewählt…

Mitte: …während die breitere Ausführung der Ganzstahlkabine dem Fahrer zudem einen geschützten Blick über die Seite der Dreiradwalze hinaus bot. Dazu konnten die Seitenfenster praktisch hochgeschoben werden.

Unten: Aufbau und Bauteile der festen Kabine für die Kemna Gigant Dreiradwalzen

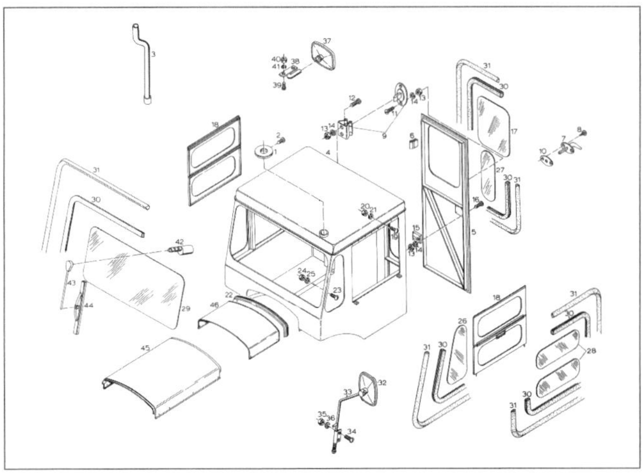

Links: Gewichtig: Eine Kemna Gigant Dreiradwalze mit Aufreißer beim Verdichten von losem Material. *Rechts:* Missliche Lage: Beim Verdichten einer neuen Schotterschüttung war es geschehen – diese Kemna Gigant Dreiradwalze hatte sich ins Material gefahren und steckte fest. Natürlich bekamen die Beteiligten die Situation mit feinfühligem Anfahren und entsprechender Bearbeitung des Untergrundes wieder in den Griff. Dennoch zeigte das Malheur hier noch einmal allen recht deutlich, mit welchen großen Walzdrücken stets gearbeitet wurde.

konnten sie federnd in senkrechter Richtung schwingen und passten sich somit automatisch dem Profil der Fahrdecken an. Das Blockieren sowie das Lösen der Blockierung erfolgte in einfachster Weise mit einem Mutternschlüssel vom Fahrerstand aus, wobei jede Bandage für sich nach einer Skala in einer Neigung eingestellt werden konnte. Die Schwingachsen wirkten somit profilgebend bei der Herstellung von profilierten Straßendecken.

Die hydraulisch betätigte Lenkung – noch ausschließlich als Sonderausrüstung angeboten – gab dem Fahrer die Möglichkeit beim Verdichten von Schwarzdecken mit größter Geschwindigkeit abwechselnd Rechts- und Linkskurven zu fahren. Die Betätigung der Lenkung erfolgte mühelos durch Bewegen eines kleinen Hebels. Eine wesentliche Verbesserung nannten die Konstrukteure bei der Produktvorstellung den neuartigen, fest angebauten Aufreißer mit Parallelführung. Zum Heben und Senken der Aufreißerstähle diente eine Gewindespindel, wobei der Eingriffswinkel der Stähle nicht verändert wurde. Die beim Aufreißen auftretenden Stöße wurden von kräftigen Stahlfedern aufgefangen, wodurch eine Schonung der gesamten Walze erreicht wurde. Der Aufreißer konnte je nach Wunsch sowohl einseitig als auch doppelseitig angebaut werden.

Kemna Gigant 8
Bauart ab 1955

Grundgewicht: 8 t
Maximales Gewicht: 12 t
Motor: Deutz 2/3-Zylinder luftgekühlt
Leistung: 30 PS bei 1600 U/min
Maximale Geschwindigkeit: 6 km/h
Arbeitsbreite: 1920 mm
Länge: 4900 mm, Höhe: 2500 mm

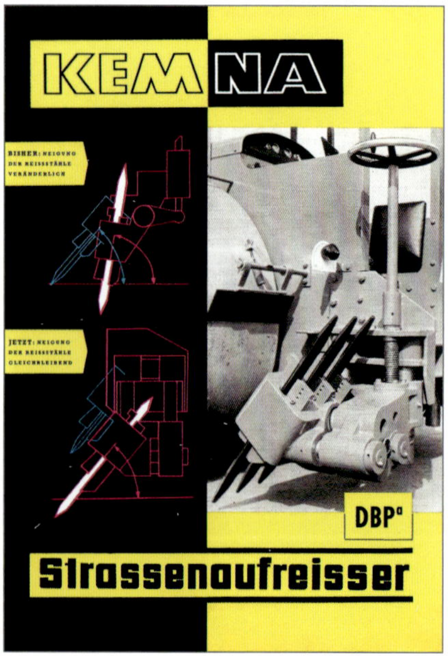

Prospekt aus dem Jahr 1955

Prospekt aus dem Jahr 1960

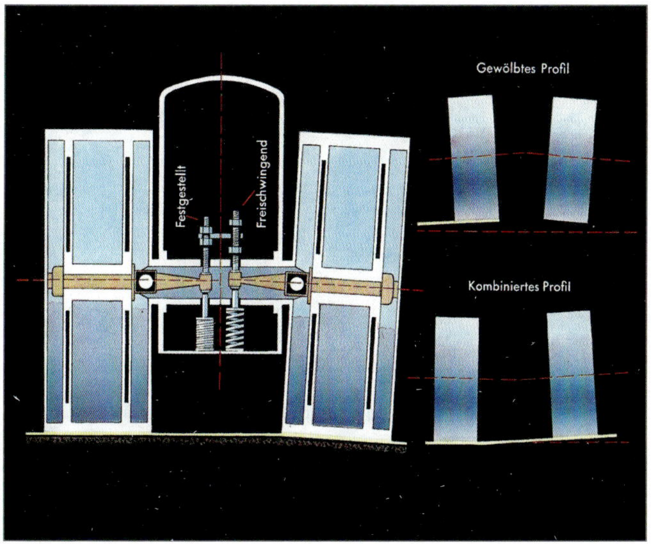

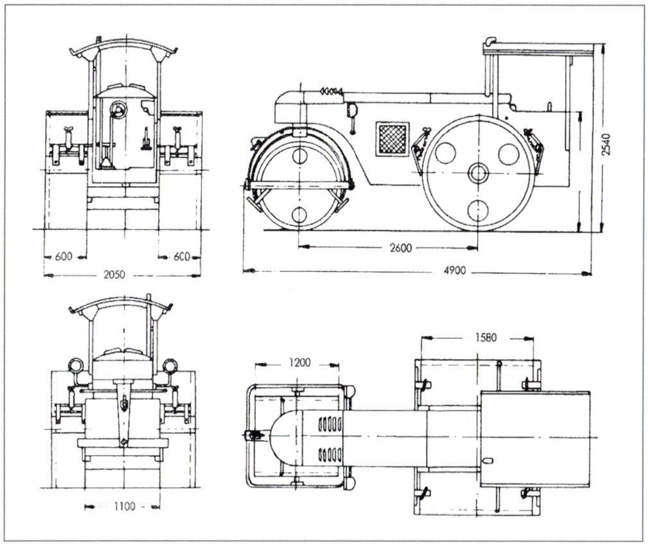

Links: Funktionsweise der patentieren Kemna-Schwingachsen *Rechts:* Abmessungen der Kemna Gigant Dreiradwalzen

Das Programm der Kemna Gigant Dreiradwalzen bestand 1953 nunmehr aus vier verschiedenen Typen, während die beiden großen Maschinen konstruktiv identisch waren. Mehr und mehr versuchte Hans Hagelstein die Produktion der Walzen rationell zu gestalten und eine Normung der Bauteile anzustreben. Bei den Motoren war das durch die einheitliche Verwendung der Baureihen bereits gelungen. So standen zunächst grundsätzlich für die Kemna Gigant Dreiradwalzen die Deutz-Motoren F 2 L 514, F 3 L 812 und F 4 L 812 zum Einbau zur Auswahl. Die entsprechende Nummer der Motorenbaureihe wurde dann auch Bestandteil der vorne links eingeschlagenen Maschinennummer auf dem Messingschild. Ergänzt wurde die Angabe durch die letzten zwei Zahlen des Baujahres sowie der jeweiligen Baunummer. Zeitweise wurde die Typenangabe noch durch den Zusatz „WD" (Walze Dreirad) ergänzt. Dadurch entstand das damals noch übliche Telegrammwort für die entsprechende Walze, um bei telegrafischer Kommunikation keine Missverständnisse aufkommen zu lassen.

Normung der Baureihen und zwei weitere Typen

Ab 1959 wurde das Angebot um weitere zwei Kemna Gigant Dreiradwalzen ergänzt. Zuvor gelang es aber, die verschiedenen Typen und Baugruppen auf

Bereits 1955 wurde die erste Bauart einer Vibrationsplatte vorgestellt, die das Aufgabengebiet der Kemna Gigant Dreiradwalzen erweitern sollte. Mit einer solchen untergebauten Einrichtung konnten die Maschinen sowohl als Glattmantel- oder Vibrationswalze eingesetzt werden. Das Abwalzen großer Erdschüttungen, von Frostaufbrüchen oder der Einbau von Schotterdecken machte es oft erforderlich, der einen oder anderen Arbeitsmethode den Vorzug zu geben. Beides war nun mit einer Maschine möglich. Die hydraulisch höhenverstellbare Vibrationsplatte befand sich zwischen Vorder- und Hinterwalzen und trug das Getriebe, welches eine Unwucht von rund 5,5 t bei einer Frequenz von 2500/min erzeugte. Das Vibrationsgetriebe benötigte keine gesonderte Kraftquelle und wurde vom Walzenmotor über ein Vorsatzgetriebe angetrieben. Zur Stoßdämpfung waren die Hydraulikzylinder mit der Platte durch Federn verbunden. Diese erlaubten es, im Bedarfsfall die Platte auf den Boden zu drücken, wodurch eine optimale Verdichtung erzeugt wurde.

Blick in die Fertigung: Die Draufsicht zeigte übersichtlich den Aufbau der Kemna Gigant Dreiradwalzen. Getriebe, Motor, Hydraulik, Federn der Schwingachsen oder Bedienungselemente waren hier bereits moniert. Ebenfalls beeindruckend waren die noch blanken Bandagen, die nach dem Verlassen der Werkhallen rasch ihr fabrikneues Aussehen veränderten.

Kemna Gigant 10 L
Bauart von 1959 bis 1968

Grundgewicht: 10 t
Maximales Gewicht: 12 t
Motor: Deutz 2/3-Zylinder luftgekühlt
Leistung: 30 PS bei 1600 U/min
Maximale Geschwindigkeit: 7 km/h
Arbeitsbreite: 1920 mm
Länge: 4900 mm, Höhe 2500 mm

Kemna Gigant 14
Bauart von 1959 bis 1969

Grundgewicht: 14 t
Maximales Gewicht: 16,5 t
Motor: Deutz 4-Zylinder luftgekühlt
Leistung: 45 PS bei 1600 U/min
Maximale Geschwindigkeit: 7 km/h
Arbeitsbreite: 2020 mm
Länge: 5000 mm, Höhe: 2650 mm

einheitliche Grundformen zu reduzieren und dadurch die Produktion erheblich zu rationalisieren. Die Dimensionen von Rahmen und Aufbau waren zum größten Teil bei allen Maschinen identisch. So hatten bis auf die kleinste Walze anstelle von 2500 mm alle einen Achsstand von 2600 mm und eine Gesamtlänge von knapp 5000 mm. Unterschiede machten vor allem die Durchmesser und Breiten der verbauten Bandagen. Zu den neuen Typen gehörten die Kemna Gigant 10 L und 14. Bei beiden Walzen war eine Auflastung durch einen zusätzlichen Eisenballast nicht vorgesehen. Während die Kemna Gigant 10 L (leicht) als preisgünstige Standard-Asphaltwalze in der populären Gewichtsklasse angeboten wurde, sollte die schwere statische Kemna Gigant 14 vor allem in Exportländern im Wegebau eingesetzt werden.

Unterschiedliche Arten der Berieselung

Besonders beim Einbau von Asphaltdecken war die Wasserberieselung der Bandagen eine unerlässliche wie höchst wichtige Voraussetzung für gute Walzergebnisse. Die Kemna Gigant Dreiradwalzen waren von vorneherein mit Wassertanks unter der Verkleidung ausgestattet. Über Rohrleitungen sorgte eine Pumpe für die entsprechende Verteilung des Wassers. Die Berieselung bestand aus zwei Behältern und den Rohrleitungen mit Absperrventilen, die vom Führerstand aus bedient wurden. Die Benetzung der Bandagen konnte auf dreifache Weise vorgenommen werden:

Zum einen erfolgte der Ausfluss aus den Rieselrohren durch Löcher an der unteren Rohrkante. Das entsprach auch der Standardauslieferung. Eine weitere Möglichkeit stellte der Ausfluss aus querdurchbohrten Rieselrohren, in deren Löcher Stahlstifte gesteckt wurden, um den freien Lochquerschnitt zu verringern und den Tropfen daran abzuleiten, dar.

Etwas spezieller war dann der Ausfluss aus den Rieselrohren mit Löchern an der unteren Rohrkante und einem Scheuerlappen, welcher mit einem Ende schlingenartig über das Rohr gelegt und mit Klammern oder Sicherheitsnadeln befestigt wurde. Das andere Ende schmiegte sich an den Walzenmantel und übertrug nun einen dünnen Flüssigkeitsfilm. Bei einem Fahrtrichtungswechsel legte sich der Lappen automatisch auf die entgegengesetzte Seite des Rohres. Es blieb dem Fahrer überlassen, welche Methode er bevorzugte.

Sollte die mitgeführte Wassermenge erhöht werden, so bestand die Möglichkeit einen zusätzlichen Tank auf dem Dach zu befestigen. Mit Hilfe der am Führerstand durch ein Rohr abgeleiteten Abgase des Motors wurde innerhalb des Dachtanks ein Druck erzeugt, der das Wasser daraufhin durch die Leitungen zur Berieselung presste.

Ideale Absatzverhältnisse sorgten für höhere Marktanteile

Der Absatz der Kemna Straßenwalzen lief hervorragend. Grund hierfür war nicht ausschließlich die hohe Qualität der in Travemünde gefertigten Maschinen. Auch die Konjunktur trug ein Übriges dazu bei. Alleine im Jahr 1956 stellte die Bundesregierung über 539 Millionen Deutsche Mark für den Ausbau von Autobahnen, Bundesstraßen und Brücken zur Verfügung. Dazu kamen noch die Investitionen der Kommunen und Städte. Das Bauprogramm – allein für Autobahnen und Bundesstraßen – für die kommenden zehn bis zwanzig Jahre schätzte das damalige Bundesverkehrsministerium auf über 7,6 Milliarden Deutsche Mark ein. Über 8400 km Bundesstraßen und 2565 km Autobahnen galt es nunmehr planmäßig fertigzustellen. Der Bedarf der Baufirmen nach Maschinen war außergewöhnlich hoch und so ergab sich auch für die Kemna Gigant Straßenwalzen insgesamt ein Marktanteil von knapp 25 Prozent im Deutschland der Sechzigerjahre.

Laufende Weiterentwicklungen und neue Ausrüstungen

Im Laufe der folgenden Jahre wurden die Kemna Gigant Dreiradwalzen ständig weiterentwickelt. Zwar behielten sie ihren Aufbau im Wesentlichen bei, wurden jedoch in vielen Details den sich laufend verändernden Erkenntnissen und Anforderungen angepasst. Aus der Verbindung von traditioneller Maschinenbauerfahrung und modernster Technik waren mit der Gigant-Baureihe nun ungewöhnlich robuste Maschinen entstanden.

Eine Weiterentwicklung anderer Art stellte der veränderte Markenauftritt dar. Zwischenzeitlich hatten sich neben den Kemna Straßenwalzen weitere Baumaschinen aus Travemünde unter dem Namen HATRA international etablieren können. In der Außendarstellung war es nicht immer allen Kunden eindeutig klar, dass hinter Kemna auch immer HATRA stand. Um die Marke HATRA nun deutlicher zu positionieren, entschied sich Hans Hagelstein 1963 dazu, die beiden Marken zu vereinheitlichen. Ab nun sollten auch die Walzen unter der Bezeichnung HATRA angeboten werden. Die Dreiradwalzen wurden nun HATRA Gigant bezeichnet. Ein Schritt, der, wie sich herausstellen sollte, bei den Walzen nicht immer konsequent durchgesetzt werden konnte.

Die modernen HATRA Gigant Dreiradwalzen ab 1964 zeichneten nun eine Reihe von technischen Verbesserungen aus. Weiterhin wurde als Antriebsmotor jeweils ein luftgekühlter Deutz-Dieselmotor eingebaut. Hier wurden zunächst auch Motoren der

Aus Kemna wurde HATRA: Um die eigene Marke stärker zu positionieren wandelte sich die Bezeichnung der Straßenwalzen ab dem Jahr 1963.

Fabrikneu auf den Weg in die Schweiz: Diese HATRA Gigant Dreiradwalze war für den Einsatz im südlichen Nachbarland vorgesehen. Von 1951 bis 1969 war dort die MBA Handelspartner vor Ort und somit für den Vertrieb der HATRA Baumaschinen verantwortlich. Ebenso übernahm MBA zur selben Zeit den Verkauf in Südafrika. MBA vertrat zudem die Bagger von O&K und damit stellten die Maschinen aus Travemünde eine hervorragende Ergänzung für die Kunden in der Schweiz dar.

Erfolgreiches Trio: Gleich alle drei Walzenarten waren hier im Einsatz. Vorbildlich übernahm eine HATRA Tandemwalze die Verdichtung hinter dem Fertiger, danach walkte eine HATRA Gummiradwalze GW 22 den heißen Asphalt. Final kam die statische HATRA Gigant Dreiradwalze dazu, um der neuen Fahrbahn die entsprechende Glätte zu geben. Obwohl die Walzen nunmehr unter der Bezeichnung HATRA angeboten wurden, wurde bei einigen ausgelieferten Maschinen weiterhin der Kemna-Schriftzug zusätzlich angebracht – der legendäre Name war weiterhin ein Begriff für traditionell hochwertige Walzen.

Offenbar halfen bei einigen Exportgeschäften zuweilen kleine Zuwendungen. So wurde einst davon berichtet, dass bei manchen Walzen vor deren Verladung oft ein höheres Nettogewicht angegeben war, als es in den technischen Unterlagen ausgewiesen wurde. Da die Bandagen nicht nur wie vorgesehen mit Wasser oder Sand befüllt werden konnten, gab es hier möglicherweise zusätzlichen Raum für Zugaben jeglicher Art.

Baureihe 812 und später 912 verwendet, womit die Leistungsdaten einiger Typen auf 48 bzw. 60 PS angehoben werden konnten. Alle HATRA Gigant Dreiradwalzen waren jetzt mit einer an die Kurbelwelle des Motors montierten Voith-Turbokupplung ausgerüstet. Diese stellte ein auf hydrodynamischer Grundlage arbeitendes Kraftübertragungselement dar, wobei die Kreiselpumpe motorseitig und eine Turbine abtriebsseitig räumlich eng einander gegenüberstanden. Das Drehmoment des Dieselmotors wurde so verlustlos durch die Massenkräfte des Öls auf die getriebene Welle übertragen, wobei ein Drehzahlunterschied – also Schlupf – zwischen Pumpe und Turbine auftrat. Bei stärkerer Belastung im Betrieb wurde der Schlupf der Turbokupplung größer, der Flüssigkeitsumlauf und das übertragene Drehmoment nahmen zu, wogegen die Drehzahl des Motors etwas gedrückt wurde. Die Turbokupplung ermöglichte eine sanfte Kraftübertragung bei größter Schonung des Motors, des Getriebes und der Lamellenwendekupplung. Ein weiterer Vorteil: Unterhalb der Leerlaufdrehzahl des Dieselmotors, beispielsweise beim Anlassen, war das übertragbare Drehmoment der Turbokupplung so gering, dass ein Abwürgen des Motors ausgeschlossen werden konnte.

Bei allen HATRA Gigant Dreiradwalzen waren in einem gemeinsamen Getriebegehäuse die Wendekupplung, das Drei-Gang-Schaltgetriebe, der Kegelradtrieb und das Differential untergebracht. Die Wendekupplung bestand aus zwei Lamellenkupplungen, welche den Fahrtrichtungswechsel vollzogen. Durch eine besondere Ausbildung der Innenlamellen wurde im ausgeschalteten Zustand ein Zusammenkleben der einzelnen Lamellen und somit ein erhöhter Leerlaufwiderstand vermieden. Mit der Lamellen-Wendekupplung wurde zudem ein sanftes Anfahren der Walze auch bei Fahrtrichtungswechsel erreicht. Mittels des Drei-Gang-Schalt-

Aus der Ameisenperspektive wirkte diese HATRA Gigant Dreiradwalze noch wuchtiger. Die Aufnahme entstand an der Travemünder Landstraße, wo die fabrikneue Walze auf ihren Weitertransport auf der Straße oder Schiene wartete. Je nach Typ kosteten die statischen Dreiradwalzen zwischen 28.500,00 (Gigant 6) und 45.500,00 (GIGANT 14) Deutsche Mark. Für das geschlossene Fahrerhaus mit Scheibenwischern musste jedoch bei allen Maschinen derselbe Mehrpreis gezahlt werden: 4100,00 Deutsche Mark mussten für den komfortablen Arbeitsplatz im Jahr 1968 aufgebracht werden.

Auch die Deutsche Bundesbahn hatte einige HATRA Gigant 8 Dreiradwalzen im eigenen Bestand. Im Jahr 1964 wurden diese mit der Maschinennummer 66 5 15 a bzw. der Gerätenummer 804 65 00 geführt.

Bergauf mit 20 Prozent Steigfähigkeit: Auch auf engen Bergstraßen Südeuropas waren die HATRA Gigant Dreiradwalzen zuverlässig im Einsatz.

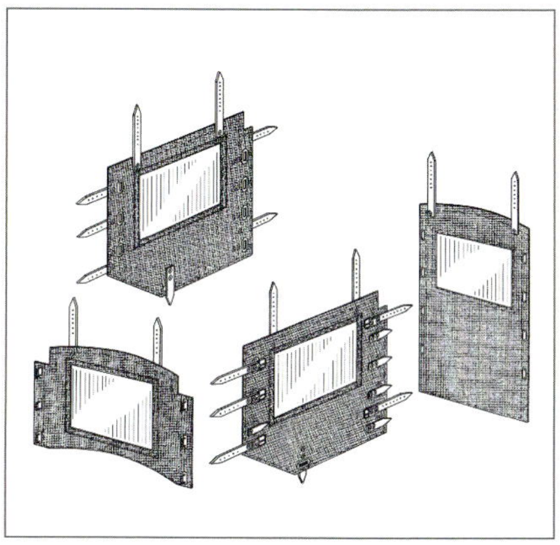

Wetterfest: Für die offene Fahrerkabine der HATRA GigantDreiradwalzen standen seitliche Vorhänge aus Planenmaterial zur Verfügung. Für den Einsatz in den Tropen konnte ein Holzdach gewählt werden.

getriebes konnten die einzelnen Geschwindigkeitsbereiche vom Fahrerstand aus vorgewählt werden. Das Differential ermöglichte bei Kurvenfahrt verschiedene Drehzahlen der angetriebenen Bandagen. Die außerhalb des Getriebegehäuses angeordneten beiden Antriebsritzel dienten zum Antrieb der hinteren beiden Bandagen. Alle Zahnräder und Wellen waren in Walzlagen gelagert und auf eine besonders lange Lebensdauer berechnet. Wie auch schon bei den ersten Kemna Gigant Dreiradwalzen waren bei den weiterentwickelten HATRA-Typen Motor mit Turbokupplung und das Getriebe auf einen gemeinsamen Rahmen übersichtlich angeordnet und fest aufgebaut. Dieser enthielt auch den eingeschweißten Lenkkopf. In den Seitenblechen waren Ausschnitte für die leichte Zugänglichkeit und Kontrolle der wichtigsten Bauteile ausgenommen. Diese waren durch verschließbare Türen abgedeckt.

Hydraulische Lenkung wurde zum Standard

Alle HATRA Gigant Dreiradwalzen waren mit einer Getriebebremse ausgerüstet. Diese konnte sowohl mechanisch als Feststellbremse als auch hydraulisch als Betriebsbremse betätigt werden. Es handelte sich hierbei wieder um eine selbstverstärkende Innenba-

Links: Asphaltbau in Hamburg: Im Jahr 1965 gelangte diese HATRA Gigant Dreiradwalze zu einem ihrer ersten Einsätze vor der einstigen Coca Cola-Niederlassung in der Hansestadt. Zahlreiche Straßen wurden damals zu modernen Verkehrsadern ausgebaut. Oftmals waren Walzen aus Travemünde daran beteiligt. Der Marktanteil in Deutschland lag zeitweise bei 25 Prozent! *Rechts:* Immer mehr Straßen wurden in den Sechzigerjahren asphaltiert. Nicht immer wurden alle vorhandenen Straßen grundhaft aufgebaut. Üblich war es auch, auf vorhandene Kopfsteinbeläge eine zusätzliche Asphaltdecke aufzubringen. Verhältnismäßig schnell konnte so eine glatte Fahrbahn herstellt werden. Zur deren Verdichtung war dann eine schwere statische Dreiradwalze unerlässlich.

ckenbremse, die so bemessen war, dass die Walzen auf der maximal zu befahrenden Steigerung sicher abgebremst werde konnten.

Zwischenzeitlich waren alle Dreiradwalzen serienmäßig mit einer leicht zu bedienenden hydraulischen Lenkung ausgerüstet worden. Hierfür war am Dieselmotor eine Zahnradpumpe angebaut. Diese erzeugte das Druckmittel für den Arbeitszylinder. Das Hydrauliköl wurde von der Ölpumpe aus dem Öltank ausgesaugt und über das Steuerventil dem Arbeitszylinder zugeführt. In Nullstellung des Steuergerätes wurde das Druckmittel im drucklosen Umlauf wieder dem Ölbehälter zugeführt. Wurde das Steuerventil betätigt, floss das Öl in eine der beiden Kammern des doppeltwirkenden Lenkzylinders. Dieser war einerseits mit dem Rahmen und anderseits mit der Schwinge des Königszapfens der Lenkwalzengabel verbunden. Es erfolgte ein Lenkeinschlag, solange der Hebel des Steuerventils betätigt wurde. Bei außerhalb der Null-Stellung befindlichem Schalthebel ging der Lenkeinschlag bis zum Erreichen der Endstellung, wobei dann ein Sicherheitsventil aktiv wurde und vor Beschädigung schützte. Wurde der Hebel weiter festgehalten, strömte das Hydrauliköl über ein Überdruckventil zurück in den Ölbehälter. Die Lenkung war ohne großen Kraftaufwand zu betätigen, jedoch nur bei laufendem Dieselmotor betriebsfähig. Als Sonderbestellung und gegen Aufpreis konnte weiterhin auch eine mechanische Lenkung eingebaut werden. Die Lenkung erfolgte dann – wie auch schon zuvor bei den ersten Kemna Gigant Dreiradwalzen – über ein Lenkrad, das über eine Welle mit der im Lenkkopf gelagerten Schnecke verbunden war. Diese griff dann in ein Schneckenradsegment, welches über eine Schwinge fest mit dem Königszapfen der Lenkwalzengabel verbunden war. Serienmäßig gehörte nunmehr auch die Berieselungsanlage zum Lieferumfang.

Sämtliche Walzentrommeln waren auf den Achsen mittels Rollenlagern gelagert. Weiterhin bestand die Standardausführung aus einer starren Achse für die hinteren Arbeitswalzen, die im Rahmen fest gelagert war. Als Sonderausrüstung konnte die bewährte Schwingachse gewählt werden. Die Walzenmäntel der Arbeits- und Lenkbandagen waren aus hochwertigem, verschleißarmen Baustahl gerollt und mit den Böden sowie den Naben elektrisch verschweißt. Im Fertigzustand wurde jede Walzentrommel auf der Drehbank innen und außen bearbeitet, was einen genauen Rundlauf garantierte. Zur Erhöhung des Grundgewichts und somit auch des Walzendrucks war es weiterhin möglich, die Walzen je nach Ausführung mit Sand oder Wasser zu füllen. Weiterhin bestand auch die Möglichkeit das Gesamtgewicht der Dreiradwalze mit einem Eisenballast zu erhöhen. Diese Zusatzausrüstung wurde unter dem Walzrahmen zwischen Arbeit- und Lenkwalze angebracht und konnte auch nachträglich gewählt werden.

Grundsätzlich nur wenig Veränderungen gegenüber den ersten Kemna Gigant Dreiradwalzen wies der Fahrerstand auf. Alle erforderlichen Bedienungshebel waren weiterhin übersichtlich so montiert, dass diese für den Wal-

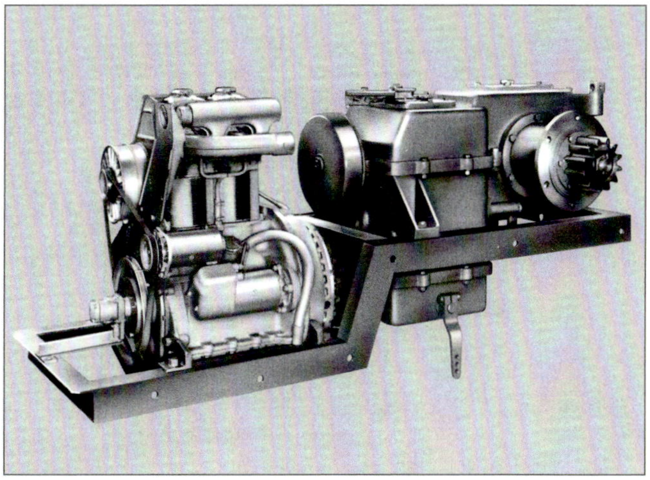

Geschlossene Einheit: Dieselmotor, Getriebebremse, Drei-Gang-Getriebe, Hydraulikpumpe, Turbokupplung, Gelenkwelle, Kupplungsbetätigung und Hinterwalzenantrieb waren auf einem Grundrahmen moniert.

zenfahrer leicht zugänglich und übersichtlich angeordnet waren. Unterschiede bei den Bedienungselementen ergaben sich allerdings durch den Einbau unterschiedlicher Motoren. So verfügten die HATRA Gigant Dreiradwalzen mit den jeweiligen Motoren F2L 514 und F3L 514 beispielsweise nicht über den Handhebel für die Steuerventilbetätigung und die Fußbremse der Ausführungen mit den Motoren F3L 812 oder F4L 812. Mit Einbau der Dieselmotorreihe 812 in die Dreiradwalzen wurde die seither mechanisch geschaltete Lamellenkupplung durch eine hydraulisch geschaltete ersetzt. Die damit notwendige Ölraumvergrößerung wurde durch Änderung des Getriebeunterteils erreicht.

Für längere Fahrtstrecken gab es weiterhin einen abklappbaren gepolsterten Sitz. Unter dem Bodenblech des Fahrerstandes befand sich die 12-V-Batterie und Raum für Werkzeug. Zusätzlichen Schutz boten die Sonderausrüstungen wie Wetterschutzvorhänge für die Übergangsjahreszeiten, ein Tropendach aus Holz oder ein komplett geschlossenes Fahrerhaus aus Stahl.

Prospekt aus dem Jahr 1963

HATRA Kantenschneider und hydraulischer Kanten-Ski

An den bereits vorhandenen Straßenaufreißer der HATRA Dreiradwalzen konnte nun auch noch ein zusätzlicher Kantenschneider befestigt werden, der funktionsgleich betrieben wurde. Wenn also bei halbseitigem Einbau einer Schwarzdecke die mittlere Stoßkante schnell, einwandfrei und scharfkantig bearbeitet werde sollte, ehe die zweite Hälfte der Decke verlegt wurde, so war der HATRA Kantenschneider eine ideale Zusatzeinrichtung, die sich leicht montieren ließ.

Aufwändiger war die Montage eines weiteren neuen Zusatzgerätes, das von den Konstrukteuren im HATRA Werk Dillingen entwickelt wurde. Speziell für den Anbau an die HATRA Gigant Dreiradwalzen entstand der hydraulische HATRA Kanten-Ski. Mit diesem Anbaugerät konnten nun schnell und wirtschaftlich die Kanten bei allen bituminös gebundenen Straßendecken gezogen und gleichzeitig die Randzonen verdichtet werden. Diese Arbeit wurde allein vom Walzenführer übernommen – weitere Arbeitskräfte waren dafür nicht mehr erforderlich. Dieses neue Verfah-

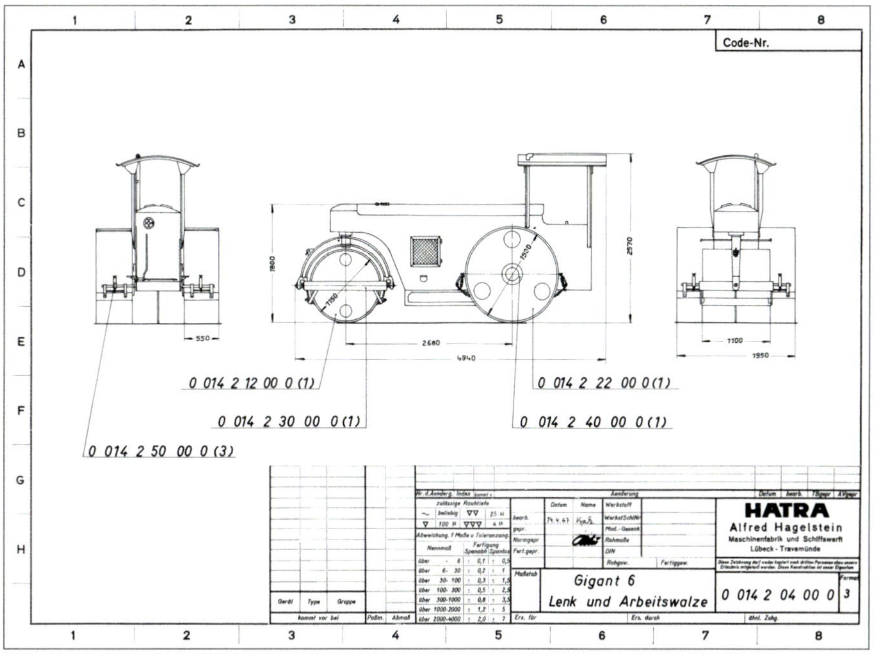

Konstruktionszeichnung der HATRA Gigant 6 aus dem Jahr 1967

Der HATRA Kanten-Ski wurde im Dillinger Werk als Zusatzausrüstung für die statischen Dreiradwalzen entwickelt. Nach erfolgtem Anbau war die Herstellung einwandfrei verdichteter Fahrbahnränder bequem und schnell durchführbar.

Tradition und Fortschritt im Teamwork: Während die HATRA Gummiradwalze GW 22 zu den fortschrittlichen Straßenbaumaschinen ab 1964 zählte, stammten die herkömmlichen Dreiradwalzen aus einem anderen Zeitalter. Dennoch war seinerzeit das Zusammenspiel beider Walzenbauarten noch unerlässlich.

ren ergab im Gegensatz zur üblichen Methode mit Kantholzeinspannung oder Nachbehandlung der Kanten durch zusätzliche Kleingeräte wesentliche Einsparungen an Personal, Material und Zeit.

Der HATRA Kanten-Ski wurde hydraulisch betätigt. Die Abfederung diente in erster Linie der Erhaltung des vollen Walzdruckes bei einem nicht ebenen Planum. In nur fünf Minuten lies sich die Anbei-Schalung entsprechend der jeweiligen Straßendeckenstärke auswechseln. Insgesamt standen vier verschiedene Anbau-Schalungen zur Auswahl (AS 03, AS 05, AS 07, AS 09) für jeweilige Decken von 3 bis 12 cm und Kantenschrägen bis 60 Grad. Für Decken bis 15 cm und Kantenschrägen bis 65 Grad wurde später zusätzlich die AS 12 angeboten. Zur Standardausrüstung des Kanten-Skis gehörte die Ausführung AS 05, die – wie alle Typen – über eine verschleißfreie Panzerung für eine lange Lebensdauer verfügte.

Ein besonderer Vorteil dieser Einrichtung bestand in der Verdichtung von witterungsunempfindlichen Randzonen, die oftmals rasch durch Frost beschädigt wurden. Durch die konstruktive Auslegung des HATRA Kanten-Skis wurde das am Rand verdrängte Mischgut als Wulst vor der Bandage geschoben und beim Walzenübergang in die Randzonen eingedrückt. Ein Ausweichen des Mischgutes verhinderte der als Gleitschalung wirkende Ski. Hierdurch wurde am Rand dieselbe Verdichtung erreicht wie in der Deckenmitte und ein Abfallen der Schulter mit Sicherheit vermieden.

Erste hydrostatische Dreiradwalze

Obwohl hydraulische Kräfte seit Ende der Fünfzigerjahre mehr und mehr auch bei Baumaschinen zum Einsatz kamen, war der hydrostatische Fahrantrieb damals noch nicht sehr weit verbreitet. Zwischenzeitlich hatte allerdings die Entwicklung bei den Turbo-Kupplungen und Getrieben einen hohen Stand erreicht und die Maschinen waren an sich höchst betriebssicher. Lediglich Schalt- und Umschaltvorgänge stellten noch Ansprüche an die Bediener der Maschinen. Zwar hatten die Konstrukteure bei HATRA bereits 1962 den Prototyp einer hydrostatisch angetriebenen Tandemwalze vorstellen können und auch bei der Entwicklung der HATRA Vollhydraulikbagger wurde seit 1963 mit hydraulischen Antrieben gearbeitet, einen weiteren Vorstoß hatte es hierzu jedoch noch nicht gegeben.

Dieser sollte im Jahr 1968 dann mit der ersten hydrostatischen Dreiradwalze Kemna Gigant 8 H gemacht werden. Die Forderung an eine stufenlose Regelung der Geschwindigkeiten bei Walzen sowie ein sanftes Anfahren wurde vom hydrostatischen Getriebe nunmehr in vollendeter Weise erfüllt. Erreicht wurde dieses, weil hierbei die Abtriebsdrehzahl stufenlos nicht nur in einem bestimmten Bereich zwischen

Kemna Gigant 8 H

Bauart ab 1968

Grundgewicht: 8 t
Maximales Gewicht: 10,9 t
Motor: Deutz 3-Zylinder luftgekühlt
Leistung: 36 PS bei 2500 U/min
Maximale Geschwindigkeit: 8 km/h
Arbeitsbreite: 1950 mm
Länge: 4900 mm, Höhe: 2500 mm

Technische Daten

GIGANT 8 H mit hydrostatischem Antrieb

HATRA

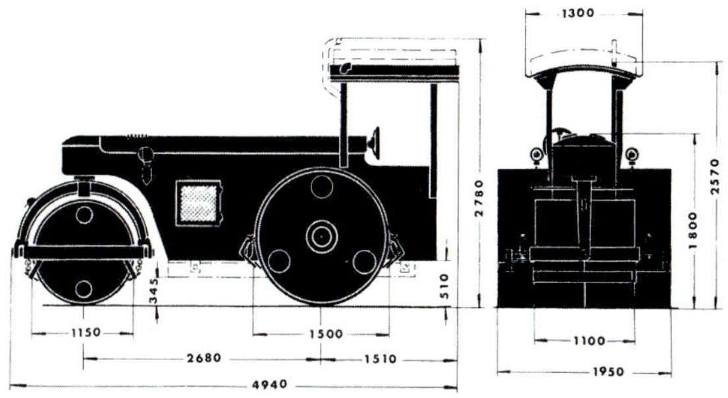

ANTRIEB

Motortype KHD	F3L 812	
Motorleistung B (DIN 6270)	36	PS
Motordrehzahl	2500	U/min
Kühlung	Luft	
Kraftstoffverbrauch	5,8	ltr/h

FAHRWERTE

1. Gang vorwärts, stufenlos	4	km/h
rückwärts, stufenlos	4	km/h
2. Gang vorwärts, stufenlos	8	km/h
rückwärts, stufenlos	8	km/h
Wendekreisdurchmesser		
innen	3200	mm
aussen	8300	mm
Steigfähigkeit leer	16	%
beladen	9	%
Bodenfreiheit bei Eisenballast	345	mm

HYDRAULIK

Axialkolbenpumpe	300	atü
Pumpenfördermenge	78	ltr
Axialkolbenmotor	25	mkp
Abtriebsdrehzahl	1359	U/min

LENKUNG

Vollhydraulisch ZF-Ross	120	atü

BREMSE

Mechanische Feststellbremse
Hydraulische Fussbremse

GEWICHTE

Grundgewicht leer	8000	kg
Eisenballast	2000	kg
Sandballast	2920	kg
Wasserballast	1700	kg
Gesamtgewicht max.		
mit Sand	10920	kg
Achsdruck Arbeitswalze leer	5620	kg
Achsdruck Lenkwalze leer	2380	kg

ELEKTR. ANLAGE

Lichtmaschine	12	V
Starterbatterie	12	V/120 Ah

FÜLLMENGEN

Kraftstofftank	50	ltr
Wassertank	165	ltr
Zusatzdachtank	275	ltr

Links: Abmessungen und technische Daten der HATRA Gigant 8 mit hydrostatischem Antrieb *Rechts oben:* Mit Wasser berieselt glänzten bei dieser HATRA Gigant Dreiradwalze die Bandagen in der Sonne. Damit das Asphaltmaterial nicht an den Rädern festkleben konnte, war eine leistungsstarke Berieselungsanlage von höchster Notwendigkeit. Ebenso wichtig für einen reibungslosen Ablauf war ein ausreichend großer Wasservorrat. Neben dem eingebauten Wassertank mit 165 l Inhalt konnte dafür ein weiterer Zusatzwassertank mit noch einmal 275 l Fassungsvermögen auf dem Dach montiert werden. Über den Druck der Auspuffanlage wurde so das Wasser direkt in die Anlage befördert. Für noch größeren Wasserbedarf konnte ein Kunststofftank mit 450 l Fassungsvermögen geordert werden. *Rechts unten:* HATRA Gigant Dreiradwalze, Baujahr 1964

einer Mindest- und Höchstdrehzahl, sondern vom Stillstand der Antriebswelle an bis hin zu deren Höchstdrehzahl verstellt werden konnte. Darüber hinaus konnte absatzlos über den Stillstand hinaus die Antriebsdrehzahl umgekehrt werden. Durch diesen Vorgang war keine Reibungskupplung erforderlich, wodurch auch Kupplungsausfälle sowie unnötiger Energieverbrauch durch Reibung ausgeschlossen wurden. Eine Pumpenschwenkscheibe wurde dazu über den Fahrhebel hydraulisch betätigt. Dabei lief der Diesel-Motor mit konstanter Betriebsdrehzahl. Im Hauptkreislauf floss das Öl zwischen Pumpe und Motor. Die Größe des Ölstromes und damit die Drehzahl des Ölmotors wurde durch das jeweilige Hubvolumen der Verstellpumpe, welches sich proportional zum Schwenkwinkel verhielt, bestimmt. Der positive oder negative Schwenkwinkel der Pumpenschwenkscheibe bestimmte so also die Richtung des Förderstromes und damit die Drehrichtung des Ölmotors.

Eine neue Generation von HATRA Dreiradwalzen

Die Vorzüge der hydrostatischen Fahrantriebe wurde von den Anwendern von Straßenwalzen immer mehr geschätzt und sodann verstärkt gefordert. Für Hans Hagelstein und die internen wie externen Konstrukteure stellte sich nunmehr die Frage nach einer Weiterentwicklung der legendären Kemna Gigant Dreiradwalze. Grundsätzlich war das hohe Ziel, ein Walzenkonzept vollkommen neu zu entwickeln und eine

Links: Erfolgsmodelle: HATRA Gigant Dreiradwalzen 10 und 12 *Rechts:* Glatter Schnitt: Parallelgeführt, an den vorhandenen Aufreißern montiert, konnte ein weiteres praktisches Zubehörteil zum Einsatz gebracht werden. Der Kantenschneider sorgte nach erfolgter Verdichtung der Asphaltdecke für einen sauberen seitlichen Abschluss der Fahrbahn und so für eine längere Haltbarkeit des Belages.

über hundert Jahre bewährte Konstruktion komplett zu überdenken. Der Prototyp der Dreiradwalze DW 90 sollte ein Anfang sein, wurde jedoch rasch verworfen. Dieser basierte noch auf herkömmlicher Konstruktion und etwas vollkommen anders Konzipiertes sollte schon bald folgen.

Neben dem neuartigen hydrostatischen Fahrantrieb war auch die Arbeitsposition des Walzenfahrers eine Herausforderung. Üblicherweise stand oder saß der Bediener am Heck der Maschine und operierte von dort aus alle Einsatzvorgaben. Um diese Situation zu verbessern, sollte der Arbeitsplatz nunmehr in die Mitte der Walze gerückt werden. Somit ergab sich von der Konstruktion her ein bisher völlig neuer Ansatz. Als Resultat konnte im Jahr 1970 dann eine neue HATRA Gigant Walzenbaureihe von zunächst drei verschiedenen Typen mit Grundgewichten von 8, 10 und 12 t vorgestellt werden.

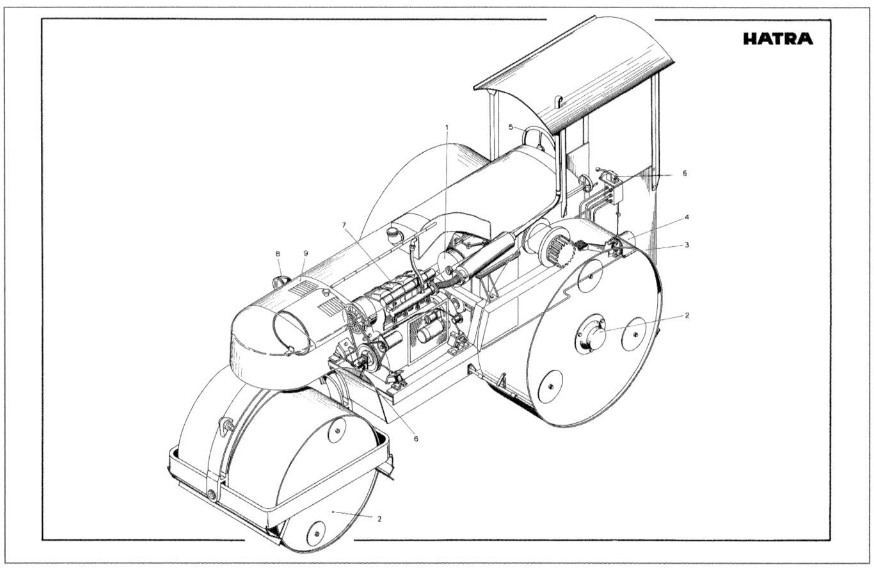

Links: Aufbau der HATRA Gigant Dreiradwalzen: Getriebe (1), Achsen (2), Rahmen (3), Bremse (4), Lenkung (5), Arbeitshydraulik (6), Motor* (7), Elektrische Anlage (8), Verkleidung (9) (* F2L 514, F 3 L 812 D, 812, 514, F 4L 812 D, 812) *Rechts:* Trotz der traditionellen Herkunft wurden die HATRA Gigant Dreiradwalzen zu modernen Straßenbaumaschinen weiterentwickelt. Nach wie vor gehörten sie zu jeder Einbaukolonne dazu und weiterhin waren sie sehr vielseitig einsetzbar. Je nach Bedarf konnte auch eine Gummiradausrüstung mit Glatt- oder Stollenprofil montiert werden. Hierfür mussten dann jedoch rund 24.200,00 Deutsche Mark Mehrpreis aufgebracht werden. Die Stahlbandagen waren im Verhältnis mit einem Preis von 11.150,00 Deutsche Mark entsprechend günstiger. Der Preis für die doppelseitigen hydraulischen Aufreißer lag bei 6400,00 Deutsche Mark.

HATRA Gigant 7-8
Bauart ab 1970

Grundgewicht: 8 t
Maximales Gewicht: 13,7 t
Motor: Deutz 3/4-Zylinder luftgekühlt
Leistung: 49/65 PS bei 2500 U/min
Maximale Geschwindigkeit: 8/14 km/h
Arbeitsbreite: 2060 mm
Länge: 4825 mm, Höhe: 2880 (mit Dach)

HATRA Gigant 7-10
Bauart ab 1970

Grundgewicht: 10 t
Maximales Gewicht: 15,2 t
Motor: Deutz 3/4-Zylinder luftgekühlt
Leistung: 49/65 PS bei 2500 U/min
Maximale Geschwindigkeit: 8/14 km/h
Arbeitsbreite: 2060 mm
Länge: 4825 mm, Höhe: 2880 (mit Dach)

Hatra Gigant 7-12
Bauart ab 1970

Grundgewicht: 12 t
Maximales Gewicht: 16,7 t
Motor: Deutz 4-Zylinder luftgekühlt
Leistung: 65 PS bei 2500 U/min
Maximale Geschwindigkeit: 8 km/h
Arbeitsbreite: 2060 mm
Länge: 4825 mm, Höhe: 2880 (mit Dach)

Hatra Gigant 7-14
Bauart ab 1970

Grundgewicht: 14 t
Maximales Gewicht: 18 t
Motor: Deutz 4-Zylinder luftgekühlt
Leistung: 65 PS bei 2500 U/min
Maximale Geschwindigkeit: 8 km/h
Arbeitsbreite: 2060 mm
Länge: 4825 mm, Höhe: 2880 (mit Dach)

Nächste Generation: Nach verschiedenen Versuchen, die HATRA Gigant Dreiradwalzen in ein neues Zeitalter zu bringen, entschieden sich die Ingenieure in Travemünde für eine grundlegende Neukonstruktion. Einer der wesentlichen konstruktiven Unterschiede lag im großen Durchmesser und in der Breite der Lenkbandagen, die sich nahezu mit den hinteren Walzrädern deckte. Der Antrieb erfolgte nunmehr hydrostatisch und der Arbeitsplatz befand sich mittig auf der Maschine. Auch das moderne Design unterschied sich nun stark vom ursprünglichen Konzept der vorherigen Dreiradwalze. Erhalten blieb allerdings die Möglichkeit die hinteren Bandagen an einer Schwingachse zu betreiben. Serienmäßig war die Hinterachse in starrer Bauweise vorgesehen.

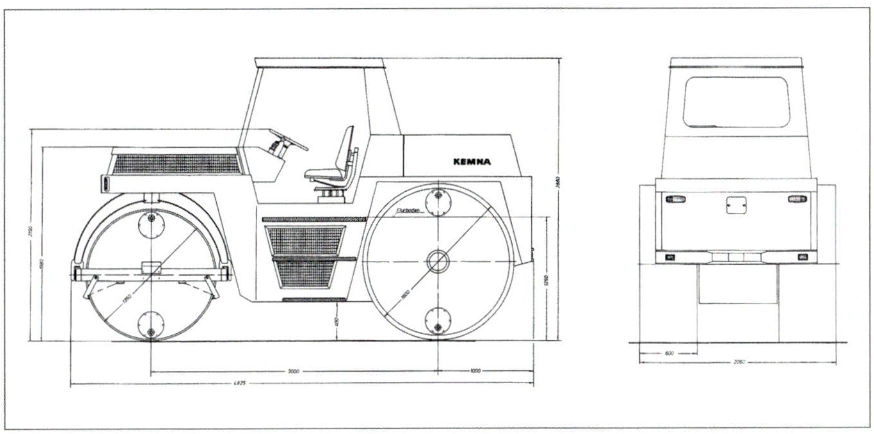

Abmessungen der hydrostatischen Dreiradwalzen HATRA Gigant

Messepräsentation: Neben der bekannten HATRA Gigant Dreiradwalze wurde ab 1971 auch die neue Walzengeneration mit hydrostatischem Fahrantrieb vorgestellt. Beeindruckend war dabei auch der große Wassertank mit 750 l Inhalt.

Neben der HATRA Gigant 7-8 mit 8 t Grundgewicht waren noch zwei weitere neue hydrostatische Dreiradwalzen mit 10 und 12 t erhältlich. Die Preise lagen im Jahr 1971 zwischen 52.000,00 und 58.000,00 Deutsche Mark. Für eine feste Kabine oder eine zweite Lenksäule mussten dann noch einmal zusätzlich 900,00 und 750,00 Deutsche Mark gezahlt werden.

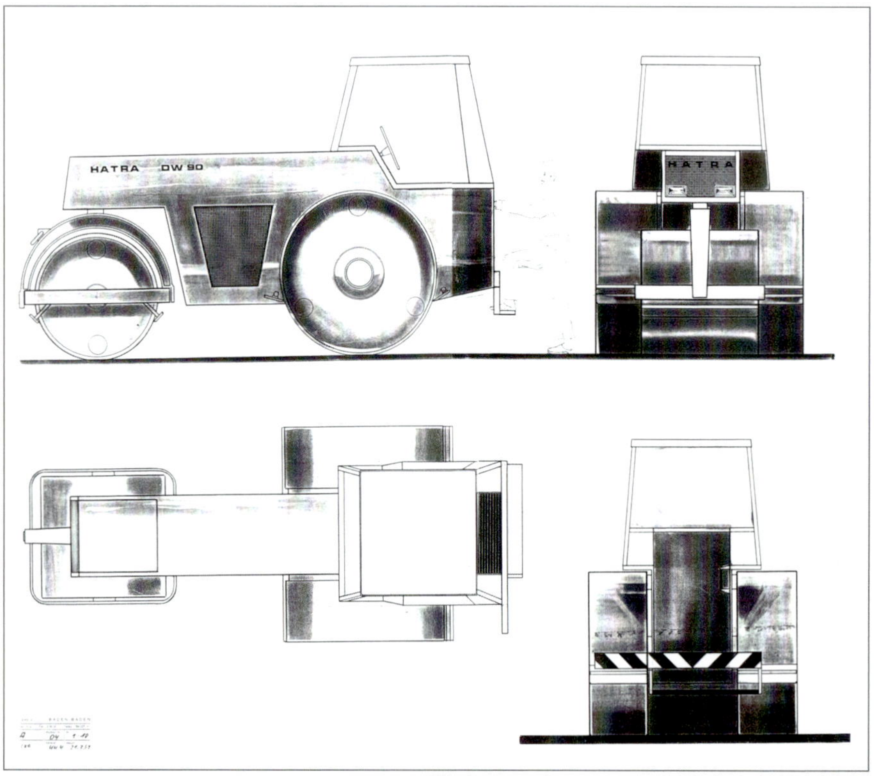

Visionär: Laufend wurden HATRA Baumaschinen weiterentwickelt. Ebenfalls entstanden permanent neue Ideen, die oftmals jedoch nicht in die Realität umgesetzt wurden. Der Industriedesigner Louis L. Lepoix hatte zu den Dreiradwalzen eine Menge interessanter Gedanken in Skizzen und Modellen umgesetzt. Immerhin existierte im Jahr 1968 ein Prototyp von der DW 90.

In allen neuen HATRA Gigant Dreiradwalzen mit hydrostatischem Antrieb waren als Antriebsmotoren luftgekühlte Deutz-Dieselmotoren vorgesehen. Die Bedienung war dann einfach: Vor Arbeitsbeginn wurde die Motordrehzahl auf die gewünschte Geschwindigkeit eingestellt. Alle weiteren Fahrbewegungen – vorwärts oder rückwärts – konnten dann mit nur einem Fahrhebel ausgeführt werden. Die Betriebsbremsung wurde automatisch durch das eingebaute hydrostatische Antriebssystem durchgeführt – die Lenkung erfolgte ebenfalls hydrostatisch.

Nach oben hin wurde das Angebot mit einer weiteren Dreiradwalze HATRA Gigant 7-14 abgerundet. Je nach Geschwindigkeitsanforderung des Anwenders bestand jeweils die Möglichkeit die 8 und 10 t schweren Walzen auch mit einem entsprechend größeren Motor auszurüsten, um dann Fahrgeschwindigkeiten bis zu 14 km/h erreichen zu können.

An den Erfolg ihrer Vorgänger konnten die hydrostatischen HATRA Gigant Dreiradwalzen zum Anfang der Siebzigerjahre nicht mehr anschließen. Die Fertigung beschränkte sich dann auch auf Kleinserien, die im HATRA Werk II gebaut wurden.

Die Kemna Einradwalzen

Robuste Kleinmaschinen für Asphalt- und Erdverdichtung

Zu den ersten Walzen, die ab 1949 nach der Übernahme der Baurechte durch Hans Hagelstein gefertigt wurden, gehörten die Kemna Einradwalzen der Typen EW 15, EW 30 und EW 50. Das Prinzip dieser kompakten Maschinen basierte auf den bereits in Breslau seit den Dreißigerjahren gebauten Typen KBN mit 1,5 bis 2 t sowie KBS mit 2,6 bis 4,2 t Grundgewichten. Die Vorzüge des Einradsystems lagen zum einen darin, dass bei geringem Betriebsgewicht hohe spezifische Walzleistungen erzielt werden konnten, die sich noch durch Eisen- und Wasserballast um nahezu 100 Prozent erhöhen ließen. Zum anderen wurde als Ursache für die beim Walzen auftretenden Wellenbildungen das Schieben des noch plastischen Materials durch die nicht angetriebene Vorderwalze festgestellt. Bei dem geschobenen Walzrad traten außer den vertikalen Druckkräften auch solche in horizontaler Ebene auf, die eine ungewollte Wellenbildung herbeiführten, indem sie das Deckenmaterial ebenfalls horizontal verdichteten. Dadurch bildete sich vor dem Walzrad ein verdichteter Hügel, über den das Walzrad schließlich hinwegrollte, um so-

Links: Neustart in Travemünde: Fast unverändert wurden die Kemna Einradwalzen in den drei Grundtypen EW 15, EW 30 und EW 50 zunächst bis 1954 weitergebaut. Als Kraftquelle dienten auch weiterhin unterschiedliche Dieselmotoren von Deutz. Das jeweilige Grundgewicht konnte durch die Zugabe von Wasser oder Eisenballast zwischen den Bandagen entsprechend erhöht werden. Hier die Kemna Einradwalze EW 15 mit 1,6 t Grundgewicht. *Rechts:* Prospekt aus dem Jahr 1950.

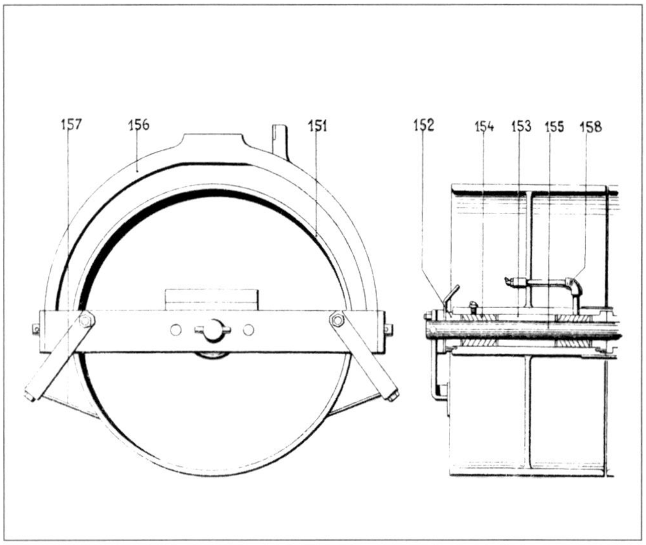

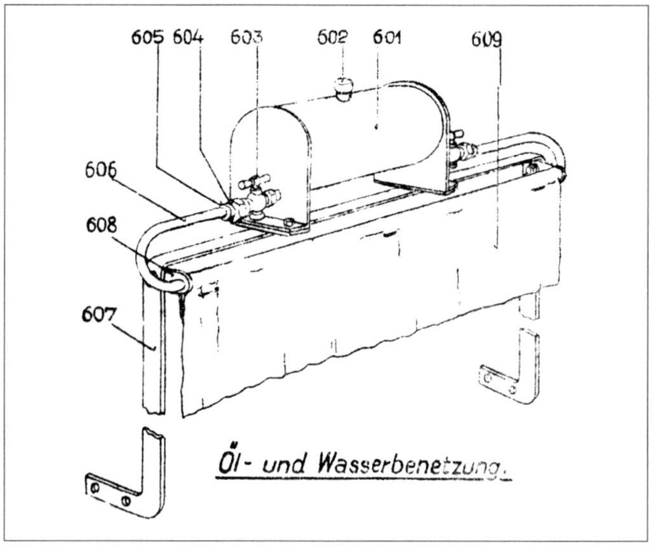

Links: Zeichnung der Lenkwalze EW 15 *Rechts:* Zeichnung der Berieselungsanlage EW 15

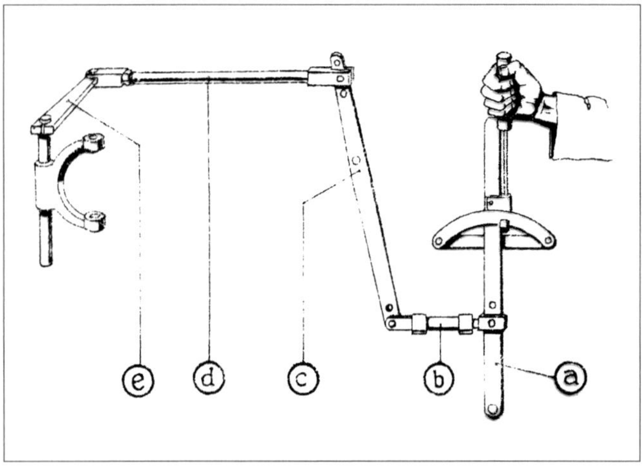

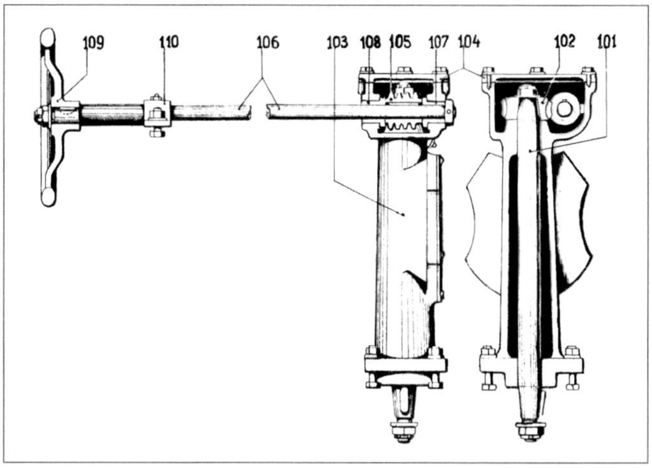

Links: Zeichnung des Kupplungsgestänges EW 15 *Rechts:* Zeichnung der Lenkung EW 15

Links: Frisch lackiert und fabrikneu: Die Kemna Einradwalze EW 15 auf dem Werkshof am Baggersand. *Rechts:* Die Kemna Einradwalze EW 15 beim Verdichten eines Gehweges in Travemünde. Im Hintergrund markiert der Turm der St.-Lorenz-Kirche in etwa die Richtung zu den Werksanlagen.

Links: Prospekt aus dem Jahr 1959 *Rechts:* Luftbereift: Üblicherweise legten Straßenwalzen die Wege von einem Einsatzort zum nächsten anfänglich noch auf eigener Achse zurück. Grundsätzlich hätte das auf dem Stahlbandagen stattfinden können. Etwas zügiger und vor allem leiser geschah es dann, wenn die Kemna Einradwalzen mit einem Straßenlaufwerk mit Luftreifen ausgestattet wurden. Nach einer kurzen Montage konnten danach die Walzen – wie hier eine EW 30 – mit Hilfe des außen angesetzten Kettenantriebes den Weg auf Gummirädern antreten.

gleich dahinter um so tiefer in das noch weiche Material einzusacken.

Zum Unterschied dazu wurden bei dem angetriebenen Walzrad der Kemna Einradwalze die nach vorne gerichteten horizontalen Schubkräfte durch ebenso horizontale, aber nach unten gerichtete Antriebskräfte aufgehoben. Der größte Teil des Gewichtes lastete daher auf der mit großem Durchmesser ausgeführten Arbeitswalze. Die Vorderräder dienten lediglich zur Lenkung. Dieser Konzeption folgten nun auch die Kemna Einradwalzen aus Travemünde. Mit ihnen wurden nun neben den Kemna Gigant Dreiradwalzen auch für kleinere Verdichtungsaufgaben ideale Walzen geschaffen, die zudem „einfach, zweckmäßig und billig" sein sollten. Besonders beim Bau von Fuß- und Radfahrwegen, Sportplätzen, Teer- und Asphaltdecken, Packlagen, leichten Schotterdecken, Erd- und Sandschüttungen, Gleisbettungen und Dämmen machten sich die überaus vorteilhaften Eigenschaften bemerkbar. Neben den großen Walzraddurchmessern waren das aber auch der kurze Achsstand, die große Wendigkeit, das sanfte Anfahren und stoßfreier Richtungswechsel, die einfache Bedienung sowie der seinerzeit sparsame Verbrauch. Während die Kemna Einradwalze EW 15 bei einem Arbeitstag von zehn Stunden rund 5 l Brennstoff und 250 g Schmiermittel benötigte, lag der Verbrauch bei der großen Kemna Einradwalze EW 50 mit rund 15 l und 1000 g deutlich höher. Für den Betrieb konnten sowohl Gasöl, Braunkohlenteeröl, Petroleum oder im Notfall auch Benzin verwendet werden.

Bewährte Konstruktion wurde übernommen

Vom Aufbau her folgten alle drei Kemna Einradwalzen derselben Konstruktion. Als Motor wurde ein liegender, wassergekühlter Ein-Zylinder-Deutz-Dieselmotor vom Typ MAH 711 eingebaut. Die Motorleistung variierte je nach Typ zwischen 5 und 22 PS. Das Getriebe bestand aus einer Wendekupplung mit Drei-Gang-Wechselgetriebe, einem Zahnradvorgelege und dem Hauptantrieb der Arbeitswalze. Die Wendekupplung setzte sich aus einer zweifachen Lamellenkupplung mit gehärteten und geschliffenen Stahllamellen zusammen, welche sich bei Entlastung automatisch voneinander trennten, wodurch ein Zusammenkleben und damit erhöhter Leerlaufwiderstand vermieden wurden. Das Wechselgetriebe vermittelte drei Vorwärts- und drei Rückwärtsgänge. Die Zahnräder waren gefräst und gehärtet und sämtliche Wellen liefen auf Kugellagern. Kupplung und Wechselgetriebe waren in einem Gehäuse mit Ölbad untergebracht. Das Zahnradgelege bestand aus zwei gefrästen Stirnrädern und der Hauptantrieb aus dem Zahnkranz sowie den gehärteten Antriebsritzel, welche durch eine Blechverkleidung geschützt waren.

Die Schaltorgane der Kemna Einradwalzen umfassten die Kupplung, die Wechselräder, die Bremse und den Motordrehzahlregler. Kupplungshebel, Geschwindigkeitsschaltgriff, Handrad zur Bremse und Reglerhebel waren vom

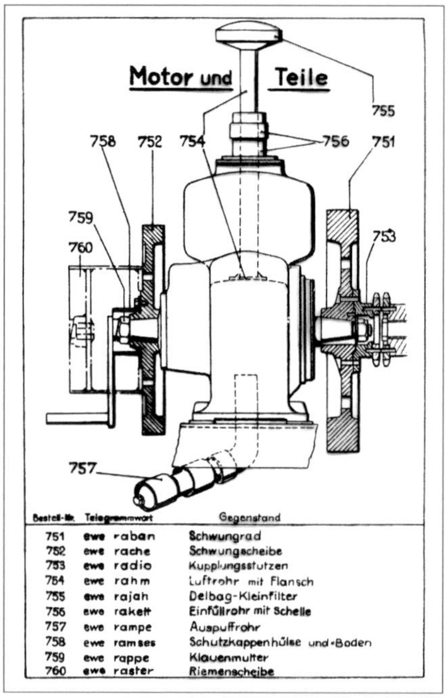

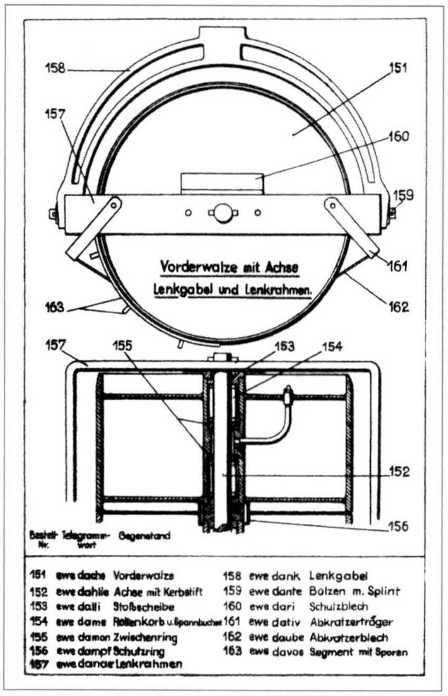

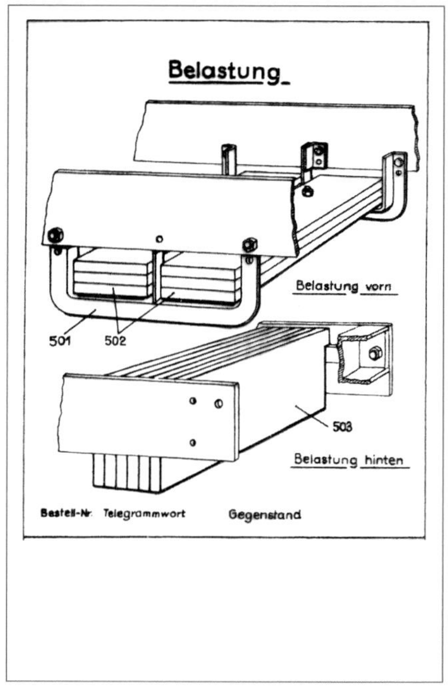

Links: Zeichnung des Motors EW 31 *Mitte:* Zeichnung der Vorderwalze EW 31 *Rechts:* Zeichnung des zusätzlichen Eisenballasts EW 31

Abfahrbereit: Die Kemna Einradwalze EW 51 mit Straßenlaufwerk. Die Zeichnungen beschreiben die Funktion der Einrichtung. Zusätzlich konnte auch ein Schienenlaufwerk montiert werden, um die Einradwalzen auch auf diesem Weg zügig voranzubringen.

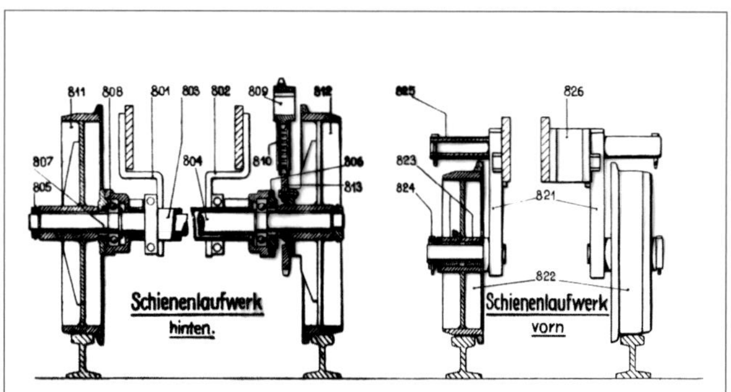

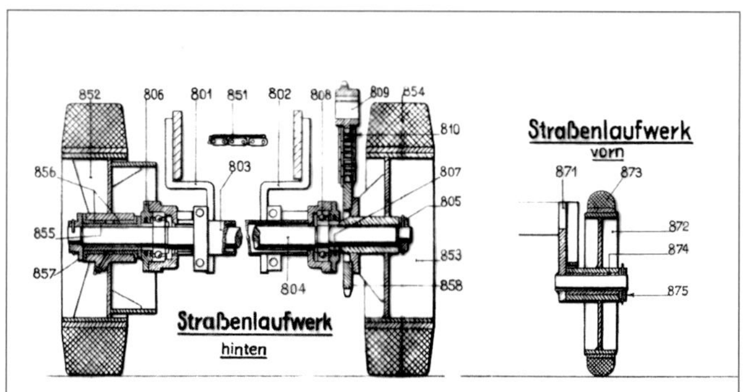

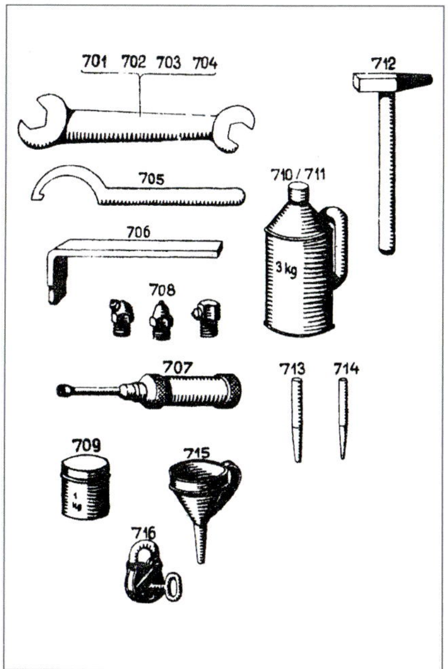

Das Bordwerkzeug: Um die Kemna Einradwalzen stets betriebsbereit zu halten, wurde werkseitig ein Werkzeugsatz mitgeliefert. Heute kaum vorstellbar, dass diese wenigen Dinge dafür vollkommen ausreichten.

Fahrersitz aus bequem erreichbar. Die Lenkung setzte sich aus dem Handrad mit Schneckenwelle und dem staubdicht gelagerten Schneckengetriebe zusammen. Das einen Viertelkreis ausgeschlagene Schneckenrad war vollverzahnt und besaß vier Keilnuten, so dass durch Umwechsel der ganze Radumfang ausgenutzt werden konnte. Die erforderlichen Lenkkräfte waren sehr gering, da die vorgesehene Lastenverteilung bei Einradwalzen einen nur sehr geringen Druck dem Lenkrad zuteilte. Die Bandbremse der Kemna Einradwalze war reichlich bemessen und wirkte auf die Antriebswelle des Wechselgetriebes. Sie vermochte das jeweilige Höchstgewicht der Walze in jeder vorkommenden Steigung festzuhalten und bot somit ein großes Maß an Sicherheit. Auch an die Herstellung der Walzenräder wurden hohe Ansprüche gestellt. Diese waren aus hochwertigem Stahl in Schweißkonstruktion gefertigt und liefen auf feststehenden Achsen in gehärteten und geschliffenen Langrollenlagern mit großem Fettvorrat.

Der Rahmen der jeweiligen Kemna Einradwalze bestand aus zwei kräftigen Längsträgern aus Stahl, die durch starke Winkeleisenprofile elektrisch verschweißt wurden und somit für Motor und Getriebe ein kräftiges Fundament darstellten. Oberhalb der Walzen befand sich das Dach aus Stahlblech, das von vier stabilen Stützen aus Winkelstahl getragen wurde. Auf Wunsch konnten auch Dächer mit Kunstpressstoffbelag und seitlichen Segeltuch-Rollvorhängen geliefert werden. Zum Komfort des Walzenfahrers gehörte ein Sitz aus gepresstem Stahl auf einer Blattfederstütze, der seitlich ausschwingen und auch festgestellt werden konnte.

Auch die Kemna Einradwalzen verfügten über Beschwerungseinrichtungen, die das Walzengewicht erheblich zu erhöhen vermochten. Hierzu gehörte auch das Befüllen der Arbeitswalze. Dieses erfolgte mit Wasser durch das Gewindeloch auf der linken Seite. Gegenüber befand sich die Entlüftungsschraube, die beim Entleeren entfernt werden musste. Weitere Belastungsgewichte aus Eisen wurden unmittelbar vor und hinter der Arbeitswalze eingebaut. Sie konnten leicht und schnell montiert werden, sodass die Walze gewichtsmäßig stets eine universelle Verwendung finden konnte. Der Rahmen war dafür zur Aufnahme des hinteren Ballastes mit Schienen versehen. Zur Einbringung des Zusatzgewichtes war so nur die mit zwei Schrauben befestigte hintere Rahmenverbindung abzunehmen. Die Gewichte konnten danach festgeschraubt oder festgeklemmt werden. Als Sonderausführung konnte auch der vordere Ballast von einem speziellen Tragkoffer aufgenommen werden. Durch die Anordnung der Gewichte konnte das auf dem Lenkrad ruhende Gewicht so geregelt werden, dass es gerade zur Sicherstellung der Lenkfähigkeit ausreichen sollte. Hierdurch wurde nahezu das gesamte Gewicht der Walze für die Verdichtungsarbeit nutzbar gemacht.

Um das Verkleben von Deckenmaterial zu vermeiden, verfügten die Kemna Einradwalzen auch über eine Berieselungsanlage. Die Rieselrohre für die Arbeits- und Lenkwalze wurden von einem gemeinsamen Behälter gespeist. Für die Radmäntel genügte im Einsatz ein dünner Wasser- oder Ölfilm. Hierbei wurde seinerzeit empfohlen, kein Rohöl zu verwenden und dafür besser

Kemna EW 15
Bauart ab 1949 bis 1954

Grundgewicht: 1,5 t
Maximales Gewicht: 2,55 t
Motor: Deutz 1-Zylinder wassergekühlt
Leistung: 5 PS bei 1400 U/min
Maximale Geschwindigkeit: 4,5 km/h
Arbeitsbreite: 830 mm
Länge: 3450 mm, Höhe: 1310 mm

Kemna EW 30
Bauart ab 1949 bis 1954

Grundgewicht: 3,1 t
Maximales Gewicht: 5,7 t
Motor: Deutz 1-Zylinder wassergekühlt
Leistung: 12 PS bei 1200 U/min
Maximale Geschwindigkeit: 5,2 km/h
Arbeitsbreite: 1000 mm
Länge: 4670 mm, Höhe: 2390 mm

Kemna EW 50
Bauart ab 1949 bis 1954

Grundgewicht: 5,3 t
Maximales Gewicht: 8,2 t
Motor: Deutz 1-Zylinder wassergekühlt
Leistung: 20/22 PS
bei 900/1000 U/min
Maximale Geschwindigkeit: 6,2 km/h
Arbeitsbreite: 1340 mm
Länge: 4670 mm, Höhe: 2450 mm

Links: Nur die Kemna Einradwalze EW 51 konnte mit einem zusätzlichen manuellen Aufreißer ausgerüstet werden. Für die zwei kleineren Typen war diese Einrichtung nicht vorgesehen. *Rechts:* Auch die kleine Kemna Einradwalze EW 15 verfügte über ein Straßenlaufwerk. Hierbei wurden die luftgefüllten Reifen gegen Vollgummiräder ersetzt. Zudem verfügte diese Walze über ein Schutzdach.

verbrauchtes Schweröl einzusetzen. Ferner wurde zum gleichmäßigen Verteilen ein angefeuchtetes Tuch oder die Verwendung von Stahlstiften vorgegeben. Ein Verfahren, das dem bei den Kemna Gigant Dreiradwalzen glich.

Straßenlaufwerk für schonende Fortbewegung

Um die Kemna Einradwalzen auf den Fahrten zu den verschiedenen Einsatzorten zu schonen und zugleich beweglich zu machen, konnten diese mit einem Straßenlaufwerk versehen werden. Das Anbringen und Abnehmen des Laufwerkes erfolgte mit Hilfe beigegebener Holzkeile, auf die die Arbeitswalze gefahren und dadurch die Maschine gehoben wurde. Zweckmäßig wurde empfohlen, die ganze Hinterwalze mit den Rädern nach hinten aus den Achshaltern herauszuziehen. Dazu waren vier Schrauben zu lösen. Die Vorderräder konnten entweder von den Laufzapfen abgezogen und auf die Tragzapfen gesteckt oder in besonderen Fällen, beispielsweise bei hohen Bordsteinen, die vorderen Blattzapfen mitsamt den Rädern abgenommen werden. Wichtig war es, das gesamte Laufwerk stets sauber zu halten und besonders darauf zu achten, dass die Treibkette und etwaige andere abgebaute Teile nicht verschmutzten. Weiter wurde empfohlen, „dass bei Fahrt mit Straßenlaufwerk für den schnellsten – also dritten – Gang die Kupplung vorsichtig und mit sanftem Druck einzulegen ist".

Die Bedeutung und damit verbundene Nachfrage nach den Kemna Einradwalzen nahm nach der Entwicklung neuer HATRA Tandemwalzen deutlich ab. Diese wurden nun mit ebensolchen Grundgewichten angeboten und konnten die Aufgaben gleichwertig ausführen. Aufgrund ihrer einfachen und günstigen Bauart wurde in Travemünde jedoch noch bis 1964 vereinzelt die Einradwalze EW 15 aufgelegt, die dann bereits unter der Bezeichnung HATRA ausgeliefert wurde.

Kemna EW 15
Bauart ab 1954 bis 1964

Grundgewicht: 1,85 t
Maximales Gewicht: 2,9 t
Motor: Deutz 1-Zylinder wassergekühlt, später Farymann 1-Zylinder luftgekühlt
Leistung: 6 PS bei 1500 U/min
Maximale Geschwindigkeit: 4,6 km/h
Arbeitsbreite: 830 mm
Länge: 3820 mm, Höhe: 2180 mm

Kemna EW 31
Bauart ab 1954 bis 1956

Grundgewicht: 3,6 t
Maximales Gewicht: 5,7 t
Motor: Deutz 1-Zylinder wassergekühlt
Leistung: 14 PS bei 1200 U/min
Maximale Geschwindigkeit: 5,6 km/h
Arbeitsbreite: 1000 mm
Länge: 4800 mm, Höhe: 2360 mm

Kemna EW 51
Bauart ab 1954 bis 1961

Grundgewicht: 5 t
Maximales Gewicht: 8 t
Motor: Deutz 1-Zylinder wassergekühlt
Leistung: 28 PS bei 1000 U/min
Maximale Geschwindigkeit: 6,3 km/h
Arbeitsbreite: 1340 mm
Länge: 5110 mm, Höhe: 2445 mm

Auf dem Werkshof an der Travemünder Landstraße wartete diese Kemna Einradwalze EW 15 auf einen Abnehmer. Ob sie in Deutschland blieb oder international vermarktet wurde, ist nicht bekannt. Noch fehlte ein kleines Detail, bevor die Reise starten konnte: Das Gussschild mit dem Kemna-Signet vorne am Lenkkopf musste noch angebaut werden.

In der Fertigung: Dieser Kemna Einradwalze EW 15 fehlten noch einige wenige Bauteile, dann konnte sie zur Endabnahme weiterrollen. Bis 1964 wurden diese leichten und günstigen Straßenwalzen in Travemünde in Kleinserie gebaut. Die einfache und robuste Bauart war bei den Kunden bis zuletzt sehr beliebt. Im Laufe ihrer Bauzeit wurden allerdings unterschiedliche Motoren verwendet. Neben dem Deutz MAH 916 (1952) kamen auch Farymann 16 LD (liegend, luftgekühlt) (1955) und Farymann 13 LD (1959) und 14 LD (1960) zum Einbau. Allein von der Kemna Einradwalze EW 15 wurden bis zur Produktionseinstellung rund 250 Maschinen in Travemünde hergestellt.

Das komplette Programm: Neben den Kemna Gigant Dreiradwalzen wurden auf der Industriemesse in Hannover 1955 auch die drei verschiedenen Kemna Einradwalzen präsentiert. Trotz der grundsätzlich einheitlichen Bauart wurden dabei die Unterschiede in der Größe und im Aufbau deutlich erkennbar. Auch von den Walzdrücken unterschieden sich die drei Typen erheblich. Diese waren bei der EW 15 hinten 2,1 t und 0,45 t vorne, bei der EW 30 hinten 4,1 t und 0,95 t vorne sowie bei der EW 50 hinten 7,2 t und 1 t vorne.

Die HATRA Tandemwalzen

Neue leichte Straßenbaumaschinen mit und ohne Vibration

Der moderne Straßenbau verlangte in den frühen Fünfzigerjahren neben den herkömmlichen, meist schweren Dreiradwalzen oder kleinen Einradwalzen jetzt auch weitere Verdichtungsmaschinen. Neue Einbauverfahren und Materialien erforderten auch neue Straßenbaumaschinen. Hierzu gehörten neben den Gummiradwalzen, die von den USA aus nach Europa kamen, auch die leichteren Tandemwalzen und später die Tandem-Rüttelwalzen mit zuschaltbarem Vibrationsantrieb. Für alle neuartigen Verdichtungsmaschinen gab es eine große Nachfrage, die jetzt natürlich auch entsprechend bedient werden sollte. Aufgrund der hohen Marktanforderungen und der sich ständig verändernden Gegebenheiten auf den Baustellen machte es für Hans Hagelstein allerdings keinen Sinn, die ursprünglich in Breslau konzipierten Kemna Tandemwalzen in dem Maße weiter zu entwicklen, wie er es bei den Einrad- und Dreiradwalzen erfolgreich vorgenommen hatte. Auch musste das Marktumfeld mit bereits einigen hervorragenden Wettbewerbsmaschinen genau analysiert werden. Lagen die Kemna Gigant Dreiradwalzen mit ihrer immer moderneren und mittlerweile stark modifizierten Bauart als anerkannte Spitzenprodukte weltweit ganz vorne, so entsprachen die ursprünglichen Kemna Tandemwalzen der letzten Bauarten aus Breslau mit den Typen HZNS, HZS, HLE und HLN nicht mehr dem damaligen Trend neuzeitlicher Baumaschinen. Etwas Neues musste hier nun entwickelt werden, das den hohen Erwartungen der Kunden gegenüber den bekannten Walzen aus Travemünde absolut entsprechen sollte.

Inspiration aus den USA

Durch Marktbeobachtungen in den USA hatte Hans Hagelstein bereits einige innovative Ideen sammeln können. Diese waren zum Beispiel auch in die Entwicklung des HATRA Schwenk-Schürfladers ab 1953 eingeflossen. Bei Straßenbaumaschinen kamen ebenfalls viele Innovationen und interessante Bauformen aus Nordamerika. Aufmerksamkeit fanden bei der Recherche nach neuen Ideen die sehr robusten und dennoch formschönen Tandemwalzen der Typen KT 16 und 17 sowie KT 24 und 25 des Herstellers Buffalo-Springfield, die nunmehr auch als Orientierung bei der Entwicklung der ersten HATRA Tandemwalze dienen sollten. Diese konnte im Jahr 1955 erstmals der Fachwelt präsentiert werden. Als Typ TW 6 bezeichneten die HATRA Konstrukteure die Neuentwicklung zunächst und

Links: Premiere im Jahr 1955: Die erste in Travemünde entwickelte neuartige Kemna Tandemwalze wurde als Prototyp TW 6 auf der Industriemesse in Hannover gezeigt. Auch die Fachpresse war begeistert und berichtete damals: „Die zentrale Anordnung der Bedienungselemente in unmittelbarer Nähe der beiden Fahrersitze ermöglichen die links- oder rechtsseitige Bedienung der Walze und gestatten durch entsprechende Ausbildung des Rahmens dem Fahrer eine ausgezeichnete Übersicht über die Walze und die Fahrbahn. Besondere Beachtung verdient der geringe seitliche Überstand des Walzenrahmens gegenüber der Druckwalze von nur 60 mm. Der übergroße Wassertank für die mit Druck gefüllte Berieselung runden das Bild dieser ganz auf die Erfordernisse des neuzeitlichen Straßenbaus ausgerichteten Tandemwalze." *Rechts:* Obwohl die Tandemwalze TW 6 eine vollständige Neukonstruktion darstellte und mit den ursprünglichen Kemna Straßenwalzen nicht verwandt war, trug auch sie deren traditionsgeprägten Namen und somit den guten Ruf weiter. Kemna war zwischenzeitlich zu einem geschützten Markenzeichen der Maschinenfabrik und Schiffswerft von Alfred Hagelstein geworden.

Links: In der ersten Bauart der Kemna Tandemwalze TW 6 war der Wassertank nach hinten hin noch abgerundet ausgebildet und stellte so im Vergleich zu den nachfolgenden Typen ein recht augenscheinliches Erkennungsmerkmal dar. Der an der linken Seite aufgeprägte Getriebekasten fand sich hingegen auch bei den späteren statischen Tandemwalzen wieder. *Rechts:* Als Kemna TW 61 wurde die Tandemwalze zur serienreifen modernen Baumaschine. Dennoch wurde sie ständig weiterentwickelt und in vielen Details fortlaufend verbessert. Noch befand sich zwischen den beiden Schalensitzen der Hebel für die hydraulische Lenkung. Mit den jeweils seitlich angeordneten Hebeln wurde die Fahrtrichtung bestimmt.

konnten dabei sogleich auf deren besondere technische Merkmale hinweisen: überdimensionierte Druckwalze zum Einbau von Schwarzdecken, hydraulische Lenkung, luftgekühlter Deutz-Dieselmotor mit Flüssigkeitskupplung, übergroßer Wassertank mit Druckberieselung, 6 t Grundgewicht, belastbar bis zu 9 t. Mit dem Prototypen der TW 6 war nun ein vielversprechender Anfang gemacht worden, der sogleich unter Hochdruck zur Serienreife gebracht wurde.

Ab 1956 wurde die Tandemwalze als Typ TW 61 als „Spezialwalze für den Deckeneinbau" neu in das Produktionsprogramm mit aufgenommen. Vielmehr sollte die TW 61 zeitig um weitere Varianten – mit höherem sowie niedrigerem Gewicht – ergänzt werden. Obwohl es sich um eine vollkommen eigenständige Neuentwicklung gehandelt hatte, wurde die TW 61 zunächst unter der Markenbezeichnung Kemna vorgestellt und angeboten. Somit zierte auch an ihr das typische und mittlerweile weltbekannte Messingschild in Wappenform. Bei der Konstruktion der Kemna Tandemwalze TW 61 orientierten sich die HATRA-Konstrukteure zwar auch an den Vorbildern aus den USA, dennoch verließen sie sich weiterhin auf die bewährte und erprobte Walzenbauweise, die bereits bei den Gigant Dreiradwalzen hundertfach umgesetzt wurde. So war auch bei der Kemna Tandemwalze TW 61 der Motor ein stehender, luftgekühlter Deutz-Dieselmotor, der die Walze befähigte, im Höchstgewicht auf frisch aufgebrachter Schotterbahn noch eine Steigung von bis zu 18 Prozent bei zehnprozentiger Kraftreserve zu bewältigen. Als Flüssigkeitskupplung diente zunächst eine bewährte Zöllner-Kupplung, welche im Motorgehäuse anstelle des Schwungrades untergebracht war. Wie auch bei den Kemna Gigant Dreiradwalzen besaßen die Tandemwalzen ein Getriebe, das aus einer Wendekupplung, einem dreigängigen Wechselgetriebe sowie dem Walzenantrieb bestand. Alle Bedienungselemente waren übersichtlich angeordnet und umfassten die Wendekupplung, die Wechselräder, die Bremse, die Berieselungsarmatur, die Drehzahlverstellung, den Anlass- und den Vorglühschalter sowie die Lenkung. Diese war von Anfang an hydraulisch und wurde mühelos und sicher betätigt. Die gefederten und gepolsterten Fahrersitze waren an beiden Seiten angebracht und erlaubten so eine links- oder rechtsseitige Bedienung der Tandemwalze. Unter dem Boden des Fahrerstandes befanden sich der Werkzeugkasten und die Batterie.

Das Fahrgestell wurde in bewährter Weise aus Stahlplatten, die mehrfach durch Stahlrahmen, Streben und Brücken verschweißt und verschraubt wurden und im Lenkkopf zusammenliefen, hergestellt. Und auch die Walzenräder der Tandemwalzen bestanden wieder

HATRA TW 61
Bauzeit: 1955 bis 1969

Grundgewicht: 6 t
Maximales Gewicht: 10 t
Motor: Deutz 2-Zylinder luftgekühlt
Leistung: 22/30 PS bei 1600 U/min
Maximale Geschwindigkeit: 7,3 km/h
Arbeitsbreite: 1350 mm
Länge: 4300 mm, Höhe: 1765 mm (ohne Dach)

Oben: 1959 startete in Travemünde die Produktion von Kemna Tandem-Rüttelwalzen. Als erster Typ dieser neuen Baureihe wurde die TRW 40 vorgestellt. Gut zu erkennen ist der Ballastkasten zwischen den Bandagen. Durch zusätzliche Eisengewichte konnte das Gewicht so um rund 1,5 t erhöht werden. Neben den Ganghebeln in der Mitte des Fahrerplatzes war nun ein weiterer kleiner Hebel für die Vibration angeordnet.

Oben: Die Kemna Tandemwalze TW 41

aus einem Walzenmantel, der Radnabe sowie den Bodenblechen, welche wasserdicht miteinander verschweißt wurden. Zum Einfüllen von Wasserballast befanden sich im äußeren Boden entsprechende Öffnungen. Wie bei allen Tandemwalzen hatten die Bandagen unterschiedliche Durchmesser, wobei die Lenkwalze kleiner als die Arbeitswalze war. Um zusätzlichen Eisenballast aufnehmen zu können, bestand ebenfalls die Möglichkeit gusseiserne Platten in einem unter der Walze befindlichen stählernen Korb paketartig zu verschrauben.

Anders als bei den Kemna Gigant Dreiradwalzen befand sich bei der Kemna Tandemwalze TW 61 der große Wassertank mit 400 l Fassungsvermögen direkt auf der Maschine. Er war formschön in das Fahrgestell eingeschweißt und verlieh der Walze dadurch ihre charakteristische Form. Durch die Druckluft-Wasserberieselung der Lenk- und Druckwalze – der Druckaufbau erfolgte üblicherweise durch die Einleitung der Auspuffgase in den Tankbehälter – wurde eine gleichmäßige Benetzung der Walzenräder erreicht und das selbst bei großer Schräglage. Dabei galt der Einfüllstutzen bei horizontal stehender Maschine als Höchstwasserstand und durfte nicht überschritten werden. Zur einfachen Füllung des Wassertanks und der Bandagen stand eine selbstansaugende Kreiselpumpe als fester Bestandteil der Walze zur Verfügung.

Weitere Tandemwalzen wurden entwickelt

Die gute Resonanz des Marktes ließ recht schnell eine hohe internationale Nachfrage entstehen. Die Eigenschaften der schnellen und wendigen Kemna Tandemwalze TW 61 wurden von den Kunden besonders beim Deckeneinbau direkt hinter den Straßenfertigern geschätzt. Die großen, vorn und hinten gleich breiten Walzentrommeln gewährleisteten in der Praxis stets eine wellenfreie Oberfläche. Der Bedarf an weiteren Typen in unterschiedlichen Gewichtsklassen stieg schnell an und so entstanden auf gleicher Grundkonstruktion der TW 61 ab 1959 die weiteren Typen TW 81 und TW 41. Während die TW 81 vorerst ausschließlich als statische Tandemwalze konzipiert wurde, entstand die um fast 4 t leichtere TW 41 aus einer bis dahin noch vollkommen neuen Walzenbauart, die von den HATRA-Konstrukteuren damals gerade erst parallel entwickelt wurde: der Tandem-Rüttelwalze mit Vibration.

Erste Kemna Tandem-Rüttelwalze

Um eine größere Tiefenverdichtung im Erd- und Asphaltbau zu erreichen, bestand die Forderung vieler Bauunternehmen Anfang der Sechzigerjahre nach neuartigen Tandemwalzen mit Vibrationsantrieb. Zahlreiche internationale Hersteller hatten sich auf diesem Gebiet bereits gut etablieren können und so war die Herausforderung für Hans Hagelstein und seine Entwickler umso größer. Es galt nunmehr, die Vorteile der statischen Tandemwalzen mit einem zusätzlich installierten Vibrationsantrieb für die Kunden und deren Anwendungen zu erweitern. Im Jahr 1959 stellte HATRA so nach kurzer Entwicklungszeit die erste Tandem-Rüttelwalze vor. Der Prototyp TV 4 hatte ein Eigengewicht von 4200 kg, das auf 4700 kg erhöht werden konnte.

Der gegenüber den Werksanlagen gelegene Sportplatz an der Travemünder Landstraße wurde zuweilen auch als Parkour zum Testen neuer Baumaschinen genutzt. Diese fabrikneue Kemna Tandemwalze TW 61 gelangte somit auf kurzem Weg zum angesetzten Fototermin, bei dem ihre Formschönheit sowie die neuen technischen Merkmale in Szene gesetzt werden sollten. Dazu gehörten bei dieser neuen Bauart auch die Lenkhebel, welche nunmehr seitlich angesetzt wurden. Auch die anderen Hebel – für die Gangwahl sowie die Fahrtrichtung – befanden sich jetzt zentral vor dem Fahrerplatz.

Nach einer ausgedehnten Erprobungsphase entstand daraus die serienreife Kemna Tandem-Rüttelwalze TRW 40. Sie wurde von ihren Konstrukteuren als „Universalwalze für den neuzeitlichen Straßenbau" präsentiert und bot mit ihren rund 4 t Grundgewicht „einen vergleichbaren Walzeffekt mit Vibration von etwa 15 bis 25 t je nach Bodenbeschaffenheit". Möglich machte das die neu entwickelte, doppelt wirkende, gegenläufig vertikal gerichtete Unwucht. Diese garantierte höchsten Wirkungsgrad bei größter Schonung aller Konstruktionsteile. Dafür sorgte auch die Aufhängung der Arbeitswalze in speziellen Schwingmetallschienen. Aber auch als statische Walze vereinte die TRW 40 alle bekannten Vorzüge der bekannten Tandemwalzen und konnte auch mit Wasser- und Eisenballast bis zu einem Höchstgewicht von 5,4 t belastet werden. Ohne den Vibrationsantrieb war die Walze dann auch im Grundgewicht um rund 200 kg leichter und wurde dann als statische Kemna Tandemwalze TW 41 angeboten.

HATRA TW 41
Bauzeit: 1959 bis 1969

Grundgewicht: 4 t
Maximales Gewicht: 6,5 t
Motor: Deutz 2-Zylinder luftgekühlt
Leistung: 22 PS bei 2200 U/min
Maximale Geschwindigkeit: 7 km/h
Arbeitsbreite: 1200 mm
Länge: 3400 mm, Höhe: 1450 mm (ohne Dach)

HATRA TW 81
Bauzeit: 1956 bis 1969

Grundgewicht: 8 t
Maximales Gewicht: 12 t
Motor: Deutz 3-Zylinder luftgekühlt
Leistung: 39/45 PS bei 2300 U/min
Maximale Geschwindigkeit: 7,8 km/h
Arbeitsbreite: 1350 mm
Länge: 4450 mm, Höhe: 1765 mm (ohne Dach)

HATRA TRW 40
Bauzeit: 1959 bis 1969

Grundgewicht: 4,1 t
Maximales Gewicht: 5,6 t
Motor: Deutz 2-Zylinder luftgekühlt
Leistung: 22 PS bei 2200 U/min
Maximale Geschwindigkeit: 7 km/h
Arbeitsbreite: 1200 mm
Länge: 3400 mm, Höhe: 1450 mm (ohne Dach)

Links: Die Kemna Tandemwalze TW 61 *Rechts:* Robust: Über Zahnräder erfolgter Anrieb der statischen Tandemwalzen.

Der Vibrationsantrieb

Auch wenn sich die statische Tandemwalze vom Aufbau her nicht wesentlich von der Vibrationswalze unterschied, so bestanden aufgrund des installierten Vibrationsantriebes dennoch einige konstruktive Besonderheiten. Die Kemna Tandem-Rüttelwalze TRW 40 verfügte zwischenzeitlich bereits über eine Voith-Turbokupplung vom Typ 290 TD-D, die am Schwungrad des Motors montiert war. Während Fahrgetriebe und Walzenantrieb bei allen Tandemwalzen nahezu identisch waren, bildete das Vibrationsgetriebe ein gesondertes Teil vom Fahrgetriebe. Es bestand aus zwei Lamellen-Kupplungen sowie einer Vorlegewelle. Mittels der zwei Lamellen-Kupplungen wurden so bei voller Motordrehzahl zwei konstante Drehzahlen – 2100 und 3100 U/min – auf die Vorlegewelle geschaltet. Diese beiden konstanten Drehzahlen konnten durch Verringerung der Motordrehzahl auf eine gewünschte niedrige Umdrehung gebracht werden.

Der Vibrationsantrieb der TRW 40 war mit seinem in sich geschlossenen Gehäuse in der Arbeitswalze gelagert und bestand aus zwei nebeneinander liegenden, gegenläufigen Unwuchtwellen, die nur vertikale Kräfte zur Wirkungen kommen ließen, während die horizontalen Kräfte sich gegenseitig aufhoben. Die beiden Unwuchtwellen waren in ausreichend bemessenen Lagern eingebaut, welche die auftretenden Kräfte mit genügender Sicherheit aufnehmen konnten. Der Antrieb des Vibrators er-

Links: Als kleinste Kemna Tandem-Rüttelwalze wurde die TW 21 von 1962 bis 1967 in Travemünde gefertigt. Wie auch bei den weiteren Vibrationswalzen wurde auch hier die Antriebstrommel durch eine Unwucht in Schwingung versetzt. Der wirtschaftliche Vorteil der großen Walzleistung wurde so mit dem Effekt der Vibration verbunden. Trotz des verhältnismäßig geringen Eigengewichtes der Tandemwalzen konnte so – bei verdichtungswilligen Materialien – eine erhebliche Tiefenwirkung erzielt werden. Bei allen Walzen wurden so die gerichteten Schwingungen durch zwei gleichlaufende, um 180 Grad versetzt angeordnete Unwuchten erzeugt, wobei allerdings – im Gegensatz zu den gegenläufigen Unwuchten – in jeder der beiden Walzentrommeln nur eine Unwucht lief.
Rechts: Die Kemna Tandem-Rüttelwalze TRW 60 hatte eine Bauzeit von sechs Jahren, von 1962 bis 1968, während derer wurden permanent Verbesserungen und Anpassungen vorgenommen. So auch, als zu hohe Temperaturen im Vibrationsantrieb auftraten. Zur Verbesserung wurde sodann die Befestigung des Lagergehäuses modifiziert sowie der Einbau eines Ölfangbleches vorgesehen.

Gute Zusammenarbeit: In der Entwicklung des neuzeitlichen Straßenbaus hatte sich sich die Tandemwalze im Asphaltstraßenbau zu der am meisten verwendeten Walzenart entwickelt. Die leichteren Maschinen mit Gewichten von 4 bis 6 t kamen im Allgemeinen für das Andrücken im ersten Walzgang, die schwereren mit bis zu 12 t dagegen für die Hauptverdichtung zum Einsatz. Hier arbeitet eine HATRA Tandem-Rüttelwalze TRW 40 mit einer zur Gummiradwalze umgebauten Kemna Gigant Dreiradwalze zusammen .

folgte von der Vorlegewelle des Vibrationsgetriebes über eine längenausgleichende Gelenkwelle auf einen Keilriemenantrieb. Die getriebene Keilriemenscheibe trieb eine Antriebswelle mit einem Antriebsritzel an, die mit den Zahnrädern der Unwuchtwellen im Eingriff stand. Die getriebene Keilriemenscheibe war außerdem mit einem Lüfterrad versehen, das die Arbeitswalze, besonders bei höheren Außentemperaturen, ausreichend belüften konnte. Die beiden Stummel des Vibrationsgehäuses waren im Boden der Arbeitswalze gelagert. Sie trugen gleichzeitig über schwingungsdämpfende Elemente die Aufhängung der Arbeitswalze zum Fahrgestell. In einen dieser Stummel war gleichzeitig die Lagerung für den Vibrationsantrieb untergebracht. Der andere Stummel trug die Lagerung für das Antriebsritzel zum Walzenantrieb. Dadurch blieb das Fahrgestell praktisch frei von Schwingungen, was sich für den Walzenführer als durchaus angenehm auswirken sollte.

Besonderheit mit hydrostatischem Allradantrieb

Um den Wünschen nach einer allradangetriebenen Tandem-Rüttelwalze gerecht zu werden, wurden im Jahr 1962 die Prototypen THW 61 – kurz darauf als THW 62 bezeichnet – mit hydrostatischem Fahrantrieb als Neuvorstellung

Während auf den Schiffbauplätzen der Werft am Travemünder Baggersand die letzten Hochseefrachter fertiggestellt wurden, gewann die Produktion von Baumaschinen bei HATRA immer mehr an Bedeutung. Das wurde auch außerhalb der Werksanlagen deutlich: Hier wurde beispielsweise mit einer HATRA Tandemwalze TW 61 auf dem gegenüberliegenden Sportplatz demonstriert, wie es sich mit dem Wendekreis der Maschinen verhält. Zuweilen wurde der Platz auch für Ausdauertests genützt. Dann fuhren die Walzen oft stundenlang im Kreis. Das belastete nicht nur die Maschinen, sondern auch die jeweiligen Fahrer, die nach einiger Zeit einen erheblichen Kampf gegen ihre eigene Müdigkeit aufnehmen mussten. Wurde bei den Maschinen währenddessen noch die Vibration eingeschaltet, erwies sich die monotone Aufgabe als noch ermüdender. Zudem kam es am Ende eines solchen Tages oft zu entsprechenden Bodenvertiefungen auf den zuvor verdichteten Fahrradien.

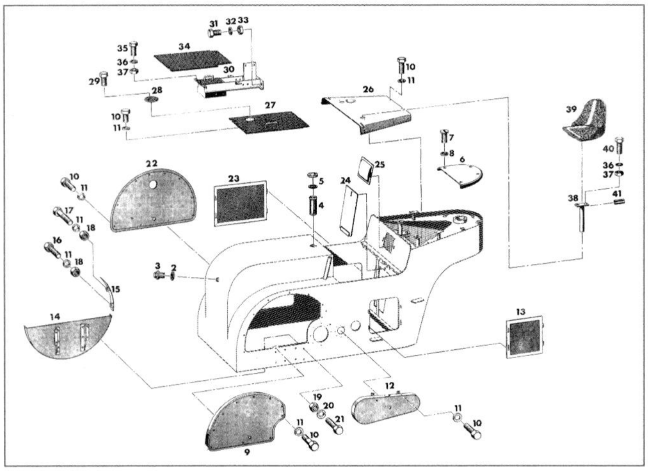

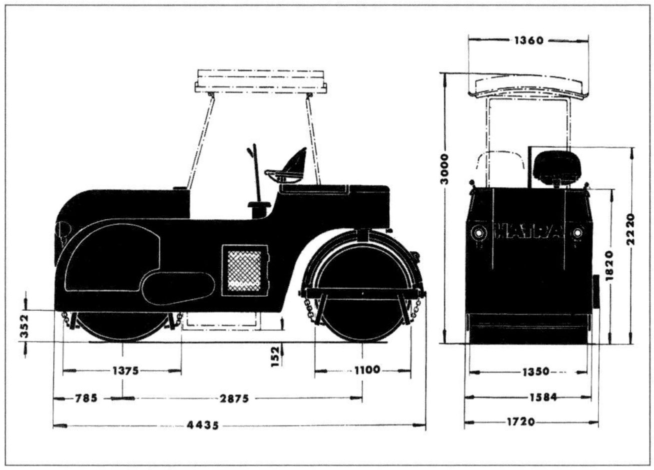

Rahmen, Wassertank, Verkleidungsteile und Sitz (links) und die Abmessungen (rechts) der HATRA Tandemwalze TW 81

präsentiert. Arbeits- und Lenkwalze wurden von einem hydraulischen Ölmotor angetrieben. Dadurch konnte die Tandem-Rüttelwalze in beide Richtungen „weich und gefühlvoll" angefahren werden, wie es die HATRA-Konstrukteure damals versprachen. Auch die Fahrgeschwindigkeit war stufenlos regelbar und konnte innerhalb des Arbeitsbereiches allen gewünschten Erfordernissen angepasst werden. Für die Transportfahrt war zudem ein Schnellgangventil vorgesehen. Das durchaus innovative Konzept fand jedoch zunächst keine Verwirklichung in der Serienfertigung und sollte erst Jahre später noch einmal aufgegriffen werden.

Weitere Neuentwicklungen und technische Veränderungen

Die Besonderheiten und Vorteile der Kemna Tandem-Rüttelwalzen setzten sich immer mehr durch, da mit ihnen der wirtschaftliche Vorteil einer großen Walzenleistung mit dem Effekt der Vibration verbunden wurde. Das Hauptanwendungsgebiet lag bei rolligen Böden, da sich diese bis dahin mit keinem anderen Gerät so gut und effizent verdichten ließen. Die größere Tiefenwirkung und die geringe Anzahl von erforderlichen Überfahrten, um den geforderten Verdichtungsgrad und die Stabilität der Schichten zu erreichen, ergaben folglich hohe Einbauleistungen. Im Gegensatz zu statischen Walzen kam es zudem nicht zu einer sogenannten Brückenbildung, einer seitlichen Verspannungen der Körner in der obersten Schicht, mit dem Nachteil, dass so der wirksame Druck nicht in die tieferen Zonen gelangen konnte. Neben Schotter, Kies, Sand, Splitt, Frost- und Tragschichten von Straßen ließen sich auch bituminöse Beläge, also Schwarzdecken, ausgezeichnet durch Vibration verdichten. Allerdings bestand bei zu vielen Walzübergängen bei einigen Gemischen durchaus die Gefahr einer Entmischung und des Hochsteigens des Bindemittels an die Deckenoberfläche. Um eine Wellenbildung an der Wende-

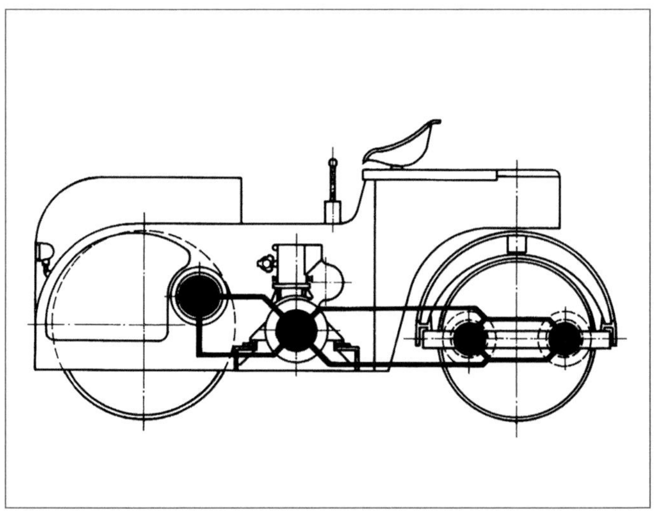

Links: Die HATRA Tandem-Rüttelwalze TRW 20 *Rechts:* Der Zeit voraus: Die hydrostatischen Tandem-Rüttelwalzen THW 61 und THW 62 wurden bereits im Jahr 1962 als Prototypen präsentiert. Das Schema verdeutlicht die Antriebe der Bandagen sowie der Vibration.

stelle zu vermeiden, musste vor dem Wechsel der Fahrtrichtung daher die Vibration ausgeschaltet werden. Aus diesem Grunde verfügten die HATRA Tandem-Rüttelwalzen über eine Kupplung von Wendekupplung und Vibration. So auch bei den weiteren Typen TRW 20, TRW 60 und TRW 80, die ab 1962 erschienen und zusammen mit der kleinen – ebenfalls neuen – statischen Tandemwalze TW 21 das Produktionsprogramm fortan ergänzten und bedarfsgerecht abrundeten. Mittlerweile wurden auch alle diese Walzen

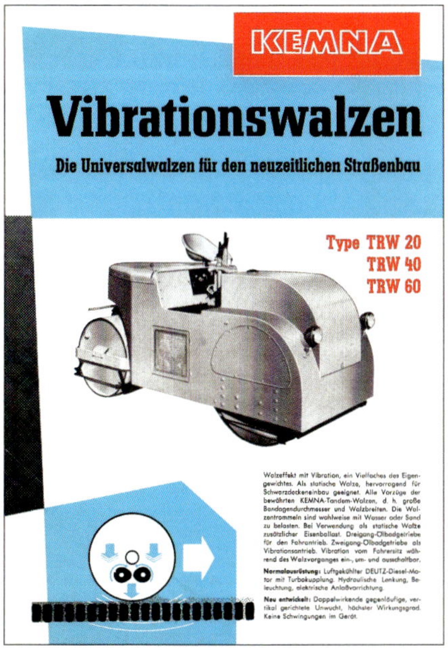

Prospekt aus dem Jahr 1962

ab 1963 unter der vereinheitlichten Markenbezeichnung HATRA angeboten.

Zwischenzeitlich verfügten alle HATRA Tandem- und Tandem-Rüttelwalzen über eine an das Schwungrad des Motors montierte Voith-Turbokupplung. Die TRW 60 besaß zudem ein mehrgängiges, völlig geschlossenes Schaltgetriebe mit eingebauter Wendekupplung. In dieses Getriebegehäuse war auch der in zwei Geschwindigkeitsstufen unter Last schaltbare Vibrationsantrieb eingebaut. Wende- und Vibrationskupplung wurden hydraulisch geschaltet. Die Hydraulikpumpe war an das Getriebegehäuse angeflanscht, saugte das Öl aus dem Gehäuse über einen gut dimensionierten Ansaugfilter und drückte es in das Steuerventil. Bei Nichtbetätigung des Steuerventils, also wenn beide Kupplungshebel in Mittelstellung eingerastet waren, floss die gesamte Fördermenge der Pumpe als Zentralschmierungsöl in das Getriebegehäuse zurück. Über die Zentralschmierung wurde so jeder Zahneingriff von beiden Seiten mit Öl benetzt. Gleiches galt für die beiden Lamellenkupplungen sowie die Kugellager.

Der Kraftfluss vom Getriebe zur Arbeitswalze erfolgte über eine robuste Gelenkwelle und über einen im Walzen- oder Schwingrahmen eingebauten Zahnradantrieb auf das Antriebsritzel. Dieses stand im Eingriff mit dem in der Arbeitswalze fest verschraubten Innenzahnkranz. Die Kraftübertragung auf die Vibrationseinrichtung erfolgte sodann über einen getrennten Keilriemenantrieb, in dessen Mitte eine auf beide Triebhälften wirkende, leicht erreichbare Spannrolle angeordnet war.

Im Jahr 1965 umfasste das HATRA-Produktprogramm vier statische Tandemwalzen sowie vier Tandem-Rüttelwalzen. Der Prototyp einer TRW 120 wurde nicht realisiert. Augenscheinlich unterschieden sich die statischen Tandemwalzen von den Vibrationswalzen durch den linksseitig außen aufgebauten Antrieb, während funktionsbedingt der zusätzliche Schalthebel für die Vibration entfiel. Im Zuge der Modellpflege konnten laufend zahlreiche Detailverbesserungen vorgenommen werden. Zudem wurden in die Walzen auch der Bauzeit entsprechende unterschiedliche Motoren von Deutz verbaut. Die Typen TW 61, TW 81 und TRW 60 erhielten somit einen aktuellen F3 L 812 mit 36 bzw. 40 PS Leistung. Resultierend aus der Nachfrage konzentrierte sich ab 1967 das Angebot auf die stati-

HATRA TRW 20

Bauzeit: 1962 bis 1967

Grundgewicht: 2,1 t
Maximales Gewicht: 2,5 t
Motor: Deutz 1-Zylinder luftgekühlt
Leistung: 9,5 PS bei 2900 U/min
Maximale Geschwindigkeit: 5 km/h
Arbeitsbreite: 950 mm
Länge: 2940 mm, Höhe: 1150 mm (ohne Dach)

HATRA TRW 60

Bauzeit: 1962 bis 1969

Grundgewicht: 6,6 t
Maximales Gewicht: 9,5 t
Motor: Deutz 2-Zylinder luftgekühlt
Leistung: 22/30 PS bei 1600 U/min
Maximale Geschwindigkeit: 7,3 km/h
Arbeitsbreite: 1350 mm
Länge: 4300 mm, Höhe: 1765 mm (ohne Dach)

HATRA TW 21

Bauzeit: 1962 bis 1967

Grundgewicht: 2 t
Maximales Gewicht: 3,7 t
Motor: Deutz 1-Zylinder luftgekühlt
Leistung: 11,5 PS bei 2300 U/min
Maximale Geschwindigkeit: 5,3 km/h
Arbeitsbreite: 950 mm
Länge: 2990 mm, Höhe: 1160 mm (ohne Dach)

HATRA TRW 80

Bauzeit: 1963 bis 1965

Grundgewicht: 8 t
Maximales Gewicht: 11,2 t
Motor: Deutz 3-Zylinder luftgekühlt
Leistung: 39/45 PS bei 2300 U/min
Maximale Geschwindigkeit: 7,8 km/h
Arbeitsbreite: 1350 mm
Länge: 4450 mm, Höhe: 1765 mm (ohne Dach)

Die HATRA Tandem-Rüttelwalze TRW 60 bei der Verdichtung einer Asphaltdecke auf einem Wirtschaftsweg. Gut überblickte der Fahrer den gesamten Arbeitsbereich und hatte die Bedienungselemente für sämtliche Funktionen fest im Griff. Das Dach dieser Walze entsprach der einfachsten Bauart, sorgte aber dennoch für ausreichenden Schutz vor etwaigen Witterungseinflüssen.

Mit einem Grundgewicht von 6 t war die HATRA Tandemwalze TW 61 prädestiniert für den Einsatz direkt hinter dem Straßenfertiger. Dabei fuhr die Walze mit der angetriebenen Bandage voran, um das Mischgut unter sich zu ziehen. Mit der Hecklenkung wurde dann Spur um Spur versetzt gearbeitet. Wichtig war dabei auch ein rasches und ruckfreies umsteuern, damit der Asphalt noch bei möglichst hoher Temperatur verdichtet werden konnte. Zu heiß durfte es dann aber auch nicht sein, denn dann drohten Aufwölbungen, Querrisse, das Ankleben oder gar das Einsinken der Walze.

schen Walzentypen TW 41, TW 61 und TW 81 sowie die beiden Vibrationswalzen TRW 40 und TRW 60.

Statische Walzen mit modernen Formen

So bewährt und ausgereift die HATRA Tandemwalzen zum Ende der Sechzigerjahre waren – die Formgebung der seit nunmehr fast 15 Jahren optisch unveränderten Typen entsprach zwischenzeitlich nicht mehr den hohen Designansprüchen, die Hans Hagelstein bei anderen Maschinen bereits erfolgreich umsetzen ließ. Maßstab für ihn waren vielmehr die mit Preisen prämier-

Das HATRA-Verkaufsbüro in der Schweiz gewann eine Ausschreibung der Türkei über 20 Tandemwalzen vom Typ TRW 40. Bedingung hierfür war jedoch eine Fertigung innerhalb der Schweiz. Daraufhin wurden kurzerhand alle Stahlteile, Getriebe und Motoren von Travemünde aus per Bahn in das Nachbarland zur Fertigmontage gebracht. Planmäßig konnten die Walzen unter der exklusiven Typenbezeichnung VW 40 ausgeliefert werden. Es blieb bei diesem einzigen Mal.

Souverän bediente der Fahrer diese HATRA Tandem-Rüttelwalze TRW 40 und verdichtete mit ihr die zuvor durch den Straßenfertiger neu gelegte Asphaltschicht. Dabei konnte zunächst ohne Vibration das Vorverdichten und danach mit Vibration die anschließende Hauptverdichtung vorgenommen werden. Wichtig war, dass die Bandagen immer ausreichend benässt waren. Um die größtmögliche Wassermenge für die Berieselungsanlage zur Verfügung zu halten, wurde hier ein zusätzlicher Dachtank gewählt, der dann zu den 210 l in der Walze noch einmal 300 l extra Inhalt bot. Insgesamt kostete die Walze in diesem Umfang im Jahr 1966 rund 33.500,00 Deutsche Mark.

ten Schaufellader und Hydraulikbagger, bei deren Entwicklung Louis L. Lepoix stets herangezogen wurde. Bei den Walzen gab zudem die 1964 vorgestellte Gummiradwalze GW 22 den Takt in punkto moderner Formgebung vor. Nun sollte das auch für die Tandem- und Dreiradwalzen gelten. Insgesamt sollte das gesamte Baumaschinenprogramm bis zum Jubiläumsjahr 1969 einer Zäsur unterzogen werden.

Als vollendetes Resultat dieser Anstrengungen konnten bereits im Jahr 1968 die beiden HATRA Tandemwalzen TW 61 und TW 81 als moderne Varianten mit jedoch gleichbleibender Typenbezeichnung vorgestellt werden. Somit waren sie nun die direkten Nachfolger der bewährten, seit nunmehr fast 15 Jahren erfolgreich verkauften Walzen.

Auch bei den neuen Typen TW 61 und TW 81 verbauten die HATRA-Konstrukteure einen luftgekühlten Deutz-Diesel-Motor. Die 48 PS lieferte diesmal ein F 3 L 912 bei 2500 U/min. Weiter waren die Neuentwicklungen mit einem eingängigen Wandler-Getriebe ausgerüstet. Der Kraftfluss vom Motor wurde über einen Drehmomentwandler in das Getriebe geleitet. Die Eingangswelle und die zweite Welle waren als Kupplungswellen ausgebildet und bewirkten die Umsteuerung der Fahrtrichtung. Alle Zahnräder und Wellen wurden in bewährter Art aus hochwertigen Einsatz- und Vergütungsstählen hergestellt. Die Zahnradpumpe, die außen am Getriebegehäuse angebracht war, diente als Wandlerfüllpumpe. Sie saugte über einen Filter im Ölsumpf des Getriebes das Öl an und drückte es in den Steuerschieber. Über diesen Steuerschieber wurde sodann der Wandler gefüllt und die jeweilige Kupplung beaufschlagt. Der Rücklauf vom Wandler erfolgte über den Steuerschieber zum Kühler und danach wieder in den Öl-

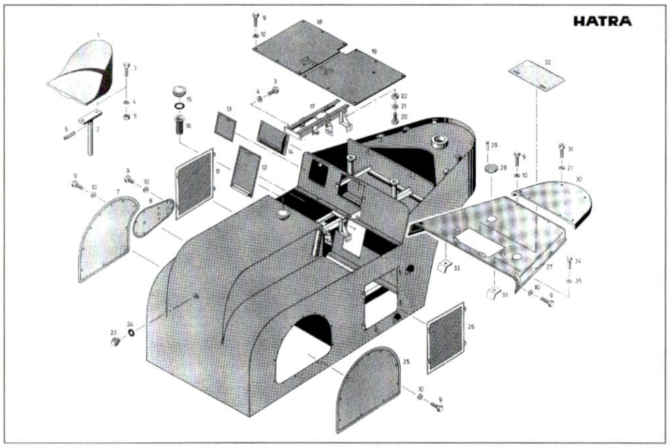

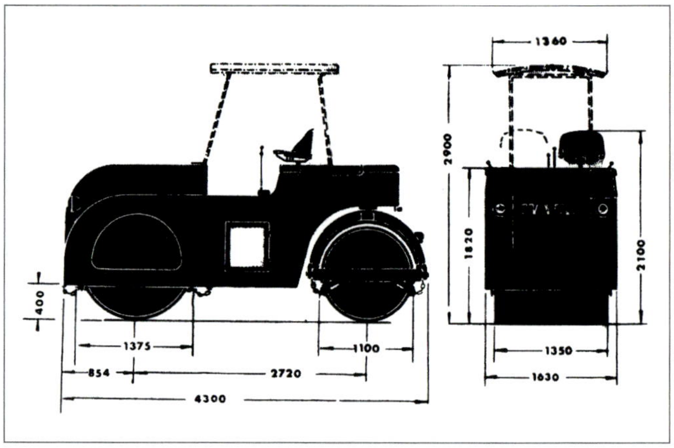

Rahmen, Wassertank, Verkleidungsteile und Sitz (links) und die Abmessungen (rechts) der HATRA Tandem-Rüttelwalze TRW 60

sumpf des Getriebes. Der Kraftfluss vom Getriebe zur Arbeitswalze erfolgte über einen im Walzenrahmen eingebauten Zahnradantrieb auf das Antriebsritzel. Dieses stand zugleich im Eingriff mit dem in der Arbeitswalze fest verschraubten Innenzahnkranz.

Beide Walzentypen wurden mit einer auf der Getriebeausgangswelle angeordneten und auf die Arbeitswalze wirkenden, hydraulisch betätigten Fuß- sowie mechanisch betätigten Feststellbremse ausgerüstet. Hierbei handelte es sich um eine doppelt wirkende Scheibenbremse, die die Walzen in jeder Lage sicher abbremsen konnte. Gelenkt wurden die HATRA Tandemwalzen TW 61 und TW 81 mit Hilfe einer hydrostatischen Lenkanlage (System ZF-Ross), also mit hydraulischer Kraftübertragung. Eine mechanische Verbindung

Links: Auch beim Verdichten von Mineralbaustoffen, wie hier einer Schotterschicht, konnte die HATRA Tandem-Rüttelwalze TRW 60 eingesetzt werden. Nach dem Andrücken erfolgte die Tiefenverdichtung durch die zugeschaltete Vibration. Aber auch statisch eingesetzt war die Walze leistungsstark: Serienmäßig konnte die Lenkwalze mit Wasser befüllt werden. Als Sonderausstattung war auch die Einrichtung für Sandballast möglich. Für gute Sicht – auch bei Dunkelheit – sorgten zwei Arbeitsscheinwerfer vorne sowie einer hinten. Rund 45.000,00 Deutsche Mark waren im Jahr 1969 nötig, um sich die Walze zu erwerben. *Rechts:* Über die Berieselungsanlage wurden beide Bandagen mit ausreichend Wasser benetzt, damit sich das Walzgut nicht verklebte. Der zusätzliche Dachtank sorgte dabei für eine ausreichende Versorgung. Aufgrund ihrer Bauweise konnte die HATRA Tandemwalze TW 41 bis an die Ränder der neuen Asphaltdecke heranfahren und auch diese gut verdichten. Etwas unachtsam war der Fahrer mit seiner fabrikneuen Walze offensichtlich, denn der linke Fahrtrichtungsanzeiger fehlte bei diesem Einsatz bereits.

Links: Prospekt aus dem Jahr 1963 *Mitte:* Der Arbeitsplatz auf einer HATRA Tandem-Rüttelwalze: Jeweils links und rechts befanden sich die Lenkhebel. Der längere Fahrhebel sowie der Hebel für die Vibration waren mittig nebeneinander angeordnet. Vor dem Instrumentenpult war der Gashebel, links von allem die Handbremse. Ganz außen lag der Schalthebel für die verschiedenen Gänge. *Rechts:* Straßentauglich: Die Beleuchtungsanlage der HATRA Tandemwalzen entsprach der damaligen StVZO. Hierfür wurde jedoch ein Mehrpreis erhoben. Immer mit dabei waren die beiden seitlich genieteten Messingschilder, die zum Teil blank oder lackiert aufgesetzt wurden.

zur Kraftübertragung von der Handpumpe zur Lenkwalze bestand nicht. Die Walzen konnten jedoch auch ohne Unterstützung durch die motorgetriebene Hochdruck-Ölpumpe von Hand gelenkt werden, wie dies beispielsweise beim Abschleppen erforderlich sein konnte.

Der Aufbau sowie der Rahmen der TW 61 und 81 waren ebenso wie die ihrer Vorgänger als selbsttragende Schalenkonstruktion mit eingeschweißtem Lenkkopf gefertigt und konnte die gesamten Antriebsaggregate aufnehmen. Neu war jedoch, dass sich der Lenkkopf – anders als bei allen bisherigen HATRA Tandemwalzen – nunmehr in Fahrtrichtung befand und die Lenkwalze somit ebenfalls im vorderen Sichtfeld des Bedieners. Dieser konnte von dem übersichtlichen Fahrerstand aus alle erforderlichen Bedienungshebel gut erreichen und hatte alle erforderlichen Überwachungsinstrumente im Blickfeld. Auf dem Wassertank befand sich der gut gefederte Sitz, der sich ohne Zu-

Links: Die statischen HATRA Tandemwalzen zeichneten sich durch hohe Arbeitsgeschwindigkeiten, große Walzentrommeln, Flüssigkeitskupplungen, hydraulische Lenkung und einen kettenlosen Walzenantrieb durch Zahnräder aus und erlangten auf zahlreichen Straßenbaustellen im In- und Ausland rasch eine große Verbreitung. Ihre robuste und solide Bauweise machte sie betriebssicher und zuverlässig. Hinzu kam die Möglichkeit das Grundgewicht durch Wasser oder Sand und einen zusätzlichen Eisenballast zu erhöhen. *Rechts:* Komfortables Walzen: Dank eines zweiten Schalensitzes konnte der Fahrer rasch die Seiten wechseln und behielt dabei immer beide Fahrbahnränder gut im Blickfeld. Die Bedienelemente der HATRA Tandemwalzen befanden sich dabei immer in Reichweite und ermöglichten so ein leichtes Manövrieren und sanftes, stoßfreies Anfahren und Umschalten bei jedem Walzvorgang.

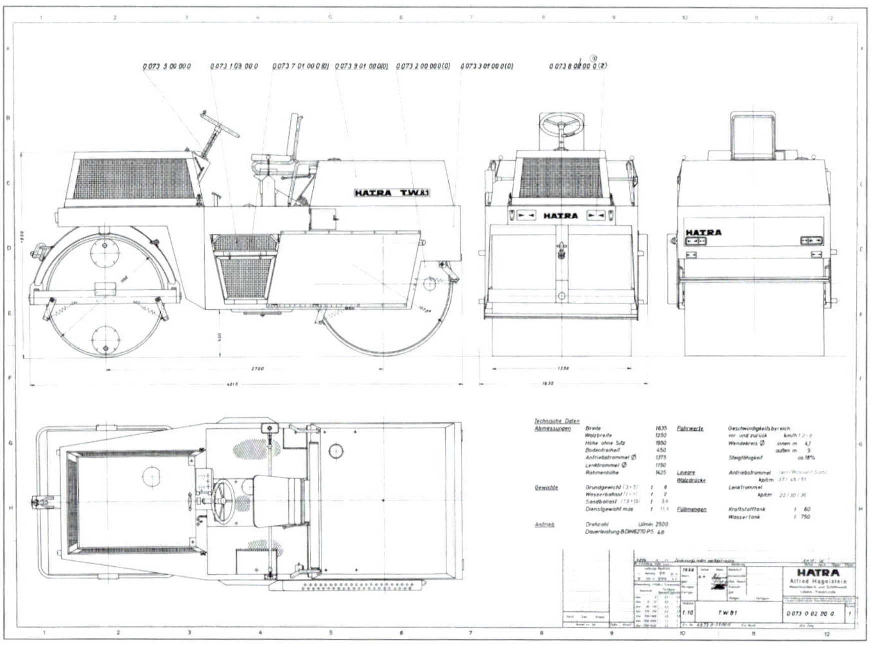

HATRA TW 61

Bauzeit: 1968 bis 1970

Grundgewicht: 6 t
Maximales Gewicht: 10,8 t
Motor: Deutz 3-Zylinder luftgekühlt
Leistung: 48 PS bei 2500 U/min
Maximale Geschwindigkeit: 10 km/h
Arbeitsbreite: 1350 mm
Länge: 4215 mm, Höhe: 2306 mm (ohne Dach)

HATRA TW 81

Bauzeit: 1968 bis 1970

Grundgewicht: 8 t
Maximales Gewicht: 12 t
Motor: Deutz 3-Zylinder luftgekühlt
Leistung: 48 PS bei 2500 U/min
Maximale Geschwindigkeit: 8 km/h
Arbeitsbreite: 1350 mm
Länge: 4215 mm, Höhe: 2310 mm (ohne Dach)

Oben: Die HATRA Tandem-Rüttelwalzen: v.l.n.r. TRW 20, TRW 40, TRW 60 und TRW 80.

Mitte: Formschön und modern: Die HATRA Tandemwalze TW 61 in der neuen Bauart ab dem Jahr 1968 wurde sofort nach ihrer ersten Präsentation auf der Hannover Messe zusammen mit dem HATRA Raupenbagger R 100 mit dem Designpreis „if – Die Gute Industrieform" ausgezeichnet. Dabei unterschied sich die neue statische Tandemwalze nicht nur optisch von ihren Vorgängern. Erstmals befand sich die Lenkwalze jetzt auch in Fahrtrichtung und der Wassertank mit 750 l Inhalt heckseitig. Mit Wasser- oder Sandballastierung sowie einem zusätzlichen Eisengewicht von 0,8 t war die Maschine bis zu 10,8 t belastbar.

Unten: Konstruktionszeichnung der HATRA Tandemwalze TW 81

hilfenahme von Werkzeug von der einen Walzenseite zur anderen verschieben ließ, so dass die jeweilige Walzenseite einwandfrei überblickt werden konnte. Von den Abmessungen des Rahmens und den installierten Bauteilen waren sowohl TW 61 als auch TW 81 identisch ausgeprägt. Unterschiede bestanden jedoch hinsichtlich der Bandagendurchmesser, die zwar nur wenige Zentimeter auseinander lagen, dennoch die spezifischen Walzdrücke erheblich beeinflussten. Diese konnten weiterhin durch zusätzliche Wasser- oder Sandfüllung erhöht werden. Auch bestand die Möglichkeit einen Eisenballast in einen dafür vorgesehenen Tragrahmen mittig der Walzen zu montieren.

Kleine neue Tandem-Rüttelwalze aus Dillingen

Neben den beiden nun neuentwickelten statischen Tandemwalzen wurde parallel auch an einer Überarbeitung der kleinsten Vibrationswalze TRW 20 gearbeitet. Deren Entwicklung wurde vom HATRA Werk III in Dillingen federführend übernommen. Auch hier galt die Vorgabe, eine moderne und formschöne Maschine zu entwickeln, was durchaus gelang. Mit 1,5 t Konstruktionsgewicht gehörte diese neue Walze nunmehr jedoch zu den leichtesten Vibrationswalzen, die je von HATRA konzipiert wurden. Sie sollte vornehmlich für kleine Arbeitsflächen wie Rad- und Gehwege, Ausbesserungen oder Flurbereinigungsarbeiten vorgesehen sein. Die anfängliche Typenbezeichnung TRW 20 wurde folglich auf TRW 15 geändert. Aber auch in anderer Hinsicht konnte die kleine Walze einige Besonderheiten aufweisen. Als Antriebsmotor wurde beispielsweise ein Farymann-Dieselmotor eingebaut der

Rechts: Bei rund 37.700,00 Deutsche Mark lag im Jahr 1969 der Listenpreis der HATRA Tandemwalze TW 81. Dabei war sie knapp 5000,00 Deutsche Mark teurer als die kleinere TW 61. Dafür erhielt der Käufer allerdings nicht nur eine moderne und formschöne, sondern auch leistungsstarke Straßenwalze, deren Grundgewicht von 8 t bis zu 12,4 t angehoben werden konnte. Die Beleuchtungseinrichtung gemäß StVZO sowie ein Betriebsstundenzähler gehörten zum damaligen Lieferumfang.

Unten: Messepräsentation: Zusammen mit den Baumaschinen von Frisch wurde die neue HATRA Tandemwalze TW 61 im Jahr 1969 auf zahlreichen Ausstellungen vorgestellt. Durch das Design von Louis L. Lepoix konnte mit ihr eine außergewöhnlich moderne Walze geschaffen werden, die seinerzeit als zukunftsweisend angesehen wurde.

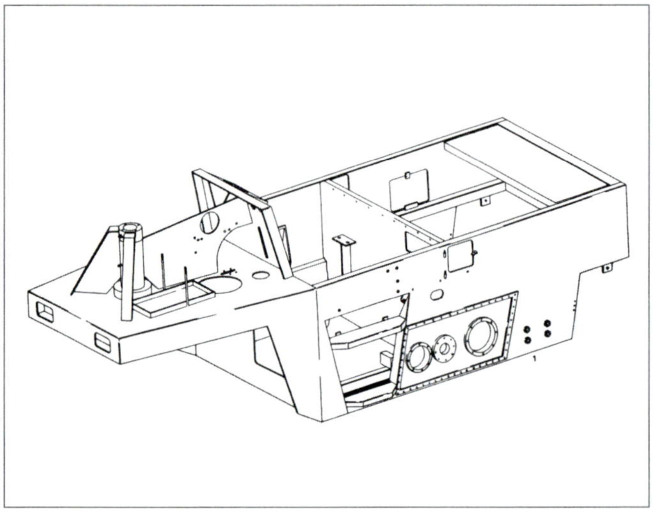

Links: HATRA-FRISCH Allianz: Die HATRA Tandemwalze TW 81 in der Farbgebung der damaligen Kooperation im Jahr 1968.
Rechts: Grundrahmen der HATRA Walzenbaureihe TW 61 und TW 81

eine Leistung von 17 PS lieferte. Weiter war die Walze zwar mit einem Zwei-Gang-Schaltgetriebe ausgerüstet, der Kraftfluss erfolgte jedoch erstmals bei einer HATRA Tandemwalze über einen im Walzenrahmen eingebauten Kettenantrieb direkt auf die Arbeitsbandage und auch die Lenkung wurde durch ein hochübersetztes Kettengetriebe bewegt. Die Bauart des Kettenantriebes hatten die Konstrukteure in Dillingen bereits bei den handgeführten HATRA Duplex-Vibrationswalzen erfolgreich umgesetzt, deren Produktion zwischenzeitlich jedoch eingestellt worden war. Ein weiterer Unterschied zu den bisher gebauten HATRA Tandemwalzen bestand darin, dass es nicht vorgesehen war, das Grundgewicht der HATRA Tandem-Rüttelwalze TRW 15 durch zusätzlichen Ballast zu erhöhen. Bei allen anderen Bauteilen wurde allerdings auf die bewährte Fertigungstechnik zurückgegriffen. So handelte es sich beim Vibrationsantrieb ebenfalls um die bekannte Konstruktion, die über eine schaltbare Konuskupplung angetrieben wurde.

Neue Walzen in Planung

Nach dem Verkauf der Hydraulikbaggerproduktion im Jahr 1970 sollten sich nach den Plänen von Hans Hagelstein

Links: Mit der kleinen HATRA-Tandem-Rüttelwalze TRW 15 konnte ab 1968 auch für kleine Straßenbauarbeiten eine moderne Maschine angeboten werden. Die Lenkbandage hatte einen Durchmesser von 635 mm und eine Breite von 650 mm, die Antriebsbandage verfügte über einen Umfang von 750 mm, während die Breite bei 1050 mm lag. Mit dem Wetterschutzdach kostete die wendige Walze rund 15.500,00 Deutsche Mark. *Rechts:* Zweckmäßig und formschön: Die HATRA Tandem-Rüttelwalze TRW 15

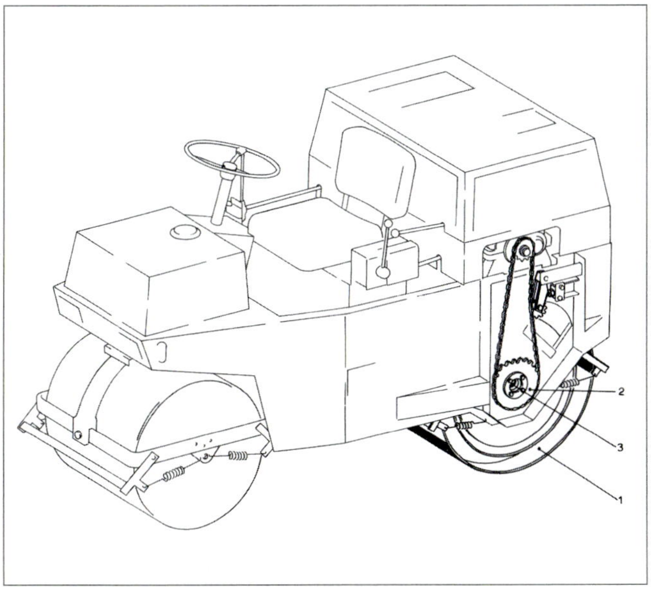

Als einzige HATRA Tandem-Rüttelwalze verfügte die TRW 15 über Kettenantrieb (links) und auch die Lenkung (rechts) erfolgte mit Hilfe eines mechanischen Kettenstranges.

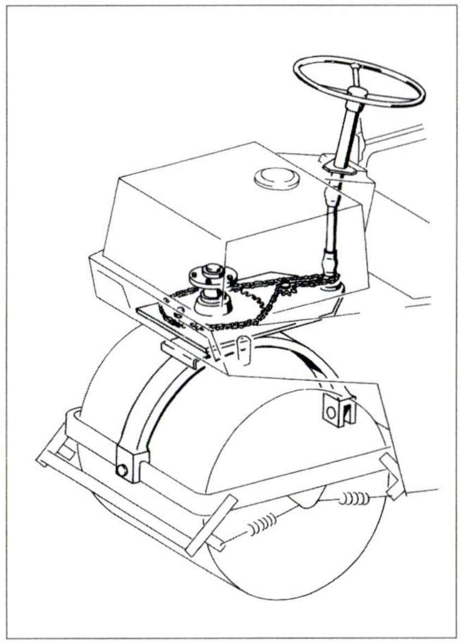

HATRA TRW 15

Bauzeit: 1968 bis 1972

Grundgewicht: 1,5 t
Motor: Farymann 1-Zylinder luftgekühlt
Leistung: 17 PS bei 2000 U/min
Maximale Geschwindigkeit: 3,1 km/h
Arbeitsbreite: 1050 mm
Länge: 2318 mm, Höhe: 1377 mm (ohne Dach)

die Kompetenzen des Unternehmens im Walzenbau verdichten. Erste Schritte waren mit den zwei neuen Tandemwalzen sowie der kleinen Rüttelwalze bereits unternommen. Dennoch wurden die HATRA Tandemwalzen TW 41 sowie TRW 40 und TRW 60 nach wie vor kaum verändert weiterhin produziert und entsprachen zwischenzeitlich nicht mehr dem Anspruch der Kunden. Nun war dringend vorgesehen, das Programm erheblich auszubauen und die HATRA-Produktion mit umfangreichen Neuentwicklungen zu erweitern. Zunächst wurde die Fertigung in das im Jahr 1966 fertiggestellte Werk II verlegt. Dort wurden ab jetzt alle Aktivitäten gebündelt. Mit der Entwicklung neuer Walzen beauftragte Hans Hagelstein jedoch ab jetzt auch zusätzlich das externe Ingenieur Kontor Lübeck (IKL), mit dem zusammen die zukünftigen Typenreihen geplant wurden. Bis zum Jahr 1971 war vorgesehen, insgesamt acht Walzen komplett zu überarbeiten sowie drei vollkommen neue Walzen – darunter auch eine knickgelenkte 10-t-Vibrationswalze sowie einen Walzenzug mit 12 t Gewicht und Vibration – neu zu entwickeln. Grundlegend neu war nun, dass sämtliche Walzen über hydrostatische Fahrantriebe verfügen sollten. Auch wurden erstmals seit Anbeginn der Walzenproduktion neben Deutz-Dieselmotoren auch Aggregate von Perkins in die Konstruktion mit einbezogen. Zu den ersten hydrostatisch angetriebenen Maschinen gehörten die statischen HATRA Tandemwalzen der Baureihen TW 7-71, 7-101 und 7-121 mit Grundgewichten von 7 bis 12 t, deren Listenpreis im Jahr 1971 zwischen 51.000,00 und 57.000,00 Deutsche Mark lagen.

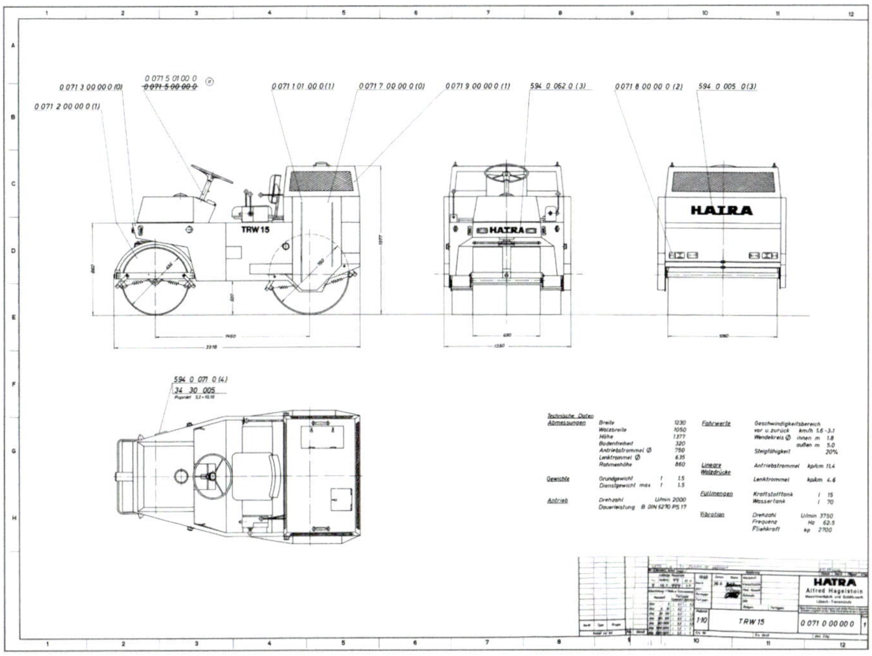

Konstruktionszeichnung der HATRA Tandem-Rüttelwalze TRW 15

Oben: Letzte Generation: Zu den ab 1971 neuentwickelten statischen Tandemwalzen gehörte auch die hydrostatisch angetriebene HATRA TW 7-71. Insgesamt wurden drei Typen mit Grundgewichten von 7 bis 12 t angeboten. Erstmals waren sowohl die Lenk- als auch die Antriebsbandagen von gleicher Größe. Diese Maschine wurde seinerzeit von Horst Kuppi zum Fototermin gefahren. Vor den Hallen des Werk II, direkt an der Einfahrt zum Skandinavienkai an der Travemünder Landstraße, entstand das Bild der fabrikneuen Walze.

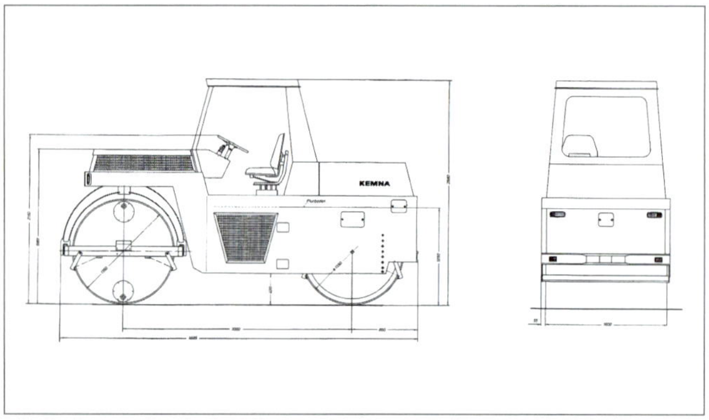

Mitte: Abmessungen der HATRA Tandemwalzen TW 7-71, TW 7-101 und TW 7-121

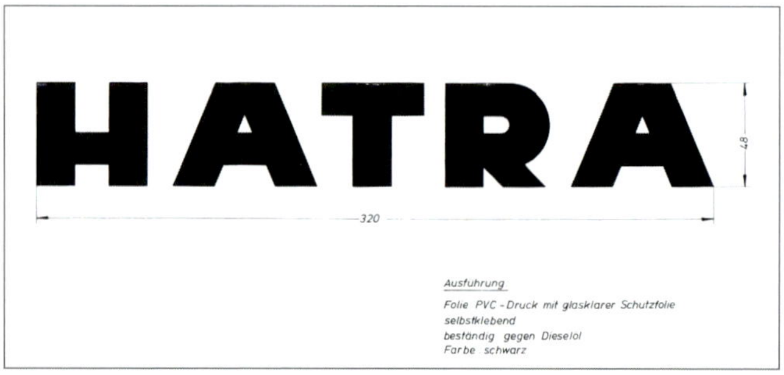

Unten: Symbol der neuen Zeit: Anstelle der bisherigen Messingschilder wurden ab 1971 PVC-Folien zur Kennzeichnung verwendet.

Vom Aufbau und den Hauptabmessungen her waren alle drei Typen baugleich, wobei sich unterschiedliche Ballastgewichte installieren ließen. Durch das hydrostatische Getriebe wurde der sonst übliche Kupplungsverschleiß ausgeschlossen und ein Dauereinsatz gewährleistet. Die Bremsen arbeiteten in zwei unabhängigen Systemen. Durch das Einschwenken der Pumpe in Null-Lage, erreicht durch die Einstellung des Fahrhebels in die Mittelstellung, erfolgte die automatische Betätigung der Betriebsbremse. Die Feststellbremse wirkte hingegen mechanisch auf die hintere Arbeitswalze. Anders als bisher verfügten die Tandemwalzen dieser Baureihe über zwei gleichgroße Bandagen. Durch die hydrostatische Lenkung waren die Walzen leicht zu bedienen und auch die Wartung wurde durch Lifetime-Schmierung weitestgehend minimiert. In der Sonderausrüstung konnten die Walzen eine Geschwindigkeit von 14 km/h erreichen.

Zusammen mit den ebenfalls hydrostatisch angetriebenen HATRA Dreiradwalzen bildeten die drei neuen Tandemwalzen nun den Anfang des ambitionierten neuen Fertigungsprogramms, dessen Vollendung jedoch nicht mehr erreicht wurde. Beide Walzenbauarten gehörten zu den letzten Neuentwicklungen, die HATRA hervorbringen sollte, bevor die Fertigung 1973 endgültig eingestellt wurde.

HATRA TW 7-71
Bauzeit: 1970 bis 1972

Grundgewicht: 7 t
Motor: Deutz 3-Zylinder luftgekühlt
Leistung: 49 PS bei 2500 U/min
Maximale Geschwindigkeit: 8 km/h
Arbeitsbreite: 1600 mm
Länge: 4685 mm, Höhe: 2150 mm (ohne Dach)

HATRA TW 7-101
Bauzeit: 1970 bis 1972

Grundgewicht: 10 t
Motor: Deutz 4-Zylinder luftgekühlt
Leistung: 65 PS bei 2500 U/min
Maximale Geschwindigkeit: 8 km/h
Arbeitsbreite: 1600 mm
Länge: 4685 mm, Höhe: 2150 mm (ohne Dach)

HATRA TW 7-121
Bauzeit: 1970 bis 1972

Grundgewicht: 12 t
Motor: Deutz 4-Zylinder luftgekühlt
Leistung: 65 PS bei 2500 U/min
Maximale Geschwindigkeit: 8 km/h
Arbeitsbreite: 1600 mm
Länge: 4685 mm, Höhe: 2150 mm (ohne Dach)

Die HATRA Gummiradwalzen

Neue Baumaschinen für modernen Straßenbau

Die verschiedenen Bauarten von Straßenwalzen standen auch immer im Zusammenhang mit den jeweils aktuellen Bauverfahren oder den Gegebenheiten ihrer Zeit. Waren beispielsweise Dampfwalzen konstruktionsbedingt sehr schwer und für die Schotterstraßen ihrer Zeit sehr gut geeignet, mussten sie im Laufe der Dreißigerjahre dem aufkommenden „neuzeitlichen Straßenbau“ mit Asphaltdecken sowie den dann geforderten leichteren Dieselwalzen Platz machen.

Somit war auch die Entwicklung der einst neuartigen Gummiradwalzen dem Grund geschuldet, dass sich Anforderungen, Verfahren und Materialien verändert hatten. Zunächst entstanden diese allerdings im Zweiten Weltkrieg aus militärischen Aspekten, da die US-Armee eine grundsätzlich leichte und transportable, aber auch mit Wasser oder Kies ballastierbar Anhängewalze zur Befestigung ausgebesserter Wege oder Verdichtung von Start- und Landebahnen forderte. Mit einfachen Mitteln sollte ein Ballastbehälter mit Gummireifen innerhalb kurzer Zeit einsatzbereit sein. Und es funktionierte: Das Prinzip dieser Gummiradverdichtung gelangte dann auch auf die zivilen Baustellen, für die erstmals in den USA entsprechende, von Traktoren gezogene Walzen angeboten wurden. Da dieses Verfahren einen Fahrtrichtungswechsel auf gleicher Spur jedoch nahezu unmöglich machte, entstand nun der Bedarf nach selbständig motorisierten Gummiradwalzen, die folglich ebenfalls zuerst in den USA entwickelt wurden.

Erste Gummiradausrüstungen für Dreiradwalzen

Um diesen neuen Anforderungen auch in Europa mit einer praxisorientierten Lösung entgegenzutreten, wählten die Hersteller zunächst aus zwei verschiedenen Konzeptionen. Zum einen wurden vollständig neue Walzen mit Luftbereifung entwickelt, zum anderen bestand die Möglichkeit vorhandene Typen entsprechend umzurüsten. Hans Hagelstein und seine Konstrukteure entschieden sich vorerst dazu, die bereits gut eingeführten Kemna Gigant Dreiradwalzen mit einer entsprechenden Gummi-

Prospekt aus dem Jahr 1956

Links: Im Zuge der Weiterentwicklung und unter Berücksichtigung der Bedürfnisse des neuzeitlichen Straßenbaus wurde die erste Kemna Gummiradwalze geschaffen. Es war die ideale Kombination einer normalen serienmäßig gebauten Kemna Gigant Dreiradwalze mit einer Gummiradwalze. Bei dieser Maschine, die hier auf dem Werkshof vor der Helling stand, wurden vorne sechs Profilreifen und hinten vier Ballonreifen gegen die Walzentrommeln ausgetauscht. *Rechts:* Auch diese Kemna Gigant Dreiradwalze wurde in der Gummiradversion ausgeliefert. Durch die großen Gummiräder war sie nun für die Oberflächenverdichtung von Beton- und Schwarzdecken ebenso gut geeignet wie für die Zement- und Bitumenvermörtelung. Dabei wurde das vermittelte Material geknetet und anschließend verdichtet.

Links: Die Kemna Gigant Gummiradwalze konnte auch für die normale Bodenverdichtung eingesetzt werden. Durch die eingebauten Schwingachsen und durch die Doppelpendelrahmen im Lenkbügel passte sie sich allen Bodenunebenheiten weitgehend an.
Rechts: Mit einfachen Mitteln konnte auch die Kemna Tandemwalze TW 61 durch Abnehmen der Walzentrommeln in eine Gummiradwalze umgebaut werden. Wobei hier ausschließlich die Lenkräder gegen Luftreifen ausgetauscht werden konnten und so eine der ersten Kombiwalzen entstand.

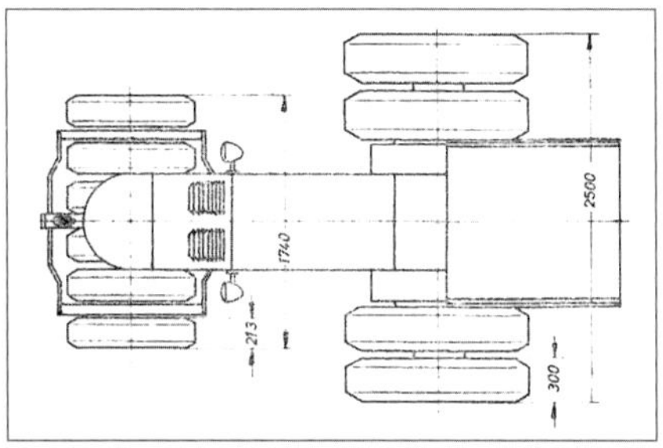

Abmessungen der Walzbreiten der Kemna Gigant Gummiradwalze

Prototyp: Mit Gummireifen und außergewöhnlich großem Getriebekasten präsentierte HATRA die TW 61 auf der Industriemesse in Hannover.

radausrüstung anzubieten. Somit hatten sie im Zuge der Weiterentwicklung und unter Berücksichtigung der Bedürfnisse des modernen Straßenbaus aus einer normalen serienmäßig gebauten Walze eine Gummiradwalze geschaffen. Mit einfachen Mitteln konnten so zuerst die Dreiradwalzen durch das Abnehmen der Walzentrommeln luftbereift werden. Anstelle der Bandagen wurden jetzt große Gummireifen montiert. Damit konnte nun auch vermörteltes Material geknetet und verdichtet oder die Oberflächen von Beton- und Schwarzdecken entsprechend geglättet werden. Von besonderem Vorteil erwiesen sich hier auch wieder die patentierten Schwingachsen der Kemna Gigant Dreiradwalzen sowie die zusätzlichen Doppelpendelrahmen im Lenkbügel, welche sich allen Bodenunebenheiten weitgehend anpassten. Auf Wunsch konnten die Räder für die Erdverdichtung auch mit einer Profilbereifung geliefert werden.

Aber auch die Kemna Tandemwalzen TW 61 und TW 81 konnten bereits ab 1958 mit einer Gummiradausrüstung anstelle der Lenkwalze eingesetzt werden. In dieser Ausstattung entstanden so die ersten Kombiwalzen, welche die Eigenschaften von beiden Konzepten in sich verbunden hatten. Vor allem die Kombination der Stahlbandagen der Arbeitswalze hinten und der Reifen vorne bot bei vergleichbar geringem finanziellen Aufwand ein Höchstmaß an Einsatzmöglichkeiten und war damit überaus wirtschaftlich, da eine fast vollständige Überdeckung beider Walzen erreicht wurde. Eine große Verbreitung erlangten aber diese Varianten noch nicht.

Dass in Deutschland die Entwicklung und Verwendung von Gummiradwalzen nachhinkte, lag offensichtlich daran, dass den meisten Straßenbauunternehmen und Straßenbauämtern das Wissen über die Theorie und die Vorteile der Verdichtung durch derartige Maschinen bis dahin noch fehlte. Dazu kam, dass viele Baufirmen statische und Vibrationswalzen besaßen, mit denen bisher fast alle Verdichtungsaufgaben scheinbar zufriedenstellend erfüllt werden konnten. Eine Notwendigkeit zum Kauf einer verhältnismäßig teuren Gummiradwalze sahen sie daher noch nicht. Zwar wurde deren Verwendung

Auch in den späteren Baureihen wurde die Gigant Dreiradwalze von HATRA für die Verwendung als Gummiradwalze angeboten. Besonders für die Verdichtung schwerer Böden mit ihren robusten Profilreifen wurde sie zu einer extrem leistungsstarken Erdbauwalze.

Die HATRA Dreiradwalzen Gigant 8, 10, 12 und 14 wurden bis zum Jahr 1969 für den Umbau zur Gummiradverdichtung vorgesehen. Besonders bei der Bodenverdichtung waren die robusten Maschinen weltweit gefragt.

schon seit einiger Zeit, vor allem in den TV bit (Technische Vorschriften und Richtlinien für den Bau bituminöser Fahrbahndecken) empfohlen, der Durchbruch und eine damit verbundene Nachfrage kam aber erst ab 1963, als verschiedene Straßenbauämter bei der Vergabe von bestimmten Verdichtungsaufgaben, vor allem im bituminösen Straßenbau, den Einsatz von Gummiradwalzen zur Bedingung gemacht hatten oder Firmen bevorzugten, die eine solche einsetzen konnten.

Ein neuer Walzentyp für moderne Straßenbauverfahren

Damit wuchs nun auch in Deutschland der Trend nach weiteren Gummiradwalzen, denn neben den veränderten Bedingungen brachte besonders das sogenannte Walkverhalten, also die Knetwirkung der Gummiräder, enorme Vorteile beim Einbau der neuartigen Asphaltmaterialien und Mischungen. Dazu kam die größere Tiefenwirkung, die überall gleichmäßige Verdichtung, die Möglichkeit der Beeinflussung des Kontaktdrucks und damit die Anpassung der Verdichtungswirkung an die Eigenschaften des zu verdichtenden Materials und die jeweiligen Einbauverhältnisse sowie – im Resultat – die höhere Walzleistung. Fazit war, dass die mit einer Gummiradwalze verdichteten Schichten einer flexiblen Straßenkonstruktion eine gleichmäßige Dichte und hohe Stabilität besaßen, so dass die Straße allen Anforderungen des Schwerlast- und Schnellverkehrs der Zukunft gewachsen war.

Die Knetwirkung der Gummiradwalze wurde durch das laufende Abplatten des Reifens innerhalb der Aufstandsfläche hervorgerufen. Dabei wurden horizontale Spannungen erzeugt, die eine viel bessere Kornumlagerung in einem engen, stabilen Kornverband des Mischgutes bewirkten, als es allein durch statischen Druck von oben erreicht wurde. Ebenso war die Walkwirkung der Reifen auch die Ursache für den hervorragenden Oberflächen-Porenschluss der Decke. Die Wasseraufnahmefähigkeit wurde dadurch beträchtlich vermindert und die Gefahr von Frostaufbrüchen durch das Ein-

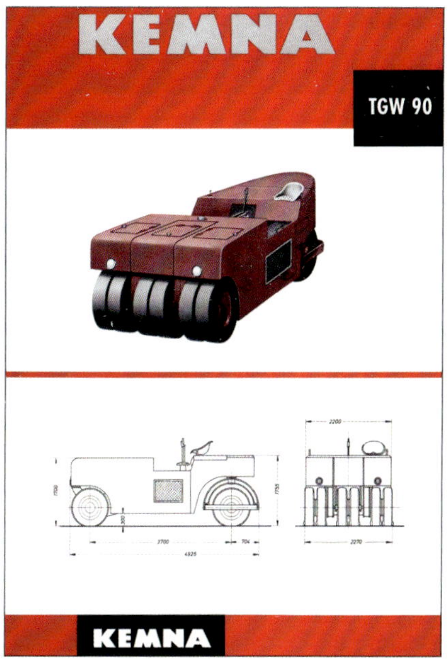

Prospekt des Prototyps der HATRA Gummiradwalze TGW 90 aus dem Jahr 1962

1964 konnte der erste Prototyp der HATRA Gummiradwalze GW 22 auf Testfahrt geschickt werden. „In Zusammenarbeit mit maßgeblichen Institutionen und den anerkannt bedeutendsten Straßenbaufirmen des Kontinents wurde sie für den Schwarzdeckenbau entwickelt", ließen die Ingenieure bei der ersten Präsentation der neuen Maschine verlautbaren. Über einen Drehmomentwandler und ein lastschaltbares Wende- und Untersetzungsgetriebe wurde die Motorleistung über Kettentrieb auf die Planetengetriebe in den Radnarben der sechs Hinterräder gebracht. Die Reifen konnten wahlweise mit glatter oder profilierter Lauffläche geliefert werden. Der Wassertank hatte vorerst noch einen Inhalt von nur 1000 l, bis dieser bei der Serienmaschine um 300 l vergrößert wurde.

dringen von Oberflächenwasser praktisch ausgeschlossen. Weitere Vorteile waren, dass auch in der kalten Jahreszeit eingebaut werden konnte und dass teures Bitumen von den Gummirädern geradezu „aufgesogen" wurde und so „sparsamer" eingearbeitet werden konnte. Ein Vorteil, den vor allem Mischwerk-Betreiber sehr schätzten.

Mehr Tiefenwirkung und gleichmäßige Verdichtung

Eingehende Versuche im HATRA Testlabor hatte zudem ergeben, dass die wirksame Verdichtungstiefe einer mittelschweren Gummiradwalze wesentlich größer war als die jeder statischen Walze. Folglich konnten sie entsprechend der Radlast, die für die Tiefenwirkung maßgebend war, wesentlich dickere Schichten einwandfrei verdichten als bisher. Auch erzielten die im Gegensatz zu einer starren Bandage schmalen Gummireifen alle praktisch den gleichen Kontaktdruck und übten somit an jeder Stelle eine gleichmäßige Verdichtung aus. Vor dem Hintergrund dieser Erkenntnisse arbeiteten die Entwickler bei HATRA nun kontinuierlich an neuen Lösungen.

Im Jahr 1962 wurde mit dem Prototyp TGW 90 eine vollkommen neue Baureihe vorgestellt. Diese selbstfahrende Tandem-Gummiradwalze zeichnete sich durch einige Besonderheiten aus. Erstmals besaß sie eine gleich große Bereifung – sowohl vorn als auch hinten –, die durch die ausgewogene Rahmenkonstruktion gleichmäßig belastet wurde. Zudem bestand durch drei separate Ballasttanks die Möglichkeit das Gewicht zu variieren und eine gleichbleibende Verdichtung zu erreichen. Die Gummiräder waren als Paare einzeln aufgehängt und passten sich somit allen Unebenheiten gut an. Dennoch blieb die HATRA Tandem-Gummiradwalze TGW 90 vorerst ein Einzelstück, das zunächst nur auf der Industriemesse in Hannover gezeigt wurde. Der richtig große Durchbruch sollte erst noch folgen.

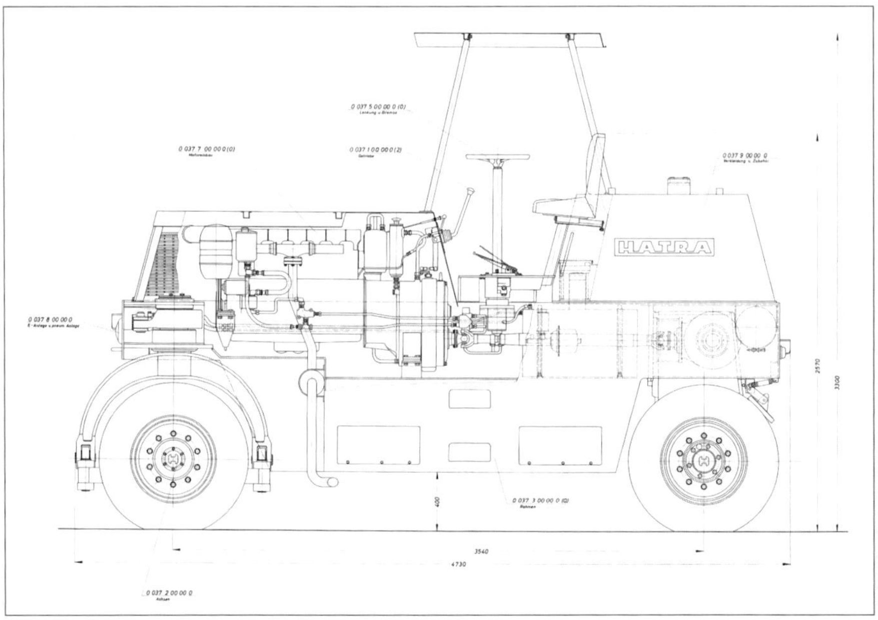

Konstruktionszeichnung der HATRA Gummiradwalze GW 22

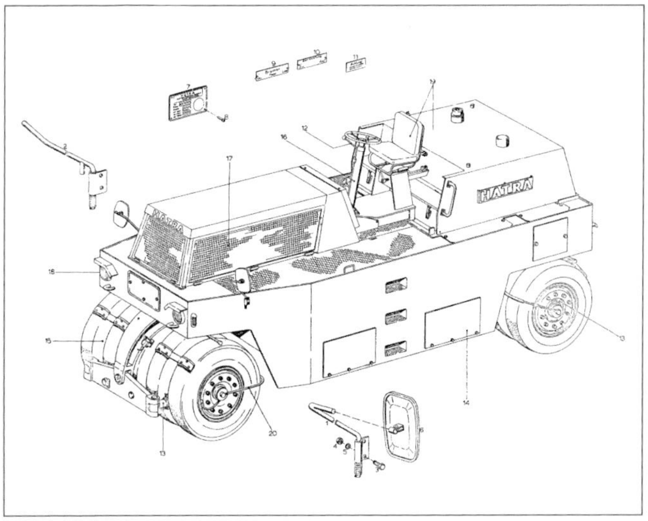

Links: Der Fahrersitz der HATRA GW 22 war mit den Bedienungselementen schwenkbar angeordnet, so dass der Fahrer bei jeder Fahrtrichtung eine ausgezeichnete Übersicht über die Radflächen hatte. Ebenso konnte vom Fahrerstand aus die zentrale Druckluftsteuerung der Aeromatic nach einem Kontrollmanometer eingestellt werden. Über unempfindliche Druckleitungen wurde die Luft zu den Reifen geführt. *Rechts:* Aufbau der HATRA Gummiradwalze GW 22

Wegweisend in Form und Technik

Fast zwei Jahre entwickelte das Konstruktionsteam von Hans Hagelstein an einem von Grund auf neuen Konzept einer Gummiradwalze. Die Anforderungen, die an diese neue Baumaschine gestellt wurden, waren ausgesprochen hoch. Das gesteckte Ziel war es, die fortschrittlichste Walze dieser Bauart überhaupt zu erschaffen, die am Markt als Symbol für den modernen Straßenbau gelten und sowohl in technischer als auch in optischer Hinsicht einen Meilenstein bilden sollte. Betraut wurde mit dieser Aufgabe neben dem Konstruktionsgruppenleiter Friedrich Hachmann auch der Industriedesigner Louis L. Lepoix, welcher der neuen Walze eine einmalige und zeitgemäß moderne Form geben sollte. Konnten sie es schaffen, alle diese hohen Erwartungen zu erfüllen?

Und noch ein weiterer Punkt sollte die Markteinführung der neuen Gummiradwalze prägen. Wenn die ersten Tandemwalzen – für sich betrachtet – auch die ersten eigenen Neukonstruktionen aus Travemünde waren und nicht auf ehemaligen Kemna-Entwicklungen basierten, sollte jetzt die neue

Nachdem eine HATRA Tandem-Rüttelwalze TRW 40 die ersten Walzgänge hinter dem Straßenfertiger durchgeführt hatte, kam die HATRA Gummiradwalze GW 22 zum Einsatz. Durch die Aeromatic bestand jederzeit die Möglichkei den Reifendruck und damit auch die Reifenaufstandsflächen zu verändern. Die Mattenabstreifer auf jedem Rad sorgten dabei für eine saubere Oberfläche. Das Material wurde so optimal eingewalkt und konnte danach noch einmal mit einer statischen Dreiradwalze geglättet werden. Die Arbeit im Straßenbau blieb trotz der vielen technischen Erleichterungen weiterhin eine anspruchsvolle Tätigkeit für die Fahrer der Straßenbaumaschinen. Diese wurden dafür im Jahr 1966 mit einem Stundenlohn von 4,65 bis 5,05 Deutsche Mark entlohnt.

Links: Das Grundgewicht der HATRA Gummiradwalze GW 22 betrug 11 t. Es konnte durch Sand- und Kiesballast auf das Doppelte erhöht werden. Der Vorgang war denkbar einfach: Wurden die oberen Abdeckungen entfernt, konnte das Füllgut in den reichlich bemessenen Ballastraum von 5,5 m³ hineingekippt werden ohne dabei den Antrieb oder andere wichtige Bauteile zu verschmutzen. Die Entleerung erfolgte dann leicht durch die am unteren Rahmen angebrachten Klappen. *Rechts:* Durchblick: Die Röntgenzeichnung der HATRA Gummiradwalze GW 22.

Gummiradwalze erstmals unter der Bezeichnung HATRA auf den Markt gebracht werden, um diese Marke noch deutlicher als Universalanbieter für Baumaschinen zu positionieren.

Ein großer Wurf: die GW 22

Im Jahr 1964 war es dann soweit: Mit der neuen HATRA Gummiradwalze GW 22 konnte eine moderne Baumaschine präsentiert werden, die neben der harmonischen Form auch in der technischen Auslegung den seinerzeitigen Anforderungen im Straßenbau voll entsprach. Charakteristisch fiel das vollkommen neue Design auf, das sich mit der klaren und kantigen Linienführung von Louis L. Lepoix deutlich von den bisherigen abgerundeten Aufbauten der bisherigen Dreirad- und Tandemwalzen von HATRA abhob. Augenfällig war hier die aufbauende Motorabdeckung in Fahrtrichtung sowie der große Wassertank mit 1300 l Inhalt heckseitig. Der rund 5 m lange Kastenrahmen der GW 22 bestand aus einer stabilen Schweißkonstruktion mit zwei großen und zwei kleinen Einfüllöffnungen zum Ballastraum sowie vier seitlichen Entleerungsöffnungen. Insgesamt konnte die Gummiradwalze so zusätzlich 5,5 m³ Sand aufnehmen und ihr Gewicht insgesamt von 11 auf 22 t erhöhen. In einer späteren Version der HATRA Gummiradwalze GW 22 konnte zudem noch ein weiterer Eisenballast aufgenommen werden und dadurch ein Gesamtgewicht von 25 t erreicht werden.

Als Antriebsquelle wählten die Konstrukteure einen robusten luftgekühlten Deutz-Dieselmotor F6L 812, der, elektrisch angelassen, über einen Drehmomentwandler (Twin Disc), das ZF-Zwei-Gang-Wendegetriebe (2 WG 20/3) und weiter über eine Gelenkwelle die hinten liegende Antriebsachse in Gang setzte. Zur Antriebsachse gehörte ein Differential, das über zwei Gelenkwellen nach beiden Seiten die Antriebsleistung auf die Achstriebe rechts und links übertrug. Diese zwei Achstriebe mit jeweils drei Rädern setzten sich wiederum aus einem Kettengetriebe und einem Planetengetriebe zusammen. Die Antriebskraft wurde so also noch im Bereich der Radnaben durch die Planetengetriebe im Verhältnis 1:3 übersetzt, so dass besonders die Ketten, die in geschlossenen Kästen im Ölbad liefen, entsprechend gering belastet waren. Die Hochleistungs-Rollenketten waren dadurch für eine hohe Lebensdauer ausgelegt und wurden zusammen mit den anderen Bauteilen zu besonders betriebssicheren Elementen des Antriebs. Durch die exzentrische Anordnung der Lagergehäuse am oberen Kettenrad konnte die Kettenspannung nach längerer Betriebsdauer, sofern das erforderlich war, zur Verminderung des Kettenspiels neu eingestellt werden.

Das Wendegetriebe mit hydrodynamischem Drehmomentwandler als Anschlussteil zum Motor war als Mehrwellenvorlegegetriebe aufgebaut und besaß verzahnte, dauernd im Eingriff stehende Zahnräder. Jede Welle bildete mit der Lagerung eine geschlossene Baugruppe. Mit Ausnahme der Eingangs- und Abtriebswelle waren alle Vorlegewellen-Baugruppen absolut gleich und untereinander austauschbar. Die einzelnen Gänge wurden über hydraulisch betätigte Lamellenkupplungen geschaltet. Das Getriebe der GW 22 verfüge über vier Lamellenkupplungen, von denen in Fahrstellung immer zwei geschlossen waren. Abwechselnd war je eine der Lamellen mit Belag versehen, während die Gegenlamelle gehärtet und geschliffen

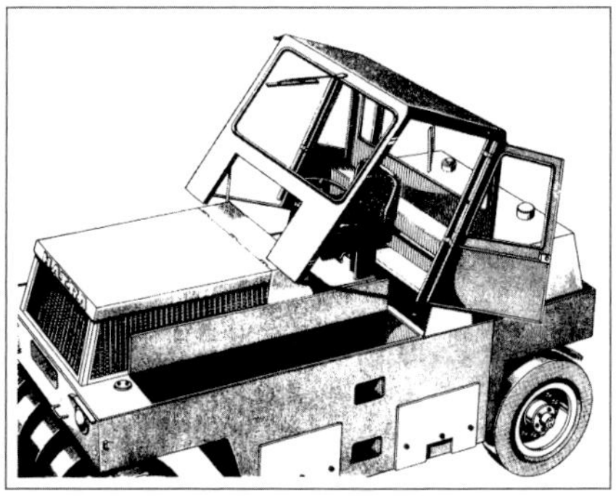

Verfügte die HATRA Gummiradwalze GW 22 über ein festes Fahrerhaus, war der Vorgang der Befüllung der Ballasträume etwas erschwert. So musste dieses hierfür nach hinten gekippt werden. Dabei war darauf zu achten, dass die Türen dabei leicht angewinkelt geöffnet waren.

war. Die Leerlaufreibung der Lammellen war im gelösten Zustand durch besonders konstruktive Maßnahmen somit auf ein Minimum reduziert worden.

Beim Schalten wurden dann jeweils zwei der Lamellenpakete durch den Öldruck unmittelbar zusammengepresst. Das Drucköl wurde vom Schaltdruckventil über im Gehäuse verlegte Rohrleitungen am Ende der jeweiligen mit Kupplungen versehenen Wellen und dann durch Bohrungen in den Wellen den einzelnen Druckräumen der Kupplungen zugeführt. Der Druckraum wurde durch den in axialer Richtung beweglichen Kolben abgeschlossen, der dann direkt gegen das Lamellenpaket drückte. Druckfedern zwischen dem Kolben und dem Innenlamellenträger holten den Kolben dann zurück und lüfteten die Kupplung. Die in den Wandlernabenteilen eingebaute Zahnradpumpe saugte das Öl aus dem vom Ölsumpf abgeschmierten Ansaugraum über einen Magnetsiebkorbfilter an. Die Pumpe diente gleichzeitig als Wandlerfüll-, Schalt- und Schmierpumpe und versorgte über Ventile den Wandlerkreislauf. Dort diente das Öl zum Übertragen der Leistung nach dem bekannten hydrodynamischen Prinzip.

22 t auf elf Gummiräder verteilt

Die fünf Gummiräder der Vorderachse standen so vor den fünf Zwischenräumen der sechs Räder an der Hinterachse, dass eine Spurüberdeckung bis zu 47 mm möglich war. Dies war jedoch vom jeweiligen Luftdruck und der entsprechenden Belastung der Räder abhängig. Der Reifenluftdruck konnte bei der GW 22 über eine mitgelieferte Reifenfüllvorrichtung oder eine eingebaute zentrale Luftdrucksteuerung auf den gewünschten Wert eingestellt. Die hinten liegende Antriebsachse war starr mit dem Rahmen verbunden, während die im Königszapfen drehbar gelagerte Lenkachse dagegen in der Lenkgabel pendelnd angeordnet wurde. Das mittlere Gummirad war dabei fest im Pendelrahmen gelagert. Die beiden außen liegenden Radpaare waren ebenfalls pendelnd auf den Längsträgern des Pendelrahmens gehalten. Diese Konstruktion der Vorderachse brachte für die GW 22 eine sogenannte Drei-Punkt-Abstützung, wie sich die starre Hinterachse zusammen mit dem Rahmen auf das zu befahrende Gelände einstellt. Die Räder der Vorderachse stellten sich einzeln auf das Planum ein, so dass ein annähernd gleicher Raddruck gewährleistet werden konnte.

Die vollhydraulische Lenkung (System ZF-Ross) garantierte ein leichtes und funktionssicheres Lenken der Walze auch bei einem maximalen Gesamtgewicht von 22 t. Ein besonderes Merkmal dieser vollhydraulischen Lenkung stellte die synchrone Bewegung des Lenkrades zur Lenkachse dar. Hierbei stimmte die Drehbewegung des Lenkrades genau mit der des Einschlages der Vorderachse überein, was dem Fahrer ein überaus gutes Lenkgefühl vermittelte. Da die GW 22 auch auf öffentlichen Straßen fahren sollte, entsprach auch die Bremsanlage den damals geltenden Vorschriften der StVZO. Über eine Druckluftanlage mit Luftpresser am Motor wurde eine kombinierte pneumatisch-hydraulische Betriebsbremse bedient. Je zwei hydraulische Servo-Bremsen wirkten auf die Vorder- und Hinterachse, während die Bremsen der Hinterachse gleichzeitig für eine Seilzugbetätigung ausgelegt waren. Über einen druckluftgesteuerten Federspeicherzylinder wurden die beiden Bremsen zudem als Feststellbrem-

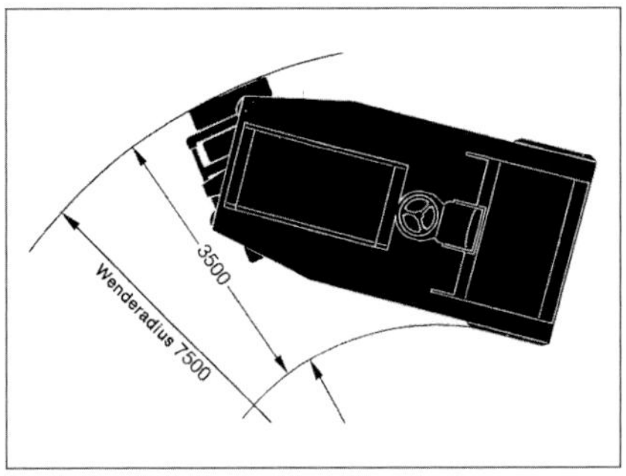

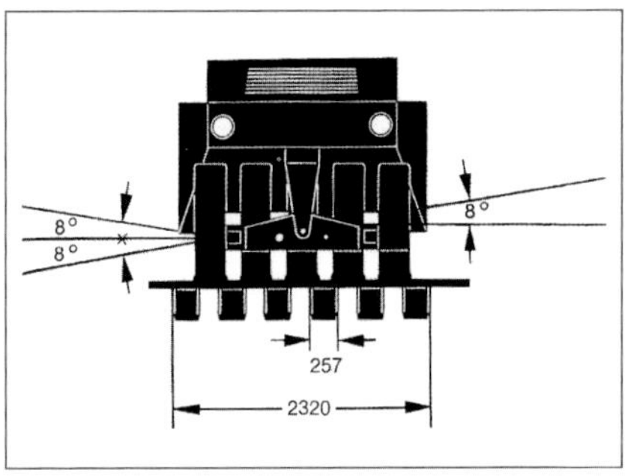

Formvollendet: Die HATRA Gummiradwalze GW 22 mit festem Fahrerhaus, verschließbarer Windschutzscheibe, Rückfenster, Warmluftheizung und Scheibenwischer. Rund 3350,00 Deutsche Markt kostete im Jahr 1970 dieser Komfort. Gegen Mehrpreis konnten beispielsweise auch noch 3 t Eisenballast, die Aeromatic oder ein Reserverad am Heck zusätzlich bestellt werden. In der Grundausstattung lag der Listenpreis bei 95.300,00 Deutsche Mark.

Die HATRA Gummiradwalze GW 22 gehörte zu den erfolgreichsten Baumaschinen aus Travemünde und wurde bis zuletzt im Jahr 1972 dort gefertigt. Während der gesamten Produktionszeit erfuhr sie zahlreiche technische Veränderungen und wurde ständig im Dialog mit den Anwendern optimiert. Ab der Baunummer 254 erhielt sie beispielsweise eine zusätzliche Kompressorkühlung sowie geänderte Druckregler für einen höheren Betriebsdruck der Aeromatic-Anlage. Seit der 331. GW 22 wurde zudem eine geänderte Vorderachse eingebaut. So war nun auch ein nachträglicher Einbau von Reifen des Typs Michelin 10.00-20 X Lisse möglich.

Alle elf Reifen der HATRA Gummiradwalze GW 22 wurden gleichmäßig mit 0,5 bar druckberieselt. Selbst in Steigungen und bei überhöhten Kurvenfahrten war das problemlos möglich. Der Wasserbedarf konnte dabei über ein Ventil vom Fahrerstand aus reguliert werden. Kunststoffdüsen verhinderten das Zurosten der Leistungen. Der Wassertank mit 1300 l Inhalt reichte für einen halben Arbeitstag, danach musste er wieder gefüllt werden. HATRA-Werksmonteur Günter Arndt zeigte hier, wie das vonstatten gehen sollte. Eine selbstsaugende Wasserpumpe füllte dabei in kürzester Zeit den Wasserbehälter wieder auf.

sen genutzt. Bei späteren Baunummern der GW 22 konnte der Federspeicher aus beiden Luftbehältern, also aus dem Luftbehälter der Bremse oder aus dem der Berieselungsanlage, wahlweise gespeist werden. Dadurch wurde erreicht, dass im Notfall die Feststellbremse vom Fahrersitz aus auch dann gelöst werden konnte, wenn die Druckluftanlage der Bremse aus etwaigen Gründen ausgefallen war. Eine Detailverbesserung zur Sicherheit, die sich aus der Praxis ergeben hatte.

Die Berieselungsanlage der GW 22 wurde, wie bereits erwähnt, ebenfalls über Druckluft gesteuert. Der Wasserbehälter stand dabei unter 0,5 atü Luftdruck, so dass auch beim Befahren von Steigungen die Berieselung der Vorderachse einwandfrei funktionierte. Die Abstreifer der einzelnen Gummiräder waren über Halterungen verstellbar angeordnet, so dass unnötiger Verschleiß der Abstreifmatten bei Überführungsfahrten vermieden wurde. Das war nicht

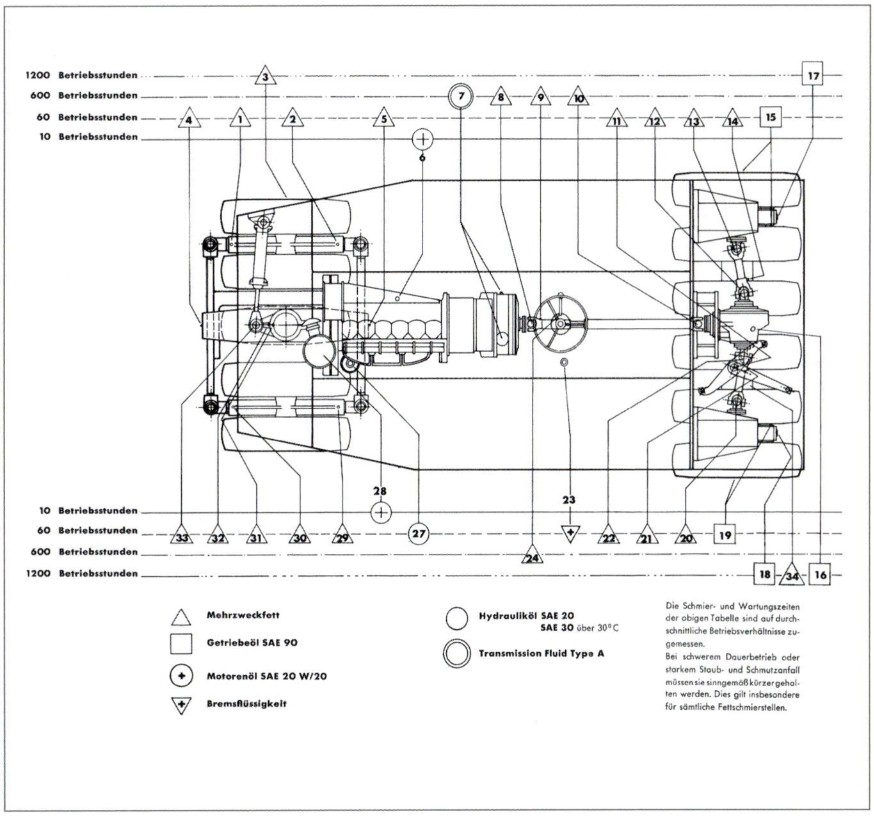

Der Schmierplan zeigte nicht nur detailliert, welche Betriebsstoffe zu verwenden waren, damit die HATRA Gummiradwalze GW 22 einwandfrei lief, sondern er gab auch einen guten Überblick über die Funktionen der Antriebsaggregate.

Die Walkwirkung der HATRA Gummiradwalze GW 22 war maßgebend für den hervorragenden Oberflächen-Porenschluss. Die fünf Vorder- und sechs Hinterreifen kneteten zudem beim Walzen. Das bewirkte eine viel bessere Kornumlagerung in einem engen, stabilen Kornverband des Mischgutes. Eine Wasseraufnahme der Decke wurde auf ein Mindestmaß reduziert. Somit bestand nachfolgend keine Gefahr von Frostaufbrüchen. Beim Einbau neuer Rollbahnen auf Flugfeldern wurde auf diese Eigenschaften besonders großer Wert gelegt.

Links: Qualitätsprüfung: Nach der Fertigung wurden die HATRA Baumaschinen einer technischen Funktionsprüfung unterzogen, bevor sie zur endgültigen Lackierung und Abnahme gelangten. Sämtliche Einstellungen und Betriebsdrücke wurden hierbei richtig justiert. Mit dabei war damals auch Günter Arndt (rechts), der so auch zahlreiche HATRA Gummiradwalzen GW 22 mit seinem Kollegen auf dem Werksgelände vorbereitete. Im Hintergrund standen bereits die nächsten vorgefertigten Rahmenkonstruktionen für die Produktion weiterer Walzen bereit. *Rechts:* Rund 7 l pro Stunde verbrauchte der luftgekühlte Deutz-Dieselmotor der HATRA Gummiradwalze GW 22 im durchschnittlichen Einsatz. Je nach Bodenbeschaffenheit oder Steigung konnte sich das dann auch entsprechend erhöhen. Die Steigfähigkeit der Walze lag leer bei 25 Prozent, maximal belastet konnten noch 15 Prozent bewältigt werden.

unwesentlich, denn immerhin konnte die GW 22 im Transportgang bis zu 19,5 km/h erreichen.

Selbstverständlich stellten die HATRA-Konstrukteure auch bei der Neuentwicklung der GW 22 den Bedienkomfort des Fahrers in den Mittelpunkt. Neben der Sicherheit und der einfachen Wartung der Maschine gehörte dazu die Schaffung bester Sichtverhältnisse auf das gesamte Arbeitsumfeld. Der Fahrersitz war dafür mit allen Bedienungsorganen und dem Lenkrad komplett über die gesamte Breite 1,7 m verstellbar. Bei Dunkelheit sorgten jeweils zwei Scheinwerfer vorne und hinten für eine gute Ausleuchtung. Reichte das Schutzverdeck mit den vier Stoffvorhängen und Klarsichtfensterfolien nicht aus, so stand für die GW 22 auch ein Fahrerhaus mit festen Türen oder Vorhängen in den beiden Aufstiegsöffnungen zur Auswahl. Die Front- und Rückfenster waren dann ebenso wie die festen Türen mit Sicherheitsglas versehen und verfügten jeweils über einen Scheibenwischer.

Ebenfalls gut durchdacht und vom Fahrer einfach durchzuführen war die zusätzliche Befüllung der zwei seitlich angeordneten Ballasträume. Diese wurden über oben liegende Öffnungen im Rahmen, die mit Deckeln aus Riffelblech verschlossen waren, aufgefüllt. Zum späteren Entleeren dienten zwei Öffnungen an beiden Seiten des Rahmens, die ebenfalls mit Deckeln verschlossen wurden. Verfügte die GW 22 über ein fest aufgebautes Fahrerhaus, wurden zum Auffüllen der Ballasträume mit Sand die vorne liegenden Klappen davor an beiden Seiten hochgestellt.

Zentrale Luftdrucksteuerung der Reifen

Mit der zentralen Luftdruckanlage Aeromatic zur Steuerung des Drucks in den elf Reifen der HATRA Gummiradwalze GW 22 konnte während der Fahrt oder auch im Stand der Luftdruck in einem Bereich von 2 bis 7 atü reguliert werden. Da alle Gummireifen (9.00-20, 10 PR, profillos) über ein Leitungssystem miteinander verbunden waren, war der jeweils eingestellte Druck in allen Rädern gleich. Dabei war die Bedienung denkbar einfach: Vom Fahrer aus konnte über das stufenlos einstellbare Handventil an der Lenksäule mit selbsttätiger Druckregelung der Luftdruck während der Fahrt gesteuert werden. Der einmal eingestellte Druck, der über ein Manometer kontrolliert wurde, war feinfühlig eingesteuert und wurde entsprechend der Stellung des Handhebels auf gleicher Höhe gehalten. Über einen groß dimensionierten Luftpresser wurde die Anlage mit Hilfe eines zusätzlichen Druckreglers mit Pressluft versorgt. Dabei war die gesamte Luftdruckanlage der GW 22 derart gestaltet, dass zuerst die Versorgung der Bremsbetätigung sichergestellt war. Pressluft für die Berieselung und für die Aeromatic der Reifen wurde erst abgezweigt, wenn in der Bremsanlage ein Mindestdruck von 4,5 atü vorhanden war. Beide Vorratsbehälter mit jeweils 40 l Inhalt wurden mit 7,5 atü Druck aufgefüllt und versorgten über verschieden eingestellte Regler die einzelnen Verbraucher. Alle elf Räder waren über Rotoren an das System angeschlossen. Jeder Schlauch war mit einem Druckhalteventil ausgerüstet, so dass bei irgendeinem Schaden in der Anlage, beispielsweise einer Reifenpanne, ein Mindestdruck von 1,8 bis 2 atü in den anderen Reifen erhalten blieb. Weiter versorgte eine Wasserpumpenanlage den Tank für die Berieselung. Diese bestand aus einer selbstsaugenden Kreiselpumpe, die vor dem Motor unter der Verkleidung untergebracht war. Die Pumpe wurde, ausschließlich zum Befüllen des Tanks, über einen lösbaren Keilriemen vom Motor angetrieben. Hierzu wurde die Motorhaube geöffnet und das rechte Kühlergitter entfernt. Mit Hilfe von Kardangelenk-Kupplungen konnte dann der Saug- sowie der Druckschlauch an die Anschlussrohre der Wasserpumpe angeschlossen werden. Innerhalb von nur acht Minuten war so der Wassertank komplett befüllt und die Arbeit konnte beginnen.

Arbeiten mit der GW 22

Mit der HATRA Gummiradwalze GW 22 war es nun möglich, im Schwarzdeckenbau alle in der Praxis vorkommenden Mischgutarten bei Trag-, Binder- und Deckschichten sowie Oberflächen einwandfrei und wirtschaftlich zu verdichten. Üblicherweise wurde der vom Fertiger eingebaute Belag zunächst mit einer leichten Tandemwalze vorverdichtet. Danach erfolgte die eigentliche Verdichtung des Materials mit der Gummiradwalze und zum Glätten der eventuell noch vorhandenen Unebenheiten wurde zum Abschluss noch eine schwere Dreiradwalze verwendet. Durch die gute Spurüberdeckung der GW 22 konnte jedoch schon bald bei vielen Einsätzen auf die Dreiradwalze verzichtet werden.

Die Einsatzweise der Gummiradwalze war vergleichbar mit der der Tandemwalze. Der Belag war vom Fahrbahnrand aus fortschreitend durch Parallelversetzen zur Mitte hin zu walzen – bei einseitiger Querneigung vom tieferen zum höheren Fahrbahnrand hin. Dabei sollte die GW 22 stets schnell und zügig gefahren werden – im ersten Gang mit 3/4 bis Vollgas. Das Abbremsen und Umschalten in die andere Richtung musste im heißen Mischgut besonders weich und ruckfrei erfolgen, damit keine Verdickungen entstehen konnten, die später nur schwer wieder auszubügeln waren. Daher war ein Stehenbleiben der Walze auf dem noch nicht vollständig verdichteten Abschnitt unbedingt zu vermeiden. Das Versetzen der Walze in die nächste Spur sollte auf dem bereits abgewalzten und unempfindlichen Abschnitt des Belages erfolgen. Die beim ersten Walzenübergang entstandenen Längsrillen wurden sodann durch Parallelversetzen der GW 22 um eine halbe Reifenbreite sofort wieder geglättet.

Obwohl die HATRA Gummiradwalze GW 22 vorwiegend für den Einsatz im Schwarzdeckenbau gedacht war, konnten mit ihr aber auch fast sämtliche Erdverdichtungsaufgaben ausgeführt

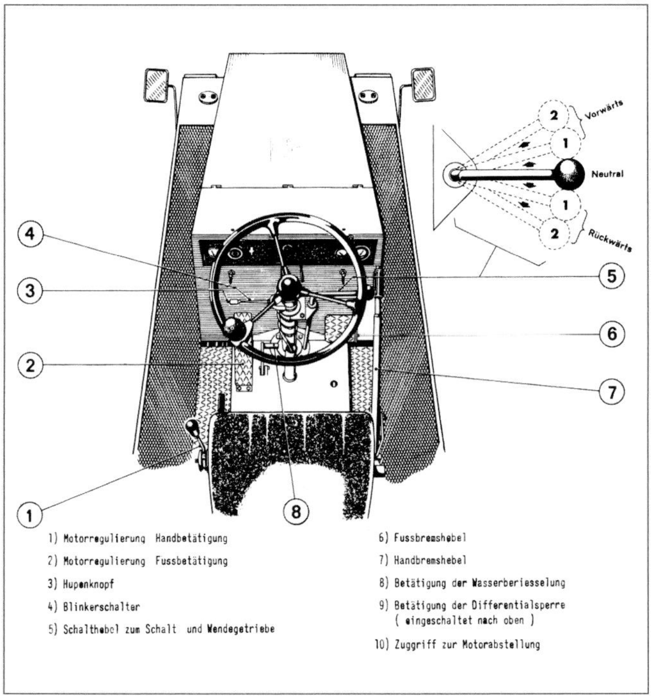

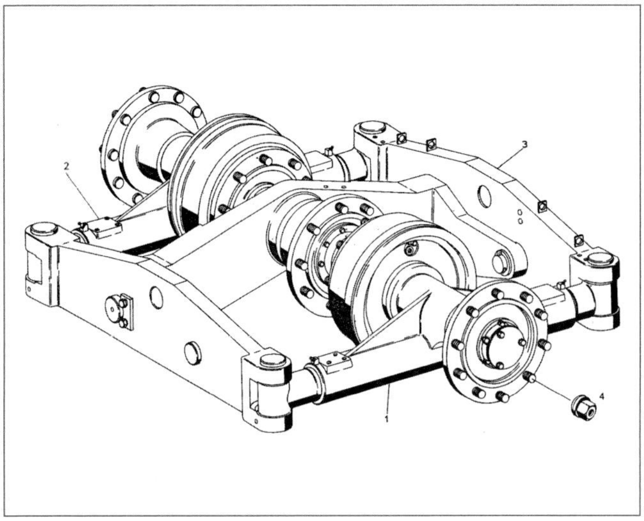

Oben: Die Lenkachse der HATRA Gummiradwalze: Je zwei Radpaare waren pendelnd aufgehängt und sorgten für maximale Bodenanpassung.

Links: Die Bedienelemente der HATRA Gummiradwalze GW 22

„Die mit einer HATRA Gummiradwalze GW 22 verdichteten Schichten einer flexiblen Straßendecke besitzen unerreicht gleichmäßige Dichte und hohe Stabilität. Keine herkömmliche Walze ist ihr ebenbürtig. Die Nachverdichtung durch den schweren Straßenverkehr entfällt", hieß es damals. Das galt auch für diese Maschine, die durch eine modifizierte Motorverkleidung auffielt: Bei Verwendung einer festen Kabine konnte durch die hinteren Lüftungsgitter warme Abluft in diese hineingeleitet werden. Eines der zahlreichen Details, die sich im Laufe der gesamten Produktionszeit ergaben.

werden. Besonders vorteilhaft erwies sich der Einsatz auf Mischböden, die einen gewissen Anteil an Kies, Schiefer oder Mergel hatten und somit tragfähig waren. Stark bindige Bodenarten, wie plastischer Ton, sollten daher nur in dünnen Schichten verdichtet werden. Für die Verdichtung von reinem Sand, Kies oder Schotter hingegen war die GW 22 nicht geeignet. Die Qualität der Ausführungen hingen jeweils von der Wahl des gewählten Reifendrucks ab, der sich immer nach der Tragfähigkeit des Bodens richten sollte. Bei feuchten oder sehr losen Schüttungen und bei Bodenvermörtelungen war ein niedriger Luftdruck empfehlenswert, um große seitliche Materialverdrängungen zu vermeiden und den einwandfreien Vortrieb der Gummiradwalze zu gewährleisten. Eventuell konnten dann abschließende Übergänge mit entsprechend höherem Reifendruck gefahren werden. Tragfähiges Material konnte hingegen sofort mit hohem Luftdruck verdichtet werden.

HATRA GW 22
Baueit: 1964 bis 1972

Grundgewicht: 11 t
Maximales Gewicht: 22/25 t
Motor: Deutz 6-Zylinder luftgekühlt
Leistung: 76 PS bei 2500 U/min
Maximale Geschwindigkeit: 8,8/19 km/h
Arbeitsbreite: 2320 mm
Länge: 5250 mm, Höhe: 2670 mm (ohne Dach)

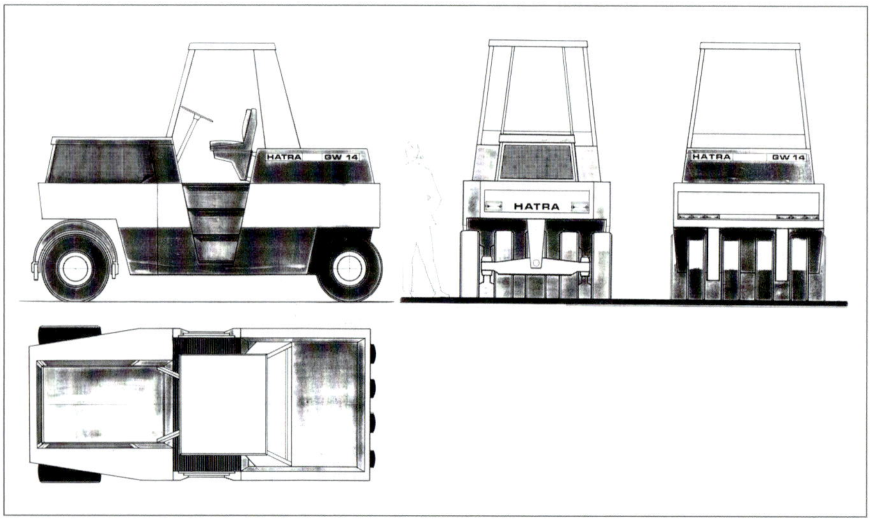

Auf Basis der von ihm ebenfalls designten HATRA Gummiradwalze GW 22 entwickelte Louis L. Lepoix auch die kleinere Version. Bei dem Entwurf bediente er sich der bisherigen Konstruktionsmerkmale, die jedoch bei der Serienmaschine nicht unbedingt zur Umsetzung gebracht wurden. Hierzu gehörten beispielsweise die Pendelachse oder der konisch ausgeprägte seitliche Aufstieg.

Großer Erfolg verlangte weitere Typen

Die HATRA Gummiradwalze GW 22 wurde zu einem großen Erfolg! Hans Hagelstein bezeichnete sie selbst als „großen Wurf", der jedoch kein Zufall gewesen sei. Denn bevor angefangen wurde diese erfolgreiche Walze zu bauen, wurden lange Gespräche mit unterschiedlichsten Fachleuten und Bauunternehmen in ganz Europa geführt. Immer stand die Frage im Mittelpunkt: Was war notwendig und was erleichterte die Arbeit? Intensive Marktforschungen und bestes Dazutun aller Beteiligten hatten nun die Voraussetzungen für dieses großartige Resultat geschaffen. Das sollte nun auch bei einer weiteren HATRA Gummiradwalze so sein, deren Bedarf sich aus den neuen Marktanforderungen ergeben hatte und deren Konstruktion noch 1964 in Auftrag gegeben wurde. Mit der kleineren HATRA Gummiradwalze GW 14, die ab 1965 der Fachwelt vorgestellt wurde, folgten die Konstrukteure zwar in vielen Punkten dem Aufbau der GW 22, dennoch waren beide Walzen nicht vollkommen vergleichbar.

Das Grundgewicht der GW 14 betrug 7 t und konnte durch Eisen- und Sandballast auf das doppelte erhöht werden. Als Motor diente ein Vier-Zylinder-Deutz-Dieselmotor mit 64 PS, der seine Kraft auf ein ZF-Zwei-Gang-Wendegetriebe mit hydrodynamischem Drehmomentwandler übertrug und weiter über ein Stirnradgetriebe in die hintere Hochportalachse leitete. Anders als bei der GW 22 verfügte die kleine GW 14 somit nicht über einen Kettenantrieb. Auch von der Anzahl der Gummiräder unterschieden sich beide Walzentypen voneinander. Vorne besaß die GW 14 eine fünffach Bereifung sowie vier Reifen hinten. Die pendelnd angeordneten äußeren Radpaare der Vorderachse eigneten sich besonders gut zur Kantenverdichtung, zumal über die oszillierende Radaufhängung mit hydraulischem Druckausgleich eine gleichmäßige Radlastverteilung gewährleistet war. Die vier starr abgestützten Räder der Hinterachse wurden über ein sperrbares Differential mit einer Gelenkwelle und einem lastschaltbaren Powershift-Wendegetriebe vom Motor angetrieben. Das Wendegetriebe war mit je zwei Gängen für Vor- und Rückwärtsfahrt ausgerüstet und über einen Drehmomentwandler am Motor angeschlossen. Die vollhydraulische Lenkung (System ZF-Ross) wirkte über die Hydraulikpumpe, die sich links am Motor befand, und die Handpumpe am unteren Ende der Lenksäule mit einem Lenkzylinder auf den mittleren Lenkbügel. Die beiden äußeren Lenkungen waren dagegen über ein einstellbares Gestänge mit dem mittleren Lenkbügel verbunden. Die Bremsanlage wurde ebenfalls hydraulisch betätigt und wirkte über einen Stufenhauptzylinder auf vier Öldruck-Servo-Bremsen der Vorderachse und zwei der Hinterachse, wodurch insgesamt acht Räder der GW 14 abgebremst wurden. Die weiteren Funktionen der zentralen Aeromatic Luftdrucksteuerung der Reifen, der Wasserpumpenanlage sowie der Reifenfülleinrichtung wurden im Wesentlichen von der GW 22 übernommen.

Um das Gewicht der HATRA Gummiradwalze GW 14 zu erhöhen, konnten die seitlichen Bodenbleche hochgeklappt und die Ballasträume mit 2,8 m^3 Sand oder Kies befüllt werden. Zudem gab es die weitere Möglichkeit einen Eisenballast zu verwenden. Dieser bestand aus 36 Stangen (50 x 90 x 1570 mm) mit jeweils 55,5 kg Gewicht. Zum Be- und Entladen der Stangen wurden die Befestigungsschrauben der Entleerungsklappen etwas gelöst und konnten in die unter dem Rahmen liegenden sieben Schächte geschoben werden.

Links: Prospekt der HATRA Gummiradwalze GW 14 aus dem Jahr 1965 *Mitte und rechts:* Probefahrt und Fototermin wurden hier miteinander verbunden. Günter Arndt, der zuvor die HATRA Gummiradwalze GW 14 im Werk für die Auslieferung vorbereitet hatte, legte mit der fabrikneuen Maschine eine Teststrecke auf der Ivendorfer Landstraße zurück. Praktisch wurde dabei auch zu Vorführzwecken ein Randstück der damals noch recht unbefestigten Straße verdichtet. Im Gegensatz zur HATRA Gummiradwalze GW 22 verfügte die kleinere Gummiradwalze nicht über einen Kettenantrieb.

Links: Bis zu 25 Grad konnten die beiden äußeren Radpaare der HATRA Gummiradwalze GW 14 auspendeln. Dazu wirkte die oszillierende Radaufhängung mit hydraulischem Druckausgleich, wodurch ein konstanter Bodendruck an allen Rädern erzeugt wurde. Das ergab eine hervorragende Randstreifenverdichtung. Für optimale Walzergebnisse sorgte zudem die bis zu 30 mm breite Spurüberdeckung der Vorder- und Hinterräder. Ein 800 l fassender Wassertank versorgte die Berieselungsrohre vorne und hinten für die insgesamt neun Reifen. *Rechts:* Auch das Grundgewicht der HATRA Gummiradwalze GW 14 konnte mit Sand- oder Kiesballast verdoppelt werden. Dazu wurde der 2,8 m³ große Ballastraum einfach befüllt oder nach Bedarf entsprechend durch die vier seitlichen Öffnungen wieder geleert. In sieben Schächten unter dem Kastenrahmen konnte zudem ein Eisenballast mit einem Gewicht von 2 t angebracht werden.

Mit der GW 14 wurde von HATRA nun auch eine moderne Gummiradwalze angeboten, die in ihren Dimensionen auch für kleinere und mittlere Straßenbaustellen wirtschaftlich verwendet werden konnte und auch von ihrem Anschaffungspreis her – dieser lag bei 77.700,00 Deutsche Mark – überaus marktfähig war. Auch bei dieser Neuentwicklung legte Hans Hagelstein großen Wert auf die Qualität von HATRA. Schon während der Fertigung wurden wie immer alle Teile mehreren Kontrollen und Nachprüfungen unterzogen. Die Montage wurde laufend überwacht und natürlich wurde vor Auslieferung der Gummiradwalze ein eingehender Probelauf mit Funktionsprüfung aller Elemente unter schwierigen Betriebsbedingungen durchgeführt. War alles einwandfrei und zur Übergabe an den Kunden vorbereitet, erhielt auch die GW 14 einen eingeschlagenen Prüfstempel. Das Typenschild befand sich auf der Rückseite der Motorverkleidung rechts unten und war stets im Blick des Fahrers. Die Fahrgestellnummer war auf der rechten Seite vorne am Rahmen angeschlagen.

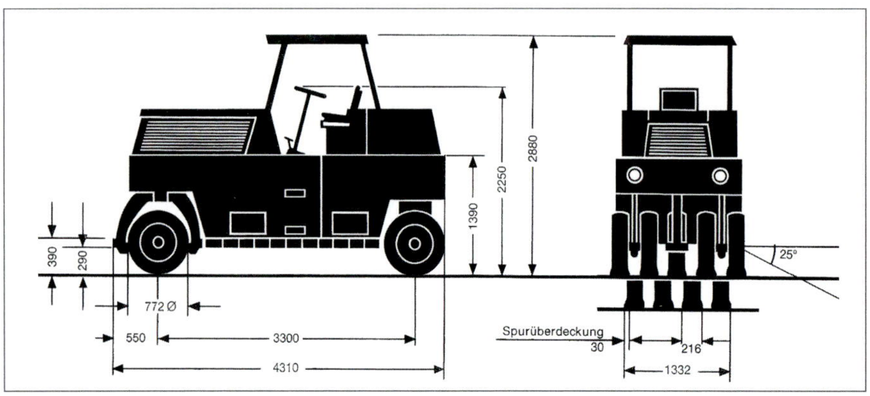

Die Abmessungen der HATRA Gummiradwalze GW 14

HATRA GW 14

Baueit: 1965 bis 1972

Grundgewicht: 7 t
Maximales Gewicht: 14 t
Motor: Deutz 4-Zylinder luftgekühlt
Leistung: 64 PS bei 2500 U/min
Maximale Geschwindigkeit: 7/18 km/h
Arbeitsbreite: 1704 mm
Länge: 4310 mm, Höhe: 2250 mm (ohne Dach)

Die HATRA Anhänge-Rüttelwalzen

Ideale Verdichtungsmaschinen für den Erdbau

Anhängewalzen gehörten seither zu den ältesten Formen der mechanischen Bodenverdichtung. Waren es anfangs durch pure Pferdekraft gezogene und in entsprechende Form gebrachte Stein- oder Granitwalzen, so wurden diese dann durch zunächst genietete, später geschweißte Stahlkonstrukte abgelöst, die von Zugfahrzeugen in unwegsamem Gelände bewegt werden konnten, um dort auf Baustellen verschiedenster Art die Bodenverdichtung vorzunehmen. Vor allem ab den Dreißigerjahren wurden Anhängewalzen – von Raupen oder Traktoren gezogen – bei zahlreichen großen Straßenbauprojekten eingesetzt. Besondere Effizienz wurde bei der Tiefenwirkung durch den Aufsatz von sogenannten Schaffüßen erreicht. Diese herausstechenden Verdichtungskörper am Walzenrand übernahmen somit dieselbe Funktion, die bisweilen seit Anbeginn beim Deichbau beziehungsweise bei deren Erhaltung von den darauf grasenden Schafherden mit ihrem Getrampel übernommen worden waren.

Erster Versuch mit einer Universalwalze

Um das stets wachsende Angebot seiner Straßenwalzen auch um eine Anhängewalze erweitern zu können, wählte Hans Hagelstein anfangs einen ungewöhnlichen Schritt: Er überließ Konzept und Konstruktion diesmal zunächst ausgewiesenen Experten aus der Wissenschaft. Als eine Neuheit erschien so 1958 die erste „verstellbare" HATRA Schafffuß-Anhängewalze mit 7 t Eigengewicht. Entwickelt wurde das außergewöhnliche System von Prof. Dr. Ing. Wilhelm Ernst Fauner und Dr. Ing. Heinz Pösch, die ihre Neuentwicklung sodann bei Hans Hagelstein in Travemünde fertigen ließen. Für diesen war es eine gute Gelegenheit eine zusätzliche Walzenart im Programm mit aufzunehmen und dabei die Reaktion des Marktes zu erfahren. Durchaus war diese Anhängewalzen-Konzeption recht innovativ, denn sie besaß drei umklappbare Verdichtungskörper, die jeweils drei unterschiedliche Füße in vier Größen sowie eine glatte Druckfläche ohne Fuß aufwiesen. Es war daher möglich, mit dieser Walze – ohne Veränderung ihres Gewichtes – verschiedene Verdichtungs-Effekte zu erzielen. Durch das nacheinander folgende Ausklappen der Füße konnte in drei Stufen eine Tiefenverdichtung herbeigeführt werden.

Die Walze arbeitete sodann als Schaffußwalze. Durch wiederum das Einklappen der Füße diente dieselbe Walze als Glattwalze und konnte so anschließend die durch die Stampffüße zerklüftete Oberfläche glätten und verdichten. Zusätzlich konnte die übergroße und fußlose Druckfläche mit schneideartigen Quer-und Längsriefen versehen werden, um so alte Straßendecken zu zerbrechen. Zum Transport wurden die fußlosen Druckflächen dann nach außen geklappt. Eine solche Kombination der stufenweisen Tiefenverdichtung, anschließenden Oberflächenverdichtung sowie der zusätzlichen Zertrümmerung hatte es zuvor bisher nicht gegeben. Dennoch erwies sich diese einzigartige Konzeption nicht als erfolgreich und es sollten noch einige

Die Entwickler der ersten HATRA Anhängewalze 1958 waren die Bautechniker Prof. Dr. Ing. Wilhelm Ernst Fauner und Dr. Ing. Heinz Pösch. Beide hatten aus ihrer wissenschaftlichen Arbeit eine Kombinationswalze für den Erdbau erfunden, die nun in Travemünde in die Fertigung ging. Deren Besonderheit waren die verstellbaren Stampffüße, mit denen unterschiedliche Verdichtungsstufen erreicht werden konnten. Was sich in der Theorie hervorragend darstellte, konnte im praktischen Einsatz nicht so brillieren. Sehr aufwändig war die Arbeit, die einzelnen Stampfelemente zu verstellen. Der Idee konnte folglich keine Serienfertigung anschließen.

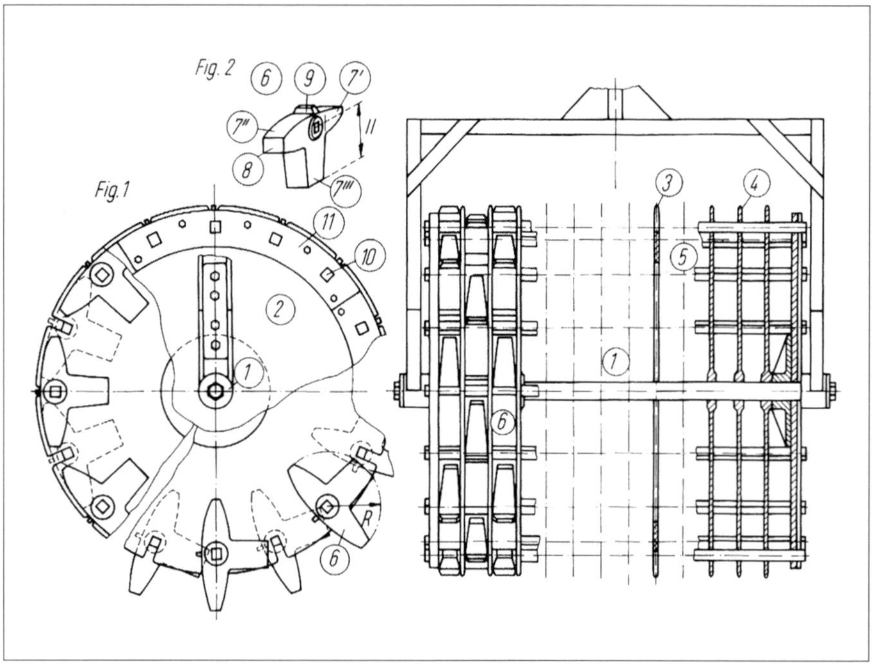

Die von Prof. Dr. Ing. Wilhelm Ernst Fauner und Dr. Ing. Heinz Pösch im Jahr 1956 patentierte Schaffußwalze mit verstellbaren Segmenten wurde in Travemünde als Prototyp realisiert.

Jahre vergehen, bis die erste serienreife HATRA Anhänge-Rüttelwalze auf dem Markt erschien.

Produktion in Dillingen

Nachdem seit der Einstellung des Schiffbaus die Baumaschinenproduktion massiv vorangetrieben worden war, entstanden ab 1962 zahlreiche neue HATRA Baumaschinen. Dazu gehörten auch die neuen Anhänge-Rüttelwalzen ARW 40, ARW 60, ARW 80 und ARW 120, die von 1963 beginnend im Zweigwerk in Dillingen gefertigt wurden. Mit der Konstruktion dieser neuen Typen konnten jetzt Arbeitsmaschinen geschaffen werden, die für alle Verdichtungsarbeiten einsetzbar waren, bei denen der Einsatz selbstfahrender Vibrationswalzen oder auch selbstfahrender statischer Walzen nicht möglich erschien. Dieses war besonders bei feinsandigen und bindigen Böden, an Böschungen sowie bei hohen und ungleichmäßigen Schüttungen auf Baustellen verschiedener Art der Fall. Auch zur Verdichtung von Großpacklagen sowie zum Walzen dicker Schotter- und Steinlagen konnten die HATRA Anhänge-Rüttelwalzen eingesetzt werden. Denn bei der Durchführung von Verdichtungsarbeiten kam es stets darauf an, die geforderten Verdichtungswerte – unter Berücksichtigung der Wirtschaftlichkeit – zu erzielen. Gerade diesem Umstand sollte bei der Entwicklung dieser neuen Maschinen ausreichend Rechnung getragen werden.

Speziell geschaffen für Erdverdichtung, Damm und Deichbau

Die günstigste Arbeitsgeschwindigkeit war abhängig von den zu verdichtenden Bodenarten und lag zwischen 1,5 und 2,2 km/h. Bei Schütthöhen bis zu 50 cm und einer geringen Anzahl von Übergängen – bedingt durch die Tiefenwirkung der Vibration – wurde bei entsprechender Bandagenbreite eine hohe Kubikmeterleistung erzielt. Ein weiterer Vorteil: Aufgrund der großen Walzendurchmesser war der Rollwiderstand gering, so dass eine Zugmaschine mit sehr geringer Antriebsleistung eingesetzt werden konnte. Der luftgekühlte Dieselmotor war in einem bis zu 25 Grad schwenkbaren Rahmen aufgehängt und gestattete mit der zulässigen Querneigung des Motor von 15 Grad ein Arbeiten an Steigungen und Böschungen bis hin zu 40 Grad. Zudem war er überaus wirtschaftlich und in seiner Leistung stark genug, die Vibration im Dauerbetrieb anzutreiben. Diese befand sich im Walzenkörper mit einer Lagerung zur entsprechenden Aufnahme. Zusätzlich bestand auch bei den HATRA Anhänge-Rüttelwalzen die Möglichkeit zum Teil das Gewicht durch Sand, Wasser oder eine Gusseisenfüllung zu erhöhen.

Die HATRA Anhänge-Rüttelwalze ARW 45 im Einsatz: Ihre Rüttelkraft von bis zu 8,7 t wurde über eine Rüttelfrequenz von 40 Hz erzeugt. Damit galten auch für diese Walzenart die Vorteile der Vibration. Bis zu 1000 m² konnten so bei ungefähr fünf Übergängen pro Stunde verdichtet werden.

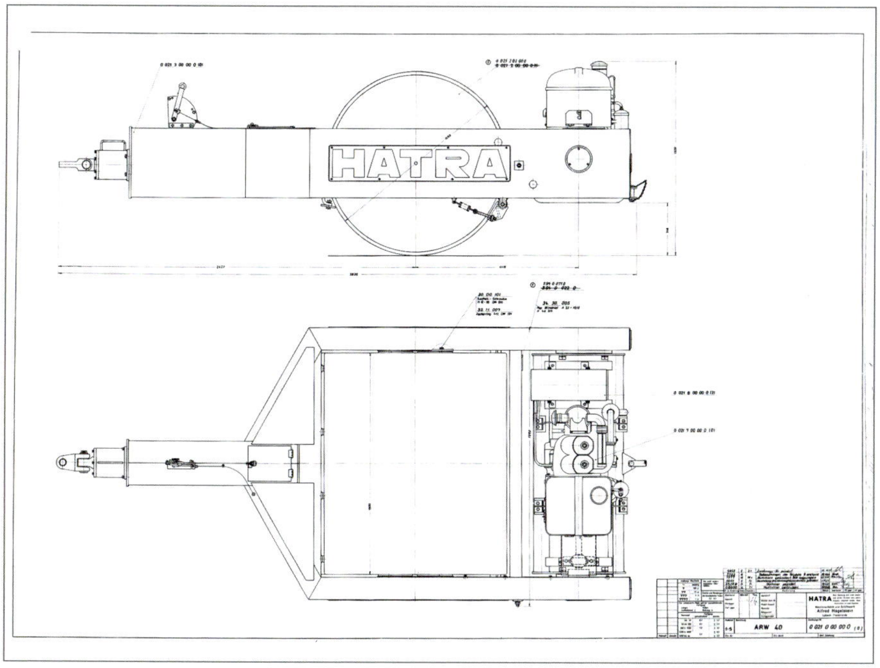

Konstruktionszeichnung der HATRA Anhänge-Rüttelwalze ARW 40

Prospekt aus dem Jahr 1963

Bedienung vom Zugfahrzeug aus möglich

Das Ein- und Ausstellen der Vibration erfolgte mit einem Hebel, der sich auf dem Mittelholm des Rahmens befand, sowie über einer Zugleine. So konnte die Drehzahlverstellung von der Zugmaschine aus vorgenommen und die Rüttelfrequenz von 1500 bis 1900 U/min geregelt werden. Der vollkommen gewichtsausgeglichene Rahmen aller HATRA Anhänge-Rüttelwalzen wurde gegen den vibrierenden Walzenkörper durch runde Schwingmetalpuffer abgefedert. Dadurch wurden die kreisförmigen Schwingungen der Vibrationseinrichtung vom Dieselmotor und den übrigen Antriebselementen ferngehalten. Die am Rahmen befestigten, einstellbaren Abstreifer hielten sodann den Walzenkörper sauber. Am Walzenrahmen war zudem eine gummigefederte Zugkupplung angebracht. Diese ermöglichte ein weiches Anfahren beim Vorwärts- und Rückwärtswalzen und verhinderte zusätzlich, dass Schwingungen auf die Zugmaschine übertragen wurden. Sie war jeweils auf drei Höhen einstellbar und wurde mit vier Befestigungsschrauben fixiert. Am Walzenrahmen befand sich hinten außerdem eine zusätzliche Rangierkupplung, die auch die Verladung der HATRA Anhänge-Rüttelwalzen auf einen Tieflader oder andere geeignete Transportfahrzeuge erleichtern sollte.

Der Antrieb der Vibrationswelle erfolgte über Keilriemen. Eine Flender-Fliehkraftkupplung mit einstellbarer

HATRA ARW 40
Baueit: 1963 bis 1964

Grundgewicht: 4 t
Maximales Gewicht: 6,5 t
Motor: Deutz 2-Zylinder luftgekühlt
Leistung: 22 PS bei 2200 U/min
Maximale Geschwindigkeit: 2,2 km/h
Arbeitsbreite: 1500 mm
Länge: 4065 mm, Höhe: 1320 mm

HATRA ARW 60
Baueit: 1963 bis 1964

Grundgewicht: 6 t
Maximales Gewicht: 10 t
Motor: Deutz 2/3-Zylinder luftgekühlt
Leistung: 30/36 PS bei 1600/2200 U/min
Maximale Geschwindigkeit: 2,2 km/h
Arbeitsbreite: 1905 mm
Länge: 4630 mm, Höhe: 1500 mm

HATRA ARWS 60 (Schaffuß)
Baueit: 1963 bis 1964

Grundgewicht: 6 t
Motor: Deutz 3-Zylinder luftgekühlt
Leistung: 36 PS bei 2200 U/min
Maximale Geschwindigkeit: 2,2 km/h
Arbeitsbreite: 1500 mm
Länge: 4630 mm, Höhe: 1480 mm

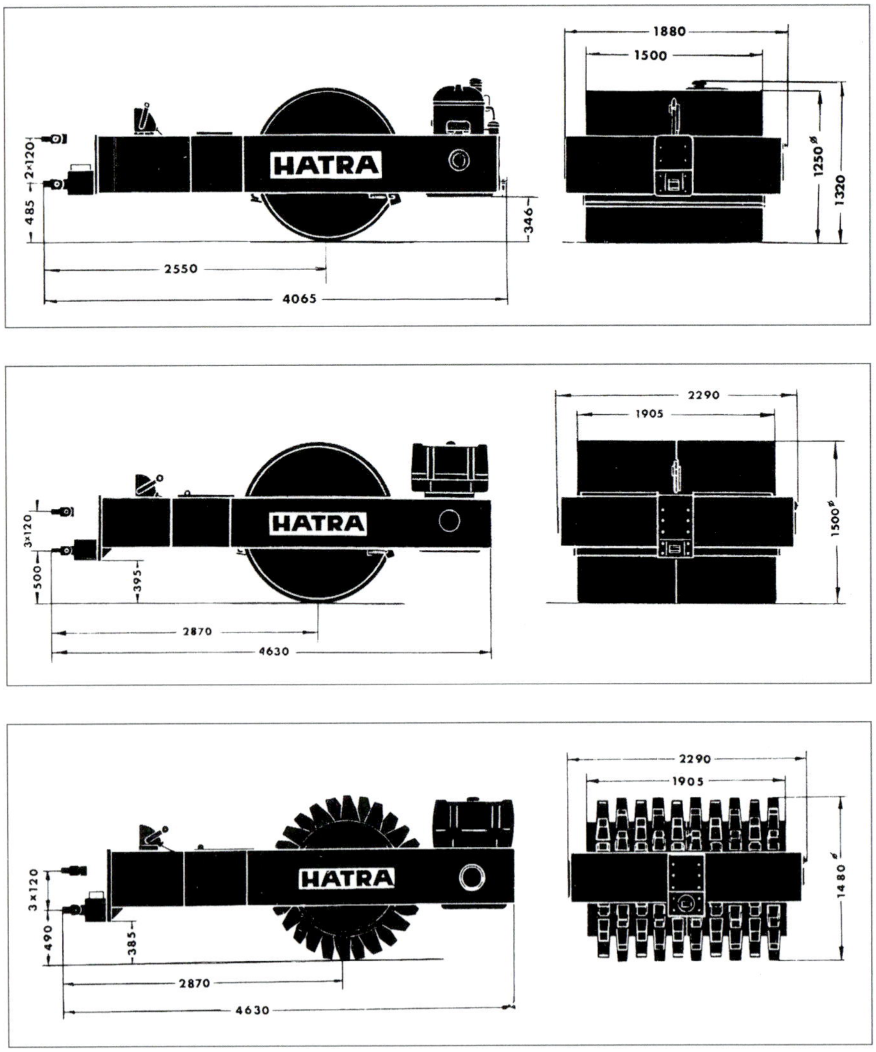

Die Abmessungen der HATRA Anhänge-Rüttelwalzen ARW 40, ARW 60 und ARWS 60

HATRA ARW 80
Baueit: 1963 bis 1964

Grundgewicht: 8 t
Maximales Gewicht: 13,2 t
Motor: Deutz 4-Zylinder luftgekühlt
Leistung: 40 PS bei 1800 U/min
Maximale Geschwindigkeit: 2,2 km/h
Arbeitsbreite: 2110 mm
Länge: 4520 mm, Höhe: 1650 mm

Prospekt aus dem Jahr 1963

Mitnahme sorgte für einen lastfreien Anlauf des Motors und damit günstige Anlaufverhältnisse der Unwuchtmasse. Der Vibrator war als Einwellen-Unwucht konstruiert und erzeugte kreisförmige Schwingungen, die auf die Walzentrommel übertragen wurden. Neben den vier Glattmantelwalzen wurde zusätzlich auch die HATRA Anhänge-Rüttelwalze ARWS 60 mit Schaffußbandage angeboten.

Neue Typen mit mehr Leistung

Bereits ein Jahr nach der Einführung der ersten HATRA Anhänge-Rüttelwalzen ARW 40 und ARW 60 wurden diese durch weiterentwickelte Typen abgelöst, die in den wesentlichen konstruktiven Details jedoch ihren Vorgängern entsprachen. Die nächst größeren Typen wurden nicht weiter gebaut. Auch bei den neuen Typen ARW 45 und ARW 65 erfolgte der Antrieb der Erregerwelle über eine Strömungskupplung, Gelenkwelle und einen Schalkeilriemen. Um an Böschungen arbeiten zu können, war der Dieselmotor unter einer Neigung von nunmehr 10 Grad eingebaut worden. Damit war gewährleistet, dass die Walze an Steigungen bis zu rund 60 Prozent eingesetzt werden konnte. Die Walze lief auf vier Rillenkugellagern, während für die Lagerung der Erregerwelle Rollenlager verwendet wurden. Neu war die Möglichkeit der Drehzahlverstellung des Dieselmotors. Die Verstellung konnte jetzt auch stufenlos mit einem „Fernbetätigungsorgan“, welches sowohl an der Walze selbst als auch am Zugfahrzeug mit zwei Flügelmuttern angebracht werden konnte, vorgenommen werden.

Die HATRA Anhänge-Rüttelwalzen wurden bis zur Schließung des Werk III in Dillingen in kleinen Serien gefertigt und danach – wie auch die kleinen HATRA Duplex-Rüttelwalzen – ab 1969 nicht mehr weiter angeboten.

HATRA ARW 120
Baueit: 1963 bis 1964

Grundgewicht: 12 t
Motor: Deutz 4-Zylinder luftgekühlt
Leistung: 48 PS bei 2200 U/min
Maximale Geschwindigkeit: 2,2 km/h
Arbeitsbreite: 2110 mm
Länge: 4520 mm, Höhe: 1650 mm

HATRA ARW 45
Baueit: 1964 bis 1969

Grundgewicht: 4,5 t
Motor: Deutz 2-Zylinder luftgekühlt
Leistung: 25 PS bei 2300 U/min
Maximale Geschwindigkeit: 2 km/h
Arbeitsbreite: 1800 mm
Länge: 4065 mm, Höhe: 1300 mm

HATRA ARW 65
Baueit: 1964 bis 1969

Grundgewicht: 6 t
Motor: Deutz 3-Zylinder luftgekühlt
Leistung: 40 PS bei 2500 U/min
Maximale Geschwindigkeit: 2 km/h
Arbeitsbreite: 1950 mm
Länge: 4630 mm, Höhe: 1500 mm

HATRA Anhänge-Rüttelwalzen wurden ausschließlich für die Verdichtung von Böden verwendet. Sie waren somit ausgewiesene Erdbauwalzen. Die Verbindung zwischen Zugfahrzeug und Vibrationswalze brachte folglich den Impuls für die späteren Walzenzüge, die HATRA zwar geplant, jedoch nicht mehr zur Produktion gebracht hatte.

Die HATRA Duplex-Rüttelwalzen

Handgeführt für die Verdichtung von Asphalt und Böden

Auch wenn HATRA die kleinen handgeführten Doppelvibrationswalzen – auch Duplex-Rüttelwalzen genannt – nicht als erstes Unternehmen am Markt in Deutschland eingeführt hatte, so sind dennoch interessante Weiterentwicklungen auf die Innovationskraft der Konstrukteure aus Travemünde und Dillingen zurückzuführen.

Erfunden wurde das Prinzip der kleinen Maschinen bereits 1957 vom Walzenpionier Benno Kaltenegger. Er schuf die erste Walze dieser Bauart mit Allbandagenantrieb für die Bopparter Maschinenbau Gesellschaft, kurz Bomag. Die kleine handgeführte Bomag BW 60 bildete dann auch den Grundstein für den späteren Erfolg der Firma. Das „System Kaltenegger" basierte darauf, dass die in den Bandagen eingebauten Erregerwellen über einen Synchroflex-Zahnriemen in gleicher Drehrichtung synchron angetrieben wurden. Die Unwuchten waren dabei um 180 Grad phasenverschoben angeordnet. Während sich die eine Bandage durch die Fliehkraft vom Boden abhob, wurde von der anderen der Boden beschlagen. Beides geschah mit einer Frequenz von rund 43 Hz. Die horizontalen Kräfte der beiden Erregerwellen wurden infolge der starren Schwinge und der um 180 Grad versetzten Unwuchten gegeneinander aufgehoben. Die Schwingungen wurden dadurch nur in der vertikalen Richtung wirksam.

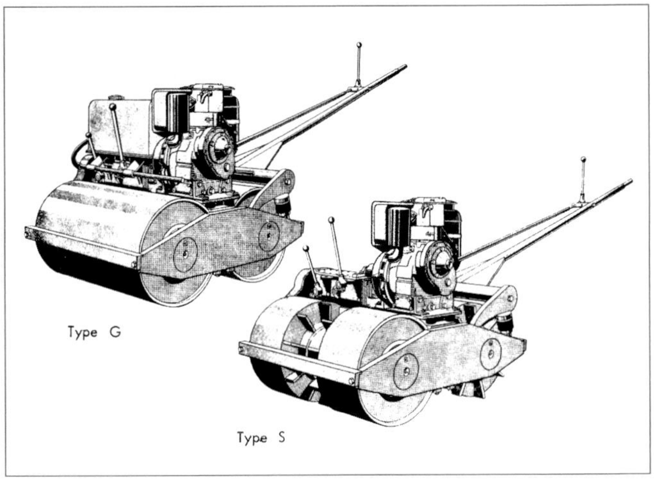

Links oben: Erprobung vor dem Werk: Kleine handgeführte Duplex-Vibrationswalzen konnten durch den Erwerb der Baurechte von Benno Kaltenegger ab 1963 auch das HATRA-Angebot erweitern. Dabei handelte es sich nicht um Nachbauten der herkömmlichen Maschinen, sondern um Neukonstruktionen. Einmalig blieb die Version mit Schaufelradbandagen, die exklusiv in Travemünde entwickelt wurde. Damit konnten jetzt auch erhebliche Steigungen im Gelände befahren und verdichtet werden.

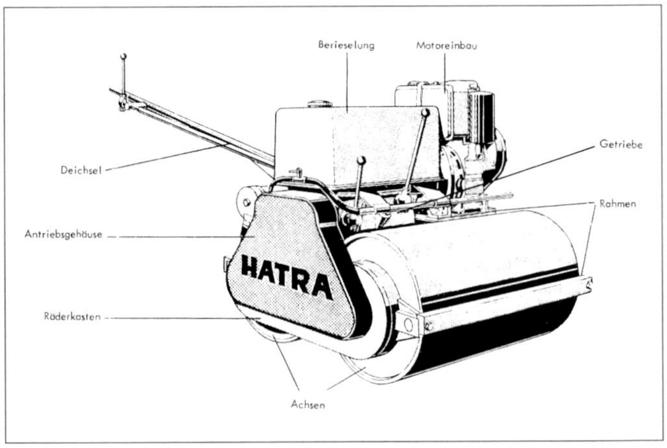

Rechts von oben nach unten:

Beide Bauarten der HATRA Duplex-Vibrationswalze im Vergleich: Die Glattmantelbandagen konnten zudem mit einer Wasserberieselung ausgerüstet werden. Dafür war jeweils ein Wassertank mit 35 l bei der G 80 und mit 54 l bei der G 95 vorgesehen. Der kurze Hebel diente bei allen Walzen zur Gangwahl, während die Stellung des längeren Hebels die Fahrtrichtung bestimmte. Dieser war über ein Gestänge mit einer ebenso wirkenden Funktion an einen weiteren Hebel auf der Deichsel gekoppelt.

Aufbau der HATRA Duplex-Vibrationswalze G 95

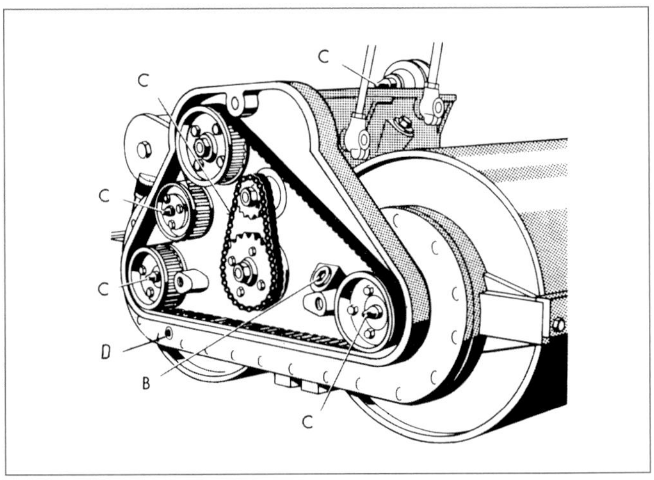

Das Antriebsschema der HATRA Duplex-Vibrationswalzen: (A) Getriebe, (B) Räderkasten, (C) Schmiernippel für die regelmäßige Wartung.

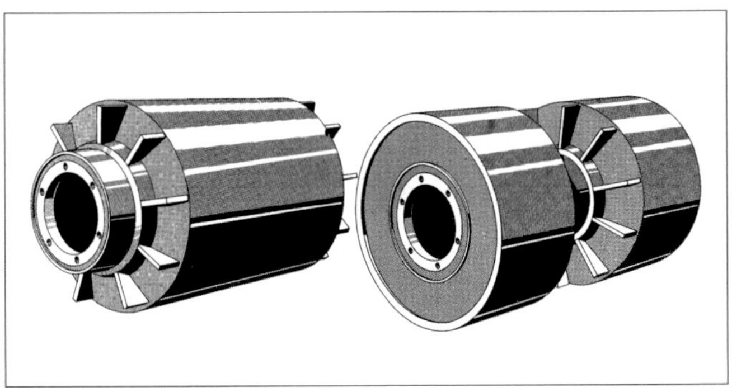

Die beiden Schaufelradbandagen der HATRA Duplex-Vibrationswalzen unterschieden sich jeweils im Aufbau und waren so aufeinander abgestimmt, dass sowohl der Effekt der Steigfähigkeit als auch eine spurüberdeckende Verdichtungsleistung erzielt werden konnte.

Bewährtes innovativ weiterentwickelt

Kleine leichte Vibrationswalzen waren Anfang der Sechzigerjahre sehr gefragt. Grund hierfür war auch, dass zunächst mit diesen Walzen nicht nur Asphalt-, sondern auch leichte Bodenverdichtungen vorgenommen werden konnten. Die Walzen waren dabei einfach zu bedienen und – das war entscheidend – ebenso problemlos zu verladen. Sie konnten somit aus eigener Kraft über eine Laderampe auf ein entsprechendes Transportfahrzeug verbracht werden. Das war ein großer Vorteil gegenüber den bis dahin noch außerordentlich schweren und oft klobigen Vibrationsplatten, für deren Verladung auf der Baustelle stets ein Hebezeug zur Verfügung stehen musste. Die neue Bomag BW 60 wurde durch diese Eigenschaften zu einem Verkaufserfolg, was Hans Hagelstein und seinen Konstrukteuren nicht verborgen blieb. Auch sie suchten jetzt nach einer Lösung, um dieses vielversprechende Marktsegment entsprechend bedienen zu können. Dabei spielte ihnen der Zufall in die Karten.

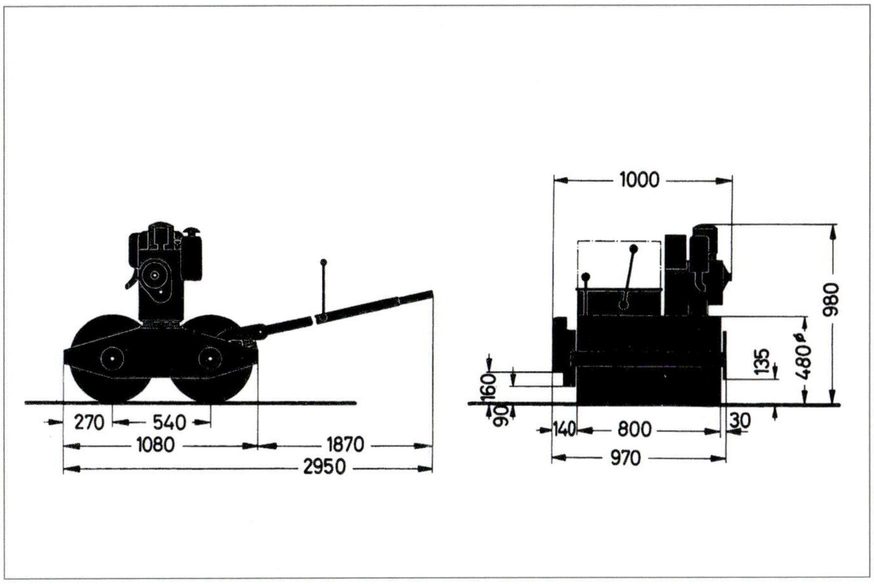

Abmessungen der HATRA Duplex-Vibrationswalze G 80

Nach einem Zerwürfnis zwischen Benno Kaltenegger und Karl-Heinz Schwamborn, der seinerzeit die Führung bei Bomag inne hatte, trennten sich deren Wege. Benno Kaltenegger suchte nun, der Situation geschuldet, neue Geschäftsmöglichkeiten, um seine Erfindung in modifizierter Art zu vermarkten und auch mit Hans Hagelstein wurde in diesem Zusammenhang Kontakt aufgenommen. Für ihn und seine Entwickler war das eine gute Möglichkeit rasch eine eigene Duplex-Rüttelwalze zu konzipieren, welche die zudem bewährten Eigenschaften des „Systems Kaltenegger" besaß. Immerhin war die Bomag Walze noch konkurrenzlos am Markt und HATRA hätte nun als zweiter deutscher Hersteller beste Aussichten auf einen erfolgreichen Absatz.

Links und Mitte: An der Kante: Bis an die Ränder der zu verdichtenden Flächen konnte mit den HATRA Duplex-Vibrationswalzen verdichtet werden. Nur 30 mm lagen zwischen dem linken Rahmen und den Walzenkörpern. Besonders bei Arbeiten entlang von Hindernissen oder – wie hier Mauerwerk oder Zäunen – war das ein großer Vorteil, da nachträgliche Handarbeit dadurch entfiel.
Rechts: Der Prospekt aus dem Jahr 1964

Links: Die HATRA Duplex-Vibrationswalze G 95 beim Einebnen eines Forstweges. Für derartige Erdverdichtungen konnte die Berieselung ausgeschaltet bleiben. Auch mit Glattmantelbandagen verfügte die kleine Walze über eine Steigfähigkeit von 30 Prozent, auch bei eingeschalteter Vibration. Dies war ein Vorteil, besonders bei Arbeiten in hügeligen Regionen. *Rechts:* Fabrikneu und in Position gebracht: Mit den kleineren Duplex-Vibrationswalzen konnte HATRA nun auch in diesem Marktsegment eine Qualitätsmaschine anbieten. Das „System Kaltenegger" wurde mit einer Vielzahl von Neuerungen angereichert, so dass auch gegenüber den bisherigen Wettbewerbern ein großer Vorsprung bestand. Zudem waren die neuen Walzen für fast alle Materialien zu verwenden und auch für die Erdverdichtung gut geeignet.

Rund fünf Jahre wurden die HATRA Duplex-Vibrationswalzen im Zweigwerk in Dillingen gefertigt. In dieser Zeit flossen zahlreiche Veränderungen und Modifikationen in die laufende Produktion ein. So wurde beispielsweise die elastische Schiene der Motoraufhängung vom Quer- zum Paralleleinbau in Fahrtrichtung angepasst. Auch wurden die vier Gummipuffer für Motor und Getriebe durch zwei elastische Schienen ersetzt. Motorabtriebsseite und Getriebeeingangsseite saßen so auf zwei gemeinsamen Schienen, was zur Folge hatte, dass beide Baugruppen ruhiger lagen und die gleiche Schwingung hatten.

Steigfähigkeit bis zu 45 Prozent

Auf Grundlage der Kaltenegger-Konstruktion wurden von HATRA nunmehr zwei neue Typen konzipiert. „Die neusten Erkenntnisse auf dem Gebiet der Rütteltechnik wurden in zwei neuen Duplex-Rüttelwalzen verwirklicht", lautete es bei der Präsentation der „für die dynamische Verdichtung von Schüttungen jeder Art" prädestinierten Maschinen. Ebenfalls wurde auf die weiteren Vorteile und Eigenschaften der neuen HATRA Duplex-Rüttelwalzen G 80 und G 95 hingewiesen, zu denen neben der kompakten Bauweise auch eine niedrige Schwerpunktlage zählte. Weiter wurde mitgeteilt, dass die neuen Walzen besonders beim Einsatz auf sehr bindigen Böden geeignet waren, leichte Verlade- und Transportmöglichkeiten boten sowie eine gute Steigfähigkeit aufwiesen. Letztere wurde durch ein innovatives Detail ermöglicht: Neben den Glattbandagen der Typen G 80 und G 95 bot HATRA auch neuartige Schaufelradbandagen, die dann als Typen S 80 und S 95 angeboten wurden. In dieser einmaligen Bauart war es möglich, eine Steigfähigkeit von bis zu 45 Prozent zu erreichen. Bei der Verdichtung von Dämmen und Deichen erwies sich das als überaus vorteilhaft, da es hierfür bisher noch keine adäquate Lösung gab.

Somit waren die HATRA Duplex-Rüttelwalzen durchaus eigenständige Konstruktionen, bei denen lediglich das Grundprinzip des Zwei-Gang-Fahrwendegetriebes dem „System Kaltenegger" entsprach. Der Bauart nach war es eine eigenständige HATRA-Entwicklung, ebenso wie der einstufige Vibrationsantrieb. Insgesamt bestanden die kleinen Maschinen aus neun Baugruppen mit insgesamt rund 300 Teilen. Dazu gehörten die Räderkästen, das Antriebsgehäuse, die Deichsel, das Getriebe mit Ortlinghaus-Sinus-Lamellenkupplung, die Achsen, der Rahmen sowie der Motor und als Zusatzausstattung die Berieselung. Der Antrieb aller HATRA Duplex-Rüttelwalzen erfolgte über ein Kettenrad, der des Vibrators über einen Synchroflex-Zahnriemen.

Von 1963 an wurden die kleinen Baumaschinen – anfangs in Travemünde und später im saarländischen HATRA Werk III – bis 1968 gefertigt. Sie stellten somit eine ideale Ergänzung zum bereits bestehenden HATRA-Walzenprogramm dar und sorgten zudem für eine zusätzliche Auslastung des Dillinger Zweigwerkes.

HATRA G 80 / S 80
Bauzeit: 1963 bis 1968

Grundgewicht: 0,8/0,75 t
Motor: Hatz ES 79 1-Zylinder luftgekühlt
Leistung: 7 PS bei 3000 U/min
Maximale Geschwindigkeit: 1,5 km/h
Arbeitsbreite: 800/500 mm
Länge: 2950 mm, Höhe: 980 mm

HATRA G 95 / S 95
Bauzeit: 1963 bis 1968

Grundgewicht: 1,3/1,2 t
Motor: Hatz E 89 FG 1-Zylinder luftgekühlt, Deutz F 1 L 310
Leistung: 7/10 PS bei 3000 U/min
Maximale Geschwindigkeit: 1,5 km/h
Arbeitsbreite: 950 mm
Länge: 3655 mm, Höhe: 1220 mm

Die HATRA Rüttelplatte

Kurzes Intermezzo ohne großartigen Erfolg

Neben der statischen Verdichtung von Asphalt und unterschiedlichen Bodenarten nahm in den Fünfzigerjahren die Bedeutung der Vibrationstechnik deutlich zu. Während in zahlreichen Tandemwalzen bereits eingebaute Unwuchten für die entsprechenden Rüttelkräfte sorgten, wurde von zahlreichen Herstellern auch an der Entwicklung neuartiger Rüttelplatten gearbeitet.

Bei HATRA wurde eine solche Platte bereits als Sonderform in einer Kemna Gigant Dreiradwalze eingebaut. Diese befand sich dabei zwischen den zwei Walzachsen und wurde durch eine Unwuchtmasse mit Antrieb über ein Getriebe durch den Walzenmotor in Schwingungen von 2500/min versetzt. Zwei Druckölzylinder hoben oder senkten dann die an vier senkrechten, runden Säulen geführte Platte oder drückten diese auf den Boden. Dabei waren die Zylinderkolben der Platte gefedert.

Die 1956 präsentierte HATRA Rüttelplatte R 25 baute nun auf diesen Erfahrungen auf und „wurde von Männern entwickelt, die ihr Können durch den Bau der Kemna Walzen und ihre Erfahrung in der Verdichtungstechnik seit Jahrzehnten unter Beweis gestellt haben und somit für technische Spitzenleistung garantieren", wie es selbstbewusst hieß. In der Tat wies die neue Rüttelplatte ein patentiertes Drei-Wellen-System in einfachster und betriebssicherer Konstruktion auf. Das sorgte dann für geringen Verschleiß und hohe Lebensdauer. Zudem war die 2,5 t schwere Platte selbstmarschierend, was

Natürlich wurde die HATRA Rüttelplatte R 25 auch auf der Industriemesse in Hannover als Neuheit präsentiert. Zuvor galt es jedoch, die Maschine einsatzbereit zu machen. Vorführer Dietrich Juch legte damals letzte Hand an. Durch die noch nicht verschlossene Klappe war die Drei-Wellen-Technik gut zu erkennen. Zwischenzeitlich hatten auch die zunächst noch offenen Antriebselemente eine Verkleidung erhalten und waren somit wesentlich sicherer im Betrieb.

Die HATRA Rüttelplatte R 25 entsprach mit allen Eigenschaften dem damaligen Stand der Zeit und war durchaus wettbewerbsfähig. Einstellungen für die Geschwindigkeit und Richtungswahl wurden über Handräder vorgenommen. Ein gepolsterter Sitz und eine stabile Fußauflage erleichterten dem Bediener die Arbeit.

Der Prospekt aus dem Jahr 1956

HATRA Rüttelplatte R 25

Bauzeit 1956

Grundgewicht: 2,5 t
Rüttelkraft: 4 bis 25 t bei
700 bis 1750 U/min
Motor: luftgekühlt (Boxer)
Leistung: 14 PS bei 3000 U/min
Maximale Geschwindigkeit: 18 m/min
Rüttelfläche: 1 m^3
Länge: 3300 mm (mit Zugdeichsel)

bedeutete, dass sie sich selbstdrehend vorwärts und rückwärts bewegen konnte. Beim Transportieren der doch recht massiven Rüttelplatte half ein fest angebautes, luftbereiftes Straßenlaufwerk. Mit einer Deichsel konnte die Maschine dann mit einem entsprechenden Fahrzeug gezogen werden. Für den Komfort des Bedieners bei der Arbeit wurde auf Wunsch ein Fahrersitz mitgeliefert.

Die Schaufellader

Die HATRA Schwenklader

Leistungsstarke Universalmaschinen mit Allradlenkung

Der Bedarf an modernen Maschinen in der Bauwirtschaft nahm in den Nachkriegsjahren rasant an Fahrt auf. Nicht zuletzt hatte Hans Hagelstein mit der Entscheidung, die Kemna Straßenwalzen in Travemünde weiter zu entwickeln, eine wahrhaft goldrichtige Entscheidung getroffen, deren Erfolg täglich größer werden sollte. Die stets wachsende Kundenzahl und die Zufriedenheit über die hohe Qualität der Maschinen ließ schon bald eine enge Verbundenheit zu den Fachleuten aus der Praxis entstehen. Deren Forderungen nach neuen Lösungen zur Mechanisierung der Baustellen nahmen in intensiven Gesprächen auf Baustellen oder Messen immer mehr zu. Neben der Rationalisierung des Straßenbaus gab es großen Bedarf an effizienten Erdbewegungsmaschinen. In Deutschland etablierten sich in den frühen Fünfzigerjahren überwiegend in- und ausländische Hersteller von Seilbaggern, Raupen, Gradern und Scrapern, um diesem Bedarf gerecht zu werden. Neuartig waren damals die ersten luftbereiften Fahrlader, deren Ursprung in den USA lag.

Diese innovativen, mobilen und vielseitigen Baumaschinen fielen auch Hans Hagelstein auf. Eigens um sich mehr Wissen darüber zu verschaffen, trat er zusammen mit einigen Konstrukteuren eine Reise in die USA an. Dort waren diese neuen Baumaschinen bereits in unterschiedlichen Bauarten im Einsatz zu finden. Zum einen gab es Frontlader, die mit gleichen oder unterschiedlichen Reifen konzipiert waren, zum anderen existierten sogenannte Swivel Loader, die eine schwenkbare Ladeanlage besaßen und zudem neben der Schaufel noch mit weiteren Arbeitswerkzeugen eingesetzt werden konnten. Der Hersteller Mandt aus Ohio hatte zwei unterschiedliche Typen in der Produktion, die über derartige Eigenschaften verfügten und – da war sich Hans Hagelstein sicher – ideale Universalmaschinen auch für deutsche Bauunternehmen darstellen würden. Ein neuartiger, vielseitiger und schneller Schaufellader entsprach somit vollkommen seiner Vorstellung von dem, was sein Unternehmen als Vorreiter hochmoderner Baumaschinen präsentieren sollte. Zurück in Deutschland lautete sodann im Jahr 1954 der Konstruktionsauftrag: Es entstehe ein Schwenklader nach amerikanischem Prinzip – jedoch viel besser.

Mittlerweile hatte auch Alfred Hagelstein die Pläne seines Sohnes angenommen und unterstützte die Ideen zur Entwicklung eines ersten Schaufelladers. Somit hatten auch die Konstrukteure eine klare Mission – und die stellte eine überaus große Herausforderung dar. Dem Prinzip eines zu beiden Seiten um 90 Grad schwenkbaren Schaufelladers nahmen sich mittlerweile auch weitere Hersteller an, so dass sich die neue Baumaschine aus Travemünde in wesentlichen Merkmalen von ihren Wettbewerbern abheben musste, um dadurch eine starke Alleinstellung beanspruchen zu können. Zudem hatte der neue Schaufellader die hohen Erwartungen der Kunden zu erfüllen, die mit den bereits in großen Stückzahlen verkauften Kemna Straßenwalzen einhergingen. Wohl durchdacht, praxisnah und nach den neusten Erkenntnissen entstand so der Prototyp des ersten HATRA Schwenkladers.

Prototyp mit vielen Innovationen

Tatsächlich war es Hans Hagelstein und seinen Konstrukteuren – allen voran Horst Betten, Karl Görner und Erwin Willms – gelungen, eine bis dahin noch nicht vorhandene Baumaschine zu erschaffen, die sich in zahlreichen Details auszeichnete. Allein von seiner Größe her war der 8 t schwere Schwenklader für die damalige Zeit außergewöhnlich. Sein Schaufelinhalt wurde mit 1 m^3 angeben, die Hubkraft mit 2 t und starke 60 PS betrug die Motorleistung des Deutz-Dieselmotors. Mit einem Vier-Gang-Schaltgetriebe und der hydraulisch betätigten Wendekupplung konnten Geschwindigkeitsstufen von 3,5 bis 20 km/h erreicht werden. Weiter verfügte die Maschine über eine Flüssigkeits-Kupplung – die für ein stoßfreies Anfahren sorgte und dadurch auch Störungen am Motor und Getriebe durch Überlastung vermied – sowie eine hydraulische Fußbremse. Die Ladeanlage war insgesamt um 180 Grad schwenkbar. Neuartig war bei dieser Konstruktion, dass der Schwenklader über vier gleich große Räder verfügte. Durch die solide Bauweise und den starken Dieselmotor konnten so große Zug- und Schubkräfte erzeugt werden. Der Allrad-Antrieb – ebenfalls damals ein No-

Bis zu 3,2 m reichte die Ausschütthöhe des ersten HATRA Schwenkladers, der auch die interne Bezeichnung SL 75 erhielt. Mit einem Achsenabstand von 2,2 m und einer Gesamtbreite von 2 m stand die Maschine in jeder Position fest auf allen vier Reifen. Die pendelnd aufgehängte Hinterachse glich dabei Unebenheiten des jeweiligen Untergrundes aus. Dabei entwickelten die seitlich abgelenkten Hubzylinder eine Hubkraft von rund 2 t und konnten somit die mit 1 m^3 Erdreich gefüllte Schaufel problemlos anheben.

vum – sowie die pendelnd aufgehängte Hinterachse gewährleisteten größtmögliche Geländegängigkeit. Ebenfalls außergewöhnlich – und so in dieser Form in einem Radlader aus deutscher Entwicklung noch nicht umgesetzt – war die Allrad-Lenkung aller vier Räder. Diese ermöglichte einen kleinsten Wenderadius von 3700 mm, wirkte sich vorteilhaft bei schwierigen Bodenverhältnissen aus und nahm bei Lade- und Planierarbeiten durch besondere Einstellung der Räder den seitlichen Schub auf. Die Lenkung konnte wahlweise auch nur auf Vorder- oder Hinterlenkung umgestellt werden. Inspirierend für die HATRA-Konstrukteure könnte hierbei der Baker-Lull-Schaufellader aus Minneapolis gewesen sein.

Premiere auf der Industriemesse in Hannover

Der Prototyp des ersten HATRA Schwenkladers versprach eine Vielzahl von neuartigen Eigenschaften, die nunmehr erstmals auch der Fachwelt präsentiert werden sollten. Die geeigneten Bühnen dafür boten die zahlreichen Messen und Ausstellungen – allen voran die Industriemesse in Hannover. Dort sollte die neue und damit auch erste HATRA Baumaschine neben den Straßenwalzen aus dem Kemna-Programm eindrucksvoll gezeigt werden. Pünktlich zum Messebeginn stand die Neuheit dann auch auf dem großen Stand auf dem Freigelände und hob sich durch die leuchtend gelbe HATRA-Lackierung zusätzlich von den roten Kemna Straßenwalzen ab. Damit war das erste Ziel erreicht – Hans Hagelstein überraschte mit dieser Neuentwicklung und zeigte damit zugleich den Kunden wie auch den Wettbewerbern, wohin sich HATRA als Baumaschinen-

HATRA Schwenklader (Prototyp)

Bauzeit: 1954

Grundgewicht: 8 t
Motor: Deutz 3-Zylinder luftgekühlt
Leistung: 60 PS
Maximale Geschwindigkeit: 20 km/h
Schaufelinhalt: 1 m^3
Arbeitsbreite: 2400 mm
Länge: 5600 mm, Höhe: 2100 mm

Links: Prototyp: In unmittelbarer Nähe zur Helling wurde die erste HATRA Erdbewegungsmaschine unter den neugierigen Blicken der Werftarbeiter erprobt. Anders als die bis dahin bekannten Schwenklader verfügte diese Maschine nun über vier gleichgroße, allradangetriebene Räder. Zudem – und das war außergewöhnlich – sahen die Konstrukteure von Anfang an eine zuschaltbare Allrad-Lenkung vor. Diese ermöglichte kleinste Wenderadien und wirkte sich zusätzlich vorteilhaft bei Arbeiten in schwierigen Bodenverhältnissen aus. *Rechts:* Der 60 PS starke Deutz-Dieselmotor verbrauchte rund 6 l Kraftstoff pro Stunde. Mit einer Füllung von 90 l konnte der HATRA Schwenklader dann gut drei Tage unter praxisnahen Bedingungen eingesetzt werden. Auch wenn noch nicht alle Konstruktionsdetails vollkommen waren, so stellte der erste Prototyp doch die Weichen für alle zukünftigen Entwicklungen.

marke ab jetzt entwickeln werde. Natürlich war der Prototyp noch alles andere als ausgereift und aufgrund der nur sehr knapp bemessenen Konstruktionszeit auch noch nicht zum Verkauf vorgesehen. Dennoch entsprach die Resonanz der Messebesucher allen Erwartungen und spornte somit zu weiteren Entwicklungen an.

Der Grundstein für eine moderne Erdbewegungsmaschine war nunmehr gelegt. Jetzt hieß es, etwas Vollkommenes zu schaffen und damit auf dem Markt erfolgreich zu werden. Sowohl das Prinzip der Allradlenkung wie auch der großen Leistungsfähigkeit der Maschine begeisterte die potentiellen Kunden. Veränderungswürdig erschienen den Konstrukteuren jedoch noch die Ladeanlage sowie die Leistungsdaten. Somit wurde weiter gedacht, probiert und konstruiert.

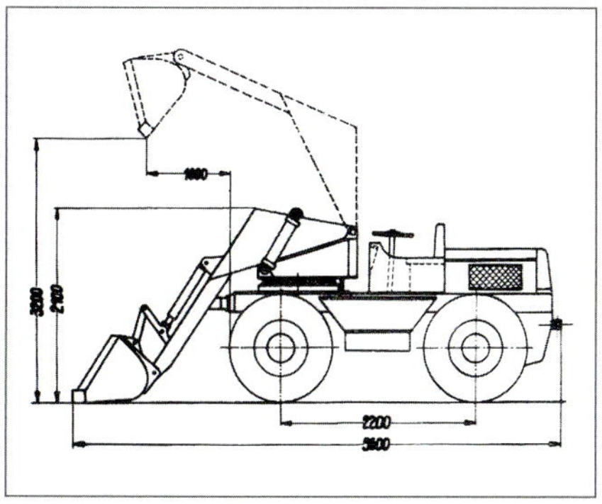

Die Abmessungen des Prototypen SL 75

HATRA Schwenk-Schürflader Bauzeit: 1954 bis 1955
Grundgewicht: 9 t Motor: Deutz 4-Zylinder luftgekühlt Leistung: 80 PS Schaufelinhalt: 1,25 m^3 Maximale Geschwindigkeit: 42 km/h Arbeitsbreite: 2400 mm Länge: 5900 mm, Höhe: 2220 mm

Als Resultat dieser Arbeit entstand noch im Jahr 1954 eine Weiterentwicklung des HATRA Schwenk-Schürfladers. Hauptmerkmal dieser Konstruktion war der vollkommen neuartig gestaltete Drehstuhl mit den parallel geführten Führungsarmen. Dieser war nun um ganze 360 Grad vollständig drehbar. Die Zug- und Hubkräfte wurden auf 6 t angehoben und das, obwohl das Gesamtgewicht gegenüber dem Prototyp nur um 1 t nach oben verändert wurde. Die besonderen Eigenschaften der Allradlenkung wurden übernommen und auch der Aufbau von Motor und Getriebe beibehalten. Neu waren hingegen die Verwendung von doppeltwirkenden Arbeitszylindern bei der Ladeanlage und die außergewöhnlich hohe Fahrgeschwindigkeit von bis zu 42 km/h.

Erster serienreifer HATRA Schwenk-Schürflader

Bis der neue HATRA Schwenk-Schürflader jedoch in die Serienproduktion aufgenommen werden konnte, sollten noch einmal einige Konstruktionsdetails angepasst werden. Der Weg zu einer marktfähigen und zuverlässigen Erdbewegungsmaschine war beschwerlich und lang. Dennoch gelang es Hans Hagelstein und seinen Konstrukteuren auch diese Widrigkeiten zu überstehen und mit vielen neuen Erkenntnissen aus dem Maschinen- und Fahrzeugbau das gewünschte Resultat zu erzielen. Einen Schaufellader zu konstruieren war etwas vollkommen anderes als Walzen oder Schiffe zu bauen. Das hatten nun alle lernen müssen, aber sie haben es gelernt, mit Erfolg und dem besten Rüstzeug für zahlreiche weitere Baumaschinentypen aus Travemünde.

Die Produktion des HATRA Schwenkladers SL 150 wurde im Jahr 1955 aufgenommen. Dieser Typ stellte nunmehr einen weiteren Entwicklungsschritt dar, konnte mit zahlreichen verbesserten Leistungsdaten aufweisen

Messepremiere: Um sich von den Kemna Straßenwalzen optisch abzugrenzen, wurde der erste HATRA Schwenklader in gelber Farbgebung präsentiert. Zwischenzeitlich wurden zahlreiche Anpassungen an der Maschine vorgenommen. Die seitlichen Aufstiege oder Arbeitsscheinwerfer gehörten dazu. Gut zu erkennen waren auch die dreiteiligen, noch einseitig beaufschlagten Hubzylinder der Ladeanlage.

Erster Prospekt aus dem Jahr 1954, der die Eigenschaften der neuen HATRA Baumaschine auf einen Blick vermitteln sollte.

Die parallel geführten Trag- und Führungsarme am neu gestalteten Drehstuhl waren die markantesten Veränderungen des weiterentwickelten HATRA Schwenk-Schürfladers. Das Konzept wurde bereits von einigen amerikanischen Herstellern bei konventionellen Radladern verwendet, fand bei HATRA jedoch nun erstmalig und einzigartig auch an einem Schwenklader Verwendung. Die Hubzylinder wirkten dabei auf die hinten innliegend angeordneten Tragarme. Die seitlichen Führungsarme dienten zur Stabilisierung und Parallelführung und verjüngten sich nach vorne hin zu einer gemeinsamen Aufnahme des Geräteträgers.

Hier zeigte der HATRA Schwenk-Schürflader seine Geländegängigkeit durch die Allradlenkung, die Pendelachse sowie die hohe Bodenfreiheit. Durch die neue Ladeanlage war das Sichtfeld des Fahrers auch wesentlich verbessert worden, so dass er auch bei angeschwenkter Ausrüstung den gesamten Arbeitsbereich gut überblicken konnte.

Kritische Blicke: Erprobt wurden die neuen HATRA Schwenk-Schürflader zunächst noch unweit des Werkes, wie hier auf dem Neubaugebiet der Teutendorfer Siedlung in Travemünde. Mit dabei waren auch die Ingenieure und Facharbeiter, die den Feldversuchen gespannt zusahen und dabei durchaus auch Anregungen für Verbesserungen fanden.

HATRA SL 150

Bauzeit: 1955 bis 1960

Grundgewicht: 11 t
Motor: Deutz 6-Zylinder luftgekühlt
Leistung: 96 PS bei 2300 U/min
Schaufelinhalt: 1,25 m^3
Maximale Geschwindigkeit: 42 km/h
Arbeitsbreite: 2380 mm
Länge: 6680 mm, Höhe: 2230 mm

Kraftvoll: Mit 80 PS und einem großen Anfahrtsdrehmoment entstanden größte Schubkräfte, die auch Steigungen zu überwinden vermochten. Dabei wurde ein Abwürgen des Motors ausgeschlossen. Das hydraulisch geschaltete Viergang-Getriebe ermöglichte dabei schnelles Schalten ohne Betätigung der Fußbremse.

und folglich auf den Vorführarealen der zahlreichen Messen seine außergewöhnlichen Vorzüge unter Beweis stellen. Diese neue Konstruktion galt nunmehr als wegweisend für alle noch folgenden HATRA Schwenklader. Als Motor wurde ein Sechs-Zylinder-Deutz-Dieselmotor mit 96 PS verwendet. Der an den Motor angeflanschte Drehmomentwandler regulierte selbständig die jeweils erforderlichen Zug- und Schubkräfte, wodurch eine maximale Ausnutzung der motorischen Leistung erreicht wurde. Er verstärkte so bei niedrigen Antriebsdrehzahlen das Drehmoment um das Dreifache und übertrug in der maximalen Antriebsdrehzahl das Motorendrehmoment im Verhältnis 1:1. Durch den Drehmomentwandler war es möglich, dass der HATRA SL 150 aus dem Stand heraus bei größter Schubleistung graben oder schürfen konnte. Das hydraulisch gesteuerte Vier-Gang-Fahrgetriebe war in zwei Arbeits- und zwei Transportgänge unterteilt. Das Schalten der einzelnen Geschwindigkeitsstufen sowie des Vor- und Rückwärtsgangs erfolgte hydraulisch durch Betätigung zweier Schalthebel an der Lenksäule ohne Zuhilfenahme einer Fußkupplung. Das Umschalten vom Arbeits- auf den Transportgang erfolgte hingegen mechanisch. Im Transportgang konnte die Maschine bis zu 46 km/h erreichen und war somit seinerzeit ein auf Autobahnen zugelassenes Arbeitsgerät.

Der Rahmen des Schwenkladers bestand aus einer verwindungssteifen Konstruktion und wurde aus hochwertigem Stahl geschweißt. Beide Achsen waren lenkbar, wobei die vordere starr und die hintere pendelnd eingebaut wurde. Beim Schwenken des Drehstuhls mit Last erfolgte automatisch eine hydraulische Blockierung der Pendelachsbewegung, wodurch die Standsicherheit erheblich verbessert wurde. Das gelang durch zwei Hydraulikzylinder, die zwischen Rahmen und Pendelrahmen der Hinterachse aufgehängt und untereinander mit Rohrleitungen verbunden waren. Ein in diese Leitung geschaltetes Absperrventil wurde durch die Drehbewegung des Drehstuhls automatisch betätigt. Dadurch wurde beim Ausschwenken aus der Längsachse die pendelnd aufgehängte Hinterachse starr fixiert und verlieh so dem HATRA SL 150 eine hervorragende Standsicherheit.

Die Lenkhydraulik bestand aus einem eigenen Hydrauliksystem und arbeitete mit zwei voneinander unabhängigen Ölkreisen, welche durch das Vorwählgetriebe gesteuert wurden. Dieses befand sich auf der linken Seite unterhalb des Rahmens zwischen den beiden Steuerventilen der Lenkung. Es bestand aus einer Doppelpumpe – durch Keilriemen direkt vom Motor angetrieben – zwei Bypassventilen, zwei Steuerventilen und zwei Arbeitszylindern. Die Kraftübertragung von den Arbeitszylindern erfolgte direkt auf die Lenkhebel der beiden Achsen. So hatte der Fahrer die Möglichkeit vom Fahrerstand aus die gewünschte Lenkart auszuwählen. Hier standen zur Auswahl: Vorderrad-, Hinterrad-, Allradlenkung oder Hundegang.

Die Kraftübertragung vom Fahrgetriebe auf die beiden Achsen erfolgte mittels Kardanwellen auf zwei voneinander unabhängig arbeitende Differentiale. In allen vier Radnaben befanden sich je ein Planeten-Untersetzungsgetriebe und auf die Felgen (8.00-24 SDC) wurden jeweils vier gleichgroße Reifen der Größe 14.00-24 mit vorne zwölf und hinten acht Lagen montiert. Um dem HATRA SL 150 zur Längsachse hin die benötigte Standfestigkeit zu verleihen, wurde am hinteren Rahmenende ein Gegengewicht durch Schrauben gefestigt. Darin befand sich auch eine Zugvorrichtung. Ein weiteres Gegengewicht wurde am Drehstuhl fest angeschraubt. Dieses gab der Baumaschine auch bei 90 Grad quer zur Längsachse eine gute Stabilität und entlastete zudem die Kugeldrehverbindung, auf der der Drehstuhl gelagert war.

Eine Arretierung, als Bolzen vorne rechts im Drehstuhl, begrenzte den Schwenkbereich auf 210 Grad. Dieser konnte bei Bedarf durch das Entfernen des Arretierbolzen auf 360 Grad erweitert werden, wobei dann äußerste Vorsicht vom Fahrer abverlangt werden musste, denn wenn dieser durch eine Fehlbedienung den Hebel des Hubzylinders betätigt hätte, wäre dieser durch das dann folgende Absenken der Tragarme erheblich gefährdet worden. Bewegt wurde der Drehstuhl über ein Schwenkgetriebe, welches im feststehenden Teil des Drehstuhls eingebaut war. Es bestand aus einem Schneckengetriebe und einem weiteren Untersetzungsgetriebe. Der Antrieb des Schwenkgetriebes erfolgte hydraulisch über eine Pumpe, die am Fahrgetriebe angeflanscht war, ein Steuerventil sowie einen Ölmotor. Ein Schauglas im vorderen Rahmen des HATRA Schwenkladers SL 150 zeigte den jeweiligen Ölstand an. In der Hydraulikanlage befanden sich Hochleistungs-Zahnrad-Drehflügel sowie Kolbenpumpen. Alle Rohrleitungen waren aus Präzisionsstahlrohr gefertigt, die beweglichen Teile wurden mit Hochdruckschläuchen verbunden. Die beiden Steuerventile für Schwenkwerk, Schaufel und Trag- und Führungsarme waren rechts unter dem Fahrersitz angeordnet. In die Steuerventile eingebaute Überdruckventile verhinderten eine Überschreitung des vorgesehenen Arbeitsdruckes von maximal 125 bar. Der Hydrauliktank befand sich rechts außen neben dem Fahrersitz und verfügte über 70 l Inhalt. Im Kopf des Hydrauliktanks waren mehrere Magnetfilter eingebaut, die den gesamten Rücklauf filterten und somit nur sauberes Öl zurück in den un-

Links: Der Prospekt aus dem Jahr 1955 zeigte die Vorzüge des neuen HATRA Schwenk-Schürfladers.

Rechts: Auch in der weiterentwickelten Bauform – hier mit ovalen Lüftungsgittern – wurde die Maschine von HATRA weiterhin als Schwenk-Schürflader bezeichnet. Zur Präsentation der neuen Baureihe suchte sich der damalige Verkaufsleiter, Horst Neubert, einen besonders attraktiven Ort aus. Unmittelbar an der Travemünder Vorderreihe, direkt am Ostpreußenkai positionierte er die Neuentwicklung. Gut zu erkennen: Der Leuchtturm des Ortes, der bis heute der älteste in Deutschland ist.

teren Tank floss. Ein weiteres Schauglas gab Auskunft über den jeweiligen Ölstand im Behälter.

Die parallel geführten Trag- und Führungsarme des HATRA Schwenkladers SL 150 waren im Drehstuhl gelagert. Das Heben und Senken der Ladeanlage erfolgte hydraulisch über zwei doppeltwirkende Arbeitszylinder, die mit einer hydraulischen Endlagendämpfung versehen waren. Dadurch wurde ein allzu hartes Anschlagen in den Endstellungen vermieden. Eine Pumpe, die über eine Gelenkwelle vom Motor angetrieben wurde, förderte das benötigte Öl für die Hydraulikanlage über einen Steuerventilblock mit jeweils zwei Steuerventilen. Verbaut wurde das Fabrikat von Hydromechanik.

Die Tragarme bildeten zusammen mit den Führungsarmen über ihre jeweiligen Lagerstellen ein Parallelogrammsystem. Diese Anordnung hatte den Vorteil, dass beim Heben der Trag- und Führungsarme ein Nachkorrigieren der gefüllten Schaufel nicht erforderlich war und somit das Herausfallen des Füllmaterials vermieden wurde. Sämtliche Lagerstellen von Schaufel, Schaufelträger sowie der Ladeanlage waren mit hochwertigen Nadellagern versehen. Der Schaufelträger stellte die Verbindung zwischen der Ladeschaufel,

Die Vorteile des Schwenkladers zeigte diese Maschine in der praktischen Vorführung: Die Beladung des Kippanhängers erfolgte ohne Wendemanöver aus dem Ladevorgang heraus. Schwungvoll wurde das Material seitlich angeworfen. Die HATRA Schwenk-Schürflader der ersten Generation verfügten noch nicht über das ovale Lüftungsgitter der seitlichen Motorhauben, besaßen jedoch schon das charakteristische Gussteil am Heck mit den integrierten Rückleuchten und dem eingelassenen Namen des Herstellers. Rechts: Kraftprobe: Problemlos konnte sich der HATRA Schwenk-Schürflader durch seine eigenen Hubkräfte anheben. Wurde dabei der entsprechende Hebel nach unten gedrückt, senkten sich die Trag- und Führungsarme unter Druck. In dieser Stellung und in Auskippstellung der Schaufel konnte das Vorderteil rund 800 mm vom Erdboden angehoben werden. Es stand somit das Gewicht des Vorderteils zum Einstick in das Erdreich zur Verfügung. Noch etwas provisorisch wirkte dabei jedoch das Wetterschutz-Verdeck, das dem Fahrer erstmals zumindest etwas Komfort bot.

Links: Der Prospekt aus dem Jahr 1955

Rechts: Der Arbeitsplatz: Auf einer breiten Sitzbank konnte der Fahrer alle Bewegungen durch kleine Handhebel steuern. „Die Bedienung ist leichter als das Fahren eines Pkw's", hieß es damals im Prospekt der Maschine. Rechts neben dem Fahrersitz befand sich der Hydrauliktank mit rund 70 l Füllmenge.

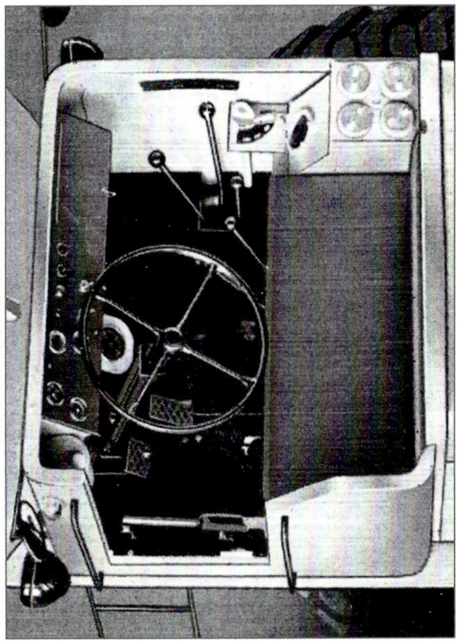

Erste Versuche mit dem späteren HATRA SL 150. Der Prototyp des noch einmal um rund 2 t schwereren Schwenkladers sollte ab 1955 nun die Grundlage für den späteren Erfolg dieser Maschinen darstellen. In zahlreichen Feldversuchen und nach unzähligen Verbesserungen hatte sich nunmehr eine zuverlässige und überaus leistungsstarke Baumaschine entwickelt.

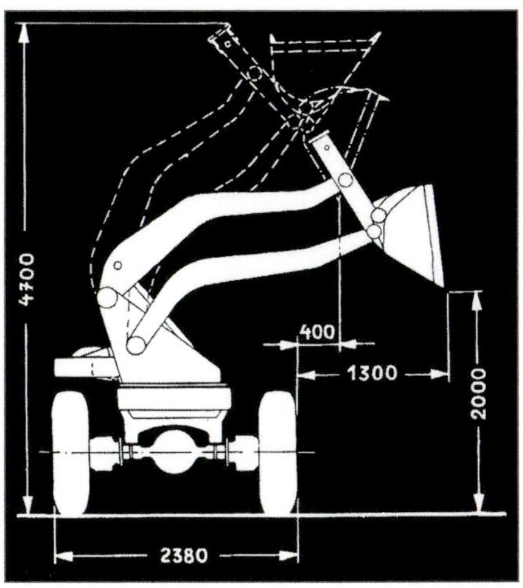

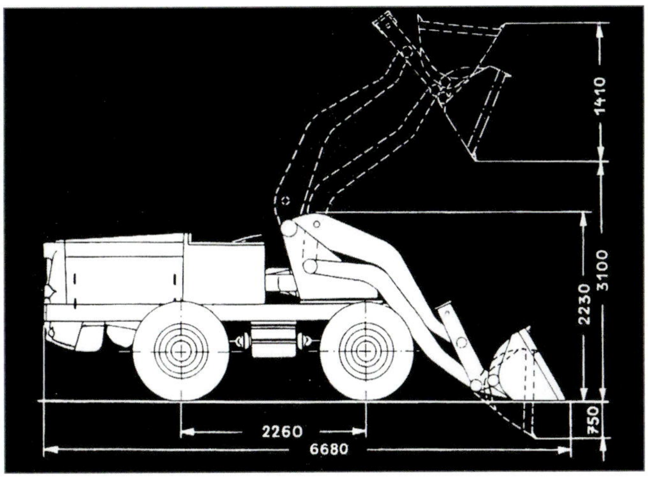

Die Abmessungen des HATRA Schwenk-Schürfladers

Dass der HATRA SL 150 ein ausgreifender Schwenklader war, konnte er bei harten Einsätzen in Steinbrüchen oder Kiesgruben unter Beweis stellen. Dabei spielte auch die hohe Arbeitsgeschwindigkeit eine große Rolle: Sieben Sekunden zum Heben und fünf Sekunden zum Senken der Ladeeinrichtung wurden dabei benötigt. Nur 3,5 Sekunden brauchte der Drehstuhl, um 90 Grad seitlich zu schwenken.

Bei einer Ausschütthöhe von 3,1 m waren auch hochbordige Muldenkipper mit dem HATRA SL 150 mühelos zu beladen. Die zügigen Arbeitsspiele wurden dabei auch durch die Kombination von Trag- und Führungsarmen gewährleistet. Durch die Parallelogrammführung der Schaufel blieb der Kippwinkel beim Heben und Senken unveränderlich und musste nicht nachgesteuert werden. Zudem ermöglichte der große Ankippwinkel stets einen günstigen Füllungsgrad der Schaufel. Im Schaufelträger, der die Verbindung zwischen Schaufel und Trag- und Führungsarmen herstellte, befanden sich auch die beiden Kippzylinder.

Der HATRA SL 150 bei Gleisbauarbeiten. Auch hier wurden die Vorzüge des Schwenkladers geschätzt und sorgten für einen effizienten Einsatz zwischen und neben den Gleisen.

Links: Aus der Stahlkabine heraus konnte der Fahrer des HATRA SL 150 auch bei angehobener Ladeanlage die Schaufel gut im Sichtfeld behalten. Das war auch, wie hier bei der Beschickung einer Baustoffmaschine, von großem Vorteil und brachte zusätzliche Sicherheit auch bei solchen Industrieeinsätzen. Gut zu erkennen: Die massive Aufnahme der mächtigen Trag- und Führungsarme sowie das Gewicht am Drehstuhl. *Rechts:* Test bestanden: Nach der Fertigung im Werk wurden alle HATRA Baumaschinen einem ausgiebigen Funktionstest auf dem Erprobungsgelände unterzogen. Hiernach gelangten die Maschinen dann zur Endfertigung. Diese drei Serienmaschinen warteten nunmehr auf die weiteren Vorbereitungen für ihre spätere Auslieferung.

auf Wunsch dem Anschlussstück sowie den Trag- und Führungsarmen her. Die Schaufel war im Schaufelträger drehbar gelagert und wurde über zwei doppeltwirkende Hydraulikzylinder betätigt. Die Boden- und Seitenschneiden waren aus hochverschleißfestem Material hergestellt. Es waren zudem mechanische Anschläge angebracht, durch welche die jeweilige Endstellung der Hydraulikzylinder begrenzt wurde. Die an der Schaufel angebrachte Anzeigevorrichtung ermöglichte es dem Fahrer, von seinem Sitz aus jederzeit die Stellung der Schaufel zu kontrollieren.

Auf Wunsch konnte der HATRA SL 150 mit einem speziellen Anschlussstück zwischen Schaufel und Schaufelträger ausgerüstet werden. Durch diese Anordnung war ein schnelles Auswechseln der Schaufel gegen weitere Zusatzgeräte möglich. In diesem Falle war die Anzeigevorrichtung am Anschlussstück angebracht und dieses selbst im Schaufelträger drehbar gelagert. Durch einfache Steckbolzen war jetzt der Ab- und Anbau der Schaufel oder anderer Ausrüstungen schnell möglich. Die Hydraulikzylinder für die Schaufelbetätigung blieben beim Auswechseln fest mit dem Anschlussstück verbunden. Zur Auswahl standen unterschiedliche Schaufeln, Reißzähne, ein Planierschild, eine Stapeleinrichtung sowie ein Kranhaken. Wurde leichtes Handwerkzeug für Umbau oder Wartung benötigt, befand sich zwischen den beiden Tragarmen ein verschließbarer Werkzeugkasten. Für den Fahrer bot die gepolsterter Sitzbank mit Rückenlehne ausreichend Platz und die relativ hohe Lage verhalf zu einer guten Übersicht über den gesamten Arbeitsbereich. Für zusätzlichen Komfort konnte ein festes Fahrerhaus – mit oder ohne Heizung – aufgebaut werden.

Größter Schwenklader der Welt

Der HATRA SL 150 hatte sich schon kurz nach seiner Markteinführung bereits auf vielen in- und ausländischen Baustellen als rationelle und vielseitige Baumaschine einen guten Namen verschafft und bildete in den frühen Sechzigerjahren ein markantes Beispiel für den modernen und gleislosen Erdbau, der nunmehr fast überall Einzug hielt. Mittlerweile änderte sich auf vielen Baustellen das Bild und wo vor 20 Jahren noch viele Menschen lange Zeit mit schwerer Arbeit verbrachten, arbeiteten nun große Erdbewegungsmaschinen und erledigten so schnell wie nie zuvor ein Vielfaches derselben Aufgaben. Die Entwicklung der Mechanisierung war nun nicht mehr aufzuhalten und wäh-

Blick darunter: Für Demonstrationszwecke wurde der HATRA SL 150 in der Werkhalle nach vorne gekippt, um darzustellen, wo sich Motor, Getriebe sowie der Drehmomentwandler befanden. Gut sichtbar wurden so auch die Achsen und Antriebsstränge.

Beeindruckender Aufritt: Die Präsentationen auf den Messen waren eine der besten Möglichkeiten, die Vorzüge des HATRA Schwenk-Schürfladers zu demonstrieren. Auf engstem Raum wurden Leistungsstärke, Vielseitigkeit und Schnelligkeit vor den Augen der staunenden Fachbesucher dargestellt. Dabei waren die Fähigkeiten der Werksfahrer ebenso wertvoll wie die technischen Eigenschaften der Maschinen. Oft gingen beide dabei an ihre Grenzen.

Links: Paradedisziplin: Im seitlichen Schwenkbereich von 90 Grad konnten mit dem HATRA SL 150 in Fahrtrichtung gelegene Entladestellen, Muldenkipper oder wie hier Siebanlagen, ohne zusätzliches Manövrieren der Maschine sicher und feinfühlig angesteuert werden. *Rechts:* Schichtbetrieb im Zementwerk: Gleich zwei HATRA Schwenk-Schürflader SL 150 arbeiteten hier Seite an Seite.

Schwere Brocken: Auch für die Arbeit im Steinbruch waren die Eigenschaften des HATRA SL 150 von Vorteil. Der Autoschütter konnte so sicher über die Seite beladen werden. Der Fahrer hatte dabei die Schaufel immer fest im Blick. Das sorgte dann auch für zusätzliche Entspannung für den Kollegen auf dem Dumper. Für eine ordentliche Durchlüftung der Kabine konnte das Seitenfenster des Schwenkladers nach oben geschoben werden. Von der Bauart her glich die Konstruktion den Fenstern, die auch bei den Kemna Gigant Dreiradwalzen verwendet wurden.

Links und Mitte: Auf großer Fahrt: Neben den Kemna Straßenwalzen entwickelte sich nun auch der HATRA Schwenk-Schürflader SL 150 zu einer auf Exportmärkten weit verbreiteten Baumaschine. Auf der Straße, der Schiene oder wie hier auf dem Seeweg gelangten davon zahlreiche zu ihren internationalen Abnehmern. Der Käufer dieser beiden Schwenklader hatte sich für eine Ausführung mit verglaster Stahlkabine entschieden. *Rechts:* Prospekt aus dem Jahr 1959

rend anfangs ausschließlich große Firmen die neuartigen Maschinen einsetzen konnten, waren es nach und nach auch die kleineren baugewerblichen Unternehmen, die sich dem technischen Fortschritt anpassen mussten. Die modernen Schaufellader spielten dabei eine große Rolle, denn sie ermöglichten aufgrund ihrer vielfältigen Einsatzmöglichkeiten eine intensive und wirtschaftliche Nutzung ohne große Leerlauf- und Standzeiten. Mit dem HATRA SL 150 – als damals größten seiner Art weltweit – war HATRA nun ein überaus guter Einstieg in dieses mehr und mehr umworbene Marktsegment gelungen, in dem die ständige Weiterentwicklung jedoch trotz aller Erfolge unverzichtbar war. Der Markt an Schaufelladern wuchs rasant: Konnte man die Hersteller Anfang der Fünfzigerjahre noch an einer Hand abzählen, waren es 1958 bereits rund 20 Wettbewerber, denen sich HATRA zu stellen hatte. Dennoch entwickelte sich die Marktsituation weiterhin gut: Alleine von 1952 bis 1961 hatte sich die deutsche Produktion von rund 73.500 t auf knapp 270.000 t hergestellter Maschinengewichte erhöht, was einem Wert von ungefähr 1,2 Milliarden Mark entsprach. Große Nachfrage gab es im In- und Ausland und auch die konjunkturellen Aussichten in der Bundesrepublik Deutschland waren ausgezeichnet. Und es sollte bald noch einen weiteren potentiellen Abnehmer – abseits der Bauwirtschaft – geben, der überaus lukrative Geschäfte versprach: Die Bundeswehr.

Speziell entwickelt für die Bundeswehr

Die Anforderungen der damals noch jungen Bundeswehr, die ab 1959 nach einem vielseitigen Feldumschlaggerät (FUG) Ausschau hielt, sollten die Weiterentwicklung des bewährten HATRA Schwenkladers SL 150 nun massiv vorantreiben. Nachdem dieser in ausgiebigen Wettbewerbsvergleichen und Feldtests in die engere Wahl für den Einsatz bei der Truppe gekommen war, stellte sich rasch heraus, dass es noch zahlreiche militärspezifische Anpassungen und Veränderungen geben musste, um hierbei endgültig zum gewünschten Resultat zu gelangen. Die weitere Entwicklung des HATRA Schwenkladers SL 150 sollte ab jetzt in enger Abstimmung mit der Bundeswehr und deren Anforderungen an ein modernes Feldumschlaggerät verbunden sein. Dem umfangreichen Pflichtenheft entsprechend wurde so NATO-konform bis zum Jahr 1961 ein fast vollständig neuer Schwenklader entwickelt, der den damaligen Anforderungen des „Systems des rationellen Umschlages des Versorgungsamtes" des Militärs genüge tat. Das Ergebnis dieser aufwendigen und kostspieligen Entwicklung wurde in der Folge der neue HATRA Schwenklader SL 125.

Auch wenn bei der Entwicklung des HATRA Schwenkladers SL 125 viele spezielle Belange für eine militärische Nutzung berücksichtigt werden mussten, blieb die neue Baumaschine natürlich auch für die Bauwirtschaft von großer Bedeutung. Alle markanten Haupt-

HATRA SL 125 / SL 225
Bauzeit: 1961 bis 1970

Grundgewicht: 13,5 t
Motor: Deutz 6-Zylinder luftgekühlt
Leistung: 125 PS bei 2150 U/min,
131 PS bei 2200 U/min,
145 PS bei 2300 U/min
Schaufelinhalt: 1,5 m³
Maximale Geschwindigkeit: 60 km/h
Arbeitsbreite: 2500 mm
Länge: 7800 mm, Höhe: 3000 mm

Beginn einer Legende: Die hohen Anforderungen an ein Feldarbeitsgerät für die Bundeswehr sollten sich ab 1960 in einem weiteren HATRA Schwenklader erfüllen. Auch wenn die Konzeption im Wesentlichen der seines Vorgängers entsprach, so setzte der HATRA SL 125 einen vollkommen neuen Maßstab bei Bau- und Pioniermaschinen. Erste Versuchseinsätze erfolgten dann auch zugleich nahe dem Werksgelände in Travemünde.

Links: Bereits in dunklem NATO-steingrauoliv wurde der erste HATRA SL 125 für seine Präsentation bei der Truppe lackiert. Noch fehlten das Faltdach und auch der Reservereifen sollte erst noch als weitere Anforderung folgen. Aus dem Schwenklader wurde nun nach und nach eine Universalmaschine mit unzähligen Ausrüstungsmöglichkeiten. *Rechts:* Im Steinbruch: Auch im zivilen Einsatz setzte der HATRA SL 125 die Erfolge seines Vorgängers ebenso eindrucksvoll fort und wurde zu einer anerkannten Baumaschine bei zahllosen Einsätzen im In- und Ausland.

Der HATRA SL 125 in der zivilen Ausrüstung vor der Auslieferung.

merkmale, wie der 360-Grad-Schwenkbereich, die vier Lenkmöglichkeiten, der Allradantrieb, die vielen austauschbaren Arbeitswerkzeuge und natürlich seine einzigartige Schnelligkeit, machten ihn für Bauunternehmen, Kiesgruben, Steinbrüche und Industriebetriebe ebenfalls sehr interessant. Besonders der Drehstuhl, der von einem Ölmotor über ein Schneckengetriebe, Ritzen und Zahnkranz angetrieben wurde, machte den HATRA SL 125 auch im Eisenbahnbau zu einer hoch geschätzten Maschine. Nicht ohne Grund beschaffte die Deutsche Bahn mehrere dieser Maschinen für Gleisbauarbeiten, wo sie sich als außerordentlich vielseitig erweisen sollten. Neben dem Auskoffern der Gleisbetten und seitlichem Verladen auf Bauwagen konnte auch das Verfüllen und spätere Einbauen des Gleismaterials, wie Schwellen oder Weichenteile, vorgenommen werden. Der HATRA SL 125 arbeitete auch hier als Schaufellader, Gabelstapler und Kran. An dieser Vielseitigkeit arbeiteten die Konstrukteure bei HATRA ununterbrochen weiter und so wurden neben verschiedenen Frontbagger-Auslegern, auch Planierschilde, Fräsen oder Teleskopkran-Ausleger entwickelt, die sowohl den militärischen als auch zivilen Zwecken dienen sollten.

Links: Während der eine Magirus Kipper bereits an seine Belastungsgrenze gestoßen war, wartete schon ein weiterer Lastwagen auf die Beladung durch den HATRA SL 125. Auch bei derartigen Einsätzen war die Schwenkbarkeit ein großer Vorteil. Wenn konventionelle Radlader rangieren und manövrieren mussten, um die Kipper seitlich beladen zu können, konnte der Schwenklader aus jeder Position heraus dieses durch den Einsatz des Drehstuhls erreichen. Kürzere Wege, weniger Verschleiß und mehr Leistung waren das Resultat. Als Zeichen seiner Schnelligkeit trug der SL 125 hier zudem ein Nummernschild aus seiner Heimat. Offensichtlich war die Vorführmaschine auf eigener Achse zum Einsatzort in Nordniedersachsen gefahren worden. *Rechts:* Der HATRA SL 125 bei Landschaftsbauarbeiten: Vermutlich gehörten derartige Einsätze bis dahin nicht zu den üblichen Aufgaben dieser Maschine, die zuvor – reichlich verstaubt – vermutlich in der Baustoffverladung tätig gewesen war.

Werksneu in Szene gesetzt: Die schwarzen Spezialfelgen für die großen Niederdruckreifen deuten darauf hin, dass dieser HATRA SL 125 für den Einsatz in der Bauwirtschaft vorgesehen war. Zuvor wurde die Maschine mit allen Vorzügen der Allradlenkung und der Schwenkbarkeit für ein Pressefoto in Position gebracht. Gut erkennbar: Die Schnellwechseleinrichtung am Geräteträger.

Zwei weitere HATRA Schwenklader

Auch wenn der HATRA SL 125 eine große Aufmerksamkeit bei den Entwicklern in Travemünde hatte, so wurde der Bedarf an weiteren Maschinen nicht aus dem Blick verloren. Hans Hagelstein war bewusst, dass der Auftrag der Bundeswehr zwar viele Kapazitäten beanspruchte, er aber in wenigen Jahren die Produktion nicht mehr auslasten würde. Zusätzliche Maschinen für weitere Absatzmärkte und Anwender mussten gefunden werden, denn nicht bei jedem Kunden und überall konnte der HATRA SL 125 angeboten werden. Zum einen war die Maschine trotz ihrer Wendigkeit für kleine und mittlere Baustellen bisweilen zu mächtig, zum anderen lag ihr Anschaffungspreis mit rund 130.000,00 Deutsche Mark durchaus in einem hohen Preissegment. Im Zuge des Wandels vom Schiffbau zur Baumaschinenfabrik musste ab 1962 zudem offensiv vorangegangen werden. Die Konstrukteure machten sich sodann ans Werk und entwickelten einen kleinen, günstigeren, aber dennoch ebenso vielseitigen

Links: Einsatz vor der Haustür: Wenn die Infrastruktur rund um Travemünde ausgebaut wurde, kamen nicht selten Baumaschinen von HATRA zum Einsatz. Viele Unternehmer in der Region schätzten die Nähe zum Hersteller und so arbeitete auch das einstige Tief- und Straßenbauunternehmen Thiede & Söhne aus Ratekau mit einem HATRA SL 125, der hier eindrucksvoll mit der Stapelgabel ganze Wurzelballen aus dem Weg räumte. *Rechts:* Auch unter schwersten Bodenverhältnissen war der HATRA SL 125 leistungsstark und zuverlässig im Einsatz. Auf dieser Straßenbaustelle zeigte er zudem, dass er die Aufgaben der dort ebenfalls eingesetzten Seilbagger und Planierraupen ebenso gut zu übernehmen wusste.

Links: Luft von oben: Das typische Faltverdeck bot dem Fahrer des HATRA SL 125 bei sommerlichen Temperaturen eine zusätzliche Lüftung seines Arbeitsplatzes. Natürlich verbesserte sich durch die Öffnung des Daches auch die Sicht auf die emporgestellte Ladeschaufel und den Schwenkvorgang. Interessiert verfolgte auch der Fahrer des Lkw-Kippers den Vorgang der sehr dicht an seinem Fahrzeug stehenden Baumaschine. Das Gewicht des Drehstuhls ragte in dieser Position nicht über die Reifenbreite des Schwenkladers hinaus. Deutlich erkennbar: Die Hydraulikschläuche zu den Schaufelzylindern sowie die Schnellwechseleinrichtung.
Rechts: Helfer im Werk: Die Vorzüge des HATRA SL 125 wurden natürlich auch für eigene Zwecke genützt. So wurden teils noch unfertige Maschinen aus dem Fertigungsprozess für kurzzeitige Einsätze verwendet. Auch bei der Bahnverladung von zuvor in Holzkisten verpackten Maschinen auf bereitstehende Waggons am werkseigenen Gleiszugang konnte der Schwenklader nützlich verwendet werden. Rund 3,2 t Baumaschinen – hier vermutliche eine Straßenwalze – traten so den Weg nach Südamerika an.

HATRA SL 80 (Prototyp)
Bauzeit: 1962

Grundgewicht: 7,2 t
Motor: Deutz 4-Zylinder luftgekühlt
Leistung: 85 PS bei 2150 U/min
Schaufelinhalt: 0,8 m^3
Maximale Geschwindigkeit: 46 km/h
Arbeitsbreite: 2250 mm
Länge: 5500 mm, Höhe: 2350 mm

Schaufellader, der als HATRA SL 75 konzipiert und als HATRA SL 80 im Jahr 1962 als Prototyp vorgestellt wurde. Die Besonderheit lag darin, dass diese Maschine unter derselben Bezeichnung sowohl als Schwenklader als auch als Frontlader angeboten werden sollte. Von den technischen Gegebenheiten griffen die Konstrukteure auf Bewährtes zurück: luftgekühlter Deutz-Dieselmotor, Drehmomentwandler, hydraulisches Schnellschaltgetriebe und Allradantrieb. Gelenkt wurde der SL 80 jedoch nur mit der Hinterachse.

Aufgrund des hohen Arbeitsaufkommens beim Auftrag von der Bundeswehr mussten zusätzliche Lohnarbeiten vergeben werden, was auch die Lackierung betraf. Per Autofähre wurden daher regelmäßig halbfertige HATRA SL 125 zum Karosseriebetrieb Menge auf den Priwall gebracht, um dort die Farbe „NATO-oliv" RAL 7013 zu erhalten.

Auch die Traditionsfirma Otto Longuet aus Lübeck nutzte einen HATRA SL 125. Das Unternehmen war damals spezialisiert auf den Umschlag von Baustoffen und den Einsatz von Autokranen. Natürlich lieferte das Werk die Baumaschine in den vom Kunden gewünschten Hausfarben gegen einen Mehrpreis von rund 300,00 Deutsche Mark.

Links: Im Eisenerzbergwerk Hannoversche Treue verlud dieser HATRA SL 125 den einst begehrten Rohstoff in bereitstehende Waggons. Ein Einsatz, der geradezu prädestiniert für einen Schwenkla-der dieser Dimension war. Die Maschine aus Travemünde hatte damit gegenüber den Wettbewerbern ein eindeutiges Alleinstellungsmerkmal, denn alle weiteren Maschinen ähnlicher Bauart waren wesentlich kleiner. *Rechts:* Auch die Deutsche Bundesbahn orderte einige HATRA SL 125 in den Jahren 1961 bis 1963. Unter der internen Maschinenbezeichnung 66 5 11 wurden diese vor allem beim Gleisoberbau sowie beim Setzen von Weichen eingesetzt. Die Bahn attestierte dem Schwenklader einen „Arbeitsfortschritt von rund 100 m³ pro Stunde und sah in der großen Leistung, dem Vierradantrieb, der Vierradlenkung, der hohen Geschwindigkeit sowie dem großen Schwenkbereich viele Vorteile gegenüber den leichteren Wettbewerbsmaschinen".

Oben: Unter streng inspizierenden Blicken wurden hier mit einem HATRA SL 125 alte Bahnschwellen aufgenommen. Eine weitere Maschine – ausgerüstet mit Schutzketten – verlud diese an anderer Stelle auf bereits wartende Waggons.

Links: Für den Gleisoberbau und den Transport von schweren Gleis- und Weichenteilen konnte der HATRA SL 125 in kurzer Zeit auch als Kranfahrzeug eingesetzt werden. Je nach Bedarf konnten dafür die Stapelgabeln in unterschiedlichen Positionen und mit Hilfe des stets beigefügten Kranhakens zu einem Ausleger verwandelt werden.

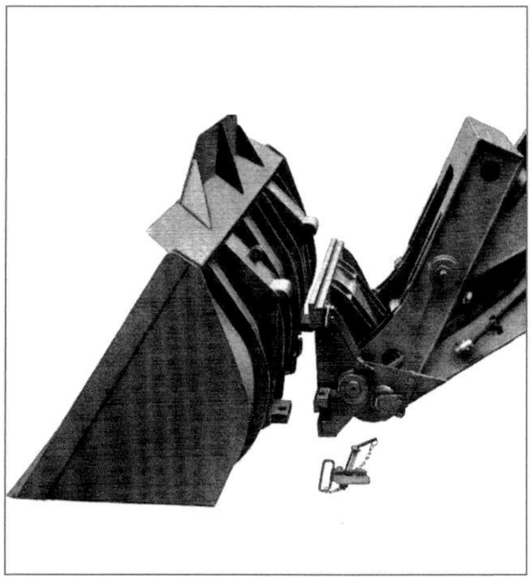

Schaufel und Geräteträger des HATRA SL 125 konnten im Schnellverschluss miteinander verbunden werden. Damit war der Schwenklader eine der ersten Baumaschinen überhaupt, die über eine derartige Einrichtung verfügte.

Um den HATRA SL 125 noch vielseitiger zu machen, wurden weitere Arbeitswerkzeuge entwickelt. Diese Ausrüstungsvariante eines Tieflöffels gehörte zu den ersten Versuchen, ein derartiges Zusatzgerät zu entwickeln. Sie wurde zugunsten der zweiteiligen Version jedoch verworfen, welche sich als wesentlich praxistauglicher herausstellen sollte.

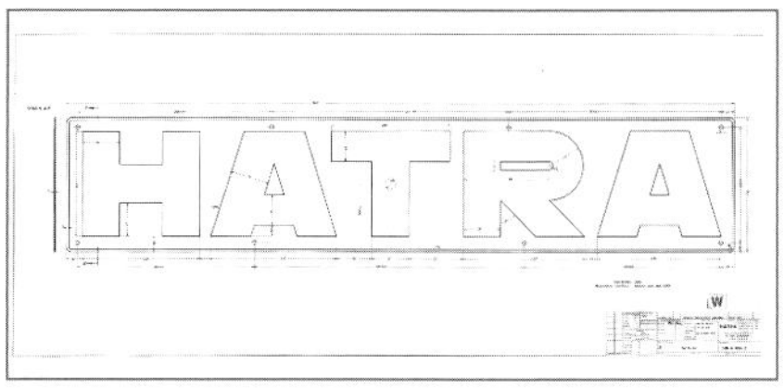

Zeichnung des HATRA-Emblems aus dem Jahr 1963

Die zweiteilige Tieflöffeleinrichtung wurde ebenfalls am Geräteträger montiert. Sie bestand aus einem Ausleger, einem Löffelstiel sowie dem Tieflöffel. Noch vor der Entwicklung der ersten HATRA Vollhydraulikbagger hatten die Ingenieure bereits 1962 eine derartige Konstruktion vorgesehen. Die Grabtiefe in dieser Position betrug rund 3 m, die Reichhöhe lag bei 6,8 m. Zwei Tieflöffel mit Breiten von 600 und 800 mm sowie Inhalten von 0,35 und 0,5 m³ standen dabei zur Auswahl.

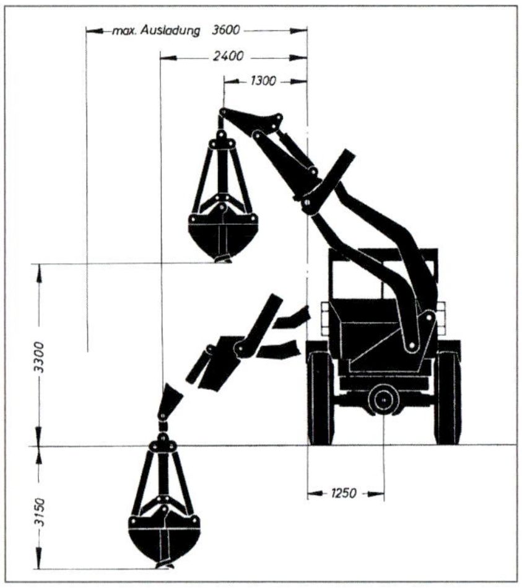

Die Reichweiten des HATRA SL 125 mit Greifer bei seitlicher Auslegung.

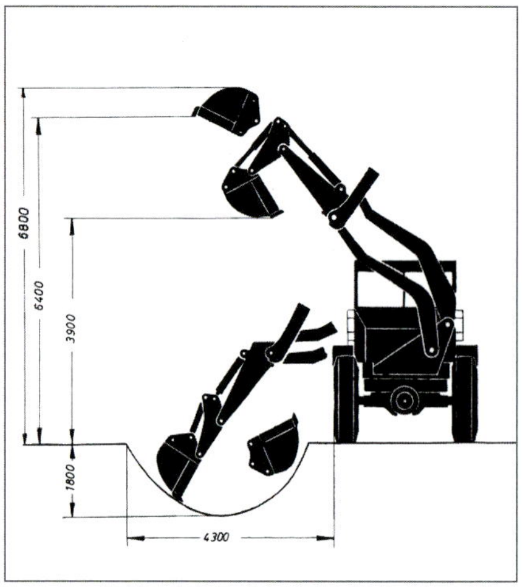

Die Reichweiten des HATRA SL 125 mit Tieflöffel bei seitlicher Auslegung.

Der HATRA SL 125 mit Schalengreifer: Bis zu 4,3 m tief konnte der Schwenklader damit arbeiten. Insgesamt waren drei verschiedene Stangengreifer mit Breiten von 400, 600 und 800 mm sowie Inhalten von 0,25, 0,35 und 0,45 m³ verfügbar. Die hier gezeigte Maschine befand sich noch in der Erprobung, gut zu erkennen an der unvollständigen Lackierung sowie der auf die Tür geschriebenen Baunummer 532.

Auf der Baumaschinen-Schau der deutschen Industriemesse 1961 in Hannover zeigte HATRA neben dem Schwenklader SL 150 bereits den neuen SL 125 in einer außergewöhnlichen Ausrüstungsvariante. Der schwenk- und kippbare Kranausleger mit eigenem hydraulischen Windwerk sollte die Maschine noch vielseitiger für zivile und militärische Einsätze machen. Es blieb jedoch bei einer einmaligen Messepräsentation dieses außergewöhnlichen Prototyps. Ebenso wurde ein Anbau-Baggergerät als weiteres Zubehör gezeigt. Hierbei handelte es sich um einen Heckbagger Typ 710 von Massey-Ferguson, der aus England bezogen und auf der Messe ausgestellt wurde.

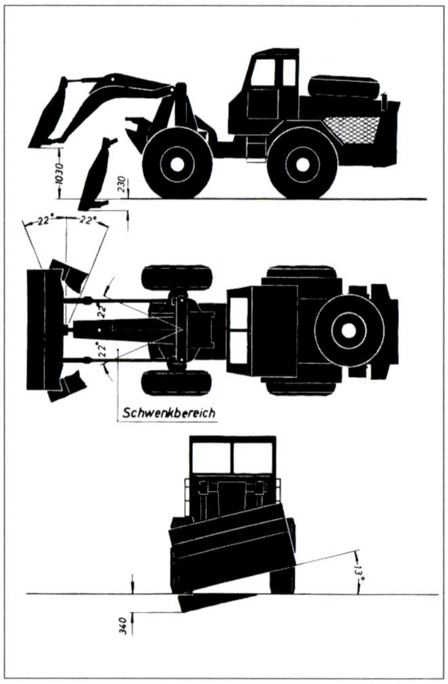

Der Arbeitsbereich des HATRA SL 125 mit Planiereinrichtung.

Für die Ausstattung des HATRA SL 125 wurden neue Lkw-Sitzbänke von Daimler-Benz geordert. Als Hans Hagelstein empört feststellte, dass der Hersteller eine veraltete Charge abgeliefert hatte, wurden umgehend sämtliche vorhandenen Mercedes-Firmenfahrzeuge gegen die Marke Ford getauscht. So etwas ließ man damals nicht mit sich machen…

Ob diese Ausrüstungsvariante tatsächlich Sinn machte, war nicht eindeutig zu klären, da derartige Frontladearbeiten mit der Schaufel offensichtlich effizienter durchzuführen gingen. Dennoch erweiterte der umgedrehte Tieflöffel nun als Hochlöffel das Spektrum des HATRA SL 125 um eine weitere Möglichkeit, was dem damaligen Zeitgeist nach vollkommener Universalität entsprechen sollte.

Auf dem Weg nach Algerien: Verladung eines HATRA SL 125 mit Wilhag Kranaufbau im Hamburger Hafen.

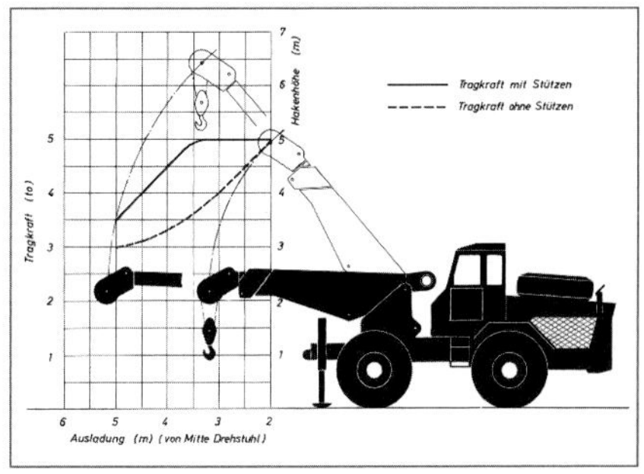

Der Arbeitsbereich des HATRA SL 125 mit Wilhag Aufbaukran TW 521.

Durch die guten Beziehungen nach Algerien konnte die eigenständige HATRA-Algerie zahlreiche Baumaschinen an die dortige Armee liefern. Dazu gehörten auch einige Sonderausrüstungen, wie der Wilhag Kranaufbau vom Typ TW 521. Für die Stabilität sorgten bei diesem Unikat vorne zwei ausziehbare und hinten zwei fest installierte Hydraulikstützen. Der Teleskopausleger konnte natürlich um 360 Grad schwenken und bis zu 4,5 t heben. Am Heck des HATRA SL 125 war zudem ein zusätzliches Gewicht montiert. Mit einem weiteren Spitzenausleger konnten Hubhöhen von bis zu 7 m erreicht werden. Der Kran wurde direkt bei Wilhag in Langenfeld aufgebaut. Beide Unternehmen verband neben diesem Projekt zu dieser Zeit auch eine Beteiligung an der IBAG (Internationale Baumaschinenfabrik AG) in Neustadt.

Rechts: Immer dabei: Der Kranhaken war stets in der Abschleppkupplung verlastet und somit jederzeit verfügbar. Ebenso befanden sich die Stapelzinken auf dem Haupthydraulikbehälter am Heck des HATRA SL 125 und konnten rasch gegen die Schaufel getauscht werden.

Links: Innerhalb von zwei bis drei Minuten konnten die Gabelzinken an den vorhandenen Geräteträger montiert werden. Für Kranarbeiten wurde der verstellbare Kranhaken zusätzlich auf die Zinken geschoben. Um eine größere Hubhöhe zu erreichen, war es möglich, die Gabeln für Kranarbeiten auch um 180 Grad zu drehen. Die 4 t Hubkraft reichten dabei vollkommen aus, um den neuen Unimog auf dem Werkgelände vom Tieflader zu entladen. *Rechts:* Mit einer Höchstgeschwindigkeit von rund 60 km/h war der HATRA SL 125 auch für Fahrten auf Autobahnen zugelassen.

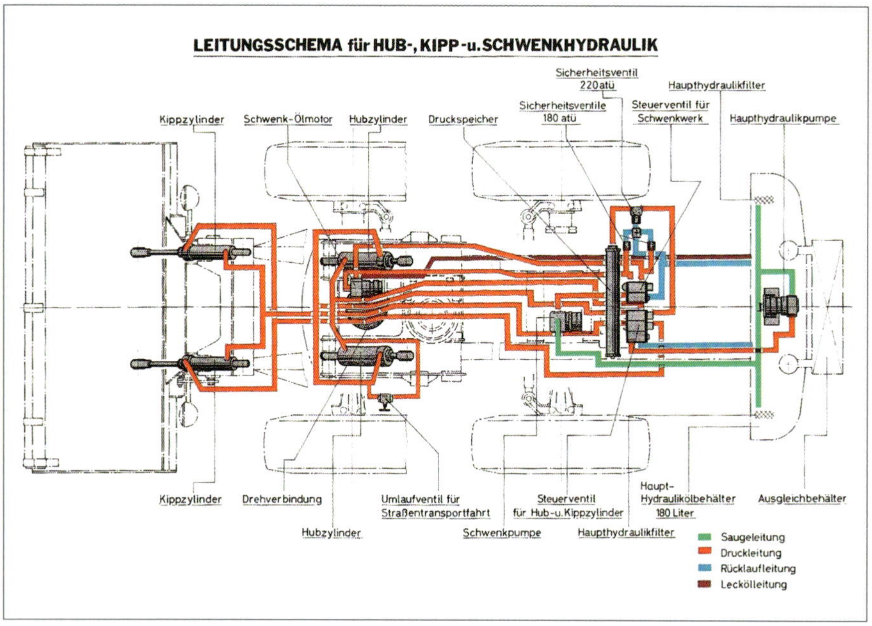

Der Prospekt des HATRA SL 125 aus dem Jahr 1962

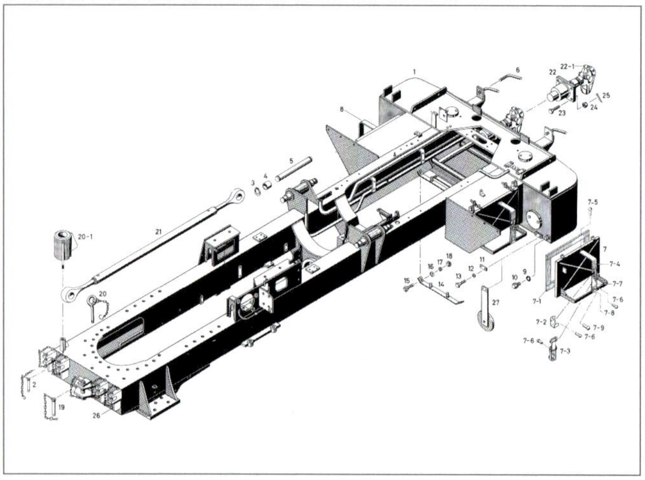

Der Rahmen des HATRA SL 125: Rechts angebracht die Abschlepp-stange, links der Reservekanister.

HATRA SL 200 (Prototyp)

Bauzeit: 1962

Motor: Deutz 6-Zylinder luftgekühlt
Leistung: 110 PS bei 2150 U/min
Maximale Geschwindigkeit: 58 km/h
Arbeitsbreite: 2500 mm
Länge: 6655 mm, Höhe: 3080 mm

Links: Kleine Feierstunde: Der 1000. HATRA SL 125 lief vom Taktband. Viel Zeit zum Feiern blieb den Kollegen neben Günter Arndt (rechts) nicht, denn schon wartete der nächste Schwenklader auf seine Fertigstellung. *Rechts:* Nach der Montage wurden alle Maschinen nach einem fest vorgegebenen Pflichtenheft hin ausgiebig geprüft und zur Abnahme vorbereitet. Hierzu gehörte auch die Kontrolle der Steigfähigkeit, wobei dieser Schwenklader zusätzlich mit einer Kiste voller Geländeketten belastet wurde.

Einen weiteren Schwenklader entwickelten die HATRA-Konstrukteure zur gleichen Zeit im Dillinger Werk III. Dort entstand auf Basis des SL 125 eine Maschine mit rund 2,25 m³ Schaufelinhalt und einer neuartigen Ladeanlage. Der HATRA Schwenklader SL 200 war ebenfalls als Schwenklader konstruiert, sollte für den schweren Erdbau und den Umschlag großer Mengen eine weitere Ergänzung zum bisherigen Angebot darstellen und besaß, ebenso wie der kleinere HATRA SL 80, eine Parallelkinematik. Beide Maschinen wurden jedoch niemals in die Serienproduktion aufgenommen.

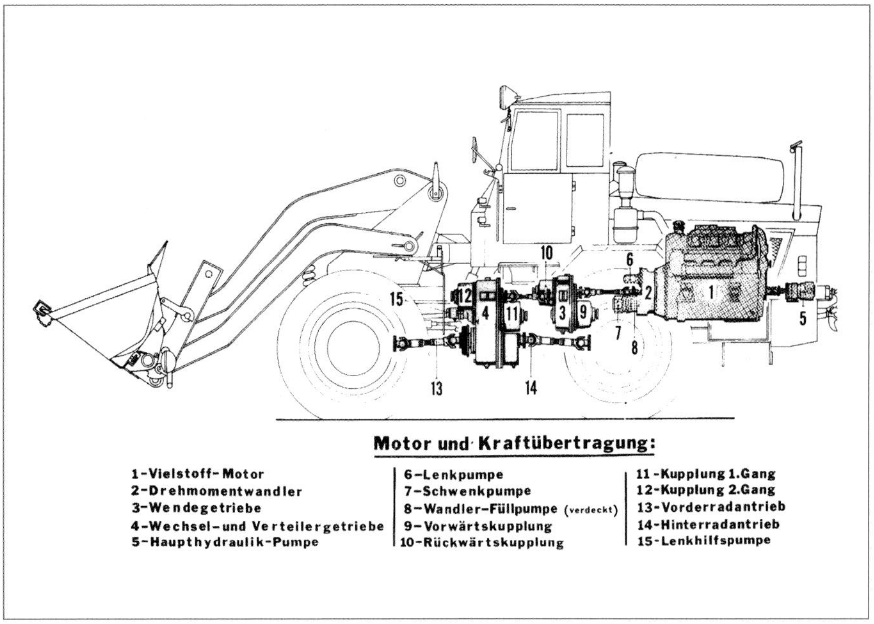

Der SL 125 wird zum SL 225

Dafür hatte sich der Schwenklader HATRA SL 125 jetzt fest im Produktionsprogramm etablieren können. Seine gebauten Stückzahlen gingen zwar nach dem Großauftrag der Bundeswehr zurück, dennoch stand die große Vielzweckmaschine auch weiterhin charakteristisch für die Baumaschinenqualität aus Travemünde. Immer noch galt die Devise in der Bauwirtschaft: Mehr leisten mit weniger Personal" und da konnte mit dem HATRA SL 125 ein durchaus effizientes Arbeitsgerät ange-

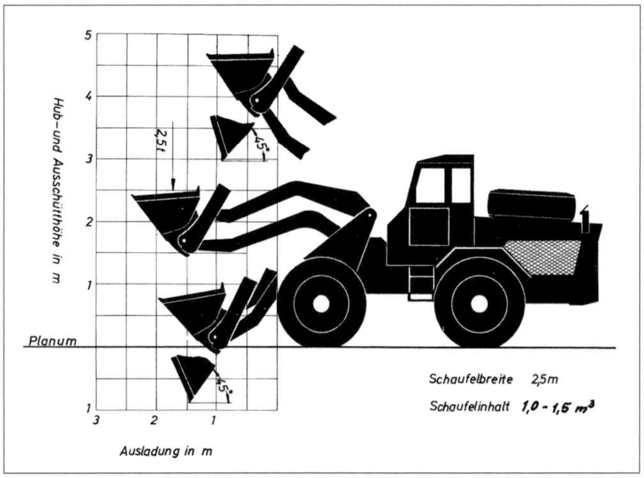

Der vordere Arbeitsbereich des HATRA SL 125 mit Standardschaufel.

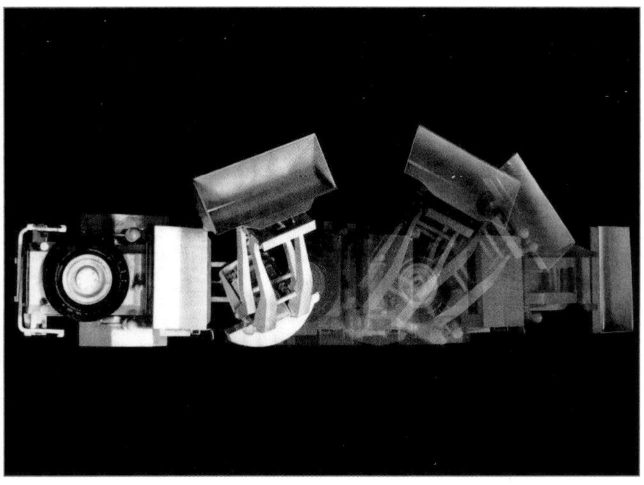

Links: Volle Schaufel: Damit das aufgenommene Erdreich nicht über den Schaufelrücken hinaus auf die Kippzylinder fällt, wurde dieser konisch erweitert. So konnte kraftvoll Haufwerk aufgenommen und die gesamte Leistung der Maschine voll ausgenutzt werden. *Rechts:* Modellbeispiel: Um das Prinzip des Schwenkladers darzustellen, konnten sich die HATRA-Verkäufer auch Funktionsmodellen bedienen. Anhand dieser wurden Schwenk- und Ladebewegungen auch en miniature eindrucksvoll gezeigt.

Der Prospekt des HATRA SL 225 aus dem Jahr 1963.

Über rund 2,5 m³ Inhalt verfügte die Leichtgutschaufel dieses HATRA SL 125, der auf eigener Achse hier den Weg aus dem Werk in Travemünde hin zum Kunden antrat. Trotz des großen Ladevolumens hatte die 2,5 m breite Schaufel eine Ausschütthöhe von 3 m.

boten werden, das sich auch neben dem zwischenzeitlich sehr erfolgreichen, kleineren Schaufellader HATRA FL 50 A gut verkaufen ließ. Entscheidend für die überzeugende Leistung war natürlich der Schwenkvorgang. Ein Arbeitstakt bestand dabei aus dem Füllen der Schaufel, dem Anheben, Zurücksetzen und Ausschwenken, Entleeren, Zurückschwänken und Anfahren zum erneuten Laden. Bei geübten Fahrern konnte es mit konventionellen Schaufelladern kaum schneller gehen. Zwei Hebel waren dafür zu bedienen und auch das Umschalten der Fahrtrichtung ohne Kuppeln sorgte für Schonung von Anwender und Maschine. Dazu kamen kürzere Wege, weniger Lenkvorgänge und natürlich auch weniger Verschleiß. Mittlerweile wurde die Motorleistung auf 131 PS angehoben, die dann für 8,5 t Losbrechkraft und 10,5 t Schubkraft sorgte. Und eine weitere Anpassung wurde vorgenommen: Ab 1966 lautete seine Typenbezeichnung nun HATRA SL 225, wodurch er sich von der militärischen Version zukünftig unterscheiden sollte.

Links: Showtime: Staunend verfolgten die Besucher das Agieren der großen Maschine auf relativ beengtem Raum. Dabei waren die HATRA-Vorführer stets hoch motiviert, alles aus dem Schwenklader herauszuholen was herauszuholen war. *Rechts:* Zu den möglichen Ausrüstungen des HATRA SL 125 gehörte auch eine Planierschildeinrichtung. Diese stammte vom Eisenwerk Frisch aus Augsburg und wurde anstelle des Drehstuhls und der Ladeanlage aufgebaut.

Oben links: Der Prototyp mit der Baunummer 210 am Strand von Travemünde. Der weiche Sand dort war ein besonders herausforderndes Terrain zur Prüfung der Leistungsfähigkeit und wurde nur in Aus-nahmefällen dem eigentlichen HATRA-Erprobungsgelände in Pöppendorf vorgezogen…

Oben rechts: …dann nämlich, wenn auch die Travemünder Kurverwaltung ein großes Interesse an derartigen Geländebewegungen hatte. Nach einer stürmischen Saison war der HATRA SL 125 eine begehrte und überaus geeignete Maschine, um den zuvor in Mitleidenschaft geratenen Badestrand wieder herzustellen.

Links: Auch im HATRA Werk in Dillingen wurde eine spezielle Planiereinrichtung für den HATRA SL 125 konzipiert. Nach erfolgter Erprobung wurden einige derart ausgerüstete Maschinen im Jahr 1964 an die Pioniertruppen der Algerischen Armee geliefert.

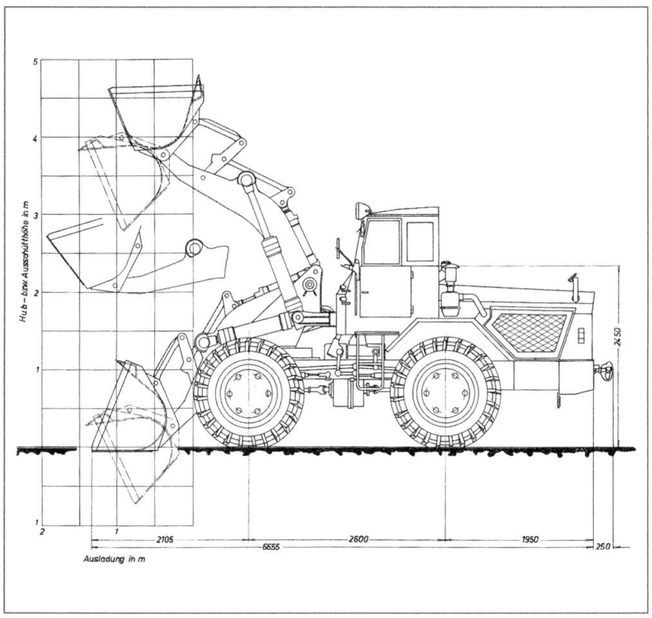

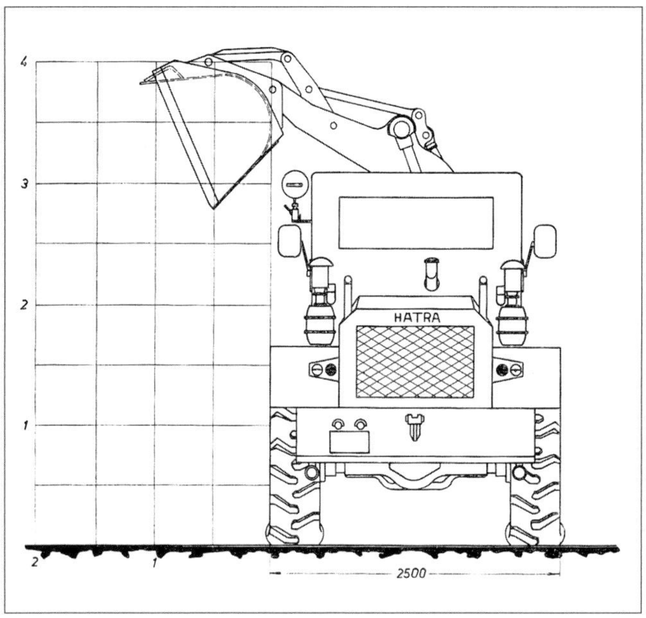

Arbeitsbereiche des Prototypen HATRA SL 200

Links: Eine weitere Besonderheit stellte der ebenfalls im Saarland gebaute HATRA SL 200 dar. Mit ihm sollte im Jahr 1962 eine weitere Schwenklader-Variante entwickelt werden, die mit einem Schaufelvolumen von bis zu 2 m³ speziell für den Umschlag konzipiert wurde. Das Grundgerät mit der Baunummer 145 wurde dafür von Travemünde nach Dillingen transportiert, um dort mit der neuen Ladeanlage ausgerüstet zu werden. *Rechts:* Neben der großen Ladeschaufel war die Konstruktion der Ladeanlage charakteristisch für den HATRA SL 200. Kräftige, außenliegend Hubzylinder und eine doppelte Parallelkinematik waren die wesentlichen Unterscheidungsmerkmale zum SL 125.

Umschlagarbeiten mit dem HATRA SL 200. Kraftvoll belud diese Maschine die bereitstehenden Lastwagen und erwies sich als durchaus leistungsstarkes Umschlaggerät. Nach nur wenigen Prototypen wurde die Maschinen jedoch wieder aus dem Angebot genommen.

Letzte Baureihe als B-Version

Rund zehn Jahre wurden der HATRA SL 125 und SL 225 in fast unveränderter Form in Travemünde produziert. Zwischenzeitlich hatte sich das Angebot auf dem Baumaschinenmarkt erheblich durch neue Typen in- und ausländischer Hersteller erweitert. Auch das Angebot an Schwenkladern wuchs dabei und wurde in Deutschland vor allem von Ahlmann aus Rendsburg mit Maschinen mit bis zu 1,5 m³ Schaufelinhalt angeführt. Mit dem Konzept des HATRA SL 225 waren diese vor allem für die Bauwirtschaft entwickelten Schaufellader jedoch nicht vergleichbar und so konnte HATRA weiterhin eine ausgewählte Kundschaft, welche die über Jahre bewährten Eigenschaften zu schätzen wusste, überzeugend bedienen. Dennoch musste auch der HATRA SL 225 den Anforderungen der Zeit angepasst werden und so konnte ab dem Jahr 1970 eine B-Version angeboten werden. Der wesentliche Unterschied bestand nunmehr in einer erhöhten Motorleistung sowie einer Ganzstahl-Kabine, die zusätzlichen Schutz für den Fahrer versprach. Sinkende Absatzzahlen und ein sich ver-

Einmalig: Auch der im Jahr 1962 vorgestellte HATRA SL 80 konnte sich nicht durchsetzen. Obwohl die Maschine durchaus innovativ konzipiert wurde und als Front- oder auch als Schwenklader ausgestattet werden konnte, blieb es beim Prototyp und einer Handskizze aus Künstlerhand.

HATRA SL 225 B

Bauzeit: 1970 bis 1972

Grundgewicht: 13,5 t
Motor: Deutz 6-Zylinder luftgekühlt
Leistung: 145 PS bei 2300 U/min
Schaufelinhalt: 1,5 m^3
Maximale Geschwindigkeit: 58 km/h
Arbeitsbreite: 2520 mm
Länge: 7500 mm, Höhe: 3130 mm

Mit dem HATRA SL 225 B sollte die Erfolgsgeschichte des legendären Schwenkladers aus Travemünde auch in den 1970er-Jahren weitergehen. Das Faltdach wurde durch eine moderne Stahlkabine mit Schiebetüren und großer Frontscheibe ersetzt – die meisten bewährten und hundertfach erprobten und unverwüstlichen Konzeptionen jedoch wurden auch in dieser Version beibehalten.

schlechterndes wirtschaftliches Marktumfeld in der Bauwirtschaft ließen jedoch trotz dieser Neuerungen eine Fortsetzung des großen Erfolges nicht mehr zu und so ging die Produktionszeit der wohl bekanntesten HATRA Baumaschine im Jahr 1972 endgültig zu Ende.

Vor den großen Hallentoren des Werkes II wartete dieser fabrikneue HATRA SL 225 B auf seine Auslieferung. Vermutlich war es einer der letzten in Travemünde gebauten Schwenklader, die nach nunmehr über 15-jähriger Bauzeit dort entstanden waren.

Die HATRA Schaufellader

Fortschrittliche, kompakte und formschöne Erdbewegungsmaschinen

Nachdem es Hans Hagelstein und seiner Firma gelungen war, den HATRA Schwenklader SL 125 sowohl auf dem zivilen als auch dem militärischen Markt erfolgreich abzusetzen und als sinnvolle Ergänzung zu den bekannten Kemna Straßenwalzen damit die Produktion zu erweitern, war es nur eine mehr als weitsichtige Entscheidung, weitere Baumaschinen entwickeln zu lassen. Nicht zuletzt wurden mit der Einstellung der Schiffswerft die Weichen für „das neue HATRA-Baumaschinenprogramm 1962", mit dem ein klares Statement herausgegeben wurde, gestellt. Es galt nun, gleichwohl die Auslastung der Werke wie auch den Absatz der Maschinen für die Zukunft zu sichern.

Da Schaufellader in den frühen Sechzigerjahren als überaus moderne Lade- und Erdbewegungsmaschinen galten und sich HATRA zwischenzeitlich eine Menge Expertise auf diesem Gebiet erarbeitet hatte, lag es nahe, hier weitere Typen zu konzipieren. Im Jahr 1962 wurde folglich mit dem HATRA SL 80 bereits ein Anfang gemacht. Dieser 0,8-m^3-Schaufellader wurde sowohl als konventioneller Frontlader als auch als Schwenklader entwickelt und konnte, ganz nach Kundenwunsch, in der jeweiligen Ausführung geliefert werden. Neben dem HATRA SL 125 zeigte HATRA den neuen Prototyp auf zahlreichen Messen und konnte von den potentiellen Kunden recht schnell eine gute Resonanz erfahren. Der Wunsch nach kompakten und wendigen Radladern nahm bei den Bauunternehmen stets zu, denn nur damit konnten auch kleinere oder mittlere Erdbewegungen rationell und damit wirtschaftlich durchgeführt werden. Damit wuchs auch das Angebot der Wettbewerber ständig an und viele dieser ersten Maschinen entstanden noch auf der eines „umgedrehten" Traktors basierenden Konstruktion. Hierbei wurden die großen Räder zum Antrieb und die kleinen zur Lenkung eingesetzt. Oft befand sich die Schaufelkinematik seitlich neben dem Fahrer, so dass Quetschungen ohne die Montage eines Schutzgitters nicht zu vermeiden waren. Nach Ansicht von Hans Hagelstein und seinen Konstrukteuren sollte der Fahrer jedoch nicht in einem Käfig sitzen und unter menschenwürdigen Bedingungen arbeiten können.

Mit dem SL 80 war HATRA somit schon einen Schritt weiter. Er entsprach in Form und Größe – ganz dem fortschrittlichen Denken von Hans Hagelstein geschuldet – amerikanischen Vorbildern. Jetzt galt es jedoch, einen kleinen, wendigen und modernen neuen Schaufellader zu erschaffen, der der zukünftigen, neuartigen HATRA Zweckform entsprechen sollte. Das Konstruktionsteam um Friedrich Hachmann war nun ununterbrochen tätig, um diesem

Links: Mit dem HATRA SL 80 wurde im Jahr 1962 erstmals ein verhältnismäßig kleiner Schaufellader vorgestellt. Vom Aufbau her entsprach die Maschine den damals modernen Ansprüchen und verfügte über eine vor dem Fahrerstand angeordnete Ladeanlage mit zwei kräftigen Hubzylindern sowie einer Parallelkinematik für die Schaufel. *Rechts:* Bis zu 1,2 m^3 Material konnte die Schaufel des HATRA SL 80 aufnehmen. Rund 4,6 t betrug dabei die Hubkraft, 6,5 t die Reißkraft an der Schaufelschneide. Alle Hub- und Schaufelzylinder waren doppelt wirkend und verfügten über den gleichen Kolbendurchmesser. In rund acht Sekunden konnte die Schaufel in die höchste Position gebracht werden.

wie immer hohen Anspruch von Hans Hagelstein zu entsprechen. Doch was bedeutete dieses im Einzelnen und was verbarg sich hinter dem hohen Anspruch, der nicht nur für den neuen Frontlader gelten sollte?

Die neue HATRA Zweckform

Die Konstruktion des neuen HATRA Schaufelladers folgte einer ebenso neuen Philosophie: Bei der sogenannten HATRA Zweckform hatte jedes Bauteil seine Funktion zugeordnet bekommen – und meistens nicht nur eine, sondern gleich zwei oder mehr Aufgaben. Die Konstrukteure waren der Ansicht, dass das beste Teil dasjenige sei, welches man überhaupt nicht braucht, weil es dann nie zum Ersatzteil werden kann. Es wurden folglich alle überflüssigen Dinge weggelassen und die Anzahl der Einzelteile beschränkt. So waren beim neuen Schaufellader beispielsweise der Rahmen und die Tragkonstruktion für die Schaufelkinematik und Verkleidung zu einer geschlossenen, kompakten Einheit zusammengefasst. Dadurch wurde die gesamte Anlage un-

Schnell unterwegs: Das heckseitig angebrachte Kennzeichen gab Aufschluss darüber, dass der HATRA SL 80 durchaus zügig auf der Straße fortzubewegen war. Im vierten Gang erreichte die Maschine dann auch bis zu 46 km/h. Die fingerleichte Bedienung des Lastschaltgetriebes bot zudem dabei die Möglichkeit, zwischen dem Arbeits- und dem ersten oder zweiten Rückwärtsgang schnell zu wählen und gewährleistete dadurch auch eine hohe Geschwindigkeit bei den Arbeitsspielen.

Die Aufnahme der Ladeanlage fungierte bei der Schwenklader-Variante als Drehstuhl. Dann konnte die Schaufel jeweils seitlich um 90 Grad geschwenkt werden. Dabei stand der HATRA SL 80 sicher auf vier Reifen der Größe 14.00-24 oder – als Sonderausführung – 19.5-24.

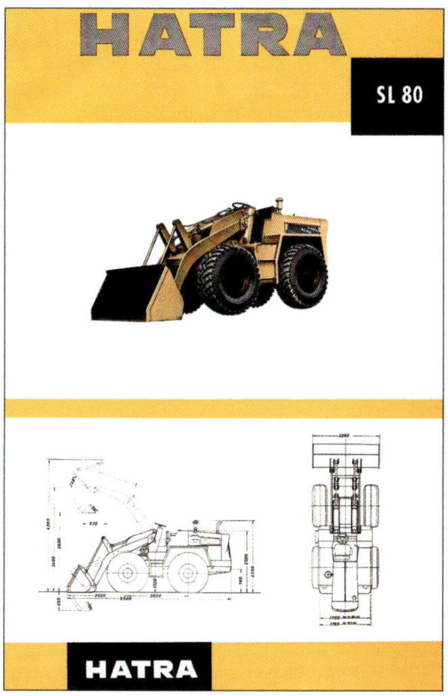

Der Prospekt des HATRA SL 80 aus dem Jahr 1962

gewöhnlich stabil und insgesamt trotzdem sehr leicht. Der Hydraulik- und der Kraftstofftank waren zugleich Bestandteile des Rahmens. Die Kippzylinder wurden im rückwärtigen Teil als unbearbeitetes Rohr verlängert und damit gleichzeitig Ersatz für ein zusätzliches Hebelgestänge. Das Ballastgewicht diente zugleich als hintere Stoßstange mit geschützter Anordnung der Brems- und Blinkleuchten. Eine Welle lagerte gleichzeitig Gaspedal, Fußbremse und Handbremse. Ebenfalls in einer Lagerung befanden sich als Einhebelschaltung zusammengefasst Vorwärts- und Rückwärtsschaltung sowie die Schaltung für den Gelände- und Straßengang. Die Kotflügel konnten als sicher zu begehender Podest rundum bei etwaigen Montagen verwendet werden und der Auftritt enthielt den Batteriekasten auf der rechten und den Werkzeugkasten auf der linken Seite. Mit einem Griff konnte die Motorhaube aufgeklappt werden und mit dem zweiten Griff wurde die Gitterabdeckung herausgezogen. Der ganze Motor war mit allen Wartungsstellen leicht und frei zugänglich. Kurz: Alles musste gut durchdacht, einfach und praxisnah konzipiert sein. Und damit neben der Zweckmäßigkeit auch die Formgebung das innovative Produkt auf den ersten Blick als ein solches erscheinen ließ, wurde hier erstmals der Industriedesigner Louis L. Lepoix hinzugezogen. Seine Designentwicklungen sollten das Bild moderner HATRA Baumaschinen für Jahre prägen. Zusammen mit den Fachleuten aus Travemünde konnte im Jahr 1963 ein erster Prototyp zusammengebaut werden. Unter der vorläufigen Bezeichnung HATRA FL 60 sollte dieser neue Frontlader der Grundstein für eine weitere sehr erfolgreiche Baumaschine sein.

Zunächst zwei Versionen zur Auswahl

Als sodann marktreifes Resultat konnten schon wenig später die beiden Frontlader HATRA FL 50 E und FL 50 A vorgestellt werden. Bei beiden Maschinen handelte es sich im Prinzip um die gleiche Maschine, deren Unterschied darin bestand, dass die A-Version Allradantrieb besaß und die E-Version eine Hecklenkung aufwies. Dabei hatte der HATRA FL 50 E anstelle der vorderen Reifengröße 12,5-20 hinten kleinere Reifen der Größe 10-18. Beim HATRA FL 50 A waren alle vier Reifen gleich groß bemessen. Durch diesen Umstand hatte er mit 5,4 m einen größeren Wenderadius gegenüber den 4,9 m der E-Variante mit Vorderradantrieb. Die Maschinen trugen auch die internen Bezeichnungen HATRA L 500 und L 700. Während der HATRA FL 50 E einen Drei-Zylinder-Deutz-Dieselmotor F3L 812 mit 38 PS besaß, betrug die Antriebsleistung des luftgekühlten Vier-Zylinder-Deutz-Dieselmotors F4L 812 beim FL 50 A anfangs 48 PS, später 54 PS. Diese wurde über ein Wandlergetriebe, das beim Absinken des hydrodynamischen Wandlungsgrades aus 1:1 automatisch auf die verlustärmere rein mechanische Übertragung umschaltete, und ein mechanisch geschaltetes Zwei-Gang-Verteilergetriebe mit einem Arbeitsgang und einem Straßengang sowie Planeten-Enduntersetzungen in den Radnaben geleitet.

Links: Meilenstein: Mit dem Prototyp des HATRA FL 50 E begann ab 1963 eine vollkommen neue Ära bei den Schaufelladern aus Travemünde. In dieser nur wenige Male gebauten Version verfügte die Maschine über Frontantrieb und kleinere Räder an der Lenkachse. Überaus modern waren seinerzeit die Gesamtkonzeption sowie das Design, welches als wegweisender Maßstab auch von anderen Herstellern aufgegriffen wurde. *Rechts:* Der HATRA FL 50 A in der Erprobung: Eine Nutzlast von 1600 kg wurde in sechs Sekunden hochgefahren, die Losbrechkraft an der Schaufelschneide betrugt 3500 kg. Die gehäuft gefüllte Schaufel fasste 0,8 m³. „Schwere Arbeit leicht gemacht", so lauteten danach die Erkenntnisse. Besonders betriebssicher machten den Schaufellader die Hydraulikrohrleitungen, mit denen vollständig auf Schläuche verzichtet werden konnte.

Ausgezeichnet: Im Jahr seiner Vorstellung erhielt der HATRA FL 50 A sogleich den begehrten Preis für die außergewöhnliche Industrieform. Dieser Erfolg war dem Designer Louis L. Lepoix zu verdanken, der sich ab jetzt mit der Gestaltung neuer Baumaschinen befassen sollte. Stolz wurde die Anerkennung in vielen Fachpublikationen gezeigt

HATRA FL 50 E
HATRA 500

Bauzeit: 1964

Grundgewicht: 4,4 t
Motor: Deutz 3-Zylinder luftgekühlt
Leistung: 38 PS bei 2500 U/min
Schaufelinhalt: 0,6 m^3
Maximale Geschwindigkeit: 19 km/h
Arbeitsbreite: 1900 mm
Wenderadius: 4900 mm
Länge: 4100 mm, Höhe: 1800 mm

HATRA FL 50 A
HATRA 700

Bauzeit: 1964 bis 1966

Grundgewicht: 4,8 t
Motor: Deutz 4-Zylinder luftgekühlt
Leistung: 54 PS bei 2500 U/min
Schaufelinhalt: 0,7 m^3
Maximale Geschwindigkeit: 19 km/h
Arbeitsbreite: 1910 mm
Wenderadius: 5400 mm
Länge: 4390 mm, Höhe: 1975 mm

Mit diesem HATRA Frontlader wurde jetzt eine sehr hochwertige und neuzeitliche Lade- und Erdbewegungsmaschine geschaffen – versehen mit einer Ausstattung, die bis dahin gewöhnlich nur bei großen und teuren Maschinen vorzufinden war. „Ein echter Helfer also, bei jeder schweren Arbeit auf der Baustelle“, wie es bei der Ankündigung des HATRA FL 50 A hieß.

Hierzu befähigte ihn vor allen Dingen der stark bemessene Motor, welcher über ein Voith-Diwamatic-Getriebe – ein vollautomatisch arbeitendes, hydraulisch mechanisches Getriebe – auf den Allradantrieb wirkte. Im Getriebe arbeitete ein Strömungswandler (System Weinrich) mit einem als Differential wirkenden Verteilergetriebe und dem vereinigten Turbinen- und Wendegetriebe zusammen. Der Motor trieb über eine elastische Kupplung den Außenkranz des Verteilergetriebes an. Das Sonnenrad war mit dem Pumpenrad des Wandlers und der Planetenträger mit der Planetenträgerwelle verbunden. Das Turbinenrad, welches sich entgegengesetzt im Pumpenrad drehte, übertrug so seine Leistung über die Vorlegewelle auf die Planetenträgerwelle. Beim Anfahren stand die Abtriebswelle und damit der Planetenträger des Verteilergetriebes still. Die vom Motor abgegebene Leistung wurde dabei dem Pumpenrad des Wandlers zugeführt. Dadurch entstand im Wandler ein Ölstrom, der ein großes Moment auf das Turbinenrad und über die Vorlegewelle auf die Abtriebswelle ausübte. Bei dem vorliegenden Getriebe wurde somit die gesamte Motorleistung dem Pumpenrad des Wandlers zugeführt. Bei steigender Fahrgeschwindigkeit begann sich auch die Planetenträgerwelle zu drehen. Der mechanische Leistungsanteil, der über den Planetenträger des Verteilergetriebes und der Planetenträgerwelle der Abtriebswelle zugeführt wurde, nahm damit ständig zu. Die Kraftübertragung erfolgte somit teils hydraulisch, teils mechanisch. Der mechanische Leistungsanteil betrug am Ende des „hydraulisch-mechanischen Betriebszustandes“ etwa 60 bis 70 Prozent der gesamten auf das Getriebe übertragenen Leistung. Wurde der sogenannte Umschaltpunkt erreicht, dann hielt die Pumpenradbremse, die ein Regler steuerte, das Pumpenrad mit dem Sonnenrad des Verteilergetriebes fest. Der Wandler war damit außer Betrieb gesetzt und die Kraftübertragung erfolgte dann rein mechanisch, also im „mechanischen Betriebszustand“.

An die Ausgangsseite des Diwamatic-Getriebes war ein über Zahnmuffen schaltbares, weichgängiges Nachschaltgetriebe angebaut. Der langsame Gang mit Fahrgeschwindigkeiten von bis zu 9,6 km/h diente für den Einsatz auf der

Der Prospekt des HATRA FL 50 E aus dem Jahr 1964

Aus dem HATRA FL 50 A wurde der HATRA 700. Die Weiterentwicklung setzte die Erfolgsserie dieses kompakten und leistungsstarken Schaufelladers fort. Neben technischen Details wurden auch Veränderungen an der Verkleidung vorgenommen. So ersetzten nun die HATRA-typischen Motorschutzgitter mit ihrer besonderen Form die zuvor verwendete Lamellenvariante. Auch wurden in die seitlichen Aufstiege abschließbare Werkzeugkästen integriert. Zum Schutz vor Verschmutzung oder ungewolltem Zugriff wurde auch der Kraftstofftank mit einer zusätzlichen Verkleidung abgedeckt. In allen Arbeitsbereichen des HATRA 700 war die Sicht auf die Schaufel hervorragend, was neben der parallel geführten Ladeanlage auch an der hohen Sitzposition für den Fahrer lag. Das schätzte auch Werksfahrer Karl Luttner, der hier die Maschine auf einer ehemals freien Fläche am Skandinavienkai an der Trave im Erprobungseinsatz hatte. Kaum ein anderer beherrschte die HATRA Baumaschinen wie er. Auch auf zahlreichen Messen sorgte er stets für spektakuläre Vorführungen.

Baustelle. Der schnelle Gang war für Transportfahrten auf der Straße vorgesehen. Hierbei konnte eine Endgeschwindigkeit von maximal 20 km/h erreicht werden. Die vordere, nicht lenkbare Planetenachse des HATRA FL 50 A war starr angebaut, die hintere, lenkbare Achse war in der Mitte pendelnd im Rahmen gelagert. Dieser bildete die Tragkonstruktion für die Schaufelkinematik und war zu einer kompakten Einheit zusammengefasst. Durch diese ungewöhnlich stabile Bauweise wurden jegliche Schäden durch Materialbruch oder Schweißnahtrisse völlig ausgeschlossen. Die gesamte Konstruktion bestand aus bestem Baustahl und war elektrisch geschweißt. Dabei wurde wieder die HATRA-typische Gründlichkeit angewandt und alle Stahlbauteile vor der Grundlackierung auch Sandstrahl von allen Schweißschlackenresten gründlich befreit. Die Arbeitshydraulik des HATRA FL 50 A war ausgesprochen stark bemessen und ergab sehr kurze Hub- und Kippzeiten. Für Planierarbeiten war in den Steuerschieber eine sogenannte Schwimmstellung eingebaut und das Hydrauliksystem wurde durch ein Überdruckventil abgesichert. Das gesamte Hydrauliköl wurde im Rücklauf gefiltert und in dem sehr großen Öltank wirkungsvoll gekühlt. Durch den Einbau einer hydraulischen Lenkunterstützung – ZF-Spindel-Hydrolenkung – ließ sich das Lenkrad mit 45 cm Durchmesser spielend leicht bedienen. Leichter beispielsweise, so teilten die Konstrukteure stolz mit, als in einem Personenkraftwagen.

Gute Industrieform und neue Bezeichnung

Der HATRA FL 50 A erfüllte alle die an ihn gestellten Anforderungen und die Verkaufszahlen spiegelten das durchaus erfreulich wider. Hans Hagelstein lag somit wieder einmal richtig und seine ausgeprägte Treibkraft und die zum Teil sehr hohen Erwartungen an seine Mitarbeiter, sowohl bei der Konstruktion wie auch in der Fertigung und im Vertrieb, zeigten im Zusammenspiel jetzt ein hervorragendes Ergebnis. Und auch das Wirken von Louis. L. Lepoix war von Erfolg gekrönt: Der HATRA FL 50 A erhielt noch im Jahr seiner Präsentation 1964 die Auszeichnung „if – Die gute Industrieform“ und übertrug damit seine Modernität auch optisch.

Oben und links: Der HATRA 700 im Jahr 1966 in einer Kiesgrube: Zusätzlich konnte der Schaufellader nun mit einem stabilen Wetterschutzdach ausgerüstet werden. Front- und Heckscheiben waren fest eingesetzt und ein Scheibenwischer sorgte auch bei Regenwetter für gute Sichtverhältnisse.

Links: Kraftprobe: Die Hubkraft von 1,9 t sollte reichen, um hier zwei Stapel mit Verbundsteinen anzuheben. Zumindest war die Hydraulikanlage so kraftvoll und vermochte die beeindruckende Ladung senkrecht zu bewegen. Die leichte Tendenz der Hinterräder, sich vom Boden abzuheben, deutete jedoch an, das nunmehr die Leistungsgrenze erreicht sein musste. Auch wenn derartige Kraftakte nicht zum täglichen Einsatz gehören sollten, so schätzten viele – auch kleinere Baugeschäfte – die Vielseitigkeit des HATRA 700. Für kleine Erdarbeiten, Räumungen oder Verladearbeiten gab es immer genug Aufgaben. *Rechts:* Der HATRA 700 im Einsatz in der Industrie. Auch in Kraftwerken oder bei großen Baustoffherstellern wurden kompakte und solide Schaufellader oft eingesetzt. Sämtliche Lade- und Transportaufgaben gehörten dann zu seinem Einsatzspektrum. Die Seiten der Kabine konnten dann bei entsprechenden Wetterverhältnissen oder zum Schutz vor Staub mit Planen verschlossen werden.

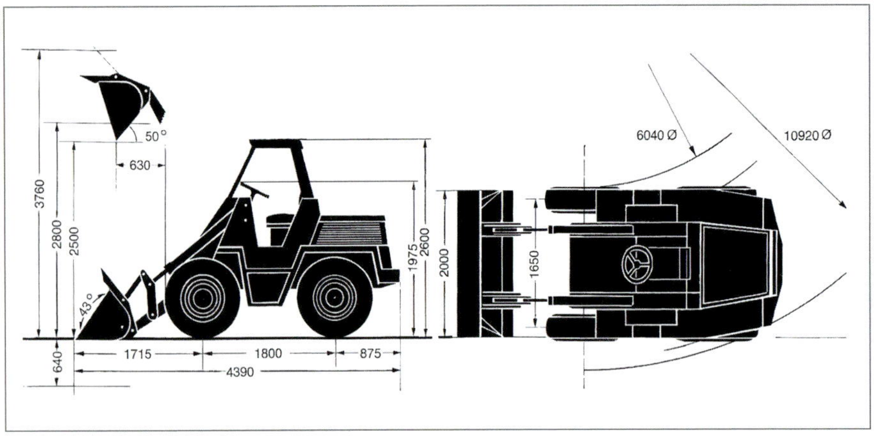

Die Abmessungen des HATRA 700

Der HATRA 700 wurde zur Ergänzung des Angebots der Firma Ruthemeyer aus Soest auch für eine kurze Zeit als Typ AS 1900 angeboten. Das berichtete zumindest das Fachmagazin „fördern & heben" in seiner 7. Ausgabe im Jahr 1966. Ob überhaupt und wenn ja, wie viele Maschinen auf diesem Wege vertreiben wurden, ist jedoch nicht bekannt.

Außergewöhnlicher Einsatz: Aufgrund seiner kompakten Bauart gehörte der HATRA 700 zu den ersten Radladern, die auch im Rumpf von großen Schiffen arbeiten konnten. Bislang standen hier zum Entladen und Trimmen ausschließlich Greifer sowie körperliche Handarbeit zur Verfügung. Nun konnten die Schaufellader in den Schiffskörper verbracht und dort bei der Löschung des Schüttgutes effizient eingesetzt werden.

Moderner sollte folglich auch seine Typenbezeichnung werden. Fand sich anfangs in der Nomenklatur vieler Baumaschinentypen zunächst noch die Motorleistung in PS wieder, so wandelte sich dieses nach und nach dahingehend, dass nunmehr die Nennung der Schaufelkapazität ein fester Bestandteil werden sollte. Durch die neuen Antriebskonzepte waren PS-Leistung für sich genommen kein wirklicher Indikator für die tatsächliche Leistungsfähigkeit. Diese bestand bei Frontladern nun im jeweiligen Schaufelinhalt. Ab der 50. produzierten Maschine änderte sich die Typenbezeichnung des HATRA FL 50 A in HATRA 700, von dem bis zum Jahr 1966 weitere rund 150 Maschinen in Travemünde gefertigt wurden.

Mehr Kraft und mit Lastschaltgetriebe

Im Zuge der ständigen Weiterentwicklungen und vor dem Hintergrund einer geplanten neuen Radladerserie erhielt der HATRA 700 ab dieser Zeit einen Nachfolger. Neben mehr Hub- und Schubkraft verfügte der neue HATRA 700 L über eine Vielzahl von Detailverbesserungen, während die robusten und bewährten Konstruktionselemente beibehalten wurden. Hub- und Kippzylinder waren im Zuge von aufgetretenen Undichtigkeiten bereits ab Baunummer 406 verändert worden. Ein wesentliches Merkmal der neuen Maschine war das Ersetzen des Diwamatic-Getriebes durch ein ZF-Lastschaltgetriebe, was auch zur Veränderung der Nomenklatur führen sollte. Dazu erhielt der HATRA 700 L ein neues Nachschaltgetriebe mit verbesserter Schaltung. Diese war jetzt als leichtgängige Einhebelschaltung ausgeführt. Der Rahmen wurde unverändert übernommen, wobei die Anordnung von Hydraulikölbehälter und Kraftstofftank im vorderen Rahmenteil angepasst wurde. Die Hubarme wurden verstärkt und eine für höhere Belastungen angepasste Querverbindung eingefügt. Ebenso wurde das Heckgewicht vergrößert, was den Radlader um fast 300 kg schwerer machen sollte. Der Fahrer erhielt einen hydraulisch gepolsterten Sitz und auch die Unterbringung des Werkzeuges und der Batterie wurde verbessert. Als Sonderausrüstung konnte der HATRA 700 L in einer schallgedämpften Ausführung geliefert werden. Ebenso wurde er auch mit einem verlängerten Hubgerüst angeboten. Ladeanlage und Zylinder wurden dafür um 400 mm verlängert. Dadurch erhöhte sich die Ausschütthöhe entsprechend.

Anders als bei dem Vorgänger HATRA 700 wurde jetzt über einen Drehmomentwandler die Antriebsleistung des Motors auf ein ZF-Lastschaltgetriebe (Power-Shift) vom Typ 2 WG 20/3 übertragen. Als zweigängiges Wendegetriebe mit ständig im Eingriff stehenden Zahnrädern erfolgte die Schaltung der Gänge und des Wendegetriebes über vier öldruckbetätigte Lamellenkupplungen. Als Steuerelement für die Schaltungen der Kupplungen war ein Drehschieber eingebaut, der

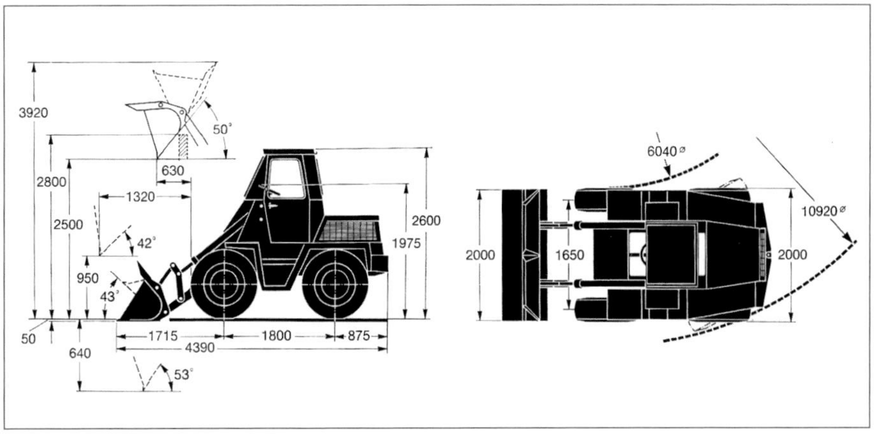

Die Abmessungen des HATRA 700 L (H 700)

durch eine Kugelraste in der jeweiligen Schaltstellung arretiert wurde. Wichtig war hierbei, dass das Getriebe zwar unter Last herauf und herunter schaltbar war, jedoch nicht während der Fahrt aus einer Fahrtrichtung in die andere umgesteuert werden sollte. Das Wende- und das HATRA-Nachschaltgetriebe sollten daher nur im Stillstand geschaltet werden.

Der luftgekühlte Deutz-Dieselmotor 4 L 812 mit 54 PS wurde im Laufe der ersten ausgelieferten HATRA 700 L gegen den Typen F4L 812 D mit 58 PS, später 61 PS ersetzt. Die größere Motorleistung wurde durch eine Direkteinspritzung des Kraftstoffs erzielt. Die Gewichtsverteilung war so vorgenommen, dass beim Losbrechen durch die Kraft der Hubzylinder der Radlader mit beiden Achsen ungefähr gleichmäßig gegen den Boden gedrückt wurde. Dadurch wurden höhere Schubkräfte verfügbar und das Durchrutschen der Antriebsräder konnte damit vermieden werden. Die Vorderachse des HATRA 700 L hatte eine Tragfähigkeit von 5 t bei voller Geschwindigkeit. Die mögli-

In Szene gesetzt: Auf dem Werksgelände direkt an der Trave wurde dieser fabrikneue HATRA 700 L im Jahr 1966 eindrucksvoll in Position gebracht. Der formschöne und zweckmäßige Aufbau sowie die passgenaue Verarbeitung der Maschine gaben Aufschluss über die einst absolut einmalige Modernität dieser Baumaschinen aus Travemünde. Sie verkörpern so bis heute den Geist ihrer damaligen Entwickler.

Einen einladenden Arbeitsplatz bot der HATRA 700 L seinem Fahrer. Gut zugängliche Bedienungselemente, kurze Hebel und übersichtlich angeordnete Kontrollinstrumente machten die Arbeit leicht.

```
Um beim H 700 den Austausch
der ursprünglichen Denison-
Haupthydraulikpumpe T 1 C-11
gegen eine Bosch-Hydropumpe
HY/ZGR1/32L101 vornehmen zu
können, musste dafür das Bal-
lastgewicht verändert werden.
```

HATRA 700 L / H 700

Bauzeit: 1966 bis 1972

Grundgewicht: 5,3 t
Motor: Deutz 4-Zylinder luftgekühlt
Leistung: 61 PS bei 2500 U/min
Schaufelinhalt: 0,7 m^3
Maximale Geschwindigkeit: 19,5 km/h
Arbeitsbreite: 2000 mm
Länge: 4390 mm, Höhe: 1975 mm

che Belastung der hinteren Lenkachse betrug 4,5 t. Die bewährte Schwimmstellung wurde übernommen. Diese war in dem Teil des Steuerschiebers eingebaut, mit dem die Hubzylinder betätigt wurden. Hierbei war die Vorderseite und die Hinterseite der Hubzylinder miteinander verbunden. Durch diese Einrichtung ruhte die Schaufel lediglich durch ihr Eigengewicht und den Gewichtsanteil der Hubarme auf dem Boden. Nickbewegungen des über den noch unebenen Boden fahrenden Radladers wurden so nicht auf die das Planum erzeugende Schaufelkante übertragen. Diese für Planierarbeiten sehr vorteilhafte Einrichtung war bei Konkurrenzmaschinen vergleichbarer Leistungsgröße kaum zu finden. Außergewöhnlich war beim HATRA 700 L ebenfalls, dass die Kippzylinder nicht, wie üblich, mit Hydraulikschläuchen angeschlossen wurden, sondern durch im Drehpunkt des Zylinders angeordnete Drehverbindungen. Diese Bauweise bot neben einem eleganten Aussehen vor allen Dingen den Vor-

Links: Baustelleneinsatz im Sommer 1965: Schnell und kraftvoll grub sich der HATRA 700 in das Material und füllte die Schaufel dadurch mit bis zu 0,8 m^3. Rasch konnten dann weitere Aufgaben übernommen werden. Für den Radlader gab es immer etwas zu tun. Bei strahlendem Sonnenschein konnte der Fahrer auch gut auf ein Schutzdach verzichten. *Rechts:* Der HATRA 700 L wurde später zum baugleichen H 700. Gegenüber ihrem Vorgänger besaßen beide Typen nun ein Lastschaltgetriebe, verstärkte Hubarme sowie eine Anordnung von Hydraulikölbehälter und Kraftstofftank im vorderen Rahmenteil. Die Unterbringung des Werkzeugs und der Batterie wurde ebenfalls verbessert. Ebenso wurden die Sitzanordnung angepasst und eine leichtgängigere Schaltung einbebaut.

Um das Angebot an Schaufelladern auch nach oben hin zu erweitern, wurde 1965 der HATRA 1500 entwickelt. Konstruktiv wurden viele Merkmale des kleinen Schaufelladers übernommen, wobei der Motor zunächst mit dem Drehmomentwandler verbunden war und ein hydraulisch schaltbares Vier-Gang-Getriebe antrieb. Auch das Fahrerhaus entsprach noch nicht der späteren Serienmaschine.

teil größtmöglicher Sicherheit. Ein Schlauch konnte platzen und dabei würde mit einem Schlag das totale Abkippen oder Entleeren der Schaufel erfolgen. Das bot eine erheblich hohe Unfallgefahr. Die Drehverbindung hingegen konnte im ungünstigsten Fall undicht werden und pro Minute etwa einen Tropfen Öl verlieren bevor die Dichtungsmanschetten erneuert werden mussten. Mit allen seinen Merkmalen entwickelte sich der HATRA 700 L zu einer der wirtschaftlichsten Maschinen in seiner Leistungsklasse. Belegt werden konnte das auch durch das sogenannte Leistungsgewicht. Hierbei wurde die Motorleistung ins Verhältnis der Masse gesetzt. Mit 10,5 PS pro t lag das an der Spitze der damals im Wettbewerb stehende Maschinen.

Weitere neue Radlader in Vorbereitung

Was mit dem HATRA FL 50 A – später HATRA 700 L – seinen Anfang genommen hatte, sollte nun in einer ganzen neuentwickelten Radladerbaureihe weitergeführt werden. Der Erfolg, den HATRA mit der kleinen Maschine verbuchen konnte, spornte nunmehr das gesamte Konstruktionsteam bei dieser Herausforderung an. Rege Marktbeobachtungen ergaben, dass Schaufellader mit den Attributen des HATRA 700 auch in größerer Dimension gute Chancen versprachen und so begannen ab 1965 die Arbeiten für zwei weitere außergewöhnliche HATRA Baumaschinen.

Zunächst konnte mit dem neuen HATRA 1500 ab 1965 ein Radlader vorgestellt werden, der von seiner technischen Konzeption her der größte und leistungsfähigste der geplanten Typenreihe sein sollte. Auch diese Maschine war ausschließlich für den zivilen Bedarf entwickelt worden. Wie aus der Typenbezeichnung hervorging, handelte es sich um einen Frontlader, der mit einer Standardschaufel 1500 l – also 1,5 m^3 – echten nutzbaren Schaufelinhalt aufweisen konnte. Den Konstrukteuren war dieser Hinweis wichtig, denn nach der SAE-Norm, die damals von fast allen Herstellern angegeben wurde, hätte der Inhalt mit 1750 l deutlich mehr betragen. Diese Normung berechnet unter Einbeziehung des Überlaufschutzes an der Schaufelrückwand und einem allseitigen Böschungswinkel im Verhältnis 2:1 sowie einer parallel zum Boden stehenden Schaufelöffnung entsprechend mehr. Die HATRA-Fachleute sahen diese praktische Nutzbarkeit jedoch als fragwürdig an und entschieden sich grundsätzlich anders.

Bei der Konstruktion des HATRA 1500 wurde den Erkenntnissen gefolgt, welche die Entwicklung des HATRA FL 50 A gegeben hatten, um ein modernes Arbeitsgerät mit einem Höchstmaß an Leistungsfähigkeit und Bequemlichkeit für den Fahrer zu erschaffen und das zudem für schwerste Einsätze ausgelegt war. Dazu befähigte ihn vor allen Dingen der stark bemessene Deutz-Dieselmotor F6L 514 mit 115 PS, das Vier-Gang-Lastschaltgetriebe vom Twin Disc sowie die optimale Abstimmung zwischen der hydrodynamischen Kraftübertragung im Drehmomentwandler und der hydraulischen Kraftübertragung in der Arbeitshydraulik. Alle vier Vorwärts- und Rückwärtsgänge waren somit unter Last schaltbar. Im Transportgang waren Geschwindigkeiten bis zu 44 km/h möglich. Ab der Maschine mit der Seriennummer 8 wurde ein Lastschaltgetriebe eingesetzt, das mit einer zusätzlichen Trennkupplung zwischen Getriebe und Motor ausgerüstet war. Diese Trennkupplung an der Getriebeeingangswelle war automatisch in ihrer Funktion den Wende- und Gangschaltkupplungen vorgeschaltet. Die hydraulische Schaltung dieser Trennkupplung wirkte also so, dass die Schaltkupplungen im Augenblick der Schaltung ohne Last waren. Hierdurch

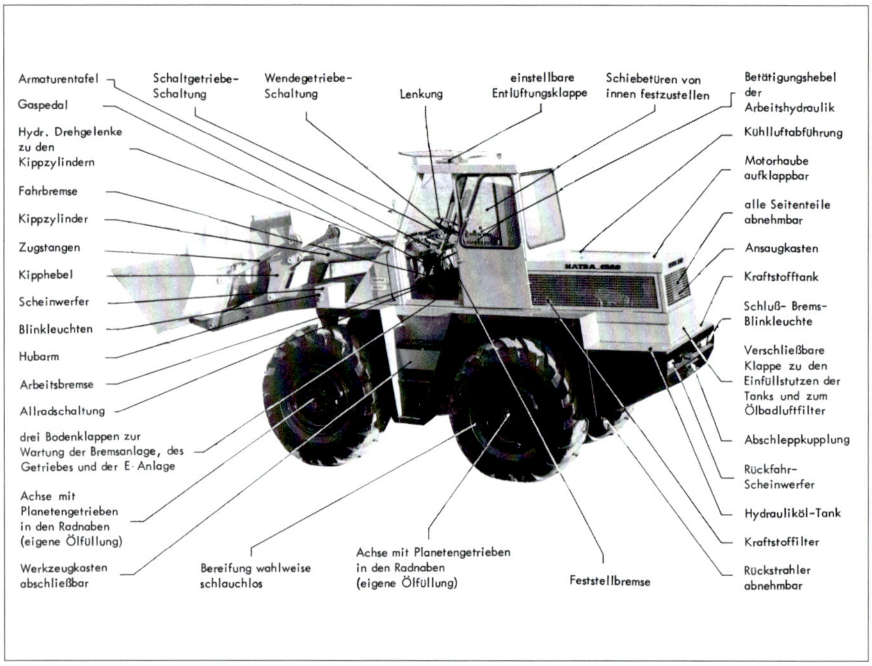

ergaben sich große Vorteile, wie beispielsweise große Leistungsreserven für das Lastschaltgetriebe, äußerst lange Lebensdauer der Getriebekupplungen sowie der Ausschluss sämtlicher etwaiger Störungen durch Bedienfehler. So einfach und sicher wie möglich sollte es sein.

Auch die Arbeitshydraulik des HATRA 1500 war sehr effizient, stark und ergab aufgrund des hohen Fördervolumens von 200 l/min kurze Hub- und Kippzeiten. Ein Steuergerät, das für die besonderen Belange des Radladers konstruiert und gebaut wurde, gewährleistete eine einwandfreie Bedienungsweise. Hierzu gehörten ein millimetergenaues Bewegen der Ladeschaufel, ein einwandfreies Planieren mit der Schwimmeinrichtung sowie Vorhandensein zusätzlicher Hydraulikventile, um jederzeit eine zuverlässige Handhabung der Hydraulikanlage sicherzustellen. Jede Kavitationsbildung am Hydrauliksystem wurde durch entsprechende Nachsaugventile vermieden. Ein vorgesteuertes Überdruckventil sicherte zudem die gesamte Anlage ab, deren Herzstück eine Denison-Doppelflügelpumpe war, die wandlerunabhängig vom Motor angetrieben wurde. Hierbei wirkte die größere der beiden Pumpen auf die Ausrüstung und die kleinere als Lenkhilfpumpe. Die Brem-

Bei den ersten HATRA 1500 mit den Baunummern 8 bis 14 kam es kurz nach deren Auslieferung zu Gelenkwellenbrüchen zwischen Motor und Lastschaltgetriebe. Die Maschinen erhielten daher kurzfristig eine zusätzliche dreh-elastische Kupplung.

Links: Testphase: Die ersten acht gebauten HATRA 1500 gaben den Entwicklern eine Menge Aufschluss für spätere Verbesserungen. Vor allem auf dem Erprobungsgelände und bei den ersten Kundeneinsätzen wurden etwaige konstruktive Schwachstellen deutlich. Dieser Schaufellader entsprach noch der ersten Bauart, gut zu erkennen an der Stahlkabine mit Schwingtüren, den einfachen Scheinwerfern sowie dem Druckbehälter am Einstieg. *Rechts:* Die 115 PS des Deutz-Dieselmotors F6L 514 sorgten beim HATRA 1500 für ausreichend Kraft, um sich durch das Erdreich bewegen zu können. Die Arbeitshydraulik erzeugte bei 140 bar eine Zylinderkraft von 45 t, während die Losbrechkraft an der Schaufelschneide rund 9,5 t betrug. Die großen Geländereifen mit der Größe 19.5-24 EM 14 ply ergaben zudem einen niedrigen Bodendruck. In Verbindung mit dem Allradantrieb war dadurch eine hervorragende Geländegängigkeit gewährleistet.

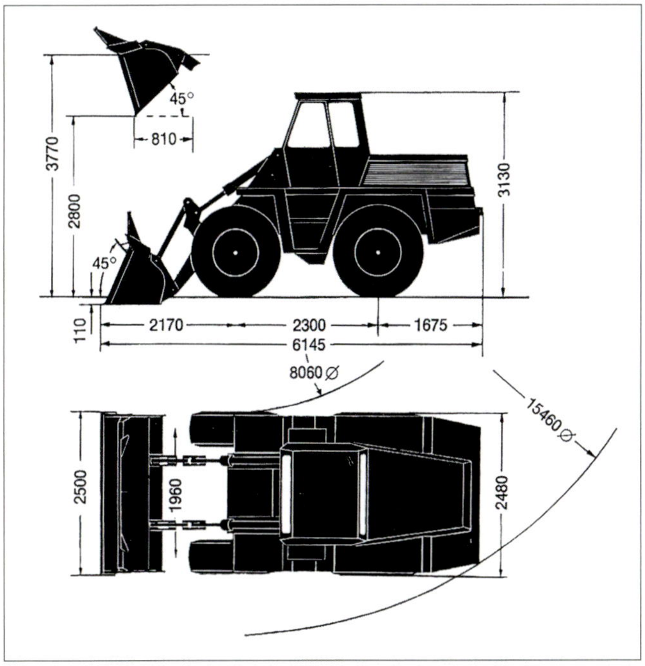

Links: Die veränderte Kabine bei der Serienvariante des HATRA 1500 bot dem Fahrer eine hervorragende Rundumsicht. Praktisch waren auch die seitlichen Schiebetüren, die einen bequemen Ein- und Ausstieg zum großzügig gestalteten Arbeitsplatz gestatteten. *Rechts:* Die Abmessungen des HATRA 1500

sen des HATRA 1500 bestanden zudem aus einer pneumatischen und einer hydraulischen Anlage, wobei die Maschinen mit der Seriennummer 3 bis 7 mit einer besonderen Steuerung der Getriebeentlastung beim Betätigen der Arbeitsbremse ausgerüstet waren. Hierbei wirkte ein Bremszylinder, der nur mit Druckluft beaufschlagt wurde, wenn die linke Arbeitsbremse in Benutzung stand und dadurch ein Absperrventil den Öldruck der hydraulischen Anlage für die Getriebeentlastung einschaltete. Ab der Baunummer 8 entfielen dann diese zusätzlichen Teile und das Entlastungsventil am Lastschaltgetriebe wurde von der Arbeitsbremse durch einen direkt betätigten Druckluftzylinder ausgelöst. Der HATRA Zweckform folgend waren Grundrahmen und Aufbau des HATRA 1500 wieder in einer kompakten, außerordentlich stabilen und einfachen Einheit zusammengefasst. Schaufel, Hubarme und alle übrigen Teile der Arbeitsausrüstung waren robust und bedurften außer regelmäßiger Schmierung keiner besonderen Wartung. Es war somit wieder gelungen, einen modernen und zudem in seiner Leistungsklasse überragenden Radlader zu entwickeln.

Nun fehlte noch eine weitere Maschine, um die Lücke zwischen den beiden vorherigen Typen zu schließen. In Anlehnung an diese konnte ab 1966 der HATRA 1000 vorgestellt werden. Er verfügte über einen nutzbaren Schaufelinhalt von 1,0 m³ und wurde mit einem Deutz-Dieselmotor F6L 812 D mit neuartiger Direkteinspritzung ausgerüstet. Das Zwei-Gang-Lastschaltgetriebe von ZF und das zweistufige HATRA-Nachschaltgetriebe entsprachen der Ausführung, die auch beim HATRA 700 L vorgesehen war. Ebenso der hydrodynamische Drehmomentwandler, der in der Kraftübertragung des Antriebes eine belastungsabhängige, vollautomatische Leistungsübertragung in den Fahrantrieb brachte. Andere Merkmale, wie die pendelnd aufgehängte Lenkachse, Rahmen und Aufbau, Lenkung und Bremsen, folgten ebenfalls dem selben technischen Konzept. Besonders

HATRA 1500

Bauzeit: 1965 bis 1968

Grundgewicht: 11 t
Motor: Deutz 6-Zylinder luftgekühlt
Leistung: 115 PS bei 2300 U/min
Schaufelinhalt: 1,5 m³
Maximale Geschwindigkeit: 44 km/h
Arbeitsbreite: 2500 mm
Länge: 6145 mm, Höhe: 3130 mm

In einem Kieswerk bei Ratzeburg wurde einer der wenigen gebauten HATRA 1500 einige Jahre eingesetzt.

Formschön vollendet: Ab dem Jahr 1967 und der Gerätenummer 514/8-1500 wurde in den HATRA 1500 serienmäßig ein Lastschaltgetriebe eingebaut, welches mit einer zusätzlichen Trennkupplung zwischen Getriebe und Motor ausgerüstet war. Der Schaufellader war der größte, den HATRA für den zivilen Bedarf entwickelt hatte. Er entsprach nun auch vollständig der HATRA-Designlinie. Einige zusätzliche Details: Der Rückkippwinkel in Traghöhe von 68 Grad ermöglichte stets eine volle Schaufel, während der Abkippwinkel im Höchstpunkt mit 45 Grad für eine vollständige Entladung sorgte. Damit die Schaufel auch bei schnelleren Fahrten gefüllt blieb, arbeitete als Druckspeicher eine hydraulische Federeinheit im Hydraulikkreislauf der Hubzylinder mit Federelementen für Last- und Leerfahrt.

hervorzuheben war dabei auch die elastische Abstützung des Aufbaus einschließlich der Motorhaube. Dadurch wurden die hochfrequenten Schwingungen aus dem Motor von den leicht erregbaren Blechteilen der Verkleidung ferngehalten. Des Weiteren wurde durch diese konstruktive Gestaltung, die ebenfalls auch beim HATRA 1500 aufgeführt wurde, eine leichte Demontage der gesamten Verkleidung ermöglicht. Beispielsweise war das Fahrerhaus an seinen vier elastischen Abstützungen mit je einer Schraube befestigt. Zum Abnehmen brauchte nur die Klappe der Motorhaube hinten aus den Scharnieren ausgehängt werden und das Fahrerhaus konnte nach oben abgehoben werden. Hauptsächlich bot das Fahrerhaus mit Sicherheitsverglasung allerdings einen bequemen Arbeitsplatz und gewährleistete eine gute Sicht nach allen Seiten. Zudem wurde eine zugfreie Entlüftung durch ein Klappfenster im Dach geboten und Heizung und Scheibenentfroster sorgten auch bei eisigen Temperaturen für angenehme und sichere Einsätze. Verschließbare Schiebetüren, die zur besseren Entlüftung in verschiedenen Stellungen festgesetzt werden konnten, gehörten zur Normalausstattung des HATRA 1000. Ebenso ein Reifensatz der Größe 17.5-25 EM, auf Felgen der Größe 14.00-25/1,5, die wahlweise mit Schlauch oder ohne diesen in Anwendung kommen konnten. Für Spezialeinsätze, beispielsweise in Steinbrüchen, auf Geröll und Schotterstrecken, sowie für den gemischten Baustelleneinsatz in felsigen Gebirgslandschaften war dieser Reifentyp allerdings nicht geeignet und auch eine Verwendung von Panzerketten auf EM-Breitreifen erwies sich als fragwürdig. Daher konnte der HATRA 1000 für derartige Einsätze mit Reifen der Größe 13.00-24 EM-Spezial/18 auf einer 9.0-24er Felge vorteilhaft ausgestattet werden. Wichtig war – egal bei welchem Reifentyp – immer der richtige Luftdruck, auf den entsprechend geachtet werden sollte.

Mit drei Schaufelladern in der unteren bis mittleren Leistungsklasse sowie einem Schwenklader hatte HATRA nun ein für die wichtigsten Abnehmermärkte gut abgestimmtes Angebot. Technisch wie auch von der Formgebung entsprachen die Maschinen jetzt voll und ganz den Vorstellungen der Zeit und auch denen von Hans Hagel-

HATRA 1000
Bauzeit: 1966 bis 1968

Grundgewicht: 7,5 t
Motor: Deutz 6-Zylinder luftgekühlt
Leistung: 92 PS bei 2500 U/min
Schaufelinhalt: 1 m³
Maximale Geschwindigkeit: 44 km/h
Arbeitsbreite: 2300 mm
Länge: 5360 mm, Höhe: 3000 mm

Einsatz am Strand: Oftmals wurden die HATRA Baumaschinen zu Testzwecken oder für Fotoaufnahmen auch direkt auf kleinen Baustellen der Kurverwaltung in Travemünde verwendet. Hier arbeitete ein HATRA 1500 direkt am Wasser und räumte dort Ostseegeröll. Gut zu erkennen: Der alte Leuchtturm der Nordermole, der im Jahr 1967 durch einen neuen Stahlbetonturm ersetzt wurde. Bei derartigen Bodenverhältnissen erwiesen sich die großen Breitreifen 20,5-25 EM von Vorteil. Im Vergleich zur Normalausführung verfügten diese bei gleichen Außendurchmessern über eine wesentlich größere Reifenbreite. Das daraus resultierende größere Luftvolumen gestattete bei gleicher Auslastung einen erheblich geringeren Luftdruck, der in Verbindung mit einer fast doppelt so großen Bodenauflagefläche eine starke Reduzierung des spezifischen Flächendruckes bewirkte.

stein. Was mit dem überaus erfolgreichen HATRA 700 L möglich war, sollte nun auch mit den beiden größeren Typen realisiert werden. Doch die Erfolge hinkten den Erwartungen an die Verkäufe hinterher und der kleinste Schaufellader der Baureihe sollte auch der erfolgreichste bleiben. Im Zuge der neu gegründeten HATRA-FRISCH GmbH im Jahr 1969 wurden die Baumaschinenprogramme der beiden Firmen entsprechend aufeinander abgestimmt. In diesem Zusammenhang wurde die Produktion der beiden großen HATRA Schaufellader zugunsten der Frisch Radladertypen F 800 B, F 1100, F 1300 und F 1800 eingestellt. Um dennoch eine Angrenzung beider Fabrikate innerhalb des Kooperationsangebotes zu ermöglichen, wurde die Nomenklatur des HATRA 700 L folglich auf H 700 geändert. Unter dieser Typenbezeichnung – zum Teil auch als H 700 L – wurde der Schaufellader dann bis zum Ende der Produktion im Jahr 1972 gefertigt.

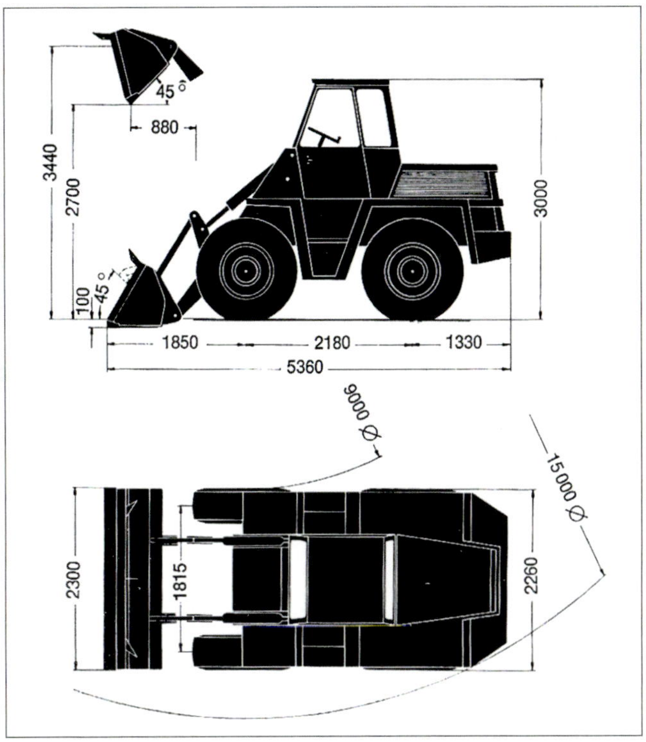

Links: Um mit einem weiteren Schaufellader die Lücke zwischen den beiden vorhandenen Typen zu schließen, präsentierten die Ingenieure nun den HATRA 1000, der im Vergleich zum größeren HATRA 1500 vom Aufbau her gleich, in allen anderen Bereichen jedoch kleiner dimensioniert war. Trotz aller Vorzüge konnten beide großen HATRA Schaufellader nicht an die Verkaufserfolge des kleinen HATRA 700 L anschließen. Die gebauten Stückzahlen blieben daher sehr gering. *Rechts:* Die Abmessungen des HATRA 1000

HATRA Schwenklader im Militäreinsatz

Einmalige Feldarbeitsgeräte für die Armeen der Welt

Als nach Gründung der Bundesrepublik Deutschland folglich der Aufbau der Bundeswehr begann, war es selbstverständlich, dass in das Ausrüstungsprogramm der neuen Ausstattung für die Pioniertruppen auch moderne Baumaschinen wie Schaufellader mit aufgenommen wurden.

Zunächst wurden dafür bekannte und handelsübliche Maschinen beschafft, die für die erste Zeit vor allem den Pionieren eine praktische Ausbildung für die Aufgaben des Erd- und Straßenbaus ermöglichen sollten. Dazu zählten Planierraupen von Deutz und Kaelble, Grader von Frisch oder Seilbagger von Menck & Hambrock. Im Laufe der ersten Jahre waren inzwischen auf pioniertechnischem Gebiet genügend Erfahrungen gesammelt worden, aus denen zusätzliche Anforderungen für die Zukunft festgelegt werden konnten. Bevor diese jedoch, die den Einsatz von Schaufelladern auf pioniertechnischem Gebiet regelten, für die Entwicklung einer militärisch brauchbaren Baumaschine verwirklicht werden konnten, wurde zunächst die weitere Forderung auf die Herstellung eines sogenannten Feldumschlaggerätes (FUG) erhoben, das als Hebe- und Fördermittel – im erweiterten Sinne als „geländegängiger Gabelstapler" – im feldmäßigen Einsatz für die Versorgung der Streitkräfte mit palettiertem Versorgungsgut von großer Bedeutung werden sollte.

Auf dem Weg zur Bundeswehr: Erstmals verließ ein HATRA SL 150 das Werk in Travemünde in der Farbgebung der NATO. Nach ausgiebigen Feldversuchen und Erprobungen fiel die Wahl des Bundesverteidigungsministeriums auf den Schwenk-Schürflader, der nunmehr auch intensiv bei der Truppe eingeführt werden musste.

Die Bundeswehr suchte ab 1958 nun zum Aufbau ihrer Pioniereinheiten ein geeignetes Feldumschlaggerät (FUG), da die Menge des umzuschlagenden Versorgungsgutes von Jahr zu Jahr zunahm. Waren es im Jahr 1914 noch 6 kg, stieg die Zahl des benötigten Nachschubs im Jahr 1944 bereits auf 12 kg, um dann im Jahr 1960 bei ganzen 38 kg je Mann und Tag zu liegen. Der Ablauf der Versorgung musste somit mechanisiert werden. Während in stationären Depots ohne weiteres auf die in der Industrie üblichen Gabelstapler zurückgegriffen werden konnte, musste für den Feldumschlag, also für einen Umschlag in feldmäßig angelegten Depots und in den Versorgungspunkten ohne feste Wege und Plätze, nach einem geeigneten Gerät gesucht werden. Dieses musste die Geländegängigkeit der Lkw mit Allradantrieb noch übertreffen, denn es sollte das Versorgungsgut aus dem Gelände hinein- oder herausbefördern können. Da solche Anforderungen nicht von herkömmlichen Gabelstaplern erfüllt werden konnten, lag es nahe, für den feldmäßigen Umschlag auf das Angebot der seinerzeit zahlreichen Schaufellader zurückzugreifen. In einer Ausschreibung wurden nun verschiedene Hersteller aufgefordert, sich dieser Herausforderung zu stellen und auch HATRA sollte mit dem Schwenklader SL 150 dabei sein.

In die Auswahl kamen folglich ausschließlich deutsche Fabrikate, die eine entsprechende Leistung vorweisen konnten. Die Anforderungen waren bei allen gleich und ein Allradantrieb nur die geringste Bedingung in diesem Wettbewerb. Nach einem strengen Auswahlverfahren und zahlreichen Versuchen mit Schaufelladern von Kaelble, beispielsweise den Typen SL 600, SL 1451 und SL 2651, sowie dem Zettel-

Unter Anweisung der HATRA Werksmonteure wurden ab 1961 die ersten Bundeswehr-Fahrlehrer in das neue Feldumschlaggerät (FUG) der Bauart SL 150 eingewiesen. Genau wurden dabei alle Details in Augenschein genommen. Die ersten ausgelieferten Maschinen trugen noch die Gussplakette von Klöckner – damals General-Handelsunternehmen für alle Baumaschinen aus Travemünde. Bei der Auswahl der späteren Fahrer wurde darauf geachtet, dass diese im Besitz des damaligen Führerscheins der Klasse C waren und genügend Fahrpraxis nachweisen konnten. Zudem musste das Personal eine Mindestdienstzeit von drei Jahren haben. Die Ausbildung für den Erwerb des Berechtigungsscheins zum Betrieb des FUG der Bundeswehr dauerte vier Wochen (172 Stunden).

Links: Bei der Schneeräumung: Auch für derartige Einsätze auf den Kasernenhöfen konnte der HATRA SL 150 gut eingesetzt werden. Noch entsprach das Pioniergerät jedoch nicht in allen Punkten den Ansprüchen der Truppe. Der Geräteträger – für den Einsatz mit Stapelgabel oder Kranausleger notwendig – wurde noch am Heck der Maschine verlastet. Der Umbau gestaltete sich noch recht umständlich und nahm viel Zeit in Anspruch. Das sollte sich jedoch bald ändern. *Rechts:* Bei der Begutachtung durch Vertreter des Beschaffungsamtes der Bundeswehr konnte HATRA mit dem SL 125 überzeugen. In zahlreichen Gremien wurden Anforderungen erstellt und Pflichtenhefte formuliert. Nach ersten erfolgreichen Versuchen mit dem HATRA SL 150 wurde nun der speziell auf die Belange des militärischen Einsatzes konzipierte SL 125 vorgestellt. Auffällig war das auf der Motorverkleidung befindliche 320 kg schwere Reserverad. Dieses konnte im Notfall durch die 360 Grad durchschwenkbare Ladeeinrichtung selbständig gehoben und in die gewünschte Position gebracht werden. Ein weiteres Novum war die Fahrerkabine, die jeweils zwei Personen Platz bot, um den Dauereinsatz des SL 125 sicherzustellen.

meyer Europ L 2000 erwies sich der HATRA Schwenklader SL 150 als vorteilhafter gegenüber den konventionellen Maschinen. Und auch wenn bauartbedingt ein höherer Anschaffungspreis und ein höherer Wartungsaufwand zu erwarten war, fiel am Ende die Wahl auf HATRA – und das aus unterschiedlichen Gründen.

In den zahlreichen Diskussionen der militärischen Bedarfsträger mit den Vertretern der Wehrtechnik und nach verschiedenen Erprobungen und Truppenversuchen bestand von vornherein vollkommene Übereinstimmung, dass die auf dem Markt befindlichen handelsüblichen Geräte für den Truppendienst in der vorhandenen Form nicht in Frage kommen konnten. Die Vielzahl der im Vorfeld formulierten Anforderungen ließen schnell erkennen, dass hier nicht nur ein Schaufellader gesucht wurde, denn dessen typische Funktionen betrugen in der Summe lediglich 20 Prozent der vorgesehenen Anforderungen. Vielmehr wurde ein im sprichwörtlichen Sinne vollumfängliches Feldumschlaggerät benötigt, welches hauptsächlich auch dieser Bezeichnung gerecht werden musste. Im militärischen Einsatz sollte der Schwenklader somit neben Aufgaben mit Schaufel oder Planierschild auch die eines geländegängigen Gabelstaplers mit Gabelzinken und Kranhaken übernehmen können.

Dabei war jedoch auch gleichzeitig der Wunsch vorhanden, möglichst viele Konstruktionsteile zu verwenden, die auch in zivilen Maschinen eingebaut waren und die besonders in anderen Fahrzeugen und Geräten der Bundeswehr als standardisierte Konstruktionsteile Verwendung finden sollten. Zudem forderte auch die sichere Versorgung mit Ersatzteilen und deren Bevorratung in der Bundeswehr dieses unnachsichtig. Eine weitere Anforderung bestand zudem darin, dass das neue Pioniergerät der Truppe im Kolonnenmarsch als Selbstfahrer folgen konnte. Das bedeutete die Erfüllung einer Marschgeschwindigkeit von etwa 55 km/h in der Spitze. Nicht weniger wichtig erschien dem Militär ein Schwenkbereiches von mindestens 210 Grad aus Gründen des rationellen Umschlags. Immerhin verfügte auch

Erprobung bei der Truppe: Mit einer Vorführmaschine zeigte der HATRA-Werksfahrer den Anwesenden Vertretern der Bundeswehr auch die Vorteile, die der Schwenklader bei der Trümmerbeseitigung im Feld vorweisen konnte.

Links: Auch derartige Kraftproben gehörten dazu, um die Vertreter der Bundeswehr von den Vorzügen des HATRA SL 125 zu überzeugen. Immer dabei waren werkseigene Vorführer und Monteure aus Travemünde… *Rechts:* …was bei solchen Vorführbedingungen auch dringend zu empfehlen war. Selbstverständlich konnten sich Fahrer und Maschine auch aus einer solchen Situation sicher befreien. Ob das ein ungeübter Fahrer aber ebenfalls vermochte, war zu bezweifeln.

der für die Pioniertruppen ab 1956 beschaffte – nunmehr veraltete und zu kleine – Ahlmann Schwenkschaufler A 50 bereits über diese anerkannte Eigenschaft, die man nicht missen wollte. Anforderungen, die der Wettbewerb ungeachtet seiner Vorzüge kaum zu erfüllen vermochte – der HATRA SL 150 hatte jedoch dieses Potential, auch wenn es noch eine Menge Arbeit für die Konstrukteure geben sollte, um ein militärisch spezifisches Geräts zu erschaffen, wie es bisher noch nicht vorhanden gewesen war.

Erste Erprobungen in Feldversuchen

Die Chance mit dem HATRA SL 150 auch bei der Bundeswehr einen guten Absatzmarkt zu finden, wollte sich Hans Hagelstein natürlich nicht entgehen lassen. Eine Maschine für die neu geschaffenen Pioniereinheiten zu liefern, bedeutete darüber hinaus eine kaum zu übertreffende Reputation für die Qualität und Leistungsstärke seiner Baumaschinen, deren Vielfalt ja planmäßig in den kommenden Jahren noch weiter ausgebaut werden sollte. Würde es gelingen, die hohen Anforderungen zu erfüllen und einen Auftrag zu erhalten, hätte das immense Auswirkungen auf den gesamten Geschäftsbereich und würde HATRA auch in der Bauwirtschaft mit den neuen Schaufelladern hohes Ansehen verschaffen. Dass ein derartiger Erfolg nicht ohne die enge Abstimmung mit dem öffentlichen Auftraggeber und dem Höchstverstand, dessen Wünsche exakt umzusetzen, erreicht werden konnte, war allen Beteiligten klar und so bekam das Projekt einen Sonderstatus im Unternehmen. Der war auch nötig, denn fast täglich stiegen die Anforderungen und änderten sich die Wünsche des Auftraggebers.

Als bei den ersten Erprobungen ein serienmäßig ausgestatteter HATRA SL 150 – lediglich farblich in NATO-Oliv lackierter Farbanpassung – zum Einsatz kam, ahnte noch niemand, was in den kommenden Monaten an Veränderungen vorgenommen werden sollte. Während der Schwenk-Schürflader in seiner zeitgemäßen Ausführung bereits seit rund vier Jahren in allen Bereichen der Bauwirtschaft zum Einsatz gekommen war und darüber hinaus auch unter härtesten Bedingungen zuverlässig und sicher funktionierte, gingen die Konstrukteure bei HATRA davon aus, dass die bis dahin umfänglich bewiesenen Eigenschaften auch für den Einsatz bei der Truppe ausreichend sein würden. Diese Ansicht wich jedoch recht bald den vielen zusätzlichen Formulierungen im Pflichtenheft der Bundeswehr. Die umfangreichen Versuche ließen zuletzt gegenüber dem handelsüblichen Schwenklader verschiedene Modifizierungen notwendig werden, die im militärischen Einsatz unbedingt erforderlich waren. Neben der Vielseitigkeit war wichtig, dass sämtliche Ausrüstungsgegenstände, die bei einem zivilen Gerät bei Bedarf jederzeit aus einem Lager nachgeschoben werden konnten, im militärischen Einsatz aber im Augenblick, also jederzeit, zur Verfügung stehen mussten. Das betraf unter anderem die Mitführung eines Ersatzreifens, der mit seinem Gewicht von 320 kg zum einen zweckmäßig untergebracht werden musste, zum anderen aber auch mit der Gewichtslage die Achslastverteilung der Maschine unterstützte und zudem für Montagearbeiten leicht abnehmbar sein musste.

Vom Schwenklader zum Feldumschlaggerät (FUG)

Eine weitere Veränderung stellte das Fahrerhaus dar. Für die Bedienung des Feldumschlaggerätes waren zwingend zwei Fahrer vorgesehen, um den Dauereinsatz des Schwenkladers sicherzustellen. Hierfür musste nun ein beheizbarer und mit einem faltbaren Allwetterverdeck ausgestatteter neuer Arbeitsplatz

Typischer Einsatz bei der Truppe: Der Aushub eines Deckungsloches gehörte zu den üblichen Anforderungen an ein Pioniergerät wie den HATRA SL 125. Dabei musste ein 5 m langer, 2,5 m breiter sowie 2,2 m tiefer Graben erstellt werden, der zudem über eine Wallhöhe von 1,5 m verfügen sollte. Innerhalb von 20 Minuten war das mit einem Fahrer vorschriftsmäßig zu bewältigen. Hierbei zeigten sich die hervorragenden Eigenschaften des Schwenkladers eindeutig. Für das Zuschütten wurden im Gegensatz dann nur noch vier Minuten benötigt.

Links: Nachdem die Bundeswehr den Auftrag zur Lieferung von geplanten 2000 Maschinen erteilt hatte, lief die Produktion in Travemünde auf Hochtouren. Täglich mussten nun mindesten vier neue HATRA SL 125 gefertigt werden. Danach erfolgten ausführliche Testeinsätze, bis die Maschinen in die Endfertigung kamen. Jeder Schwenklader wurde vor der Auslieferung an die Pioniertruppen zudem noch von einem Vertreter der Bundeswehr inspiziert und offiziell abgenommen. *Rechts:* Ein werkneuer HATRA SL 125 (FUG) wurde hier für das offizielle Werksfoto vor der Kulisse der Kaiserallee in Travemünde positioniert. Die Schaufel verfügte über 1,5 m³ Inhalt und war 2,4 m breit.

Derselbe HATRA SL 125 mit zwei unterschiedlichen Ausrüstungsvarianten. Gut zu erkennen war hier die vielseitige Verwendbarkeit der Gabelzinken. Zum einen waren diese als solche nutzbar, bei umgedrehter Montage und unter Verwendung des Lasthakens konnten sie ebenfalls als Hebezeug mit 3,5 t Nutzlast eingesetzt werden. So war es dann auch möglich, den 300 kg schweren Reservereifen von der Motorverkleidung zu heben. Das HATRA Feldumschlaggerät wurde durch die vielen Ausrüstungen zu einem Mehrzweckgerät – die Hauptaufgabe war jedoch meistens der Umschlag. Nach den entsprechenden Erfahrungen, die unterschiedliche Truppenversuche erbracht hatten, wurde das Feldumschlaggerät zu rund 80 Prozent bei Umschlagarbeiten eingesetzt. 20 Prozent waren Hilfsarbeiten, bei denen die Schaufel zum Einsatz kam.

Kurz vor der Auslieferung: Auf dem Werksgelände am Travemünder Baggersand wartete dieser HATRA SL 125 auf seine Auslieferung an die Bundeswehr. Der überwiegende Teil der neuen Schwenklader wurde an einem separaten Gleisanschluss im Werk auf Eisenbahnwaggons verladen und erreichte somit seine Ziele innerhalb der gesamten Bundesrepublik.

geschaffen werden, der von beiden Seiten aus gut zu erreichen war. Das Fahrerhaus wurde in seinem Aufbau weitestgehend dem NATO-Standard für Kraftfahrzeuge angeglichen. Um bei einer Eisenbahnverladung das Transitmaß einzuhalten, war das Verdeck zusammenklappbar, die Aufsteckfenster noch oben herauszuziehen und in den Halterungen der Türen zu lagern. Weiter konnte die Windschutzscheibe nach vorne geklappt werden.

Aufgrund aller konstruktiven Anpassungen erhöhte sich das Gewicht des Schwenkladers auf rund 13,7 t – also 2,7 t mehr als beim ursprünglichen Seriengerät, das in die ersten Feldversuche geschickt wurde. Die Länge vergrößerte sich ebenfalls und lag nunmehr bei 7,68 m mit Schaufel. Dennoch konnte Dank der Allradlenkung immer noch ein äußerst kleiner Wenderadius von 4,5 m erreicht werden. Der Radstand, der bei den ersten Schwenkladern noch 2,26 m betrug, wurde aus konstruktiven Gründen heraus auf 2,6 m erhöht. Damit erhielt man auch beim Fahren mit erhöhter Geschwindigkeit eine wesentlich günstigere Straßenlage. Letztendlich musste auch der Motor verändert werden, da mehr Masse bewegt und mehr Leistung abverlangt wurde. Ein Deutz-Dieselmotor F 6 L 514 mit jetzt 125 PS sollte zunächst ausreichen, um den in vielen Details fast vollständig neuentwickelten Schwenklader in allen Belangen zum gewünschten und erfolg-

Neben der Bundeswehr erkannte auch der Bundesgrenzschutz die Vorzüge des HATRA SL 125 und wurde Abnehmer zahlreicher Maschinen. Natürlich mussten auch hier vorab Testsituationen geschaffen werden, um auf alle Eventualitäten vorbereitet sein zu können. Das Abschleppen eines Lkw aus festgefahrener Situation stellte für den Schwenklader allerdings keine Herausforderung dar.

Links: Marsch in schwierigem Gelände – mit oder ohne Geländeketten – oder der Einsatz in flachen Gewässern gehörte auch zu den Anforderungen, die an den HATRA SL 125 gestellt wurden. Bei einer Bodenfreiheit von 310 mm in Fahrstellung und mit den großen Niederdruckreifen war eine Wattiefe von rund 1000 mm in Gewässern möglich. Für Brückenbauarbeiten konnte so das Flussbett entsprechend vorbereitet werden. *Rechts:* Auch für die dann folgenden Aufgaben war der HATRA SL 125 gut ausgerüstet. Die umgedrehten Gabelzinken dienten nun in Kombination mit dem Lasthaken als Kraneinrichtung. Um bei derartigen Einsätzen den Überblick zu behalten, konnte das Fahrerhaus zum Kommandostand umfunktioniert werden. Während der Fahrer die Kontrollinstrumente im Blick hielt, gab ein weiterer Pionier Anweisungen zur richtigen Ausführung des zukünftigen Bauwerkes.

reichen Feldumschlaggerät zu machen, das er dann auch wurde. Als HATRA SL 125 sollte sich dieser außergewöhnliche Schwenklader später zu einer legendären Maschine entwickeln, die bis heute einmalig blieb.

Auch wenn der HATRA SL 125 konstruktiv und in allen Vorzügen auf dem Vorgängertypen HATRA SL 150 aufsetzte, unterschied er sich nun deutlich von der ersten serienreifen Konstruktion aus Travemünde. Als Feldumschlaggerät (FUG) mit seinem luftgekühlten Vielstoffmotor, Drehmomentwandler und Schnellumschaltgetriebe war der Schwenklader nun hauptsächlich für die Belange der Bundeswehr abgestimmt worden. Er war schnell und entsprach in allen Teilen der gültigen StVzO, war kräftig mit bis zu 4 t Hubkraft und geländegängig mit 28 Prozent Steigfähigkeit bei 2,5 t Last sowie zudem wendig. Neben der Schaufel wurden die beiden Gabelzinken am Heck und der Lasthaken vorne an der Abschleppvorrichtung verlastet. Das sorgte für ein Höchstmaß an Unabhängigkeit. Vom

Hilfe in der Not: Auch zum Bergen und Abschleppen eines Panzers vom Typ HS 30 war der HATRA SL 125 das geeignete Pioniergerät. Alle dafür benötigten Zubehöre waren stets mit an Bord. Für den fast zeitgleich bei der Bundeswehr unter durchaus fragwürdigen Bedingungen angeschafften Panzer war diese Panne nicht die einzige. Viele Mängel, besonders die zu kleine Motorisierung, sorgten dafür, dass das Kettenfahrzeug rasch gegen den neuen Typ Marder ausgetauscht wurde.

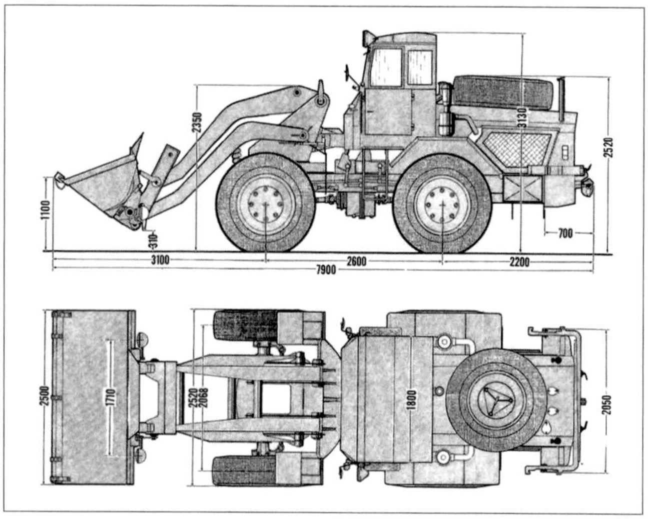

Die Abmessungen des HATRA SL 125 (FAG)

Aufbau her glich der HATRA SL 125 jedoch weiterhin seinem Vorgänger und so bildete eine verwindungssteife Schweißkonstruktion den Fahrgestellrahmen, der aus zwei kastenförmigen Längsträgern bestand. Eine Quertraverse schloss den Vorderteil des Rahmens ab, zwei weitere im rückwärtigen Teil des Rahmens dienten zur Aufnahme der Pendelachse. Den Abschluss des Rahmens bildete der Hydrauliktank, der gleichzeitig als Gegengewicht diente. Ebenfalls wurde das bewährte Konzept des auf den Rahmen aufgesetzten und um 360 Grad beweglichen Drehstuhls mit den Trag- und Führungsarmen übernommen. Und auch die Bedienung wurde weitgehend beibehalten. Die Anordnung der einzelnen Getriebe ermöglichte in vier verschiedenen Gängen vor- und rückwärts zu fahren. Ohne Kupplung konnte durch Handhebel geschaltet werden und das gestattete dem Fahrer auch beim HATRA SL 125 eine leichte Handhabung.

Spezielle Federung und große Bereifung

Was aber dem HATRA SL 125 eine besondere, militärisch erforderliche Geländegängigkeit verlieh, waren die Niederdruckreifen der Größe 16.00-25 mit 16 Lagen und EM-Profi. Deren Reifendruck war im Vorder- und Hinterrad verschieden. Je nach Einsatz – bei längerer Straßenfahrt oder beim Arbeiten im schwierigen Gelände – konnte der Luftdruck den jeweiligen Verhältnissen angepasst werden. Immerhin vermochte der HATRA SL 125 mit einer Tankfüllung um die 360 km zurückzulegen. Auf längeren Überführungsfahrten mit 55 km/h musste jedoch alle zwei Stunden eine Rast von rund 20 Minuten eingelegt werden. Da der HATRA SL 125 keine Fahrwerksfederung besaß, übernahmen so die großen Niederdruckreifen gleichzeitig diese Aufgabe mit. Bei Transportfahrten – also bei der Straßenfahrt – wurde der HATRA SL 125 ausschließlich mit Vorderachsenantrieb sowie Vorderradlenkung gefahren. Jeweils rechts und links wurden dann Kotflügel sowie Scheinwerfer angebracht.

Feldversuch mit den HATRA 1500: Das Besteben, auch weitere Typen bei der Bundeswehr oder beim Bundesgrenzschutz abzusetzen, war entsprechend groß. Die guten Kontakte und das Wissen um die strengen Anforderungen machten HATRA daher zu einem gefragten Anbieter. Bei unterschiedlichen Testeinsätzen kamen daher auch immer wieder neue Maschinen aus dem Angebot zur Erprobung im Feld. Das Ziehen von Schwimmkörpern durch schweres Gelände stellte dabei eine der eher unspektakulären Aufgaben dar (links) und auch der abgesteckte Geländeparcours wurde vom HATRA 1500 souverän bewältigt (rechts). Den im Hintergrund beiwohnenden Gutachtern der Testaktion war sicherlich nicht entgangen, dass hierfür eine Sonderbereifung gewählt wurde, die die Beweglichkeit des Schaufelladers noch einmal um ein Vielfaches erhöhen sollte. Dennoch hat es dieser Typ nicht in den Bestellkatalog der Pioniertruppen geschafft.

Historischer Einsatz: Im Februar des Jahres 1962 litten große Teile vom Hamburger Umland unter einer großen Sturmflut. Zahlreiche Menschen und Tiere verloren in nur einer Nacht Haus und Hof – und viele auch ihr Leben. Um bei der Bewältigung der Flurschäden zu helfen, beschloss Hans Hagelstein 20 der noch nicht offiziell abgenommenen HATRA SL 125 für drei Wochen direkt in das Katastrophengebiet zu entsenden. Die Hilfe war ersehnt aber auch riskant, denn alles geschah zunächst ohne offizielle Genehmigung der Behörden. Der Fahrer des DKW Munga 4 war zumindest dankbar für die spontane und kraftvolle Hilfe aus Travemünde. Auch die Hansestadt Hamburg sprach Hans Hagelstein für die schnelle Hilfe später ihren aufrichtigen Dank aus.

Diese befanden sich am Kippzylinderträger und waren durch Beleuchtungskabel mit der Batterie verbunden. Neben einer Schutzverkleidung für das Schaufelmesser musste für die Straßenfahrt linksseitig noch eine rote Flagge eingesteckt werden.

Eine Besonderheit des HATRA SL 125 waren die speziellen Federbeine. Um bei der Marschfahrt eine gute Straßenlage zu erzielen, war der Schwenklader mit zwei Federbeinen ausgestattet. Diese waren an der Rahmenvorderseite eingehängt und über die Quertraversen mit den Trag- und Führungsarmen verbunden. Nach erfolgter Montage der Federbeine war das im Drehstuhl auf der linken Seite angebrachte Ventil von außen zu öffnen. Danach waren die Hubzylinder ober- und unterseitig des Kolbens durch ein Umlaufventil verbunden und wirkten nunmehr als Dämpfer für die federnden Trag- und Führungsarme. Im Arbeitseinsatz wurden die Federbeine am Rahmen wieder ausgehängt und im Führungsarm gehaltert. Ebenso wichtig war es, bei Transportfahrten die Schaufel durch einen Sicherungshalter am Kippzylinderträger zu arretieren.

Das „Feldarbeitsgerät 2,5 t (FAG) – HATRA SL 125", wie es ab 1963 nun offiziell bei der Bundeswehr genannt wurde, verfügte nach Abschluss aller Anpassungen über Fähigkeiten, die bisher noch kein Schwenklader vorher besaß. Die Maschine war autark einsetzbar, für fast jeden Einsatzfall vorbereitet und konnte stets alle dafür benötigten

Links: Aus dem kalten Norden in den heißen Süden: Ein HATRA Schwenklader SL 125 auf dem Weg zur Verschiffung nach Algerien. Dort hatte die Armee das bereits in Deutschland hoch geschätzte Feldarbeitsgerät ebenfalls für seine Pioniertruppen geordert.
Rechts: Einsatz in Algerien: Durch die neue Unabhängigkeit des nordafrikanischen Landes musste auch dessen Armee neu aufgestellt werden. Das große Investitionspotential des damaligen Wehretats bot ab 1963 zahlreichen internationalen Herstellern von Pioniergeräten gute Absatzchancen. Hans Hagelstein hatte von Anfang an gute Verbindungen aufbauen können und konnte durch die Erfolge bei der Bundeswehr hervorragende Referenzen aufweisen. Verbunden mit dem Bestreben der Algerier, sich zunehmend westlich zu orientieren, kamen erste Gespräche und folglich auch Aufträge zustande. Hans Hagelstein festigte seine Position durch die eigens gegründete HATRA-Algerie, mit Sitz in Algier.

Neben der Lieferung von rund 25 HATRA Schwenklader SL 125 erhielten die Pioniere der algerischen Armee ab 1964 auch zehn HATRA Hydraulikbagger, davon auch fünf Autobagger, sowie einige HATRA Gummiradwalzen GW 22. Diese wurden ebenso für militärische Zwecke modifiziert und erhielten beispielsweise einen Reservereifen am Heck. Die Neuanschaffungen wurden mit großen Paraden landesweit und auch im Fernsehen gewürdigt.

Große Parade: In allen Ausrüstungsvarianten wurden die neuen HATRA SL 125 präsentiert, darunter auch die Planiereinrichtung sowie der Teleskopausleger. Anders als bei der Bundeswehr verfügten die Maschinen auch über eine teilweise Bestückung mit Schaufelzähnen. Das Ereignis wurde damals mit einem Kamerateam festgehalten. Es dürften beeindruckende Bilder dabei entstanden sein.

Heißer Sand: Die HATRA SL 125 Schwenklader auf der Fahrt durch eine Wüstenregion Algeriens. HATRA unterhielt auch nach der Lieferung der Pioniergeräte noch bis zum Jahr 1974 ausgezeichnete Verbindungen in das nordafrikanische Land. Neben zahlreichen zivilen Baumaschinen wurden durch die HATRA-Algerie auch Maschinen anderer Hersteller dorthin verkauft. Für die Armee lieferte die Niederlassung in Algier beispielsweise auch Schaufellader und Grader von Frisch, Autokrane bis 30 t Nutzlast sowie Panzer-Sattelschlepper von Faun, Autokrane von Wilhag bis 15 t Nutzlast sowie viele weitere Ausrüstungen für das Militär.

Ausrüstungen mitführen. Alle Anbaugeräte und das Zubehör wie Waffen und Tarnnetz waren auf dem Gerät verlastet. Dadurch war das FAG vollkommen unabhängig von anderen Fahrzeugen und konnte jederzeit selbständig eingesetzt werden. Neben den logistischen Aufgaben des „Prinzips der Palette“ konnte zudem der Truppe bei der Anlage von Versorgungspunkten die Möglichkeit gegeben werden, eigenständig und ohne Anforderung irgendwelcher Erdbaumaschinen, sich selbst zu helfen, Planierungsarbeiten vorzunehmen, Gräben zu ziehen und zuzuschütten, Wege anzulegen, Trümmer zu räumen und gegebenenfalls auch Schutzanlagen herzustellen sowie Deckungslöcher auszuheben oder auch Schnee zu räumen. Mit dem HATRA SL 125 sparte man Personal, Zeit und Transportraum.

Doch der Weg dahin war lang und stellte die Konstrukteure von HATRA vor zum Teil große Herausforderungen. Immer wieder mussten Veränderungen vorgenommen werden, was beispielsweise auch den Motor betraf. Für diesen wurde nunmehr ein Deutz F6 L 714 A mit 120 PS gewählt. Auch Hans Hagelstein fragte sich zuweilen, wohin das Projekt noch führen sollte und vor allem, wie hoch die Kosten am Ende werden würden. Die Bundeswehr blieb aber ein verlässlicher Partner und die mittlerweile enge Verbundenheit zahlte sich für beide Seiten aus. Nicht unerheblich wirkten sich hier sicherlich auch die guten persönlichen Verbindungen von Hans Hagelstein zu Kai-Uwe von Hassel aus, der zu jener Zeit Bundesminister für Verteidigung war. Vereinbart war zunächst eine Lieferung von 2000 Schwenkladern in Militärausführung ab dem Jahr 1961. Am Ende lieferte HATRA bis 1964 etwas mehr als 1650

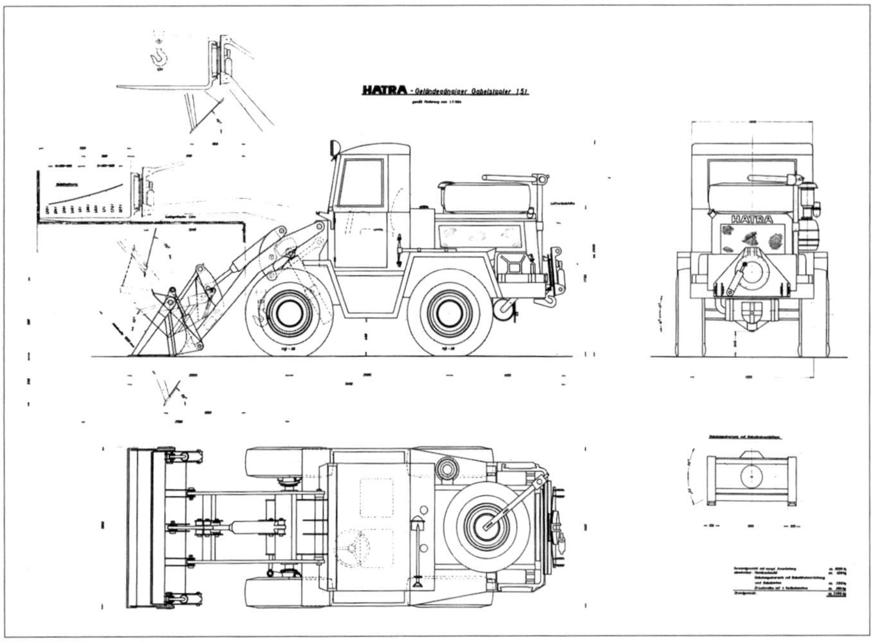

Weitere Anforderung der Bundeswehr: Im Jahr 1964 formulierte die Bundeswehr den Wunsch nach einem kleineren Feldarbeitsgerät mit einer Nutzlast von 1,5 t. Auf Basis der durch das FAG gewonnenen Erfahrungen entwickelten die HATRA-Ingenieure nunmehr eine neue außergewöhnliche Maschine mit vielen zukunftsweisenden Details, wie beispielsweise Greifschaufel oder justierbarem Geräteträger – jedoch diesmal ohne Schwenkfunktion.

Links: Das HATRA Mehrzweckgerät ML 70 in seiner ersten Bauart: Kabine, Motorverkleidung und der Reservereifen gaben Hinweise auf die Verwandtschaft zum SL 125. Dabei war die 6,2 t schwere Maschine grundlegend anders konzipiert worden – die Allradlenkung und die Transportgeschwindigkeit von bis zu 60 km/h konnte sie jedoch auch aufweisen. *Rechts:* Das neue HATRA Mehrzweckgerät ML 70 zeigte sich sehr innovativ. Dabei sollte es – ebenso wie auch der SL 125 – vollkommen autark als Gabelstapler mit Ladeschaufel im Feld agieren können. Eine Bedingung, die für den Einsatz beim Militär unerlässlich war.

Links: Außergewöhnlich: Um einen einwandfreien Parallelhub zu gewährleisten, entschieden sich die Ingenieure für eine vollkommen neuartige Ladeanlage beim HATRA ML 70. Diese stellte eine überaus innovative Konstruktion dar, die jedoch bei den späteren Bauarten nicht zur Verwendung kommen sollte. *Rechts:* Der lange Radstand von 2290 mm verlieh dem HATRA Mehrzweckgerät ML 70 ein ruhiges Fahrverhalten und sicheren Stand. Durch die Allradlenkung hatte die Maschine einen Spurkreis von 9400 mm sowie einen Wendekreis von 11.400 mm. Die Ladeschaufel verfügte über einen Inhalt von rund 0,5 m³ und war mit einer Schnellwechseleinrichtung mit dem Geräteträger verbunden.

Mitte links: Innovativ: Zu jeder Seite konnte der Geräteträger des HATRA Mehrzweckgerätes ML 70 um 25 Grad geschwenkt werden. Bodenunebenheiten konnten somit überwunden und das Transportgut sicher und präzise verladen werden.

Mitte rechts: Der heckseitig angebaute Reserveradkran ermöglichte einen schnellen Reifenwechsel. Ebenfalls am Heck verlastet waren die Stapelgabeln, die auch als Kranausleger genutzt werden konnten.

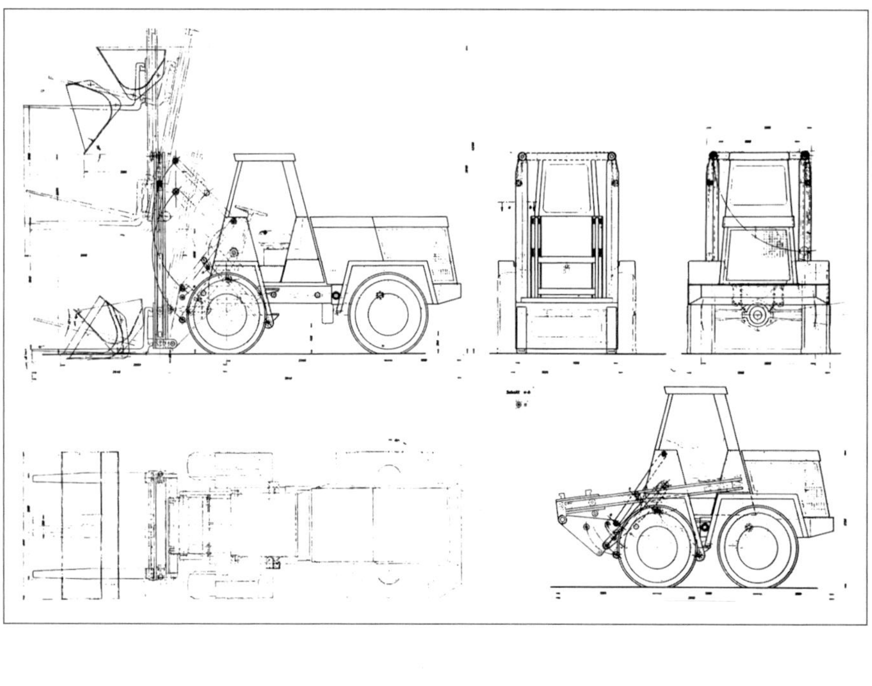

Unten: Ideenreich: Die Anforderungen der Bundeswehr an überall verwendbare Arbeitsmaschinen waren oft eine Herausforderung. Nicht zuletzt wurde auch aus dem HATRA SL 125 ein Pioniergerät, das zwar bei der Truppe auf große Anerkennung stieß, für den zivilen Bereich aber oft überdimensioniert war. Außergewöhnlich war auch der Entwurf eines weiteren Feldarbeitsgerätes mit 1,5 t Nutzlast. Hier beanspruchte die Bedingung, dass es sich auch per Fallschirm sicher am gewünschten Ort absetzen lassen sollte, den Erfindergeist der HATRA-Ingenieure noch einmal zusätzlich. In der Vorstufe ließen sich daher wieder einmal viele Innovationen erkennen, so sollte das Gerät für den Abwurf zu einer kompakten Einheit zusammengefaltet werden können. Auch wenn diese HATRA-Konstruktion nie realisiert werden sollte, so zeigte sich deutlich der Mut und die Freude der Entwickler.

Bei der zweiten Bauart des HATRA Mehrzweckgerätes ML 70 wurde neben der Anpassung der Motorverkleidung die gesamte Ladeanlage neu konstruiert. Diese war komplett abnehmbar, so dass die Maschine auch für weitere Ausrüstungen verwendbar wurde. Hierzu sollte ein Hubgerüst mit Stapelgabel oder ein Kranausleger gehören. Konstruktionsbedingt wählten die Ingenieure nun wieder die herkömmliche Parallelkinematik mit zwei Kippzylindern. Neu war auch die Möglichkeit den Geräteträger nunmehr jeweils um 100 mm nach jeder Seite zu verschieben – die Schwenkbarkeit lag bei jeweils 15 Grad.

Einheiten für die Nachschub- und Instandsetzungseinheiten der Bundeswehr. Bis 1980 blieben diese als FAG 2,5 t im Einsatz. Regelmäßig wurden die Schwenklader in den HATRA Werken Travemünde und Dillingen nach den strengen Vorgaben der Bundeswehr instand gesetzt oder von Grund auf überholt. Ab 1973 übernahmen die Industriewerke Saar dann diese Aufgabe.

Mehrzweckgerät ML 70

Der HATRA Schwenklader SL 125 hatte sich als Feldarbeitsgerät nicht nur bei der Bundeswehr als ein vielseitiges Pioniergerät durchgesetzt. Auch in anderen Ländern wurden die Maschinen in den Bestand der Truppe aufgenommen. So entschied sich neben Österreich und Schweden auch Algerien für den HATRA SL 125. Dorthin wurden aufgrund der guten Verbindungen auch noch weitere HATRA Baumaschinen für den Militäreinsatz geliefert. Unter anderem verfügte die algerische Armee über zahlreiche HATRA Gummiradwalzen GW 22 sowie einen speziellen HATRA Autobagger 80. Hauptsächlich bestand die Nachfrage der Pioniereinheiten jedoch in wendigen, flexibel einsetzbaren und vielseitigen Umschlagmaschinen.

Die Erfahrungen aus der Entwicklung des HATRA SL 125 sowie weiterer Anforderungen der Streitkräfte bewog Hans Hagelstein und sein Konstruktionsteam nun, noch weitere kleinere Mehrzweckgeräte zu konzipieren. Neben dem FUG 2,5 t sollte es in Abstufung zusätzliche Maschinen geben, die den Leistungsanforderungen von 1,5 t und 0,5 m^3 entsprechen mussten. Dabei wurden die Herausforderungen immer anspruchsvoller: Sogar mit dem Fallschirm, aus einem Flugzeug heraus, sollte ein FUG sicher zu Boden kommen können. Trotz einer vielversprechenden Konzeptstudie wurde dieser

Die zweite Version verfügte jetzt über die modernen Verkleidungselemente der HATRA Zweckform und unterschied sich auch funktional vom Vorgänger. Bei der Bundeswehr kam das HATRA Mehrzweckgerät ML 70 allerdings trotz aller Vorzüge nicht zum Einsatz. Die Schweizer Armee hingeben erhielt im Jahr 1965 fünf Maschinen für ihre Pioniere.

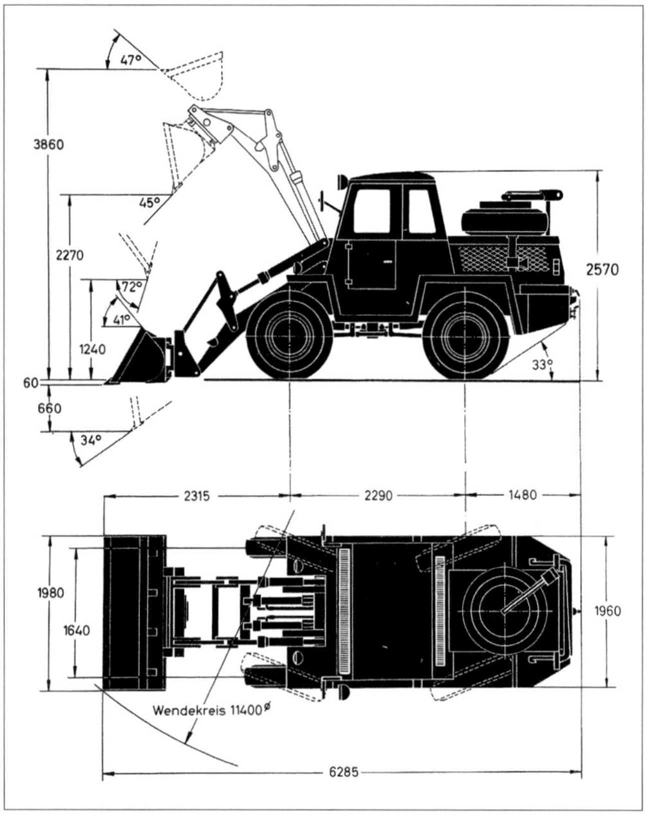

Abmessungen des HATRA Mehrzweckgerätes ML 70

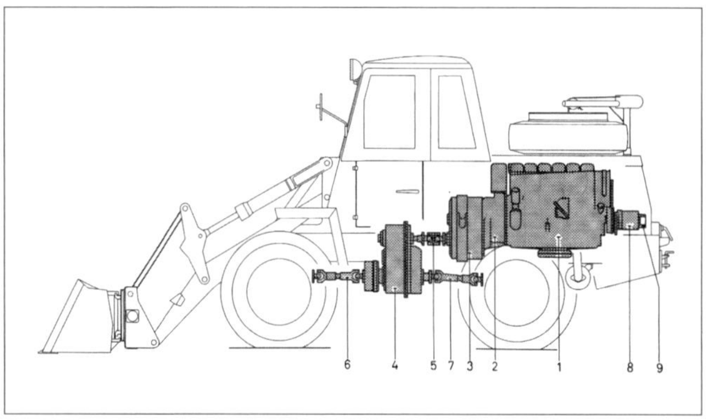

Motor und Kraftübertragung: (1) Vielstoff-Motor, (2) Drehmomentwandler, (3) Zwei-Gang-Wendegetriebe, (4) Nachschalt- und Verteilergetriebe, (5) Gelenkkupplung, (6) Gelenkwelle Vorderradantrieb, (7) Gelenkwelle Hinterradantrieb, (8) Hydraulikpumpe, (9) Lenkpumpe

Wunsch von HATRA tatsächlich einmal nicht realisiert. Ein weiteres militärisches Mehrzweckgerät konnte allerdings, wenn auch in kleiner Stückzahl, ab dem Jahr 1964 in der Praxis zum Einsatz gebracht werden. Hierbei handelte es sich um den speziellen Militärlader HATRA ML 70, der wieder einige sehr außergewöhnliche Konstruktionsmerkmale aufweisen sollte und in zwei unterschiedlichen Bauarten gefertigt wurde.

Das beim „geländegängigen Gabelstapler" HATRA ML 70 zu erfüllende Anforderungsprofil unterschied sich nicht wesentlich von dem des HATRA SL 125 und so waren als wichtigste Arbeitswerkzeuge eine Schaufel sowie Stapelzinken vorgesehen. Anders als der HATRA SL 125 war diese Maschine jedoch nicht als Schwenklader vorgesehen, wohl aber mit der bewährten Allradlenkung, die einen Wendekreis von 11,4 m ermöglichte. Für kraftvollen Antrieb sorgte auch hier ein Deutz-Dieselmotor F6L 812 A mit Wirbelkammer und 68 PS. Weiter verfügte die Maschine über einen Drehmomentwandler sowie ein Zwei-Gang-Wendegetriebe und ein HATRA Nachschalt- und Verteilergetriebe mit Getriebebremse. Mit jeweils vier Gängen vorwärts und vier Gängen rückwärts konnte sowohl im Arbeits- als auch im Transportgang gefahren werden. Mit maximal 60 km/h wurde somit auch wieder der militärisch geforderten Marschgeschwindigkeit entsprochen. Dabei sorgten ein großer Radstand von 2,29 m sowie – ähnlich wie beim SL 125 – ein Federbein für eine gute Straßenlage und angenehmes Vorankommen für Fahrer und Begleiter. Gelenkt wurde der HATRA ML 70 hydraulisch und konnte wahlweise mit den Vorderrädern, versetzt im Hundegang oder mit Allradlenkung eingesetzt werden. Die Räder mit der Militärbereifung 12.00 R-20 M waren an den lenkbaren Portalachsen montiert, wovon die hintere pendelnd am Rahmen aufgehängt war. Gebremst wurde hydraulisch verstärkt und eine zusätzliche Handbremse wirkte mechanisch durch einen Federspeicherzylinder.

Geliefert wurde der HATRA ML 70 mit montierter Schaufel. Die Stapelzinken waren auf dem Hydraulik- und Kraftstofftank, der Kranhaken auf der Quertraverse des Hubarms verlastet. Und auch weitere Gegenstände, die im militärischen Einsatz von Nutzen sein konnten, wurden praktisch mitgeführt, dazu gehörten Kanister, Spaten, Kreuzhacke, Brechstange, Klauenbeil, Tarnnetz, Feuerlöscher und das Reserverad. Für dessen Auswechseln war auf der Motorhaube ein zusätzlicher Kran montiert.

Fortschrittliche Konstruktiven

Neben den bewährten und vom HATRA SL 125 bekannten technischen Eigenschaften trat das Mehrzweckgerät HATRA ML 70 aber mit einigen sehr innovativen Details hervor, die ihrer Zeit weit voraus waren. Obwohl die Ladeanlage nicht schwenkbar konstruiert war, konnte die Maschine höchst flexibel und beweglich agieren.

HATRA ML 70
Bauzeit: 1964

Grundgewicht: 7,3 t
Motor: Deutz 6-Zylinder luftgekühlt
Leistung: 69 PS
Schaufelinhalt: 0,5 m^3
Maximale Geschwindigkeit: 60 km/h
Arbeitsbreite: 1980 mm
Länge: 6200 mm, Höhe: 2720 mm

Das machte die besondere Konstruktion möglich: Die Arbeitsausrüstung des HATRA ML 70 bestand aus einem Ausrüstungsblock, der auf die Längsträger des Rahmens aufgesetzt wurde, den Hubarmen, den Hub- und Kippzylindern, den Umlenkhebeln mit Zugstangen, der Gabeldreh- und Verschiebevorrichtung sowie dem Geräteträger. Dieser spezielle Geräteträger, der sowohl die Schaufeln als auch die Stapelzinken aufnahm, war in sich derart konzipiert, dass zum einen eine Seitenverstellbarkeit, um anderen eine Schwenkbarkeit gegeben war, jeweils 100 mm und 15 Grad nach jeder Seite. Die Ausbildung der Hubkinematik gewährleistete zudem stets eine einwandfreie Parallelführung der Anbaugeräte. Zusätzlich konnte auch eine hydraulische Universalschaufel angebracht werden.

Die kraftschlüssige Verbindung zwischen dem Ausrüstungsblock und dem Fahrzeugrahmen wurde durch zwei im hinteren Teil eingeschweißte Bolzen, die in die entsprechenden Bohrungen der vorderen Rahmenquertraversen eingriffen, und durch zwei Steckbolzen, die durch die Seitenwangen des Blocks sowie durch die Rahmenlängsträger gesteckt wurden, erreicht. Die Verbindung der Hydraulikleitungen zu den einzelnen Zylindern der Arbeitsausrüstung folgte durch Rohrleitungskupplungen. Diese lösbare Verbindung zwischen Rahmen und Arbeitsausrüstung machte es möglich, diese im Bedarfsfall gegen andere komplette Ausrüstungsgruppen, wie beispielsweise einen Hubarm oder Kranausleger, auszutauschen. Das Auf- und Absetzen des Ausrüstungsblocks konnte ohne Zuhilfenahme fremder Hebezeuge vorgenommen werden.

Mit dem Mehrzweckgerät ML 70 war es HATRA noch einmal gelungen, ein außergewöhnlich vielseitiges und praxisgerechtes Militärgerät anzubieten. Viele technische Entwicklungen, die damals von den HATRA-Konstrukteuren entwickelt wurden, fanden sich Jahre später auch in den Maschinen anderer Hersteller. Der große Erfolg blieb dem HATRA ML 70 jedoch versagt. Lediglich eine Kleinserie für die Schweizer Armee wurde verkauft. Dennoch zeigte er eindrucksvoll die Fülle der innovativen Ideen und intelligenten Lösungen, welche die Konstrukteure bei HATRA umzusetzen vermochten.

Unikat: In Zusammenarbeit mit der Lübecker Maschinenbau AG (LMG) entstand eine spezielle Grabenfräse, die das militärische Einsatzspektrum des HATRA SL 125 noch erweitern sollte. Dafür wurde die Ladeanlage komplett gegen eine massive Führungskonstruktion ersetzt, welche die schwerer LMG Fräseinrichtung durch das Erdreich führte und somit zur Erstellung von Schutzgräben dienen sollte. Es blieb jedoch bei einem Versuch.

Die HATRA Vollhydraulikbagger

Zukunftsweisende Baumaschinen für den universellen Einsatz

Das höchste Ziel von Baumaschinenfabrikanten wie Hans Hagelstein war es in den Sechzigerjahren stets die fortschrittlichsten Maschinen zu entwickeln, diese effektiv in Serie fertigen zu lassen und den Anwendern danach zweckmäßige, rationelle und formschöne Produkte zu verkaufen. Durch die konsequente Umsetzung dieser Vorgaben konnten bis zum Jahr 1964 so bereits der Schaufellader HATRA FL 50 A sowie die Gummiradwalze HATRA GW 22 an der Spitze eines neuen Baumaschinenprogramms aus Travemünde präsentiert werden. Natürlich mussten nun weitere neue Typen folgen, um sowohl der wachsenden Nachfrage des Marktes zu begegnen, aber auch den überaus ambitionierten Vorstellungen von Hans Hagelstein entsprechen zu können. Er galt als Treiber für die Konzeption neuer Maschinen oder technischer Innovationen und stellte an seine mitarbeitenden Führungskräfte enorme Anforderungen. So war es ihm auch nicht entgangen, dass sich im Marktumfeld der Baggerhersteller seit einigen Jahren eine große Veränderung anbahnte, die der Branche offensichtlich ein ebenso großartiges Potential bieten sollte.

Seit Ende der Fünfzigerjahre nutzten bereits einige in- und ausländische Hersteller die hydraulischen Kräfte auch für die Bewegungen der Arbeitsausrüstungen ihrer Bagger. Grundsätzlich war der Einbau von Hydraulikkomponenten bei Baumaschinen schon recht weit verbreitet, beispielsweise wurde diese für die Lenkung verwendet oder sie bewegte bei Schaufelladern und Raupen die Lade- und Planiereinrichtungen. Viele damalige Universalbagger hingegen wurden seinerzeit meist vollkommen mechanisch bewegt. Lediglich besaßen einige Typen eine pneumatische oder hydraulische Unterstützung einzelner Bauteile. Ausleger und Grabgefäße wurden, bis auf wenige hybride Lösungen, vollständig mechanisch betrieben. Zug- und Reißkräfte entwickelten dabei die großen Winden, deren Kräfte dann über die Seile transportiert wurden. Die Seilbagger waren dadurch bauartbedingt oft sehr groß dimensioniert und verfügten im Verhältnis hierzu über eher kleine Grabgefäße. Dass ein Baggerausleger auch über Hydraulikzylinder bewegt werden kann, bewies in den USA schon ab 1946 die Warner & Swasey Corporation mit dem Gradell Teleskopbagger. Dieser galt als erster seiner Art in den Vereinigten Staaten. Zeitgleich verfolgten in Italien die Brüder Carlo und Marco Bruneri das Ziel, eine neuartige Maschine zu entwickeln und setzten alsbald mit ihrem 1949 vorgestellten Yumbo Vollhydraulikbagger einen Meilenstein in der Geschichte dieser Baumaschinen. Experimentierfreudig und mutig bewiesen beide der Fachwelt, dass Bagger mit Öldruck durchaus machbar betrieben werden konnten. Die Idee setzte sich durch und weitere Firmen begannen nun, auf Basis der bis dahin gewonnenen Erkenntnisse, erste, noch kleine hydraulische

Links: Der erste HATRA Raupenbagger: Auch wenn noch nicht alle Konstruktionsdetails der späteren Serienmaschine entsprachen, so zeigte diese bereits, zunächst noch als HATRA HRB 50 bezeichnet, deutlich die charakteristische Bauform aller folgenden Vollhydraulikbagger aus Travemünde. Auch waren deutliche Merkmale des Konstrukteurs Karl-Heinz Ullmann zu erkennen, der zuvor für die Entwicklung der Liebherr Hydraulikbagger zuständig war. *Rechts:* Großer Wert wurde bei der Entwicklung der HATRA Vollhydraulikbagger auf die Bedienung der Maschinen gelegt. Diese bestand in einer modernen Zwei-Hebel-Kreuzschaltung für sämtliche Arbeitsbewegungen. Wichtig war auch eine hervorragende Rundumsicht, die durch die großen Scheiben gewährleistet war. Das Sichtfeld des Fahrer wurde somit fast nicht eingeschränkt.

Links: Der Prototyp des HATRA Mobilbaggers HMB 50 verfügte bereits über einen 54 PS starken Deutz-Dieselmotor sowie zwei Axialkolbenpumpen mit einem Betriebsdruck von maximal 250 bar. Bis zu 6,7 t Reißkräfte konnten so am Löffelzahn erreicht werden. Neben der Kraft waren aber auch die Geschwindigkeiten der Arbeitsbewegungen für einen rationellen Einsatz wichtig. Und diese waren durchaus beeindruckend: In nur 5 Sekunden konnte der Ausleger angehoben und in 3,2 Sekunden der Löffelstiel eingefahren werden. Pro Minute konnte sich der Oberwagen rund sechs Mal drehen. *Rechts:* Über 0,5 m³ Inhalt verfügte der Tieflöffel des HATRA HMB 50. Dieser wurde zunächst noch – wie bei allen Prototypen – direkt an den Löffelzylinder angelenkt. Auch die Gestaltung der Hydraulikleitungen auf dem Oberwagen sollte sich noch verändern. Noch viel musste ausprobiert werden, um am Ende eine betriebssichere Maschine produzieren zu können.

Bagger zu konstruieren. Zu den Pionieren auf diesem Gebiet gehörten auch Poclain aus Frankreich und Atlas Weyhausen sowie Liebherr aus Deutschland.

Auf zahlreichen Messen zeigten in den darauffolgende Jahren immer mehr Hersteller ihre Neuheiten auf diesem Gebiet. Nun waren auch O&K, Weserhütte, Sennebogen, Krupp-Dolberg oder Wilhag mit eigenen Baggern vertreten. Die meist durch drei Druckzylinder hydraulisch verstellbaren Ausleger der Maschinen wurden dann oft mit unterschiedlichen Ausrüstungen kombiniert, die dieser neuen Baggerart eine überaus große Vielseitigkeit verliehen. Die Längen der Ausleger wurden in der Regel durch eine mechanische Verstellbarkeit durch Steckbolzen variiert.

Zwar bestand noch lange Zeit eine erhebliche Skepsis vieler Baufachleute gegenüber diesem neuartigen Konzept, dennoch zeichnete sich bereits Anfang der Sechzigerjahre ein deutlicher Trend zu Hydraulikbaggern ab. Auch wenn noch nicht alle Bagger zu diesem Zeitpunkt als ausgereift galten, wurden die verwendeten Bauteile immer betriebssicherer und auch die Pumpen erreichten einen immer höheren Wirkungsgrad. Die Anwender schätzten folglich die Vorzüge der neuen Baumaschinen. Diese lagen hauptsächlich in der gegenüber Seilbaggern sehr einfachen Bedienbarkeit, der übersichtlichen Konstruktion sowie dem günstigen Verhältnis zwischen dem Gewicht und den zur Verfügung stehenden Kräften. Erstmals konnten jetzt Löffel, Schaufeln oder Greifer mit Hilfe der Hydraulikkraft in das Erdreich gedrückt und dabei zusätzlich noch das Gewicht der Maschine genutzt werden. Nach der Reflexion des

Einsatz auf dem Erprobungsgelände: Drei der ersten vier Vollhydraulikbagger-Prototypen wurden hier in Pöppendorf auf ihre praktische Eignung hin ausgiebig getestet. Besonders das Hydrauliksystem stand unter ständiger Beobachtung: Pumpen, Leitungen und Dichtungen wurden im Dauereinsatz geprüft, um daraus Erkenntnisse für Verbesserungen ableiten zu können.

Links: Mit 14,8 t Gewicht und 80 PS Motorleistung war der Vollhydraulikbagger HATRA HRB 80 der größte der neuen Baureihe. Mit dem 0,7 m^3 fassenden Tieflöffel konnte eine maximale Reißkraft von 9 t erreicht werden. Diese Kräfte galt es bei der Entwicklung der Ausleger stets im Blick zu behalten. Immer wieder stellten sich Schwachstellen heraus. Nicht ohne Grund wurde hier bereits das Widerlager am Ausleger, das den Löffelstielzylinder aufnahm, verstärkt ausgeführt. Noch entsprach die Konstruktion nicht den Anforderungen, die der harte Einsatz den Maschinen abforderte. *Rechts:* Testeinsatz im Sommer 1964: Noch glich der HATRA HMB 50 einem ungeschliffenen Diamanten, dennoch wurde schon zu diesem Zeitpunkt deutlich, dass sein modernes Design zukunftsweisend werden sollte. Auch wenn der Gussblock des Heckgewichtes noch nicht den markanten Firmennamen trug, war die HATRA Zweckform durchaus erkennbar. Der Testfahrer wird sich sicherlich mehr über ein anderes Detail gefreut haben, denn das zu öffnende Heckfenster sorgte in der warmen Jahreszeit für angenehmen Durchzug in der Kabine.

Links: Lediglich mit einer schlichten Grundlackierung versehen präsentierte sich der HATRA Vollhydraulikbagger HMB 80 auf dem Erprobungsgelände in Pöppendorf. Dennoch machte er mit seinen 13,4 t Gewicht und dem 0,7-m^3-Tieflöffel einen durchaus imposanten Eindruck. Bemerkenswert war auch bei diesem Typ die erste Ausführung vom Ausleger sowie die des Löffelstiels: Bei beiden war zunächst eine mechanische Verstellung der Länge vorgesehen. Während die Konstruktion des Grundauslegers in weiten Teilen für die Serienmaschine übernommen wurde, erhielten die Bagger hingegen später vollkommen andere Ausleger und Stiele.
Rechts: Bei diesem HATRA Vollhydraulikbagger HMB 80 wurde der Ausleger bereits durch eine zusätzlich seitlich angebrachte Stahlplatte verstärkt. So konnten die Beanspruchungen, die durch die Kräfte der Hydraulikzylinder auf das Widerlager wirkten, abgefangen werden. Auch für die Bagger fertigte HATRA die Zylinder in eigener Produktion.

Links: Nächste Entwicklungsstufe: Am Oberwagen war deutlich sichtbar, dass die Hydraulikleitungen nunmehr hinter der Verkleidung untergebracht wurden. Auch war eine vollständige Lackierung und Aufbereitung vorgenommen worden. Offensichtlich sollte dieser HATRA HMB 50 als Exponat auf einer der ersten Messen gezeigt werden. *Rechts:* Bis zu 70 Prozent Steigfähigkeit waren mit dem HATRA HRB 80 möglich. Der kräftige Raupenantrieb mit den 600 mm breiten Kettenplatten ermöglichte derartige Leistungen, wobei es sich auch hierbei empfahl, vorsichtig zu handeln. Um den Motor nicht zu schädigen, sollte der Bagger Steigungen im Dauereinsatz von kurzzeitig 28 Grad, in Schräglage 34 Grad und nach links und rechts 40 Grad nicht überschreiten. Auch der Konstrukteur Karl-Heinz Ullmann wohnte dieser Demonstration bei und behielt das Geschehen aufmerksam im Blick.

Die ersten hydraulischen Zwei-Schalen-Greifer waren von der Bauart her sogenannte Stangengreifer, die sich von der Konstruktion her noch sehr an denen der herkömmlichen Seilgreifer orientierten. Einem ähnlichen Prinzip folgten die Greifer von Liebherr, so dass dieses von Karl-Heinz Ullmann kurzerhand auch auf die HATRA Vollhydraulikbagger übernommen wurde. Für das Öffnen und Schließen wurde der Greiferzylinder von den Hydraulikleitungen des dann deinstallierten Löffelzylinders mit Öl versorgt. Der Greifer war drehbar gelagert, konnte jedoch nur gegen mechanischen Druck entsprechend bewegt werden. Daneben wies dieser HATRA M 60 noch ein weiteres bemerkenswertes Details auf: Die Stangen der Steuerhebel reichten noch bis direkt in den Boden der Kabine. Er gehörte somit zu den ersten Maschinen, die noch ohne die später vorhandenen modernen beidseitigen Steuerpulte ausgeliefert wurde.

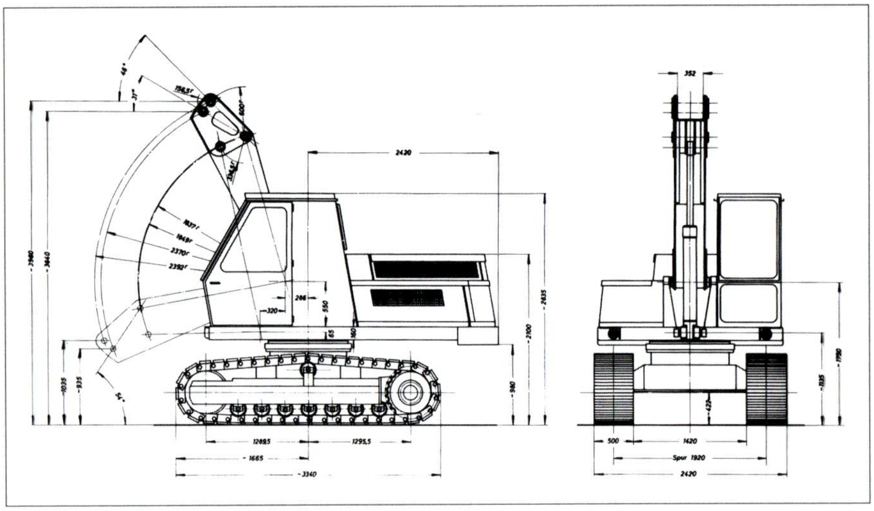

Maßzeichnung des Raupenbaggers HATRA R 60

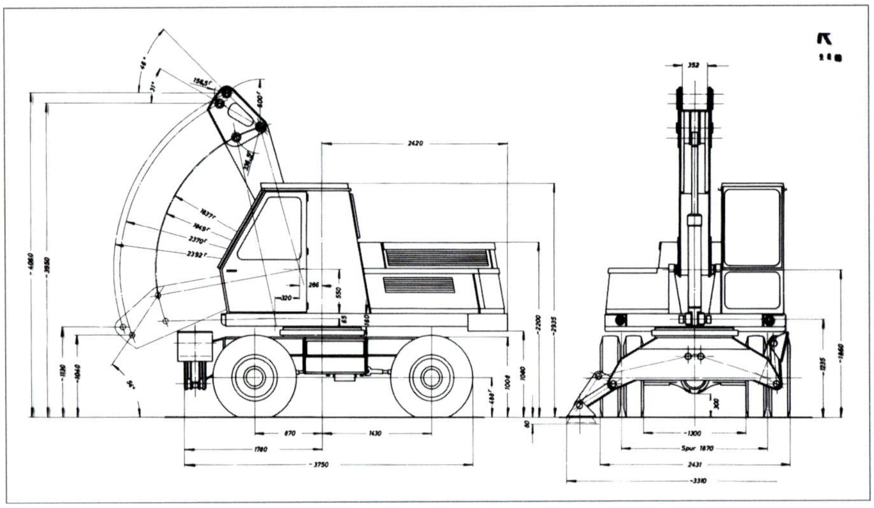

Maßzeichnung des Mobilbaggers HATRA M 60

Branchenumfeldes ergab sich für Hans Hagelstein nunmehr nur noch eine Antwort: HATRA musste an diesem neuen und zukunftsorientierten Marktsegment teilnehmen und das mit Spitzenprodukten auf höchstem Niveau.

Um diese Aufgabe erfüllen zu können, mussten ab 1962 zunächst entsprechende Rahmenbedingungen geschaffen werden. Die bestehenden HATRA-Konstruktionsabteilungen waren mit den Weiterentwicklungen zahlreicher Straßenwalzen und Schaufellader vollkommen ausgelastet. Zudem fehlte es auch an der benötigten Erfahrung im Bereich der Hydraulik im Baggerbau. Es mussten somit zusätzliche Kompetenzen und Kapazitäten ins Werk geholt werden, die zudem einen schnellen Erfolg versprechen sollten. Am benötigten Kapital konnte ein Ausbau des Baumaschinengeschäfts nicht scheitern, denn durch die außergewöhnlichen Umsätze aus den Lieferungen der Schwenklader HATRA SL 125 an die Bundeswehr waren ausreichend eigene Finanzmittel verfügbar. Was jetzt jedoch fehlt, waren zusätzliche Fachingenieure. Und es musste schnell gehen, denn die Zahl der Mitbewerber wuchs zusehends und Hans Hagelstein wollte zu den ersten gehören, die ein modernes Vollhydraulikbagger-Programm anbieten konnten.

Experten aus Süddeutschland halfen

Aufgrund zahlreicher Branchenkontakte und Begegnungen auf zahlreichen Ausstellungen war es damals wie heute durchaus üblich, auch bei anderen Firmen Ausschau nach den geeigneten Fachkräften zu halten. So ergab sich, dass der langjährig für Liebherr tätige Konstrukteur Karl-Heinz-Ullmann aus Süddeutschland an die Ostsee geholt werden konnte. Dieser war schon etwa ein Jahrzehnt lang mit der Entwicklung der Liebherr Hydraulikbagger befasst und galt als ausgewiesener Experte. Ihm folgten zugleich einige weitere Ingenieure von Liebherr, mit denen dann eine neue Abteilung in Travemünde geschaffen werden konnte. Ab 1963 konnte Hans Hagelstein nun einen neuen Konstruktionsleiter bestellen, der für alle kommenden Neuentwicklungen verantwortlich sein sollte.

Anders als bei den bisher von Karl-Heinz-Ullmann entwickelten Liebherr Hydraulikbaggern, die bis dahin zwar über hydraulische Arbeitsbewegungen und Schwenkantrieb verfügten, jedoch einen mechanischen Fahrantrieb besaßen, sollten die Bagger von HATRA als Vollhydraulikbagger entwickelt werden.

Prospekt aus dem Jahr 1965

Links: Messepremiere: Um keine Zeit zu verlieren, wurden im Jahr 1965 auf der Industriemesse in Hannover kurzerhand die Prototypen der HATRA Vollhydraulikbagger präsentiert. Wichtig war, dass zu diesem für die Hersteller wichtigen Termin, alles gezeigt werden konnte, was zumindest machbar war. Unter großem Druck wurde dann an den letzten Feinheiten gearbeitet. Auch der HATRA R 60 entsprach noch nicht der späteren serienreifen Maschine. Gleiches galt auch für den ebenfalls als Vorserienmodell gezeigten HATRA Schaufellader H 1500. *Rechts:* Auf den immer sehr herausstechenden HATRA Messeständen ging es in erster Linie darum, sich von den zahlreichen Wettbewerbern abzusetzen. Dazu gehörte jetzt natürlich auch eine beeindruckende Präsentation der neuen Vollhydraulikbagger – die allesamt noch als Prototypen – mit einem Paukenschlag dem Fachpublikum vorgestellt wurden. Damit die Verkäufer alle Fragen zu den Neuheiten kompetent beantworten konnten, wurden sie vor Messebeginn noch entsprechend mit Informationen versorgt.

Der Mitbewerber, Hans Liebherr, war damals der Ansicht, dass ein hydraulischer Fahrantrieb zu anfällig sei und ließ seine Bagger mit entsprechenden mechanischen Ausführungen konstruieren. Hans Hagelstein hingegen hatte hier andere Vorstellungen, die er zudem mit Karl-Heinz Ullmann teilte. Beide waren von der Idee des Vollhydraulikbaggers überzeugt und sicher, hier etwas Großartiges und Zukunftsweisendes erschaffen zu können. Dennoch mussten bis dahin noch viele Hürden genommen werden, bevor das endgültige Ziel erreicht war und schnell stellte sich heraus, dass weniger die technischen Probleme als vielmehr die Ungeduld von Hans Hagelstein eine der größten Herausforderungen für den Konstrukteur aus Süddeutschland sein würden.

Serienreif: Nachdem nun alle konstruktiven Veränderungen vorgenommen worden und die Erprobungen erfolgreich verlaufen waren, konnte die Serienfertigung beginnen. Jetzt zeigten die HATRA Vollhydraulikbagger ihre Vorteile auch in der Praxis und zweifelsohne gehörten sie nunmehr zu den modernsten Baumaschinen, die in Deutschland entstanden. Der HATRA 60 verfügte nun über einen massiveren Ausleger sowie einen Löffelstiel mit Umlenkhebel. Die weit durchgeschwungene Fahrertür ermöglichte nicht nur einen komfortablen Einstieg, sondern gibt hier auch den Blick auf einen ergonomisch recht entspannt arbeitenden Baggerfahrer. Die Bedienhebel wurden zwischenzeitlich in die Konsolen integriert, in denen auch alle weiteren Kontrollanzeigen vorhanden waren.

Erste Prototypen wurden in Pöppendorf erprobt

Allen Anstrengungen zum Trotz konnten 1964 die ersten Prototypen auf dem Erprobungsgelände in Pöppendorf auf

Kraftvoll und schnell waren die HATRA Vollhydraulikbagger im Einsatz. Rund 30 t Druckkraft entwickelten sich beim HATRA M 60 im doppeltwirkenden Arbeitszylinder des Grundauslegers in ein Hubmoment von knapp 21 t. In wenigen Sekunden konnten Ausleger gehoben, Oberwagen geschwenkt und Löffel entleert werden. Im Dauerbetrieb verbrauchte der Bagger dann rund 10 l in der Stunde. Bei einem Inhalt des Kraftstofftanks von 110 l hätte damit also nonstop einige Stunde gearbeitet werden können. In der Regel reichte der Tankinhalt unter praktischen Bedingungen jedoch für mehrere Tage vollkommen aus.

Links: Neben zahlreichen entwicklungsbedingten Details wurden auch die Arbeitswerkzeuge angepasst. Unter anderem wurde die Bauform der Tieflöffel verändert, indem die Aufnahme wesentlich verstärkter ausgeführt wurde, was insgesamt zu mehr Stabilität beim Graben und Reißen führte. Die Schneiden der Löffel bestanden aus hochfestem Hartstahl. Damit war der Vollhydraulikbagger HATRA M 60 ideal ausgerüstet, um beispielsweise alte Fundamente zu entfernen. Hier bei Erweiterungsarbeiten der HATRA Werksanlagen in Travemünde. *Rechts:* Auf der achtfachen Bereifung der Größe 9.00-20 EM hatte der HATRA Mobilbagger M 60 eine hervorragende Standfestigkeit. Zudem wirkte die Standbremse auf die Pendelachse und verlieh der Maschine zusätzlichen Halt. Gebremst wurde der Bagger je Lenk- und Starrachse grundsätzlich mit Hilfe von Öldruck-Servo-Bremsen (400 x 80 SM bzw. 120 SM). Die Tragfähigkeit der Lenkachse betrug 26 t, die der Starrachse lag bei 31 t.

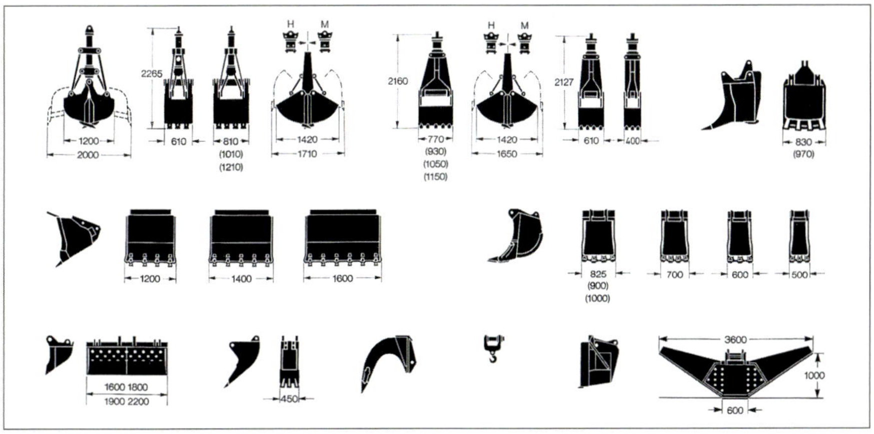

Die Arbeitswerkzeuge der HATRA Vollhydraulikbagger R 60 und M 60

ihre Eignung für den harten Baustellenalltag hin getestet werden. Zunächst entwickelte das Team von Karl-Heinz Ullmann zwei Grundbagger in vier Ausführungen. Jeweils 54 PS stark waren die 10,3 bzw. 11,4 t schweren Typen HATRA HMB 50 als Mobilbagger und HATRA HRB 50 in der Raupenversion. Die größeren Typen HATRA HMB 80 sowie HATRA HRB 80 hatten einen 80-PS-Deutz-Dieselmotor und jeweils Gewichte von 13,4 und 14,8 t. Mit entsprechenden Löffelinhalten von bis zu 0,7 m³ war damit die damals als Höchstmaß geltende Obergrenze des Leistungsbereiches eines Hydraulikbaggers erreicht. Löffelvolumen über 1 m³ galten noch als kritisch zu bewältigen, da die dafür notwendigen Komponenten und Anlagen der Zulieferer noch nicht zur Verfügung standen oder ausreichend erprobt waren. Bei den HATRA Vollhydraulikbaggern sorgten nun jeweils zwei Axialkolbenpumpen mit maximal 250 bar für ausreichende Leistung. Somit deckten die zwei Prototypen die der Zeit entsprechenden Anforderungen an einen Mittelklasse- bzw. Oberklasse-Hydraulikbagger ab und versprachen damit gute Absatzchancen in der nach rationellen Erdbewegungsmaschinen ringenden Bauwirtschaft. Doch bis zur Marktreife mussten noch zahlreiche Details verbessert werden: Die Ausleger verfügten noch nicht über die vollendete Bauform, die Stiele hatten noch Steckverbindungen und auch die direkte Anlenkung des Löffelzylinders an das Grabgefäß musste noch durch Umlenkhebel verbessert werden. Dennoch drängte Hans Hagelstein –

Links: Obwohl sich der Ausleger in der mittig gesteckten Position befand, verfügte der HATRA Mobilbagger M 60 noch über eine beachtliche Reichweite. Auch stand die Maschine quer zum Unterwagen bei voller Ausladung, mit Greifer und unabgestützt noch fest und sicher auf dem Boden. Der längs eingebaute Motor, das Gegengewicht sowie die zusätzlichen Ballastblöcke sorgten für ein ausgewogenes Verhältnis auch bei schwungvollen Arbeitsbewegungen. *Rechts:* Nachdem sich die Stangengreifer bei der Beanspruchung oftmals als zu instabil erwiesen hatten, wurden alternativ hydraulische Zwei-Schalen-Greifer von Peiner verwendet. Diese wiesen eine äußerst robuste Bauart auf und waren zudem hydraulisch endlos drehbar. Dieser Vorteil wurde bei Arbeiten im Kanalverbau sehr geschätzt, da sich der Greifer durch diese Eigenschaft wesentlich besser zwischen den Streben kontrollieren ließ.

Abgestützt in Position gebracht: Für ein weiteres Fotomotiv wurde der einst fabrikneue Vollhydraulikbagger HATRA M 60 abseits der Baustelle noch einmal statisch im Bild festgehalten. Ordentlich wurde dafür die Kabinentür verschlossen und der Oberwagen angeschwenkt. Die schwungvoll verlegten Hydraulikschläuche zum Greifer hin taten der Optik keinen Abbruch, zumal es damals noch keine andere Möglichkeit gab diese möglichst bewegungsfrei anzuschließen. Zur Sicherheit empfahl sich sogar eine etwas großzügigere Bemessung der Leitungen. Schlussendlich hat das Bild einen Platz in einer Verkaufsbroschüre erhalten. Darin wurde der Bagger allerdings in Gelb dargestellt, um dadurch der seinerzeit bestehenden HATRA-FRISCH-Verbindung zu entsprechen.

nach zahlreichen Anpassungen und langen Testeinsätzen – die noch unausgereiften Typen bereits 1965 auf der Hannover Messe und auf der Bauma in München zu zeigen. HATRA präsentierte diese nun der Fachwelt unter den zukünftigen Typenbezeichnungen HATRA R 60, HATRA M 60 sowie HATRA R 80 und HATRA M 80.

Sowohl von der technischen Konzeption als auch der modernen Formgebung entsprachen die neuen HATRA Vollhydraulikbagger nicht nur den Ansprüchen ihrer Erschaffer, sondern auch denen der Anwender in der Bauwirtschaft. Deren Anforderungen an zeitgemäße Baumaschinen nahm gleichzeitig mit der zunehmenden Anzahl neuer Anbieter zu. HATRA war bei weitem nicht der einzige Hersteller und der Markt sprach zwischenzeitlich bereits von einer „Hydraulikbagger-Inflation". Umso mehr mussten nun neue Produkte allumfassend überzeugend und vom Aufbau her wohl durchdacht, mit höchster Wirtschaftlichkeit durch optimalen Nutzungsgrad sowie robust und einfach sein – und mit dem neuzeitlichen Konzept der HATRA Vollhydraulikbagger sollte das jetzt realisiert werden.

Viele technische Besonderheiten und innovative Details

Alle Arbeitsfunktionen der neuen Maschinen erhielten ihren Antrieb durch die Hydraulikanlage. Hin- und hergehende, also oszillierende Bewegungen wurden durch doppeltwirkende Arbeitszylinder ausgeführt, während für rotierende Bewegungen bei Fahr- und Schwenkwerk jeweils Ölmotoren angeordnet wurden. Die neuen HATRA Vollhydraulikbagger besaßen eine automatisch arbeitende, leistungsgeregelte Zwei-Kreis-Hydraulikanlage. Als Primärteil waren je zwei verstellbare Axialkolbenpumpen mit angebautem Leistungsregler und Leistungsbegrenzung sowie mit eingebautem Überdruckventil installiert. Den Sekundärteil bilden Arbeitszylinder und Ölmotor. Für die Steuerung der Anlage waren druckausgleichende Längsschieber mit Feinsteuerkanten eingebaut. Rückzugsfedern in den Steuerschiebern bewirkten eine automatische Rückführung der Schieberstange in die Mittellage beim Loslassen des Schalthebels, wobei das geförderte Drucköl auf freien Umlauf geschaltet war. Verwendet wurden Hydromatik „Hydrogigant" und Güldner Doppelpumpen-Aggregate.

Ältere oder veraltete Konstruktionen seinerzeit, beispielsweise von Liebherr, Poclain, Atlas oder Yumbo, arbeiteten mit sogenannten starren Hydraulikanlagen. Diese Maschinen besaßen Hydraulikpumpen, welche bei konstanter Motordrehzahl nahezu unabhängig vom Druck eine konstante Fördermenge auswiesen. Da jedoch die obere Leistungsgrenze nach dem maximalen Druck und der zugehörigen Fördermenge ausgelegt werden musste, war man bei diesen Baggern gezwungen, bei leichten Einsätzen einen Teil der vorhandenen Leistung ungenutzt zu lassen. Das Weniger an benötigter Kraft konnte nicht in höhere Geschwindigkeit verwandelt werden. Hydraulikbagger mit starrer Hydraulikanlage waren daher verhältnismäßig langsam – oder es wurde bei schweren Einsätzen die vorhandene Motorleistung überzogen. Der Auspuff qualmte, die Drehzahl sank und der Motor kam am Ende zum Stillstand. Anders sah das nun bei der flexibel arbeitenden leistungsgeregelten Hydraulikanlage aus, die HATRA in die neuen Bagger einbaute. Das wirkte sich beim hydraulischen Fahrantrieb gegenüber den mechanischen Antrieben der Wettbewerber ebenfalls vorteilhaft aus:

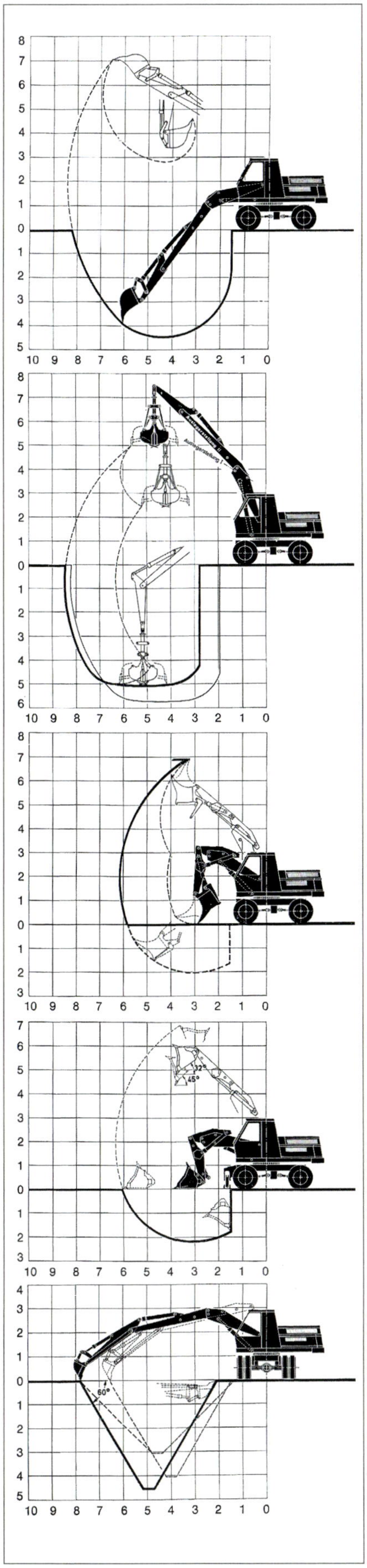

Links: Die Arbeitseinrichtungen des M 60 und deren Parameter: Tieflöffel, Greifer, Hochlöffel, Ladeschaufel und Grabenräumlöffel.

Rechts: Unikat: Lediglich ein Exemplar wurde vom HATRA Mobilkran M 60 gefertigt. Dabei hätte diese Version durchaus Potential in der Bauwirtschaft sowie bei Industrie- und Umschlagunternehmen gehabt. Die Ingenieure Uwe Derlin und Wolfgang Kollmann hatten 1967 den Vollhydraulikbagger um eine überaus interessante Ausrüstungsvariante erweitert. Dafür mussten Modifikationen am Grundausleger vorgenommen und ein vollkommen neuer Kranausleger inklusive hydraulischer Winde entwickelt werden. Nach erfolgreicher technischer Abnahme kam der einzige HATRA M 60 als Mobilkran dann bei einer Holzgroßhandlung zum Einsatz.

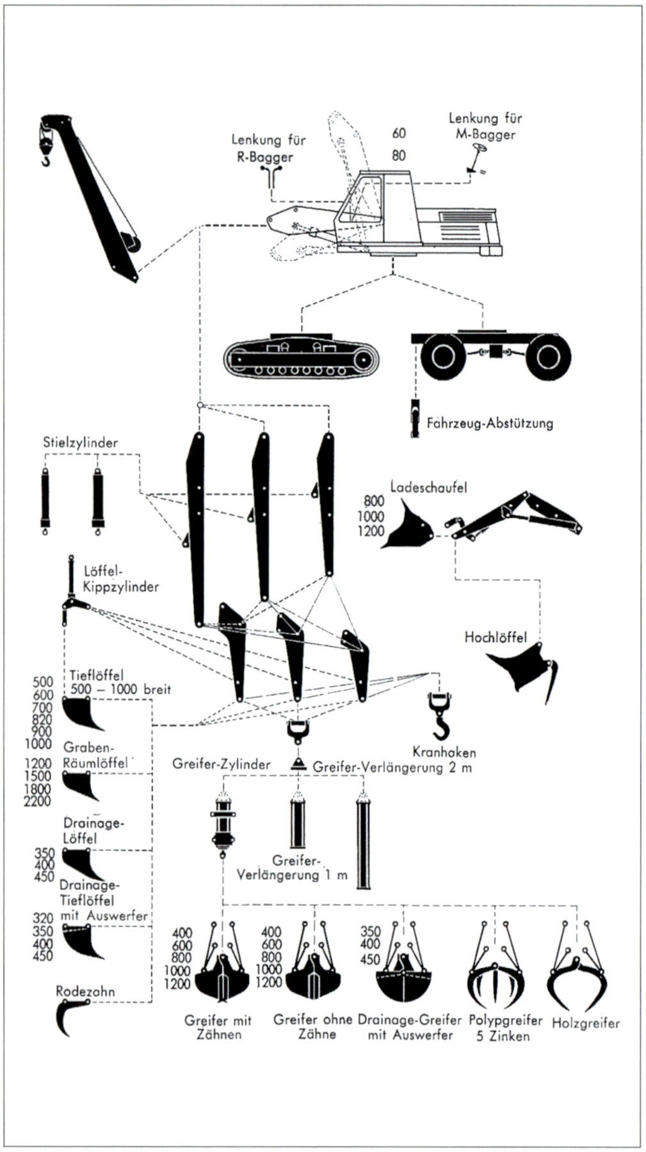

Vollhydraulikbagger aus dem Baukasten: Zahlreiche Ausleger, Stiele und Arbeitswerkzeuge waren für die HATRA-Typen R 60, M 60 sowie R 80 und M 80 vorgesehen.

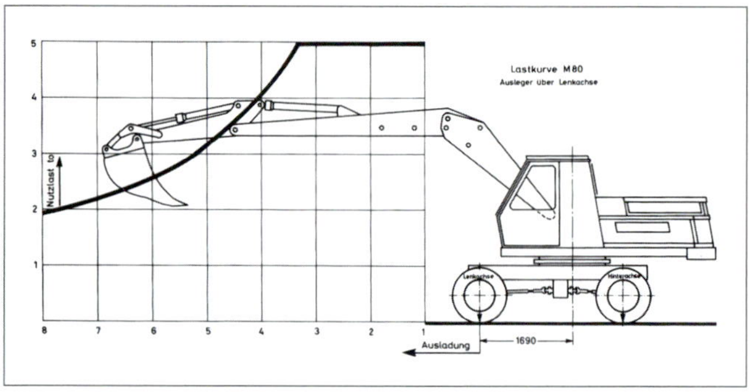

Die Lastkurve des Mobilbaggers HATRA M 80

In der zurückgesteckten Auslegerposition hatte der Mobilbagger HATRA M 60 eine Hubkraft von rund 4 t, welche auch bei einem reichlich gefüllten Tieflöffel mit 0,7 m³ Inhalt bei weitem noch nicht abverlangt wurde. Kleines Detail: Das gelbe Warnschild befand sich anfangs noch unten hinter der Tür. War diese bei der Arbeit üblicherweise geöffnet, wurde das Schild verdeckt. Nach dieser Erkenntnis wurden bei zukünftigen Maschinen die Hinweisschilder höher angebracht und waren durch die Scheibe auch bei geöffneter Fahrerhaustür gut erkennbar.

Auf ebenen Flächen, wenn geringer Fahrwiderstand auftrat, stellten sich automatisch hohe Fahrgeschwindigkeiten ein. Beim Fahren im unwegsamen Gelände, beim Überrollen von Hindernissen und beim Befahren von Steigungen regelte der Druck hoch, es entstanden in den Ölmotoren hohe Drehmomente und die Zugkraft der Räder und Raupen wurde entsprechend vergrößert. Dadurch war das Befahren großer Steigungen – beispielsweise durch die Raupenbagger – mit Neigungen um 70 Prozent, soweit der Untergrund ein Durchrutschen der Raupen verhinderte, kein Problem. Bedingt durch die Bauart waren die HATRA Vollhydraulikbagger leichter, da teure und schwere Getriebe und Übertragungsmittel durch die Königswelle und auf den Raupenturas entfielen. „Das ist uns von großer Wichtigkeit", betonte Karl-Heinz Ullmann damals und ergänzte, „da letzten Endes ja alle toten Massen durch das Gelände zu bewegen sind und wir wollen doch fortschrittliche, mobile und temperamentvolle Baumaschinen", was damit durchaus gelungen war.

Motorkraft optimal in Pumpenleistung umgesetzt

Alle neuen Vollhydraulikbagger glichen sich vom Aufbau und der Konzeption her, unterschieden sich jedoch durch die verbauten Motoren sowie die unterschiedlichen Dimensionen und die Raupenlaufwerke. Die Grundtypen HATRA R 60 und HATRA M 60 verfügten über einen luftgekühlten Vier-Zylinder-Deutz-Viertakt-Dieselmotor. Hierbei standen zunächst die Typen F 4 L 812 sowie F 4 812 D mit 58 oder 61 PS zur Auswahl. Bei den größeren

Links: Aufmerksam beobachtete der Fahrer dieses Lkw-Kippers den Beladevorgang durch den HATRA M 60, aus dessen Tieflöffel sich die rund 0,5 m³ Erde schwungvoll entluden. Insgesamt vier verschiedene Löffel mit Schnittbreiten von 500, 600, 700 und 820 mm standen für diesen Baggertyp zur Auswahl. Alle verfügten über Steckzähne aus Mangan-Hartstahl. In einer Ausrüstungsvariante mit 3900 mm langem Ausleger und 1580 mm langem Löffelstiel wurde die Maschine 1968 für 90.330,00 Deutsche Mark angeboten. *Rechts:* Um die Reichweite des HATRA M 60 zu vergrößern, konnte auch ein 4500 mm langer Ausleger sowie ein 1.800 mm langer Löffelstiel verwendet werden. Sollte mit größeren Tieflöffeln gearbeitet werden, so empfahl sich hierfür das Zurückstecken des Auslegers, um die Standsicherheit zu gewährleisten und die Leistung der Maschine optimal zu nutzen.

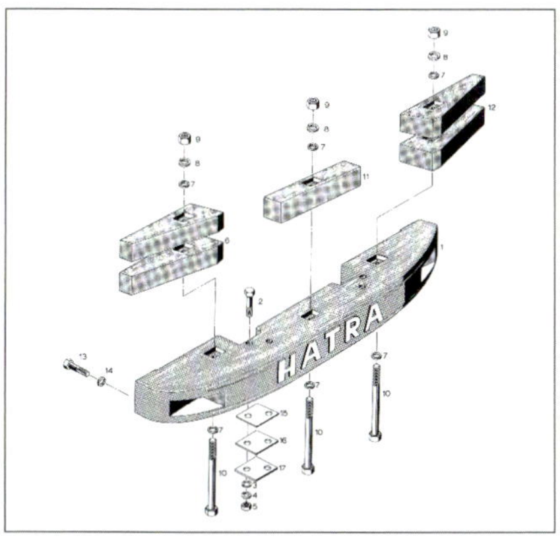

Neben dem Gegengewicht mit eingelassenen Buchstaben wurden bei den HATRA Vollhydraulikbaggern R 60, M 60, R 80 und M 80 jeweils noch fünf weitere Eisenballaste am Heck verbaut. Diese wurden fest mit dem Rahmen verschraubt und sorgten, zusammen mit dem längs installierten Antriebsaggregat, für die entsprechende physikalische Ausgewogenheit der Maschinen. Die Gussteile fertigte HATRA nicht selber – viele davon stammten von der Eisengießerei Nordguss Kampnagel, die in Bad Oldesloe ansässig war.

Maschinen HATRA R 80 und HATRA M 80 wurde als Antrieb ein Deutz-Viertakt-Dieselmotor vom Typ F6L 812 mit 87 PS gewählt. Alle Motoren liefen mit 2500 U/min und hatten einen Kraftstoffverbrauch von 10 bis 11,5 l/h. Im Laufe der Bauzeit erhielten die Bagger dann die seinerzeit aktuellen Motoren der 912er-Baureihe von Deutz. Die Motoren wurden in stabilen Traversen – bei HATRA R 60 und HATRA M 60 elastisch und HATRA R 80 und HATRA M 80 starr – auf der Drehbühne angeordnet. Die Hydraulikanlage bestand aus zwei leistungsgeregelten Axialkolbenpumpen, einem Ölmotor für das Schwenkwerk, bei den Raupenbaggern zwei Ölmotoren für den Raupenantrieb, bei den Mobilbaggern einem Ölmotor für den Fahrantrieb, doppeltwirkenden Hub-, Löffelstiel- und Löffelzylindern, den Steuergeräten, Überdruckventilen, Drosselventilen, Rohrleitungen und Verschraubungen. Für die Durchführung der für den Antrieb bestimmten Leitungen war im König eine wartungsfrei arbeitende Drehverbindung eingebaut. Durch die Verwendung der leistungsgeregelten Axialkolbenpumpen mit HATRA Optimal-Schaltung wurde eine automatische Anpassung von Druck und Geschwindigkeit erzielt. Der Aufbau einer solchen Anlage war prinzipiell recht einfach: Die Steuerung erfolgte dabei dadurch, dass ein mit dem jeweiligen Betriebsdruck der Druckleitung in Verbindung stehender Messkolben den Pumpenschwenkkörper gegen die Kraft eines Federsystems verstellte, dessen Kennlinie entsprechend der gewünschten Regelcharakteristik ausgelegt war. Der Pumpenschwenkkörper war mit dem Kolben über ein Führungsstück verbunden. Überstieg nun die durch den Betriebsdruck der Pumpe hervorgerufene Kraft diejenige des Federsatzes, so wurde dieser durch Bewegung

Oben: Vorsichtig hob der Baggerfahrer den Stangengreifer an seiner Verlängerung aus dem Kanal heraus. Der HATRA Raupenbagger R 60 war mit dieser Ausrüstung hervorragend für den Aushub zwischen den engen Kanalstreben geeignet. Jeweils drei verschiedene Verlängerungen mit 1000, 1500 und 2000 mm standen für derartige Einsätze zur Auswahl. Sollte die Position des Greifers verändert werden, so musste dieses noch mechanisch vonstatten gehen. Meist standen links und rechts des Grabens Bauarbeiter mit Schaufeln und bugsierten das Grabwerkzeug damit in die erforderliche Stellung.

Rechts: Testeinsatz auf weichem Grund: Auf 900 mm breiten Moorketten wurde dieser HATRA Raupenbagger R 60 für die Grabenreinigung eingesetzt. Nur 0,26 kg/cm² Bodendruck wurden dadurch aufgebaut. Um dabei eine möglichst große Reichweite zu erzielen, verfügte der Löffelstiel über eine Länge von 2300 mm. Bis zu 8 m Auslage waren so möglich. Noch entsprach die Ausrüstung nicht der späteren Serienausführung und auch die seitlichen Löffelstützen fehlten noch. Dennoch schienen sowohl der Werksfahrer als auch die etwas abseitig das Geschehen beobachtenden Konstrukteure mit dem Resultat ihrer Arbeit zufrieden zu sein. In vier Breiten von 1600, 1800, 1900 sowie 2200 mm und mit Inhalten von 0,45 bis 0,65 m³ standen weitere Grabenräumlöffel zur Auswahl. In dieser Ausrüstung kostete der HATRA R 60 im Jahr 1969 rund 98.500,00 Deutsche Mark.

Rechts: Die Sinnhaftigkeit eines aufstellbaren Kabinenfensters zeigt sich bei diesem Einsatz besonders deutlich: Neben einer guten Durchlüftung und einer direkten Kommunikation zu weiteren an der Arbeit beteiligten Personen stellte es mit der Möglichkeit eines fachkundigen Blickes in halbaufrechter Fahrerposition durchaus einen weiteren Vorteil dar. Wurde mit dem HATRA R 60 entsprechend tief und dicht an der Maschine gearbeitet, konnten so die Bewegungen des Tieflöffels durch das geöffnete Fenster gut beobachtet werden.

Ganz rechts: Die Grabkurve des HATRA R 60

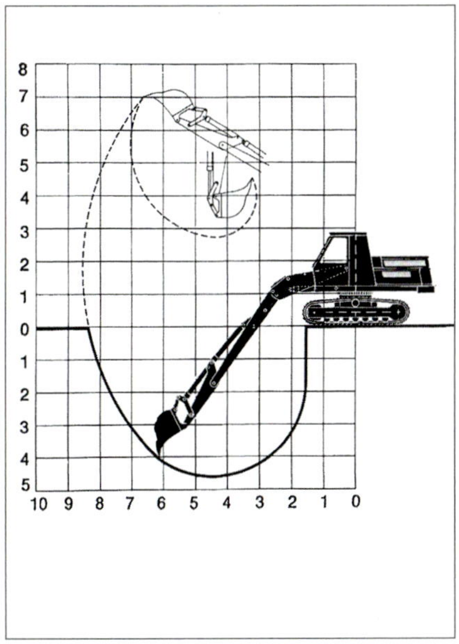

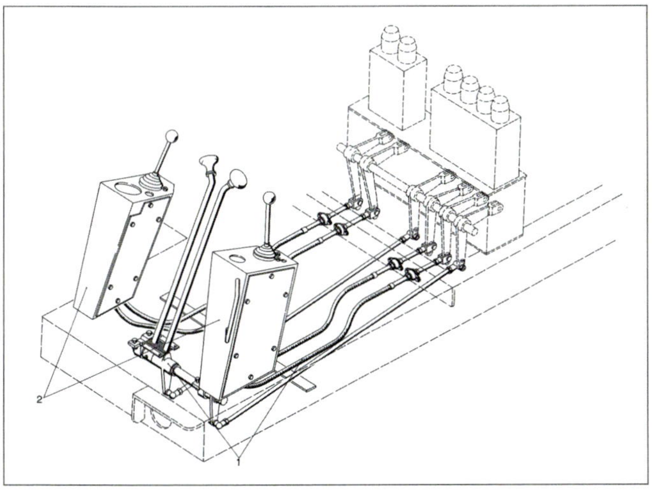

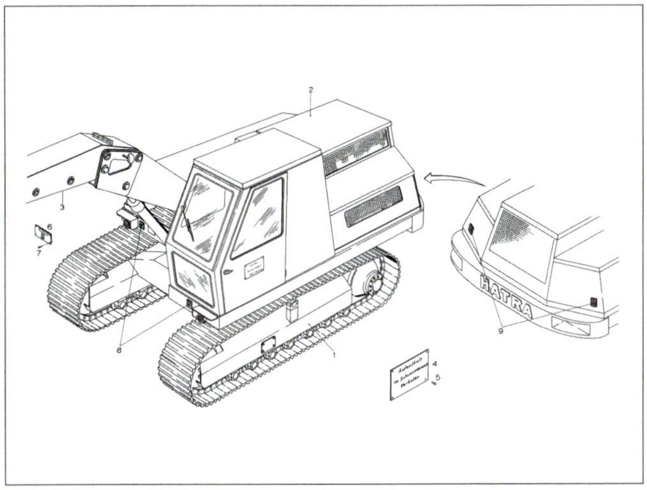

Links: Das Bedienungsgestänge (1) und die Schaltpulte (2) des R 60 *Rechts:* Aufbau des HATRA R 60: Unterwagen (1), Oberwagen (2), Arbeitsausrüstung (3), Verbotsschild (4), Pop-Blindniet (5), Typenschild (6), Kerbnagel (7), Reflektor weiß (8), Reflektor rot (9)

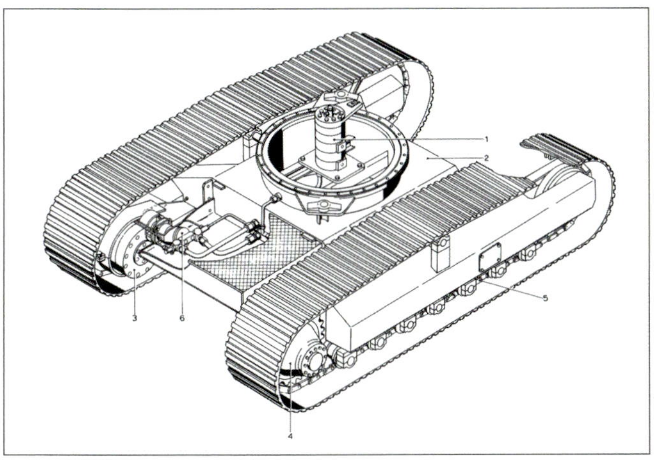

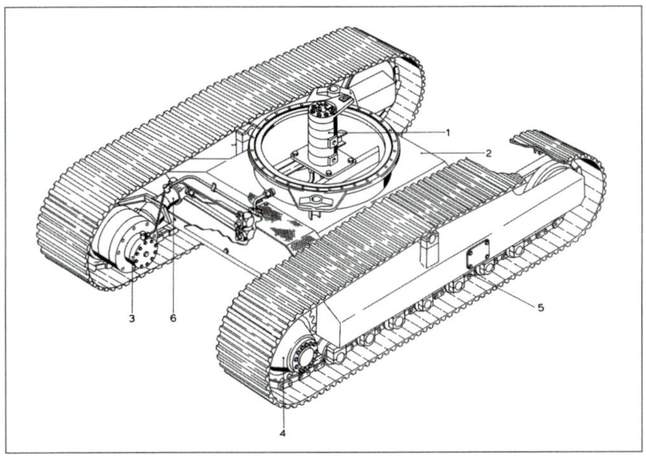

Links: HATRA R 60 Unterwagen mit Puls-Getriebe: Hydraulische Drehverbindung (1), Rahmen (2), Puls-Vorsatzgetriebe (3), Puls-Planetengetriebe (4), Laufwerk (5) Hydro-Gigant-Ölmotor (6) *Rechts:* HATRA R 60 Unterwagen mit HATRA-Getriebe: Hydraulische Drehverbindung (1), Rahmen (2), HATRA-Vorsatzgetriebe (3), HATRA-Planetengetriebe (4), Laufwerk (5) Hydro-Gigant-Ölmotor (6)

des Kolbens zusammengedrückt, bis die Kräfte wieder im Gleichgewicht standen. Dabei wurde der Pumpenschwenkkörper entsprechend verstellt. Die Pumpe wies bei dem größten Ausschwenkwinkel die größte Fördermenge auf. Je mehr sich der Schwenkwinkel dem Nullwert näherte, desto mehr verringerten sich die Hübe der Pumpenkolben und somit die Fördermenge. Für die Bagger angewendet bedeutete dieser Vorgang, dass bei geringem Druck und hoher Fördermenge der Pumpe eine entsprechend große Arbeitsgeschwindigkeit erzielt wurde, da durch die große Fördermenge das Volumen der Hydraulikzylinder in verhältnismäßig kurzer Zeit befüllt werden konnte. Im entgegengesetzten Fall, wenn durch die Grabverhältnisse große Kraft, also hoher Druck erforderlich war, regelte die Pumpe automatisch auf geringe Fördermenge und die Arbeitsgeschwindigkeit wurde entsprechend reduziert.

Alle Funktionen der Vollhydraulikbagger wurden über druckausgleichende Längsschieber betätigt. Die

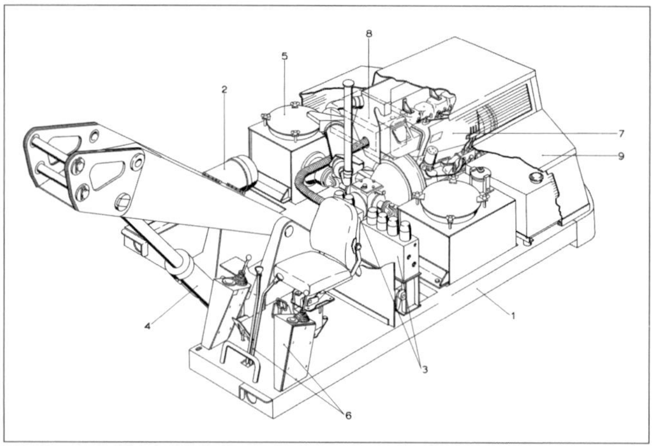

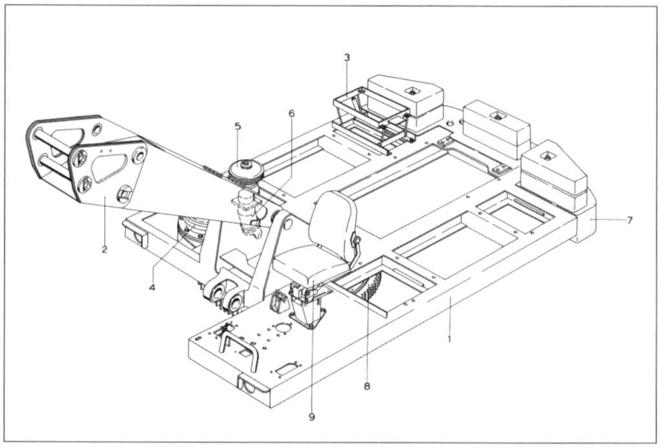

Links: Oberwagen des HATRA R 60: Drehbühne (1), Pneumatische Anlage und Bremse (2), Arbeitshydraulik (3), Hubzylinder (4), Hydrauliktank (5), Bedienungsgestänge (6), Motor (7), Batterie (8), Verkleidung (9) Rechts: Aufbau der Drehbühne des HATRA R 60: Rahmen (1), Grundausleger (2), Batterierahmen (3), Schwenkgetriebe (4), Schwenkwerksbremse (5), Hydro-Gigant-Ölmotor (6), Gegengewichte (7), Kugeldrehverbindung (8), Fahrersitz (9)

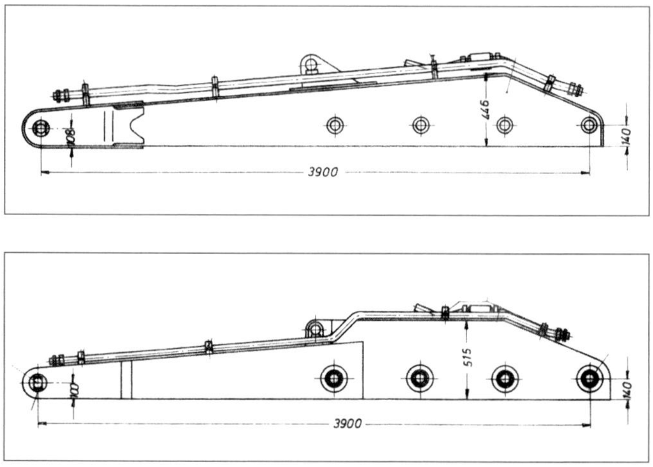

Links: Als Ergänzung des umfangreichen Ausrüstungsangebot stellte die Ladeschaufel ein weiteres praktisches Zubehör dar. Das Konstruktionsprinzip entsprach dem der Hochlöffelausrüstung mit Entladeklappe, jedoch waren nun höhere Leistungen möglich. Der Raupenbagger HATRA R 60 erhielt dafür einen neuen, speziellen, 1540 mm langen Ausleger mit zwei Schubzylindern sowie einen 1920 mm langen Stiel mit einem Schaufelkippzylinder. Drei Schaufelbreiten von 1200, 1400 und 1600 mm standen dabei zur Auswahl, mit denen maximal 0,9 bis 1,2 m³ gefördert werden konnten. An den Zylindern entwickelte sich eine Vorschubkraft von rund 15 t – das Gewicht der Maschine lag bei 14,1 t. Nach einigen Anpassungen am Sekundärventil an der Endlagendämpfung der Vorschubzylinder waren bei der serienreifen Maschine bis zu vier Arbeitsspiele pro Minute einwandfrei möglich. *Rechts:* Die neuen Konstruktionserkenntnisse, die aus den zahlreichen Einsätzen in Schweden gewonnen werden konnten, veranlassten die Konstrukteure zur Weiterentwicklung wichtiger Baugruppen. Im September 1969 konnten daher die Typen HATRA R 60 ab Baunummer 233 und HATRA M 60 ab Baunummer 130 mit neuen, verstärkten Auslegern geliefert werden.

Der Raupenbagger HATRA R 80 im Testeinsatz: Auf dem Erprobungsgelände in Pöppendorf wurde mit der nahezu serienreifen Maschine noch intensiv gearbeitet. Es erfolgten noch Anpassungen einiger Details an der Kabine, den Fenstern sowie der Verkleidung, die sie von der späteren Version unterschieden. In der Wellblechhalle konnten dann etwaige Feinheiten wettergeschützt in Augenschein genommen werden. Vor der Baracke stand bereits ein weiterer Bagger, den es zu testen galt.

Oben und unten: Dieselbe Maschine – jetzt für den kommenden Prospekt perfekt in Szene gesetzt. In der Annahme, dass Feinheiten möglicherweise nicht von der potentiellen Kundschaft zur Kenntnis genommen würden, durfte dieses Motiv koloriert ab 1966 dann verschiedenen Werbezwecken dienen und fand sich sogar auf der ersten Druckschrift von Kockum-Landswerk wieder.

Es ging aufwärts: Ein entscheidender Vorteil, den Vollhydraulikbagger gegenüber herkömmlichen Seilbaggern besaßen, war deren Steigfähigkeit. Selbstverständlich wurde diese Fähigkeit auch den noch lediglich grundlackierten Maschinen abverlangt. Nach dem Einsatz erhielt der HATRA R 80 dann eine ofengetrocknete Mehrschichten-Kunstharzlackierung auf gesandstrahltem Grund. Sonderlackierungen kosteten extra: Wer seine HATRA Baumaschinen in einer anderen Farbe als in RAL 3020 wollte, musste mit einem Aufpreis von 300,00 Deutsche Mark rechnen.

Als Universalbagger konnte der HATRA R 80 auch mit einer Hochlöffelausrüstung betrieben werden. In der ersten Ausführung mit speziellem Ausleger und Stiel wog die Maschine 15,1 t und hatte eine Reißkraft von rund 13 t. Der Hochlöffel mit Bodenklappe entsprach noch der selben konventionellen Bauart, die auch bei Seilbaggern seither Verwendung fand. Rund 0,8 m³ Inhalt konnten mit dem 970 m breiten Gefäß aufgenommen werden. Später war auch eine 0,6 m³ fassende Ausführung lieferbar. Die Bodenklappenentriegelung erfolgte über eine pneumatische Anlage. Ein vom Motor über Keilriemen angetriebener, luftgekühlter Ein-Zylinder-Luftpresser arbeitete dann über einen Druckregler auf einen Luftvorratsbehälter, von welchem aus die Steuerorgane bespeist wurden.

Steuerventile besaßen einen Federrückzug und gestatteten durch die Konstruktion der Steuerkante eine feinfühlige Einstellbarkeit. Dadurch war es möglich, alle Bewegungen auch bei voller Motordrehzahl und bei voller Fördermenge der Hydraulikpumpen millimetergenau zu steuern. Das Schwenkwerk arbeitete, wie alle anderen Bewegungen, vollhydraulisch. Von einem kräftigen Ölmotor wurde die Kraft über ein Stirnrad-Doppelvorlege-Getriebe auf die Kugeldrehverbindung übertragen. Das Schwenkmoment war so bemessen, dass auch an größten Neigungen und bei maximaler Füllung der Grabgefäße sowie größter Ausladung ein sicherer Betrieb gewährleistet werden konnte. Auf diese Erfordernisse war dann auch die hydraulisch arbeitende Schwenkwerks-Servobremse bemessen.

Eigenes Planetengetriebe für Raupenbagger

Der Fahrantrieb aller HATRA Baggertypen war hydraulisch. Bei den Raupenbaggern hatte jede Raupenseite einen separaten Antrieb und wurde von einem im Steuerblock befindlichen Steuergerät betätigt. Damit war jede Raupenseite unabhängig von der anderen mit einem separaten Bedienungshebel aus der Kabine steuerbar. Beide Raupenbagger hatten die Raupengröße Typ D 4, wobei der HATRA R 60 über 39 und der HATRA R 80 über 44 einzelne Kettenglieder pro Seite verfügte. Der Antrieb erfolgte vom Steuergerät über die im König eingebaute Hydraulikdrehverbindung auf den Ölmotor. Dieser arbeitete über ein Planetengetriebe unmittelbar auf den Antriebszahnkranz des Kettenlaufwerks. Im Fahrwerksgetriebe war eine automatisch einfallende Lamellenbremse von Ortlinghaus eingebaut. Als Kettenlaufwerk wurde ein verstärktes, speziell für die robusten Einsätze des Baggerbetriebs ausgeführtes Traktorenlaufwerk eingebaut. Die auf der Unterseite des Unterwagen-Längsträgers abnehmbar angeordneten Laufrollen besaßen eine Ölfüllung und bedurften keiner weiteren Wartung, hatten somit eine Lifetime-Schmierung. Ebenfalls auf Lebenszeit geschmiert war das Leitrad, welches in der Gabel des Kettenspanners gelagert war. Die Kettenspanneinrichtung bestand aus der mit Gleitstücken in Führungsbahnen des Unterwagens laufenden Gabel, an deren rückwärtigem Ende eine kräftige Schraubenfeder eingebaut war. Die Nachspannung der Kette wurde durch einen mit Fett gefüllten Hydraulikzylin-

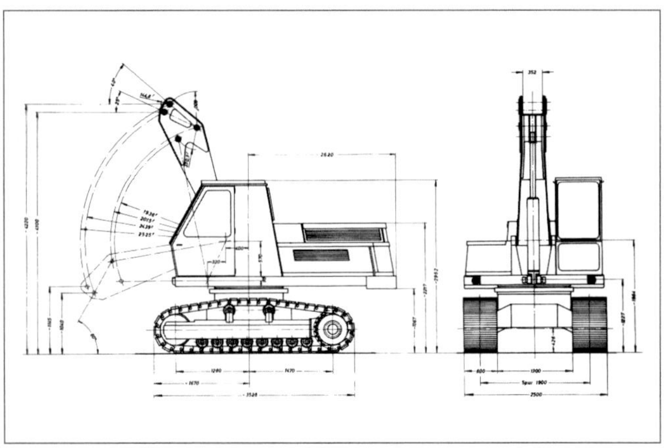

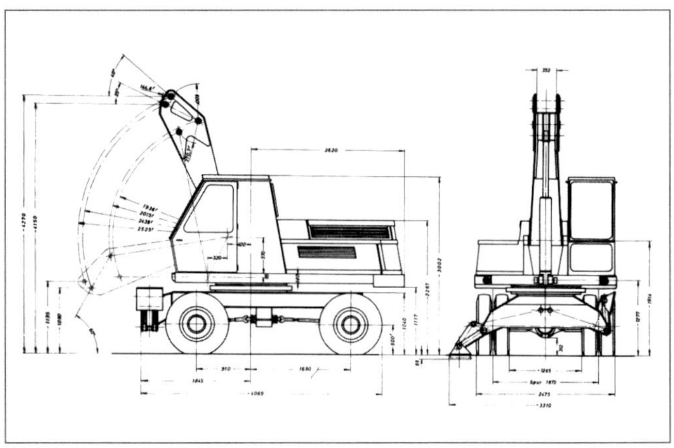

Links: Maßzeichnung des HATRA R 80 *Rechts:* Maßzeichnung des HATRA M 80

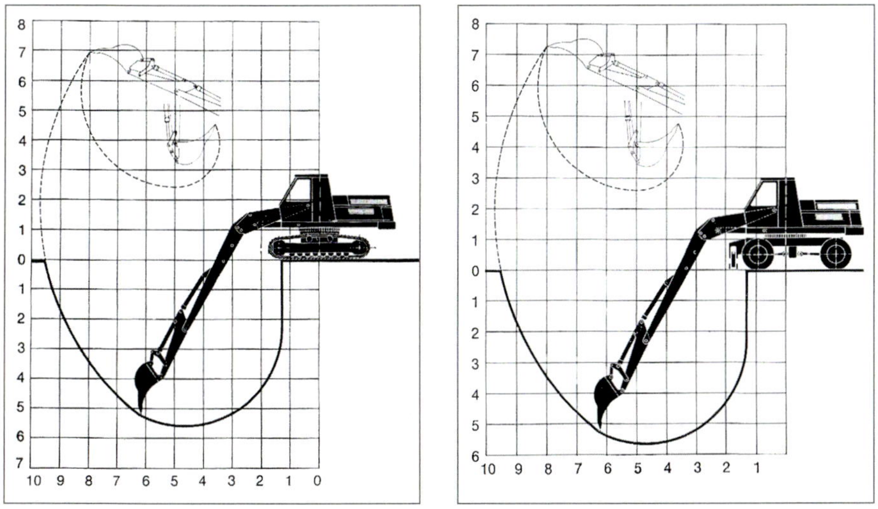

Grabkurve des HATRA R 80 (links) und des HATRA M 80 (rechts)

der vorgenommen. Die Spannfeder besaß einen sehr großen Federweg und erfüllte damit die Aufgabe, einerseits die Kette immer in der richtigen Spannung zu halten und anderseits als nachgiebiges Glied zu dienen. Dieser Vorgang war von besonderer Wichtigkeit für den Fall, dass beim Fahrbetrieb Steine oder andere kräftige, unnachgiebige Fremdkörper in das Laufrad gerieten. Weiter wurde dadurch ein Ablaufen der Kette aus den Führungsborden der Laufrollen und des Leitrades verhindert. An der Kettenoberseite waren beim HATRA R 60 eine sowie beim HATRA R 80 zwei ebenso lifetimegeschmierte Stützrollen angebracht. Der R 60 verfügte über zwei unterschiedliche Getriebeversionen beim Raupenantrieb. Zum einen wurde ein Puls-Stirnrad-Planetengetriebe PP 52 (später PP 52 V) verbaut, alternativ entwickelte HATRA ein eigenes Kegelrad-Planetengetriebe. Beim HATRA R 80 kam ein Schnecken-Planetengetriebe zum Einsatz.

Der Antrieb des Mobilbagger HATRA M 60 und HATRA M 80 erfolgte über einen für die Aufnahme der gesamten Hydraulikleistung bemessenen Ölmotor über ein zweistufiges, pneumatisches Verteilergetriebe auf die Planetenachsen. Alle HATRA Vollhydraulik-Mobilbagger verfügten über Allradantrieb. Die Lenkachse war dabei pendelnd gelagert. Zur Stabilisierung und Erhöhung der Standfestigkeit bei der Arbeit blockierten zwei Abstützzylinder, welche mit dem Einschalten der Standbremse gekoppelt waren, das Pendeln der Achse, womit eine volle Vier-Punkt-Auflage aller Räder gewährleistet war. Auf alle vier Räder wirkte auch eine durch Druckluft unterstützte, hydraulische Servo-Backenbremse. Die Standbremse wurde dabei durch einen Federspeicher betätigt. Die hydraulische Lenkung (System ZF-Ross) der Mobilbagger gewährleistete leichtes und funktionssicheres Lenken – auch unter erschwerten Bedingungen im Gelände. Ein besonderes Merkmal dieser Lenkung war die synchrone Bewegung des Lenkrads zur Lenkachse. Die gesamte Anlage arbeitete durch hydraulische Übertragung, wobei der Ölstrom und damit die Lenkkraft von der am Motor angeflanschten Lenkpumpe erzeugt wurde. Eine mechanische Verbindung zur Kraftübertragung vom Lenkrad bis zur Lenkachse bestand nicht. Da die Lenkung jedoch im Aufbau und in ihrer Wirkungsweise einer Pumpe entsprach, konnte bei einem eventuellen Ausfall der motorgetriebenen Lenkpumpe auch von Hand, allerdings mit vermehrtem Kraftaufwand, gelenkt werden.

Hydraulische Abstützung für Mobilbagger

Die Unterwagen der Mobilbagger wurden aus einer sehr kräftigen Schweißkonstruktion aus besten Martin-Siemens-Stählen gefertigt. Als tragendes Zentralelement war in der Mitte die planbearbeitete Auflage und Zentrierung für den Kugeldrehring vorgesehen. An der Stirnseite über der Starrachse waren Befestigungseinrichtungen für die Anbindung einer hydraulischen Abstützung. Die für den bequemen Einstieg an beiden Seiten angebrachten Podeste dienten gleichzeitig als Werkzeugkästen. Zur Beseitigung von Verzun-

HATRA

Vollhydraulik-Mobilbagger M 80

Harte Argumente sprechen für Hatra: ■ **Antrieb und Fahrwerk:** Planeten-Achsen und Allrad-Antrieb; 8fach bereift, Spezialprofile; großdimensionierte Reifen bedeuten: geringer Bodendruck, kleine Rollwiderstände im Gelände, sicheres Arbeiten ■ **Lenkung:** feinfühliges, genaues Steuern durch vollhydraulische Lenkung; Einschlag am Lenkrad proportional gleich dem Lenkeinschlag der Räder ■ **Bremsen:** hydraulisch betätigte Allrad-Bremsen mit Servo-Unterstützung durch Druckluftanlage ■ Auf alle vier Räder wirkende Fußbremse bleibt während der Grabarbeit durch Verriegelung fest blockiert ■ **Geländegängigkeit:** unter allen Bodenverhältnissen einwandfreie Kraftübertragung auf alle vier Räder; Lenkachse pendelnd, während der Arbeit durch Abstützzylinder blockiert ■ **Abstützung:** für Rohrverlegung und überschwere Baustellengüter nachträglicher Einbau hydraulisch betätigter Abstützfüße möglich ■ Hatra Mobilbagger sind uneingeschränkt zum öffentlichen Straßenverkehr zugelassen.

Prospekt aus dem Jahr 1966

derungen und zur Entfernung von Schlackeresten wurden die Unterwagen nach dem Schweißen so wie alle anderen ähnlichen Konstruktionsteile im Werk sorgfältig gesandstrahlt und zweifach grundiert. Optional konnten die Mobilbagger mit einer über der Starrachse angeordneten und an der Stirnseite des Unterwagens angeschraubten Bodenabstützung ausgerüstet werden. Dabei waren in einem starken Querbalken die beiden Stützbeine gelagert, die von je einem doppeltwirkenden Hy-

In Folge der weiterentwickelten Motoren erhielten auch die HATRA Baumaschinen immer wieder regelmäßige Anpassungen. Der Mobilbagger HATRA M 80 verfügte somit zunächst über einen Deutz-Dieselmotor Typ F6L 812 D und wurde dann ab dem Jahr 1969 mit einem Typ F6L 912 ausgeliefert. Die Leistung erhöhte sich damit von 87 auf 96 PS. In dieser Ausführung, mit 4500 mm langem Ausleger und 1800 mm langem Stiel sowie dem Tieflöffel mit 0,8 m^3 Inhalt, lag der Verkaufspreis 1969 bei 112.440,00 Deuten Mark. Inklusive erhielt der Kunde dann auch eine achtfache Neubereifung 10.00-20 der rund 14,4 t schweren Maschine.

draulikzylinder betätigt wurden. An ihrem unteren Ende waren an den Stützbeinen gelenkig gelagerte große Fußplatten angebracht. Die Betätigung der Abstützung erfolgte vom Fahrerhaus aus.

Die Drehbühne aller HATRA Vollhydraulikbagger bestand aus einem überaus kräftigen Zentralgerippe, an dessen Unterseite sich die mechanisch bearbeitete Auflage und Zentrierung für den Kugeldrehring befand. Die rückwärtige Begrenzung der Drehbühne war als Gegengewicht in schwerer Gusseisenausführung ausgebildet. Der Lagerblock für den Grundausleger und für den Hubzylinder war so angeordnet, dass alle aus der Arbeitsweise des Baggers herrührenden Kräfte unmittelbar über die Kugeldrehverbindung in den Unterwagen geleitet werden konnten. An der Vorderseite der Drehbühne war in einem überaus kräftigen Schwenklager der Grundausleger angebaut. Dieser verfügte an seinem vorderen Ende über drei Aufnahmeaugen für die Befestigung der Arbeitsausrüstungen. Diese wurden wiederum über zwei massive Einschlagbolzen mit dem Grundarm verbunden. Beim Wechsel der Ausrüstungen waren lediglich die beiden Bolzen zu entfernen und die Schlauchverbindungen zu lösen. Das dritte, oben angeordnete Aufnahmeauge diente dazu, den Ausleger nach oben zu verstellen, so dass im Bedarfsfall größere Beladehöhen erreichet werden konnten.

HATRA Optimalschaltung

Für die Schaltautomatik der HATRA Optimalschaltung sowie für die Bodenklappenentriegelung bei Hochlöffelbetrieb war eine pneumatische Anlage eingebaut. Ein vom Motor über Keilriemen angetriebener, luftgekühlter Einzylinder-Luftpresser arbeitete über einen Druckregler auf einen Luftvorratsbehälter, von welchem aus die Steuerorgane bespeist wurden. Bei den Mobilbaggern war die pneumatische Zwei-Kreis-Anlage zudem für die Unterstützung der Betriebsbremse, für die Betätigung der Standbremse sowie für die gekoppelte Schaltung der Stabilisatorzylinder zuständig.

Die Fahrerkabine war eine ausgezeichnet verarbeitete Abkantkonstruktion. Zur Wärmeisolierung wurde das Kabinendach unter einer Sperrholzplatte mit Isoliermasse ausgeschlagen. Die Fenster waren außerordentlich groß und Vorder- und Hinterscheibe konnten zum Zwecke reichlicher Belüftung ausgestellt werden. In der Kabine befanden sich alle für die Bedienung erforderlichen Hebel, Armaturen und Kontrollgeräte. Für den Winterbetrieb konnte eine leistungsstarke Heizung genutzt werden. Für größtmöglichen Komfort sorgte zudem ein hydraulisch gedämpfter, gefederter und nach allen Seiten verstellbarer, körpergerechter Fahrersitz.

HATRA R 60
Bauzeit: 1965 bis 1970

Grundgewicht: 11,7 t
Motor: Deutz 4-Zylinder luftgekühlt
Leistung: 54 PS bei 2500 U/min
Hydraulik: 2 x 250 bar / 192 l/min
Tieflöffelinhalt: 0,6 m^3
Maximale Grabtiefe: 4500 mm

HATRA R 80
Bauzeit: 1965 bis 1970

Grundgewicht: 14,8 t
Motor: Deutz 6-Zylinder luftgekühlt
Leistung: 96 PS bei 2500 U/min
Hydraulik: 2 x 250 bar / 320 l/min
Tieflöffelinhalt: 0,8 m^3
Maximale Grabtiefe: 5600 mm

HATRA M 60
Bauzeit: 1965 bis 1970

Grundgewicht: 10,7 t
Motor: Deutz 4-Zylinder luftgekühlt
Leistung: 54 PS bei 2500 U/min
Hydraulik: 2 x 250 bar / 192 l/min
Tieflöffelinhalt: 0,6 m^3
Maximale Grabtiefe: 4300 mm

HATRA M 80
Bauzeit: 1965 bis 1970

Grundgewicht: 13,4 t
Motor: Deutz 6-Zylinder luftgekühlt
Leistung: 96 PS bei 2500 U/min
Hydraulik: 2 x 250 bar / 320 l/min
Tieflöffelinhalt: 0,8 m^3
Maximale Grabtiefe: 5500 mm

Nicht alles lief bei der Einführung der neuen HATRA Vollhydraulikbagger planmäßig, so kam es zunächst zu zahlreichen Reklamationen. Beispielsweise mussten im Jahr 1967 die Planeten-Fahrantriebe der Raupenbagger HATRA R 60 und HATRA R 80 umgerüstet und dabei die Verschraubung verstärkt werden. Auch kam es immer wieder zu Schäden an den Löffelzylindern, die dann eine aufwendige Zylindersanierung zur Folge hatten. Laufend mussten Reklamationen durch geplatzte Hochdruckleitungen bearbeitet werden. Die größten Probleme stellten anfangs jedoch vermehrt auftretende Risse an den Auslegern dar. Um nun eine größere Haltbarkeit zu erreichen, war es erforderlich, diese am Widerlager des Stielzylinders sowie in der hinteren Abknickung zu verstärken. Dafür mussten nachträglich im Werk angefertigte Blechteile und Gurte angeschweißt werden. Überwiegend waren das zeitraubende Garantiearbeiten, die mit einem hohen Kostenaufwand verbunden waren.

Der HATRA R 80 mit Ladeschaufelausrüstung: Diese entsprach in den Maßen exakt der auch für die kleinere Baureihe 60 angebotenen Version. Überhaupt waren zahlreiche Ausrüstungsteile innerhalb der unterschiedlichen Typen austauschbar. Das erhöhte die Flexibilität der Anwender bei Einsätzen mit mehreren Baggern. Separat kostete diese komplette Einrichtung mit einem entsprechenden Grabgefäß mit 1,2 m³ Inhalt rund 11.860,00 Deutsche Mark.

Links: Brückenabbruch mit dem Stangengreifer: Vorsichtig hob der HATRA Vollhydraulikbagger R 80 die zuvor gelösten schweren Stahlteile über die darunter liegenden Bahngleise. Insgesamt vier verschiedene Greifer standen zur Auswahl und reichten von 0,38 m³ mit 600 mm bis 0,82 m³ mit 1200 mm Schnittbreite. *Rechts:* Während der gemeinsamen Zeit der HATRA-FRISCH Vertriebsorganisation erhielten viele Maschinen in Travemünde dafür eigens neu geschaffene Image-Elemente in der Farbgebung. Entwickelt wurden diese ebenfalls vom Industriedesigner Louis L. Lepoix, der genaue Vorgaben für die Lackierung der Karosserie, der Maschinenunterseite und des Getriebes, der Schaufelinnenseite sowie der Kabineninnenseite bis zur Sitzhöhe machte. Daneben entwickelte er ein neues Signet, das gut sichtbar auf allen Baumaschinen von HATRA und Frisch aufgebracht wurde. Dieser HATRA Raupenbagger R 80 präsentierte sich auf dem Werksgelände in den Farben RAL 1023 Verkehrsgelb und RAL 7022 Umbragrau.

HATRA Autobagger 80: Ausschließlich für die Armee in Algerien wurden fünf dieser speziellen Hydraulikbagger der Baureihe 80 auf Fahrgestelle von Faun gesetzt. Um den umfangreichen Ansprüchen der nordafrikanischen Pioniereinheiten zu entsprechen, wurden die Fahrzeuge mit verschiedenen Zubehörteilen ausgerüstet. Der Grundbagger verfügte über einen kurzen Ausleger, der durch eine mitgeführte längere Version getauscht werden konnte. Mit verlastet war auch ein Stangengreifer sowie ein Tieflöffel. Der Löffelstiel hingegen wurde in kurzer Ausführung montiert. Ein besonderes Detail stellte der mechanische Schnellwechsler für die Löffelwerkzeuge dar, der von HATRA bereits im Jahr 1968 nicht nur für dieses Spezialgerät, sondern auch für den Moorraupenbagger R 80 M serienmäßig angeboten wurde.

Alle HATRA Vollhydraulikbagger waren von Anfang an für den universellen Einsatz konzipiert worden und konnten daher mit den unterschiedlichsten Arbeitswerkzeugen ausgerüstet werden. In unterschiedlichen Ausführungen standen zahlreiche Ausleger, Löffelstiele, Tieflöffel, Greifer, Hochlöffel, Grabenräumlöffel, Profillöffel, Reißzähne und Lasthaken zur Auswahl. Dazu kamen ab 1966 auch eine Ladeschaufelausrüstung sowie ein Kranausleger mit Hydraulikwinde. Sogar der Anbau eines Hydraulikhammers wurde im Werk bereits früh erprobt. Die Maschinen kamen bei der Kundschaft gut an und sorgten auch durch das von Louis L. Lepoix geprägte Design für Aufsehen in der Branche. Hans Hagelstein konnte zufrieden sein – dennoch kam es zu einem Zerwürfnis zwischen ihm und Karl-Heinz-Ullmann. Dieser verließ das Unternehmen nach nur drei Jahren und wechselte zu Menck & Hambrock. Dort konstruierte er später den Hydraulikbagger M 500 H. Danach war er in Dortmund bei Harnischfeger mit der Entwicklung des großen hydraulischen Miningbaggers P&H 1200 befasst.

Kleiner Baggertyp ergänzte ab 1966

Um nunmehr rasch weitere HATRA Vollhydraulikbagger anbieten zu können, beauftragte Hans Hagelstein den ebenfalls von Liebherr übernommenen Ingenieur Rolf Färber. Dieser konstruierte im Jahr 1966 die kleineren Baggertypen HATRA R 40 und HATRA M 40. Das Konzept der Maschinen entsprach im Wesentlichen dem der bereits bekannten Bagger und unterschied sich nur in wenigen Details. So wurde beim Schwenkwerk die Kraft über ein zweistufiges Planetengetriebe auf die Kugeldrehverbindung übertragen. Das

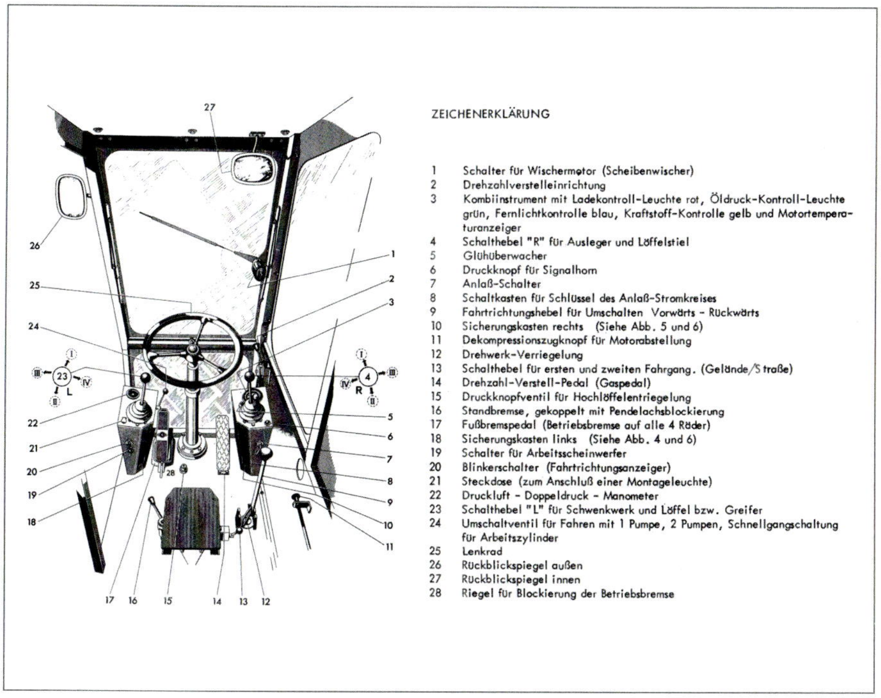

Die Kabinenausstattung des HATRA Mobilbaggers M 40

HATRA R 40

Bauzeit: 1966 bis 1968

Grundgewicht: 8,9 t
Motor: Deutz 3-Zylinder luftgekühlt
Leistung: 46 PS bei 2500 U/min
Hydraulik: 2 x 250 bar / 150 l/min
Tieflöffelinhalt: 0,4 m³
Maximale Grabtiefe: 3300 mm

HATRA M 40

Bauzeit: 1966 bis 1970

Grundgewicht: 7,9 t
Motor: Deutz 3-Zylinder luftgekühlt
Leistung: 46 PS bei 2500 U/min
Hydraulik: 2 x 250 bar / 150 l/min
Tieflöffelinhalt: 0,4 m³
Maximale Grabtiefe: 3100 mm

Schwenkgetriebe war mit einer automatisch arbeitenden Haltebremse ausgerüstet, die selbständig einfiel, wenn der Öldruck in beiden Zulaufleitungen auf unter 7 bis 8 bar Druck absank. Das Abbremsen des sich drehenden Oberwagens erfolgte hydraulisch. Nach anfänglichen Problemen wurde das Deri-Schwenkwerksgetriebe ab 1968 gegen eine Ausführung von Hydromatik getauscht. Anders als bei den größeren Mobilbaggern verfügte der HATRA M 40 zunächst nicht über die Möglichkeit einer zusätzlichen Abstützung. Als Motor wurde bei beiden Versionen ein Deutz-Viertakt-Dieselmotor Typ F3L 812 mit 43,5 PS gewählt, dessen volle Leistung von den Pumpen in die jeweils geforderte Kraft umgesetzt wurde. Beim HATRA R 40 entwickelte dadurch beispielsweise die Zugkraft des Kettenlaufwerkes, die in etwa dem Gewicht der Maschine entsprach, eine Steigfähigkeit von 65 Prozent. Dabei war das Laufwerk selbst außerordentlich geländegängig, da eine durch die Bauart bedingte große Bodenfreiheit selbst in unwegsamen Gelände kein Aufsitzen zuließ. Und auch der Mobilbagger HATRA M 40 wies durch seine großdi-

Mit rund 9,1 t Einsatzgewicht kam ab 1966 mit dem HATRA M 40 ein weiterer kleiner Vollhydraulikbagger hinzu, der ebenfalls über alle Eigenschaften der größeren Baureihen verfügte. Mit einer hinteren Ausladung von nur 1800 mm war er für Einsätze in engen Baustellenbereichen, beispielsweise in Städten, gut geeignet. Aber auch im Gelände brachte ihn seine achtfache Bereifung der Größe 09.00-20 EM 10 ply souverän und sicher an seinen jeweiligen Einsatzort.

Links: Obwohl der kleine Mobilbagger eine durchaus robuste und vielseitige Baumaschine war, lagen seine Verkaufszahlen im unteren Bereich. Nur ganze 29 Exemplare wurden bis 1970 gefertigt. Dieser HATRA M 40 mit der Baunummer 7 aus dem Jahr 1967 war danach 38 Jahre bei verschiedenen Firmen in Schleswig-Holstein im Einsatz, bis ihn der Autor dieses Buches übernahm und restaurierte. Im Winter 2021 kam er dann zu seinem neuen Besitzer nach Niedersachsen, um dort weiter erhalten zu bleiben.
Rechts: Rund 7 l Kraftstoff verbrauchte der Mobilbagger HATRA M 40 pro Stunde. Während dieser Zeit konnte er sehr effizient und schnell eingesetzt werden – bis zu fünf Arbeitsspiele waren minütlich möglich. Während der Hubzylinder eine Druckkraft von rund 26 t entwickelte, lag die Reißkraft am Zahn bei 5,5 t. Alle Hydraulikzylinder wurden in Travemünde gefertigt und so wurde auch hier die HATRA Zweckform angewendet: die Stielzylinder der Baureihe 40 entsprachen denen der Löffelzylinder der Baureihe 60. Rund 75.575,00 Deutsche Mark kostete die Maschine in dieser Ausstattung im Jahr 1968.

Das Raupenlaufwerk des HATRA R 40 konnte mit verschiedenen Bodenplatten ausgeführt werden. Als Standardversion wurde eine Breite von 500 mm angeboten, während es in derselben Breite noch eine spezielle Steinbruchkette gab. Für den Einsatz auf Moorböden stand zudem eine 900 mm breite Variante zur Auswahl. Die Steigfähigkeit der Maschine lag bei 65 Prozent, die Fahrgeschwindigkeit zwischen 0 und 2,5 km/h. Auch dieser Bagger wurde ausgiebig auf dem Erprobungsgelände getestet.

mensionierten Reifen mit der Folge eines geringen Bodendrucks und kleiner Rollwiderstände beste Voraussetzungen für ein sicheres Arbeiten auf. Für das Heben von überschweren Baustellengütern bot HATRA etwas später ebenfalls den nachträglichen Einbau einer hydraulisch bestätigten Abstützung an.

Baumaschinenbranchen im Wandel

Auch wenn HATRA mit den neuen Vollhydraulikbaggern zum richtigen Zeitpunkt auf dem Markt erschienen war, so schien sich die Lage der Bauwirtschaft – speziell die des Straßenbaus – ab dem Jahr 1966 zu wandeln. Der Bestand an Aufträgen hatte zwar wie immer im Frühjahr zugenommen, die Baupreise waren jedoch mehr als zuvor gesunken und die Kapazitäten der vorhandenen Maschinen erstmals nur zum Teil ausgelastet. Der Boom war nunmehr beendet. Ihren Höchststand hatte

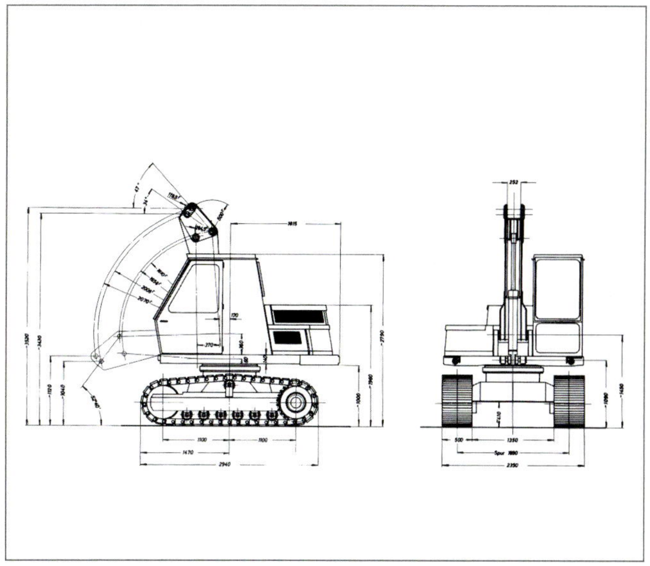

Links: Aus der weit nach vorne gezogenen Fahrerkabine bestand ein hervorragender Blick auf den gesamten Arbeitsbereich des HATRA R 40. Der Fahrer hatte somit den 3600 mm langen Ausleger sowie den Tieflöffel am 1300 mm langen Stiel immer unter Kontrolle. Insgesamt standen für die Baureihe 40 vier Tieflöffel mit Volumen bis zu 0,55 m³ zur Auswahl. Weitere zwei Greifer und vier Grabenräumlöffel konnten verwendet werden. Hierfür waren zudem ein 2300 mm langer Löffelstiel und ebenso lange Löffelstützen erhältlich. Der HATRA R 40 war in der Grundausstattung rund 5000,00 Deutsche Mark günstiger als die Mobilversion. *Rechts:* Maßzeichnung des HATRA R 40

die Baumaschinenbranche in den Jahren 1964 und 1965 mit jeweils rund 1,9 Milliarden Deutsche Mark Umsatz und knapp 360.000 t an hergestellten Maschinen. Nun gingen die Zahlen abwärts: 1967 wurden nur noch 1,1 Milliarden Deutsche Mark mit 198.000 t Baumaschinen umgesetzt, was einen drastischen Rückgang bedeutete. Diese Erscheinung führte nunmehr zu einem verschärften Wettbewerb mit beachtlichem Preisdruck. Das bekamen alle Hersteller von Baumaschinen zu spüren und ihr Markt befand sich jetzt in einem dramatischen Wandel. Die Situation wurde zudem dadurch verschärft, dass ein deutliches Überangebot an Baumaschinenanbietern bestand, welches zusätzlich noch durch eine wachsende Anzahl von Niederlassungen ausländischer Fabrikate erhöht wurde. Auch die Entwicklung, dass immer mehr Firmen ihre Baureihen erweiterten und zum Teil auch neue Produktlinien aufnahmen, erhöhte den Wettbewerb mit entsprechendem Druck auf die zu erzielenden Preise. Erstmals steuerte die Bundesrepublik in eine Rezession, die jedoch die Mechanisierung und den Rationalisierungsgrad auf den Baustellen nicht beeinträchtigen konnte. Noch hatten die Hersteller genügend Reserven aus den zurückliegenden, erfolgreichen Jahren und konnten sich massiv den neuen Marktbedingungen stellen. Trotz, oder gerade wegen dieser erschwerten Marktsituation konnten viele sogar ihr Konstruktionspotential und ihren Service noch erheblich verbessern und versuchten mit Neuentwicklungen aktiv gegenzusteuern. Auch HATRA spürte diesen Wandel und Hans Hagelstein erwartete nun – seiner unternehmerischen Verpflichtung nachkommend –, dass sich die Position seines Unternehmens mit neuen Baumaschinenentwicklungen verfestigen und ausbauen sollte. Hohes Potential boten dabei weiterhin die Vollhydraulikbagger, die sich zwischenzeitlich längst in der Bauwirtschaft etabliert hatten.

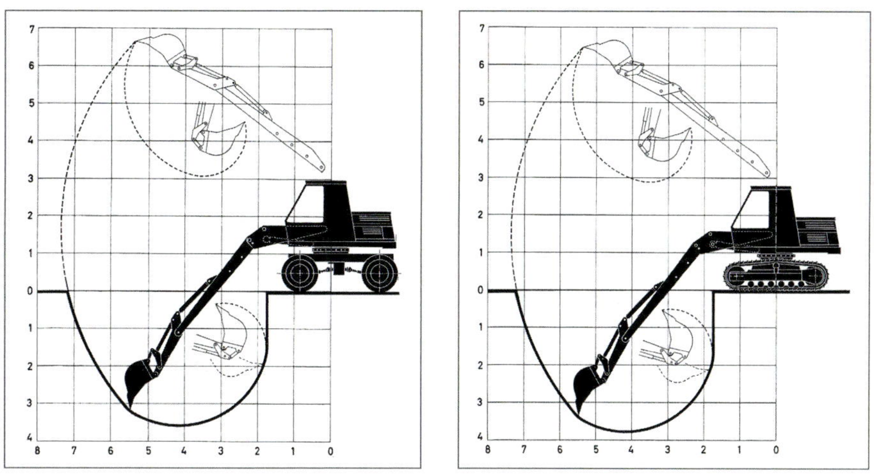

Grabkurve des HATRA M 40 (links) und des HATRA R 40 (rechts)

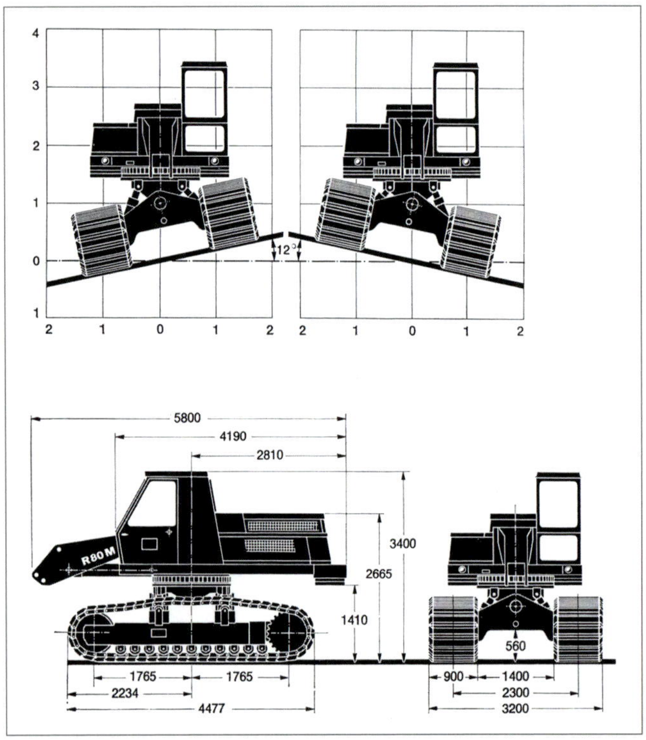

Oben links: Mit seiner außergewöhnlichen Moorausführung und Nivelliereinrichtung stellte der HATRA R 80 M eine Besonderheit dar. Kein anderer Hersteller entwickelte bis dahin einen Spezialbagger, der den Einsatzanforderungen bei Moor-Trockenlegungen und Rekultivierungen in dieser Form entsprach. Zunächst wurde die rund 20 t schwere Maschine mit einem Deutz-Dieselmotor vom Typ F6L 812 D mit 92 PS ausgestattet, dann wurde ein F6L 912 mit 101 PS verbaut. Die kräftige Schweißkonstruktion des pendelnden Unterwagens war derart gestaltet, dass größte Bodenfreiheit gewährleistet wurde.

Oben rechts: Exakte Profile von Graben und Sohle entlang der vorgesehenen Fluchtlinien waren das Resultat nach erfolgtem Einsatz des HATRA Spezial-Moorraupenbaggers R 80 M. Dabei wurde der Aushub seitlich weit abgesetzt. Mit dem 4500 mm langen Ausleger und dem 2500 mm langen Löffelstiel war das problemlos möglich. Dabei stand der Bagger sicher auf den 900 mm breiten Hohlplatten, auch dann noch, wenn der Unterwagen – je nach Neigung – entsprechend hydraulisch verstellt wurde.

Mitte: Maßzeichnung der HATRA R 80 M

Unten: Produktion der HATRA Vollhydraulikbagger

> Bei allen HATRA-Vollhydraulikbaggern standen nach 100 und 500 Betriebsstunden Inspektionen an. Nach 500 geleisteten Stunden endete auch meistens die Garantiezeit. Diese lag damals für Baumaschinen bei lediglich sechs Monaten.

Links: Die seitliche Pendelbewegung wurde durch jeweils zwei stark dimensionierte Hydraulikzylinder bewirkt. Nach beiden Seiten wurde dadurch ein Neigungswinkel von bis zu 14 Grad erreicht und konnte somit den Unterwagen an die sich durch den Schwenkvorgang auf dem weichen Boden ergebenen Absenkungen anpassen… *Rechts:* …und der Profillöffel des HATRA R 80 M wurde somit immer in einer waagerechten Position gehalten. Insgesamt standen zwei Profilgrabenlöffel – 1:2 sowie 1:1,5 – mit Sohlenbreiten von 600 und 700 mm zur Auswahl. Die größten Breiten der Löffel lagen bei 7130 mm und deren Inhalt bei rund 0,9 m³. Weitere Tief- und Grabenräumlöffel konnten an den Schnellwechsel-Geräteträger des rund 127.000,00 Deutsche Mark kostenden HATRA R 80 M in kurzer Zeit angebaut werden.

Erprobt im Schwedenwinter 1967/68

Nachdem mit den Typen HATRA R 40 und HATRA M 40 auch zwei Versionen in der unteren Leistungsklasse zur Verfügung standen, galt das Bestreben – so wie bei fast allen Herstellern –, Hydraulikbagger mit Löffelinhalten bis zu 1 m³ und mehr marktfähig anbieten zu können. Der Wettlauf um die größten Maschinen war in vollem Gange und so beauftragte Hans Hagelstein das Konstruktionsteam unter der Leitung von Egon Buchholz mit dieser Aufgabe. Zusammen mit den weiteren Ingenieuren Uwe Derlin, Wolfgang Kollmann und Friedrich Ösker wurden nun entsprechende Versuche vorgenommen. Dabei konnten sie zwar von vielen Erfahrungen aus den vorherigen Entwicklungen profitieren, dennoch suchten die Konstrukteure neue Ansätze, um die Maschine noch besser zu machen. Zudem kamen Erkenntnisse aus dem zeitgleich laufenden Kooperationsgeschäft mit Kockum-Landsverk in Schweden, die etwaige Schwachstellen bei vorherigen Konstruktionen offenlegten und somit vorgaben, was zu tun war. Dieser Hintergrund sorgte auch für die Anforderung, dass ein neuer HATRA Vollhydraulikbagger vor seiner Serienfertigung zunächst für mehrere Wochen im harten Testeinsatz im Schwedenwinter bestehen musste. Im Jahr 1967 war es soweit und der Prototyp des nunmehr größten HATRA Raupenbagger R 100 konnte mit der Fähre auf die Reise geschickt werden.

Erstmals mit Servo-Vorsteuerung

Der lange Erprobungseinsatz erwies sich als durchaus erkenntnisreich und so mussten danach noch zahlreiche Details angepasst werden. Vor allem die Konstruktion der Arbeitsausrüstung, speziell des Löffelstiels, sollte nun überarbeitet werden. Bis zu 40 cm Frostschicht musste der Prototyp in Schweden aufbrechen oder gesprengtes Feld heben, dazu kamen Tiefsttemperaturen von bis zu minus 30 Grad Celsius. Somit musste auch die Motorisierung an die Verhältnisse der strengen kalten Wintermonate Schwedens angepasst werden. Erstmals erhielt nun eine HATRA Baumaschine vorzugsweise einen wassergekühlten Ford-Dieselmotor Typ 2703 E mit 100 PS bei 2500 U/min installiert. Alternativ sahen die Entwickler weiterhin einen luftgekühlten Dieselmotor Typ F6L 912 von Deutz vor, der sodann mit 96 PS Leistung eingebaut werden konnte.

Die Hydraulikanlage des HATRA R 100 bestand aus der bewährten Zwei-Kreis-Hydraulik mit summenleistungsgeregelter Axialkolben-Doppelpumpe mit vollhydraulischer Leistungsübertragung auf alle Bewegungen. Die Konstruktion des Unterwagens war aus erstklassigen Kompakt-Stahlblechen ge-

Links: Der Erfolg der HATRA Hydraulikbagger sowie der wachsende Bedarf nach immer größeren Maschinen führte folglich zur Entwicklung des Raupenbaggers HATRA R 100. Zunächst entstand dieser Prototyp, der – vor seiner Abfahrt in das Testgebiet nach Schweden – stolz vor der gerade fertiggestellten Halle des Werk II positioniert wurde. *Rechts:* Die Testeinsätze im schwedischen Winter zum Jahreswechsel 1967/68 hatten den Ingenieuren noch einmal einige Denkanstöße gegeben. Neben der Betriebssicherheit aller Aggregate stand dabei die Verlässlichkeit der Ausrüstung im Mittelpunkt der Bestrebungen. Dies führte dazu, dass der Löffelstiel und dessen Aufnahme noch einmal komplett neu gestaltet wurde. Erstmals wurde nun beim HATRA R 100 auch ein Ford-Dieselmotor mit Wasserkühlung für die spätere Serienfertigung gewählt. Der Prototyp wurde noch vor der Serienfertigung auf zahlreichen Messen gezeigt und sorgte damit in der Fachwelt schon frühzeitig für Aufsehen.

schweißt, im Gefüge stark, verwindungsfrei und widerstandsfest. Der HATRA R 100 hatte eine hochentwickelte Drehbühnenlagerung auf einer dreireihigen Rollen-Drehverbindung. Die Fahrmotoren – mit HATRA-Getrieben – lagen direkt am Unterwagenrahmen und standen nicht frei. Zusätzlich waren die Antriebe mit einer Stahlverkleidung vor Geländehindernissen, Steinschlag oder Auffahrschäden geschützt. Trotz der dadurch entstandenen hohen Bodenfreiheit hatte der R 100 einen extrem tiefliegenden Schwerpunkt, was ihn sicher stehen und steigen ließ. Der Antrieb zu den Turassen war ölgelagert, während diese mit einer Kettenstegauflage versehen waren. Hierdurch ließ sich die Lebensdauer der Kettenbuchsen und Bolzen wesentlich erhöhen, denn die Turaszähne übertrugen so nur die Antriebskraft und die Ketten stützten sich seitlich ab. Ein besonderes Detail: Jede Turasglocke ver-

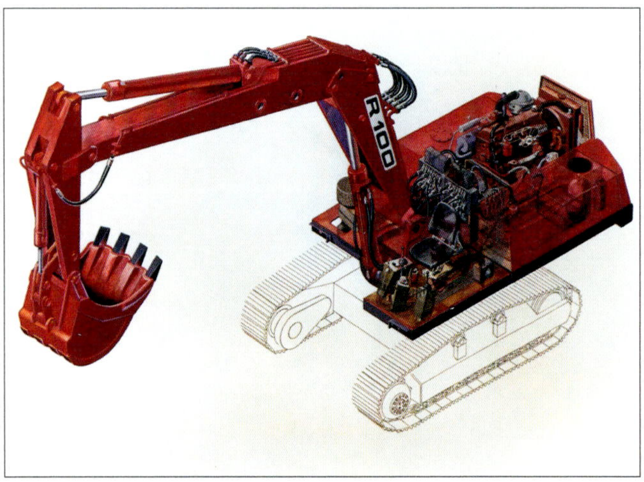

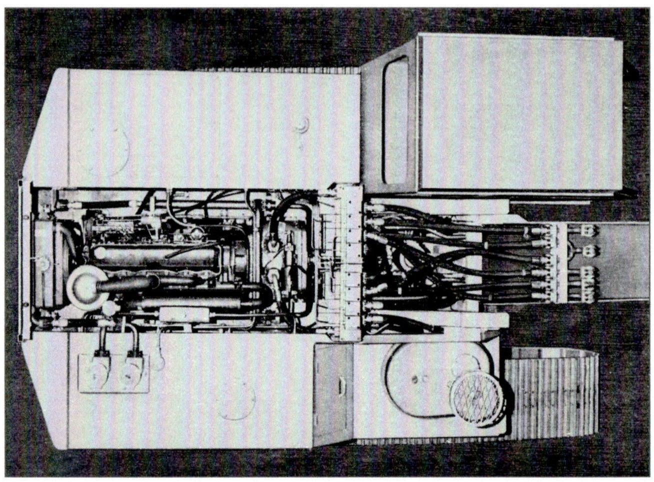

Links: Zahlreiche Details ließen schon im Jahr 1967 erkennen, dass sich das Konstruktionsteam intensiv mit dem neuen Hydraulikbagger befasst hatte und in ihn viele Neuerungen einfließen ließ. Diese waren beispielsweise am bereits viel robuster ausgeführten Ausleger zu erkennen. Aber auch Anpassungen am Löffelstiel, an der Kabine und des Oberwagens kündigten eine vollkommen neue Maschinengeneration an. *Rechts:* Blick von oben: Die Anordnung von Aggregaten und Hydraulikleitungen des HATRA R 100.

Auch der Unterwagen des HATRA R 100 wies einige Besonderheiten auf. So waren die Abstände ab der Mitte zum Turas und zum Leitrad unterschiedlich. Nach vorne war er rund 20 cm kürzer und damit asymmetrisch. Auch der Turas war außergewöhnlich: Die sieben Zähne der Turasglocke wiesen ebenfalls unterschiedliche Abstände zueinander auf. Gegen Mehrpreis war für den Raupenbagger auch ein verlängertes Speziallaufwerk mit 500, 600, 750 oder 900 mm breiten Ketten erhältlich.

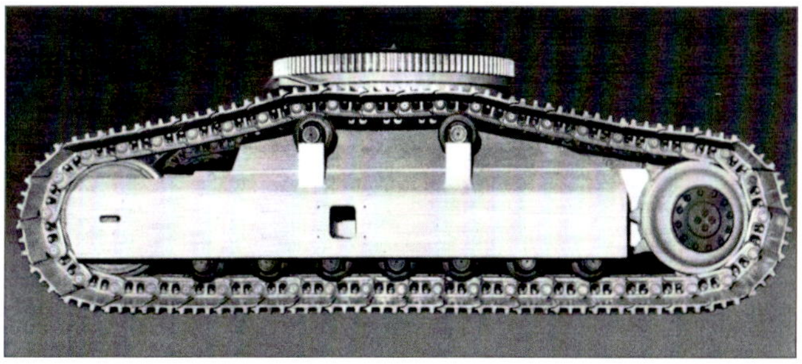

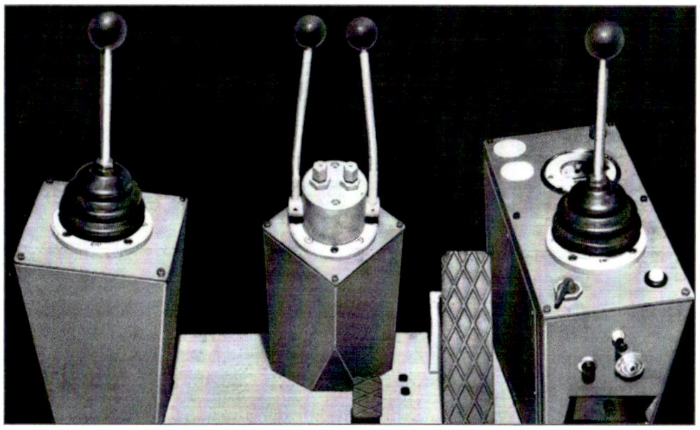

Links: Gut geschützt und abgedeckt: Die Fahrantriebe des HATRA R 100. *Rechts:* Übersichtlich und modern: Die Bedienungselemente des HATRA R 100.

fügte über sieben Zähne, von denen zudem vier unterschiedlichen Abstand zueinander aufwiesen. Durch diese Konstruktion wurde bei optimalem Eingriff in die Kette weniger Verschleiß des Antriebsrades erzeugt.

Neuartig waren beim HATRA R 100 auch die Steuerschieber in Kompaktbauweise und deren Verstellung durch einen hydraulischen Servo-Steuerkreis mit separater Steuerpumpe. Die Maschine war somit im Jahr 1967 eine der wenigen deutschen Vollhydraulikbagger, die über eine Vorsteuerung verfügten. Die meisten Wettbewerber hatten dieses Prinzip noch nicht umgesetzt und somit stand der neue HATRA Raupenbagger an der Spitze des technisch Möglichen. Das beweisen auch weitere Merkmale, wie beispielsweise das neue Vollsicht-Fahrerhaus. Dieses wurde schwingungsgedämpft gelagert und war schall- und wärmeisoliert. Neben einer einwandfreien Rundumsicht konnte der Fahrer darin ermüdungsfrei die fingerleichte Zwei-Hebel-Servo-Steuerung bedienen. Mit nur 3 kp Kraftaufwand wurden so bis zu 17 t Reißkraft am Löffelzahn erreicht. Und damit diese auch effizient und langlebig zum Tragen kamen, wurde auch die Arbeitsausrüstung des HATRA R 100 den schwersten Anforderungen angepasst. HATRA stellte alle Tieflöffel und Grabenräumlöffel in eigener Fertigung her, wobei bei den Schneiden auch auf Komponenten der Zulieferer Lehnhoff und Bofors zurückgegriffen wurde. Die ersten eigenen Greifer – noch in Stangenausführung – wurden von Peiner-Greifern für alle HATRA Vollhydraulikbagger abgelöst. Ab 1969 wurde auf Hydraulikgreifer von Demag gewechselt. Diese waren im Verhältnis zu den zuvor von Peiner gelieferten Ausführungen leichter und einfacher umzubauen. Auch die Greifer für den HATRA R 100 entsprachen der Baureihe I von Demag, waren hydraulisch drehbar und bestanden aus Hoag-Naxtra-Stahl mit Schneiden aus Pantanax. Sie wurden mit Inhalten bis 0,6 m^3 und Breiten bis 1300 mm angeboten.

Innovativer Moorraupenbagger mit Schnellwechsler

Zeitgleich wurde ein weiterer, bis heute außergewöhnlicher Raupenbagger entwickelt und im Jahr 1968 präsentiert. Hierbei handelte es sich um eine Sonderbauform des HATRA R 80, der zwischenzeitlich ebenfalls den Deutz-Dieselmotor der Bauart F 6L 912 erhielt und im Gegensatz zur Standardversion über einen speziellen Unterwagen verfügte, der den Bagger befähigte auf extrem moorigen Grund zu arbeiten und dabei stets in absolut waagerechter Stel-

HATRA R 100
Bauzeit: 1969 bis 1970

Grundgewicht: 17,4 t
Motor: Ford 6-Zylinder wassergekühlt, Deutz 6-Zylinder luftgekühlt
Leistung: 100/96 PS bei 2500 U/min
Hydraulik: 2 x 260 bar / 160 l/min
Tieflöffelinhalt: 1 m^3
Maximale Grabtiefe: 6100 mm

Unten: Der neue HATRA-Raupenbagger R 100 setzte neue Maßstäbe. Er beeindruckte mit seiner Reichweite von über 8 m mit 4500 mm langem Ausleger und 1800 mm langem Stiel sowie dem robusten, 1000 mm breiten Tieflöffel mit 0,85 m³ Inhalt mit Löffelbrust und Zähnen aus Bofors-Stahl. Mit zwei unterschiedlichen Ladeschaufeln in den Breiten 1400 mm und 1600 mm mit jeweils 1 und 1,2 m³ Inhalt konnte der HATRA R 100 ausgerüstet werden. Dafür erhielt der Bagger einen 1800 mm langen Ausleger mit zwei Zylindern sowie einen 3000 mm langen Löffelstiel. Für besonders schwere Einsätze stand zudem noch eine 1200 mm breite Felsschaufel mit 0,8 m³ Inhalt zur Verfügung. Insgesamt 133.500,00 Deutsche Markt mussten Kunden für die so ausgestattete Maschine im Jahr 1969 bezahlen. Dieser Bagger gehörte noch zu den ersten Testmaschinen und verfügte über einige Details, die später nicht in der Serienfertigung verbaut wurden. Dazu gehörte auch die Abdeckung des Schwenkwerks.

Die Messebesucher in Hannover konnten 1969 die Vorzüge des HATRA R 100 auch unter extrem begrenzenden Einsatzbedingungen erleben. Zusammen mit den Baumaschinen von Frisch brachte der Vorführer die Maschinen an exponierter Stelle in Position und ging dabei oftmals an die Grenzen des Machbaren. Besonders die Steigfähigkeit von 80 Prozent beeindruckte die Zuschauer. Dabei mussten stets sämtliche Motorflüssigkeiten im Blick behalten werden. Kleines Detail: Anders als bei der Serienmaschine wurde das Schwenkwerk vorne rechts durch eine Verkleidung abgedeckt.

lung zu bleiben. Das garantierte der hydraulische Pendelausgleich des Oberwagens, der bis zu 14 Grad je Seite angepasst werden konnte – unabhängig von den Bodenverhältnissen oder der Position des Unterwagens. Vorteil dieser Konstruktion war eine einwandfreie Maßhaltung der vorgeschriebenen Graben- und Kantenprofile, der Grabensohle sowie der abgesteckten Fluchtlinie. Dadurch entfielen zeitaufwendige Nachkorrekturen mit dem Bagger und kostenaufwendige Nacharbeiten von Hand. Eine weitere Eigenschaft bestand darin, dass der neue HATRA Spezial-Moorraupenbagger R 80 M durch seine große Reichweite von bis zu 9,5 m den Aushub vorteilhaft seitlich absetzen konnte. Verlagerte sich durch diese Schwenkbewegung das Gewicht des Baggers auf die 900 mm breiten Hohlplatten und sackte dadurch der Unterwagen nach einer Seite hin ab, konnte durch den Pendelausgleich danach dennoch wieder eine waagerechte Grabposition eingenommen werden.

Der Spezial-Moorunterwagen war dafür mit einem pendelnd angeordnetem Aufnahmeblock der doppelreihigen Kugeldrehverbindung versehen. Dadurch war die Möglichkeit gegeben, den Oberwagen mit der Arbeitsausrüstung, auch bei extrem schräg stehendem Unterwagen – ohne Verfahren des Baggers –, über vier Hydraulikzylinder stets waagerecht einzustellen. Das genaue Einstellen des Oberwagens erfolgte vom Fahrerhaus aus und wurde dort durch ein angebrachtes Anzeigegerät erleichtert. Eine weitere fortschrittliche Lösung stellte der Schnellverschluss zum kurzfristigen Auswechseln der Arbeitsausrüstung dar. Bereits zu dieser Zeit konnten die Ingenieure bei HATRA eine solche mechanische

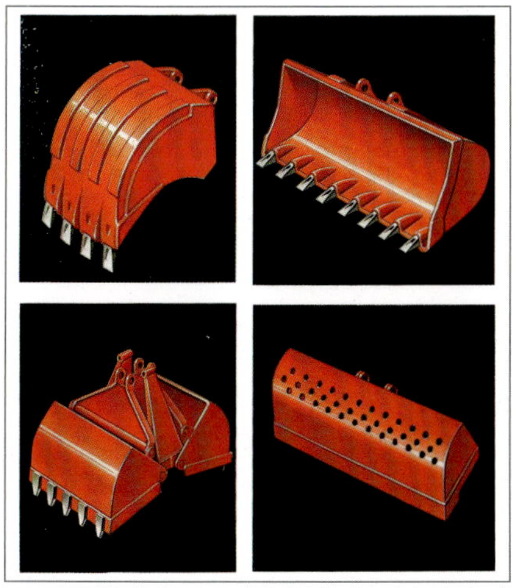

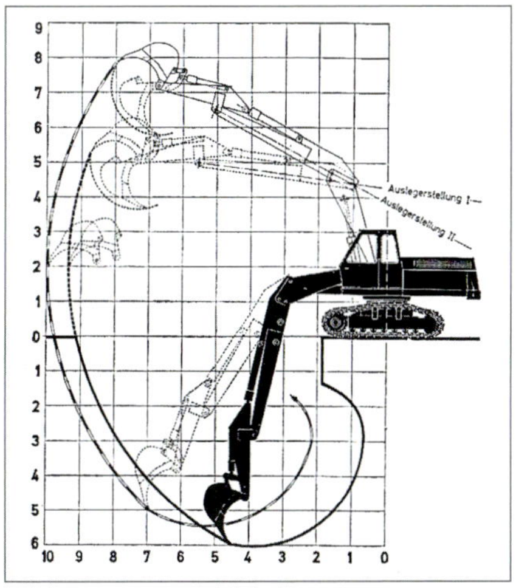

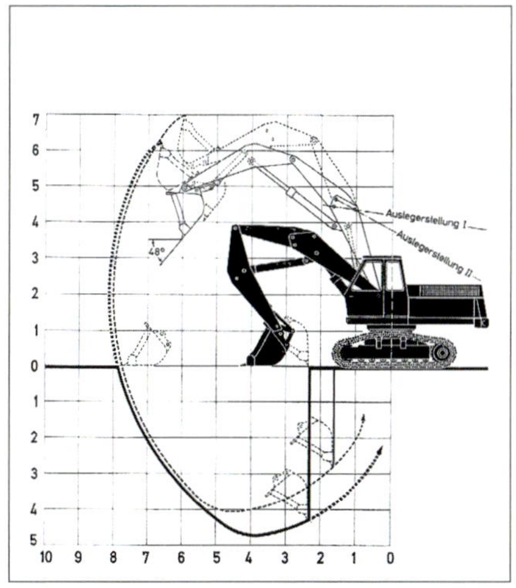

Links: Die wichtigsten Arbeitsausrüstungen: Neben vier verschiedenen Tieflöffeln, drei Grabenräumlöffeln, drei Ladenschaufeln und einem Rodezahn aus Mangan-Hartstahl konnte der HATRA R 100 auch mit zwei verschiedenen Greifern arbeiten, die über jeweils 0,8 und 1,0 m³ Inhalt verfügten. Zum einfachen Austausch lieferte HATRA bereits im Jahr 1969 eine Schnellverschluss-Kupplung! *Mitte:* Grabkurve des HATRA R 100 mit Tieflöffel *Rechts:* Grabkurve des HATRA R 100 mit Ladeschaufel

HATRA R 80 M
Bauzeit: 1968 bis 1970

Grundgewicht: 19,6 t
Motor: Deutz 6-Zylinder luftgekühlt
Leistung: 96 PS bei 2500 U/min
Hydraulik: 2 x 250 bar / 160 l/min
Tieflöffelinhalt: 1 m^3
Maximale Grabtiefe: 6100 mm

Schnellwechseleinrichtung anbieten. Diese wurde jedoch zunächst ausschließlich beim R 80 M sowie bei einigen Sonderkonstruktionen für den militärischen Bedarf eingesetzt. Raupenbagger mit langen Unterwagen und breiten Bodenplatten waren in den Sechzigerjahren vor allem in den küstennahen Regionen gefragt. Vor allem für Aufbauleistungen in der Landwirtschaft, beispielsweise durch die Gewinnung von Nutzflächen durch Maßnahmen wie Moortrockenlegungen, aber auch beim Küstenschutz waren sie gefragt. Fast alle Hersteller boten zu der Zeit entsprechende Ausstattungsvarianten an – einen Spezialbagger wie HATRA hatte jedoch keiner der Wettbewerber.

Neue Baggertypen in Vorbereitung

Das Programm der HATRA Vollhydraulikbagger bestand 1969 aus acht verschiedenen Typen mit Gewichten zwischen 10,2 und 20 t sowie Löffelinhalten von 0,4 bis 1,0 m^3. Zu den am erfolgreichsten verkauften Modellen gehörte neben den beiden Mittelklassemaschinen HATRA R 60 und HATRA M 60 jetzt auch der große Raupenbagger HATRA R 100. Er hatte einen sehr guten Start und konnte – vor allem durch die Vertriebsorganisation von HATRA-FRISCH – bundesweit gut abgesetzt werden. Durch die mit seiner Konzeption erreichte Verbindung zwischen moderner Technologie und formschöner Optik galt er schon kurz nach seiner Präsentation als Maßstab für alle zukünftigen Entwicklungen. Nicht nur Kunden, sondern auch die zahlreichen in- und ausländischen Konkurrenten blickten aufmerksam auf diesen neuen Vollhydraulikbagger aus Travemünde. Nach nur vier Jahren war es Hans Hagelstein und seinen Ingenieuren nun gelungen, auch in diesem Bau-

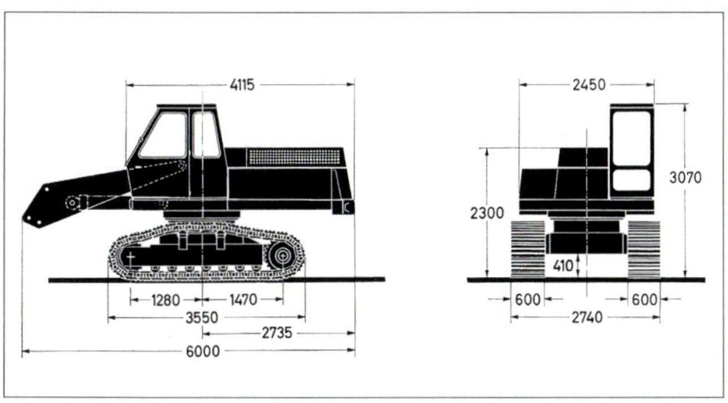

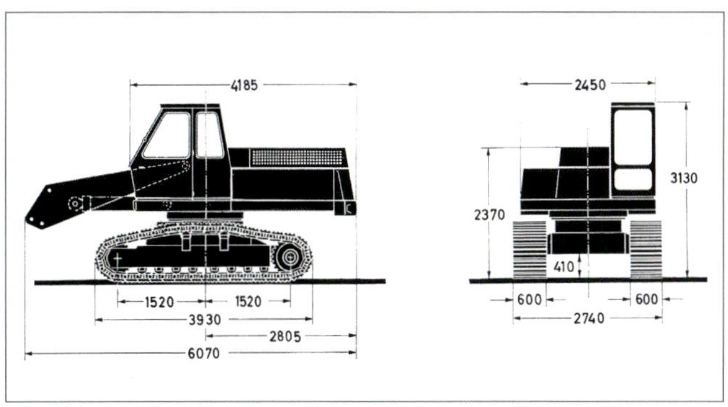

Maßzeichnung des HATRA R 100 (links) und des HATRA R 120 (rechts)

Links: Kraftpaket: Mit dem HATRA R 120 gelang es den Ingenieuren, einen weiteren und noch leistungsstärkeren Vollhydraulikbagger zu entwickeln. Zwar glich die Maschine in weiten Teilen der Bauart des HATRA R 100 – mit 22,1 t Einsatzgewicht und 145 PS Motorkraft rückt sie nunmehr an die Spitze des mittlerweile neun Typen umfassenden Baggerprogramms der Travemünder Maschinenfabrik. *Rechts:* Der HATRA R 120 beeindruckte nicht nur durch seine Leistungsstärke. Auch die moderne Formgebung, für die wieder einmal der Industriedesigner Louis L. Lepiox verantwortlich war, setzte vollkommen neue Maßstäbe bei Hydraulikbaggern. Alle Aggregate wurden dabei verkleidet und Lüftungsgitter durch Lamellen ersetzt – eine Gestaltungslinie, die auch für kommende HATRA Baumaschinen Gültigkeit haben sollte.

Links: Nicht alle Darstellungen des HATRA R 100 entsprachen der Realität. Dieser Bagger war tatsächlich einer des nur fünfmal gebauten Typ R 120. Die Serienmaschine HATRA R 100 verfügte überhaupt noch nicht über alle neuen Gestaltungsmerkmale. Wichtig war es damals jedoch, immer das Höchstmögliche zu präsentieren, wie hier auf einer ausgewählten Testbaustelle. Das war bei Kunden ebenso wichtig wie für mögliche Geschäftspartner. Nicht ohne Grund, wie sich zum Ende des Jahres 1969 herausstellen sollte. Gut zu erkennen: Der HATRA Tieflader sowie der Kundendienstwagen, die den Einsatz damals begleiteten. *Rechts:* Wieder stand der HATRA Kundendienstwagen in unmittelbarer Näher zur Testmaschine. Der Fahrer des HATRA R 120 verstellte hier gerade den Ausleger in eine andere Position – dafür wurde der vordere Bolzen im Hauptausleger gelöst. Die moderne und herausragende Bauform des wohl modernsten HATRA Vollhydraulikbaggers wurde nach der Übernahme durch Rheinstahl Hanomag nicht weitergeführt, obwohl diese mit großer Wahrscheinlichkeit überhaupt erst zu diesem Schritt geführt hatte. Am Ende wurden nur drei Typen in größeren Stückzahlen gefertigt. Was jedoch noch viele Jahre auch bei nachfolgenden Hanomag Hydraulikbaggern verwendet wurde, war die Kabine. Diese fand sich in angepasster Form noch bis in die Achtzigerjahre bei zahlreichen Typen wieder. Ebenso nutzte Eder die Kabinenentwicklung für seine Maschinen.

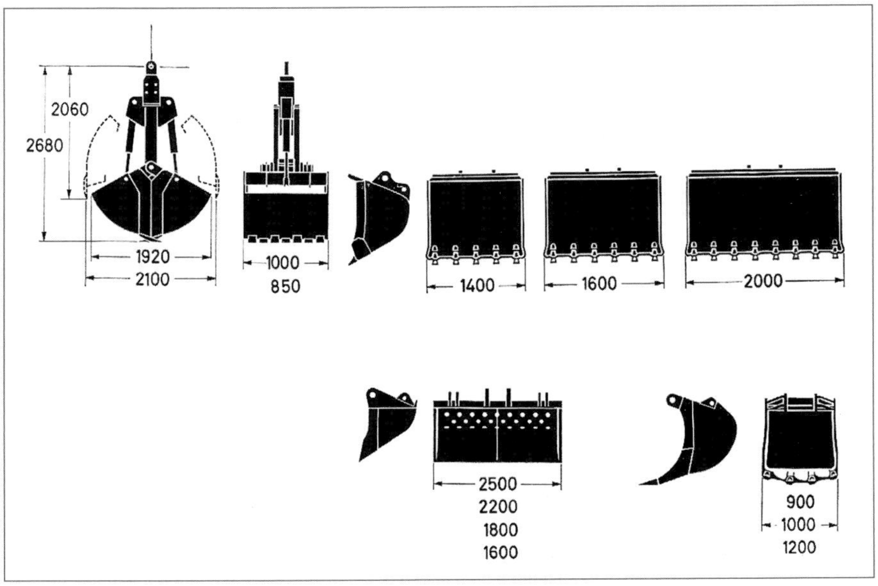

Die Arbeitswerkzeuge des HATRA R 100

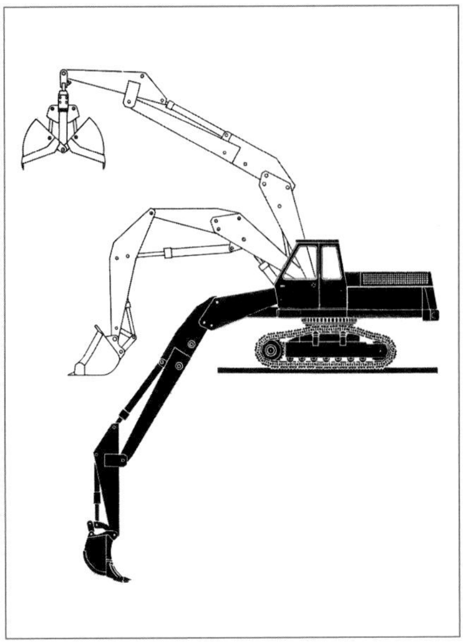

Ausrüstungsvarianten des HATRA R 100

maschinensegment an der Spitze zu stehen. Doch der Erfolg zog sogleich einen großen Druck mit sich, diese Position auch halten zu können und so mussten pausenlos neue Ideen zu neuen Maschinen entwickelt werden. Eine davon war ein weiterer, noch leistungsstärkerer Raupenbagger als der HATRA R 100, eine andere Idee dagegen eine Mobilversion von diesem. Während der geplante Mobilbagger HATRA M 100 allerdings unrealisiert blieb, sollten die Pläne für einen neuen, noch größeren Raupenbagger tatsächlich umgesetzt werden.

Das Ergebnis hierfür lieferten die Konstrukteure im Frühjahr 1969 – und es war beeindruckend. Der neue HATRA R 120 wog ganze 5 t mehr als der R 100 und besaß rund 19 t Reißkräfte am Löffelzahn. Das Laufwerk war fast 40 cm länger und hatte, anders als beim HATRA R 100, eine symmetrische Bauform. Als Antrieb sorgte ausschließlich ein Ford-Dieselmotor Typ 2704 E für die benötigte Energie. Die Doppelpumpe mit Summenleistungsregelung stammte von Güldner. Neben allen technischen Details wurde beim R 120 auch wieder verstärkt auf das Design geachtet. Unter der Rigide von Louis L. Lepoix wurden nun noch einmal alle Oberwagen-Elemente einer Überarbeitung unterzogen: Alle noch offenen Bauteile, wie das Schwenkwerk, wurden nun verkleidet und die Schutz-

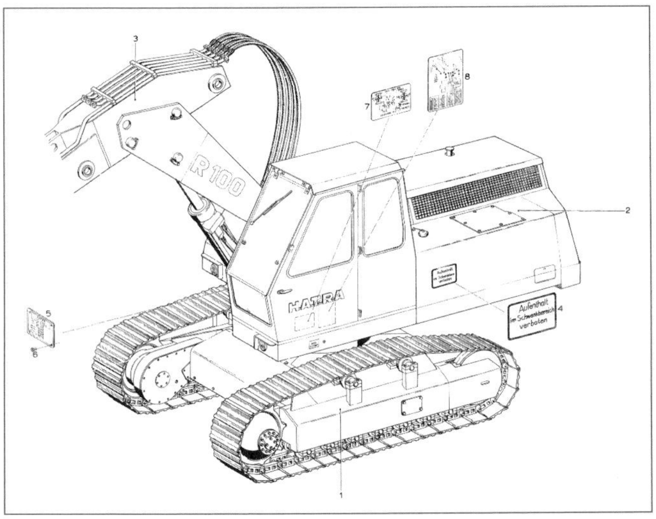

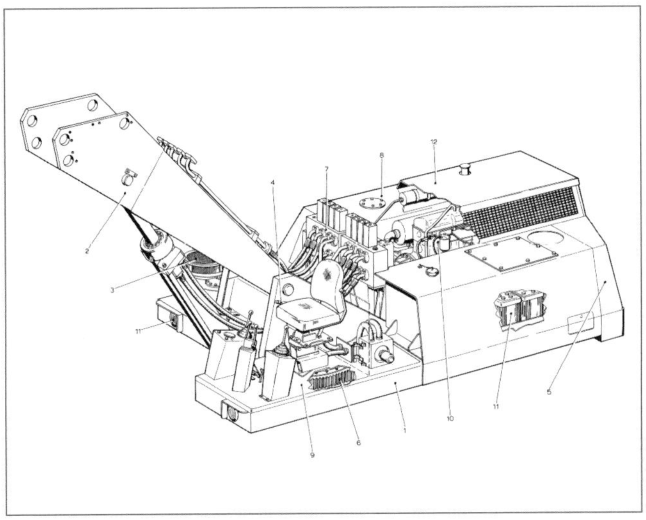

Links: Aufbau des HATRA R 100: Unterwagen (1), Oberwagen (2), Ausleger (3), Warnaufkleber (4), Typenschild (5), Pop-Blindniet (6), Bedienungshinweise (7), Schmierplan (8) *Rechts:* Oberwagen des HATRA R 100: Rahmen (1), Schwenkarm (2), Schwenkgetriebe (3), Schwenkwerksbremse (4), Gegengewichte (5), Rollendrehverbindung (6), Steuerblock (7), Tank (8), Fahrerstand (9), Motorenbau (10), Batterie (11), Verkleidung (12)

HATRA R 120

Bauzeit: 1969 bis 1970

Grundgewicht: 25 t
Motor: Ford 6-Zylinder wassergekühlt
Leistung: 130 bei 2500 U/min
Hydraulik: 2 x 280 bar / 160 l/min
Tieflöffelinhalt: 1 m^3
Maximale Grabtiefe: 6200 mm

Um die Hydraulikanlage noch besser vor Schmutz zu bewahren und um den Ölwechselintervall von 1500 auf 2000 Betriebsstunden zu erhöhen, wurden ab 1969 Papierfilter-Wegwerfeinsätze anstelle der Siebeinsätze eingebaut.

gitter der Motorenabdeckung durch lamellenförmige Varianten ersetzt. Somit ließ Hans Hagelstein alles Machbare umsetzen, um mit dieser hochmodernen Maschine ein Zeichen des Fortschritts zu setzen. Mehr noch, denn das Erscheinungsjahr des HATRA R 120 war zugleich auch das Jubiläumsjahr von HATRA. Nach 50 Jahren sollte dieser Vollhydraulikbagger – neben den weiteren neuen HATRA Baumaschinen, die ebenfalls zu diesem Zeitpunkt erschienen – all das symbolisieren, was Hans Hagelstein für sein Unternehmen in punkto Innovation und Design beanspruchte. Der HATRA R 120 wurde somit zum „Jubiläumsbagger“ auf der Hannover Messe 1969 und sollte Maßstab für weitere Typen werden.

Prototyp M 40 B auf der Hannover Messe 1969

Auf dem beeindruckenden HATRA Messestand in Hannover konnte jedoch auch noch eine weitere, zwar deutlich kleinere, aber durchaus bemerkenswerte neue Baggervariante entdeckt werden. Hierbei handelte es sich um den Prototyp des Mobilbaggers HATRA M 40 B. Auch er erhielt im Gegensatz zur bisherigen Ausführung eine vollkommen neue Optik und wurde in fast allen Bereichen neu konzipiert. Augenscheinlich war die Verwendung der vom HATRA R 100 bekannten Fahrerkabine. Dazu unterschied sich der Bagger durch einen erstmals quer eingebauten Ford-Dieselmotor mit 58 PS – alternativ wählbar die bisherige Deutz-Motorversion mit 48 PS – und eine vollkommen neuartige Bauweise des Auslegers. Hier flossen offensichtlich die aus den Schwedeneinsätzen gewonnenen Erkenntnisse nun auch in den kleinsten HATRA Mobilbagger ein, der – ebenso wie die aktuellen Bagger HATRA R 60 und HATRA M 60 – jetzt einen verstärkten Ausleger erhielt. Neuartig war auch die Anordnung des Hubzylinders. Dieser wurde beim HATRA M 40 B mit der Kolbenstande nach unten eingebaut. Zudem verfügte der Löffelstiel über einen innenliegenden Umlenkhebel. Neben dem HATRA R 120 gehörte der HATRA M 40 B zu einem weiteren HATRA Vollhydraulikbagger, der bei seiner Vorstellung mit seinem modernen Erscheinungsbild für erhebliche Aufmerksamkeit sorgen sollte. Eines hatten beide zudem noch gemeinsam: Sie waren nicht serienreif. Gleiches galt auch für den angekündigten 15 t schweren und servogesteuerten HATRA M 80 B, dessen Antrieb ein wassergekühlter Ford-Dieselmotor der Bauart 2702 E-A mit 76 PS bei 2500 U/min übernehmen und damit auch die Axialkolben-Doppelpumpe mit 260 bar und 2 x 103 l/min Förderleistung versorgen sollte. Zwar existierte diese Maschine auf dem Reißbrett, in die Fertigung kam sie jedoch nie. Anders beim HATRA R 120, von dem immerhin fünf Exemplare die Werkshallen in Travemünde verlassen konnten. Auch zumindest zwei Prototypen des HATRA M 40 B gelangten tatsächlich noch auf deutsche Baustellen. Sie wurden nach der Übernahme des HATRA Werk I durch Rheinstahl Hanomag verkauft.

Noch bis zum 1. Februar 1970 wurden den HATRA Vollhydraulikbagger in Travemünde gefertigt. Hauptsächlich die Typen HATRA R 60, HATRA M 60, HATRA R 80 M und HATRA R 100. Auch der letzte von insgesamt nur 29 gebauten Mobilbaggern vom Typ HATRA M 40 wurde in diesem Jahr in einer modifizierten Version mit moderner vollverglaster Kabine und hydraulischer Abstützung ausgeliefert. Danach gingen Entwicklung und Fertigung der gesamten Produktion an Rheinstahl Hanomag.

Designstudien: Gleich drei unterschiedliche Oberwagen-Gestaltungen hatte Louis L. Lepoix für die HATRA Hydraulikbagger R 40 und M 40 vorgeschlagen und zeigte mit klaren Linien und großflächig verglasten Kabinen bereits den Weg für die Zukunft auf.

Die HATRA Vollhydraulikbagger für Kockum-Landsverk

Baumaschinen aus Travemünde auch in Schweden sehr erfolgreich

In Schweden gehörte die Kockum-Gruppe mit rund 8000 Beschäftigten und einem Umsatz von 578 Millionen Schwedischen Kronen im Jahr 1965 zu den größten Werften und Maschinenbauunternehmen in Skandinavien. Alleine 72 Millionen Schwedische Kronen entfielen damals auf den Bereich der Kockum-Landsverk-Baumaschinen, zu denen hauptsächlich Muldenkipper und Seilbagger auf Raupenlaufwerken zählten. Anders als HATRA, hatten die Schweden zu lange auf diese mechanische Technologie gesetzt und erkannten erst jetzt, dass den Hydraulikbaggern in vielen Bereichen der Bauwirtschaft die Zukunft gehören sollte. Für Kockum-Landsverk war es bereits zu spät, mit der Entwicklung eigener Typen zu beginnen, zumal sogar der inländische Wettbewerber Åkermans schon mit einer derartigen Maschine das eigene Angebot ergänzt hatte. Eine Kooperation zwischen HATRA und Kockum-Landsverk erschien nun beiden Seiten höchst sinnvoll: Die Schweden sollten ausgereifte und hochmoderne Maschinen für den nordischen Markt erhalten – HATRA konnte seine Auslastung bei Hydraulikbaggern erhöhen und die hohen Entwicklungskosten somit schneller wieder einbringen.

Prospekt aus dem Jahr 1966

Kooperationsvertrag mit Kockum-Landsverk

Im Jahr 1966 gelang es Hans Hagelstein mit der Kockum-Gruppe einen Kooperationsvertrag abzuschließen. Beide Unternehmen wollten nunmehr gemeinsam die Entwicklung sowie den Vertrieb von Hydraulikbaggern vorantreiben. Unter der Markenbezeichnung Kockum-Landsverk wurden HATRA Hydraulikbagger aus Travemünde von nun an exklusiv in Schweden verkauft. Kockum-Landsverk hatten aufgrund ihrer langjährigen, sehr guten Marktakzeptanz durch die hervorragenden Seilbagger einen exzellenten Zugang zu den entsprechenden Kunden in ihrer Region. Der Erfolg der Ergänzung moderner Hydraulikbagger „Made in Germany“ spiegelte sich sodann auch in entsprechend verkauften Stückzahlen wider. Kockum-Landsverk konnte jetzt den Vorsprung gegenüber seinem inländischen Wettbewerber Åkermans aufholen, der seit 1966 mit dem neuen Hydraulikbagger H 11 auf dem Markt vertreten war und der exakt für die harten Anforderungen der zumeist recht felsigen und schweren Böden Schwedens entwickelt und erprobt wurde.

Im Rahmen der Kooperation erhielt HATRA 1968 auf dem Seeweg von Malmö nach Travemünde auch den ersten serienreifen Kockum-Landsverk Raupenbagger, der dort nun von den

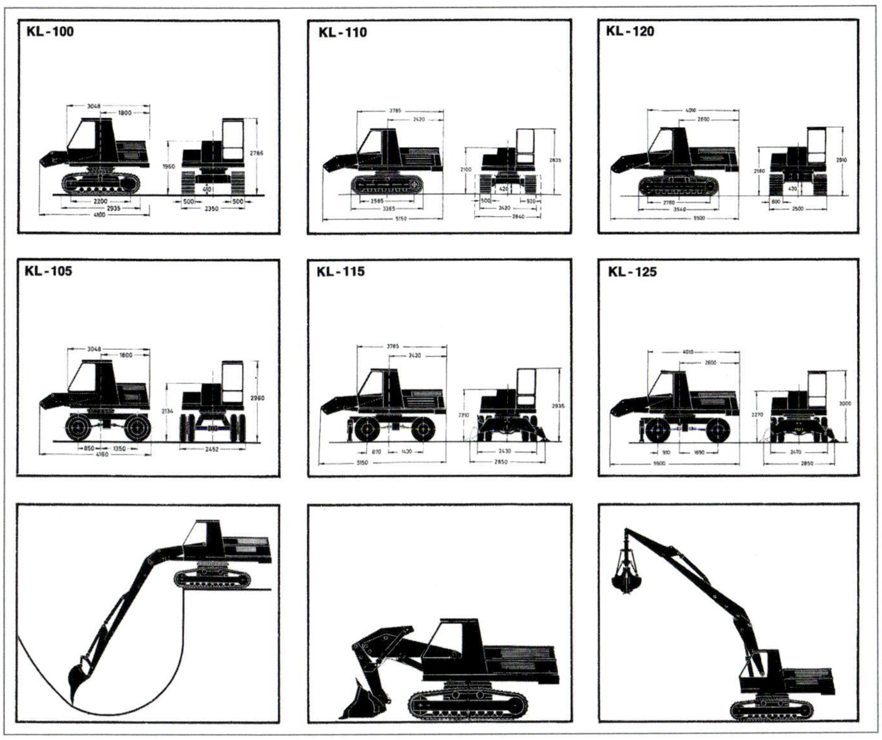

Kockum-Landsverk Hydraulikbagger: Alle HATRA Maschinen wurden ab 1966 in Schweden verkauft – erhielten jedoch andere Bezeichnungen und überwiegend Ford-Dieselmotoren.

Links oben: Harte, schwere und zum Teil angefrorene Böden stellten eine erhebliche Herausforderung für die neu eingeführten Vollhydraulikbagger in Schweden dar. Kunden von Kockum-Landsverk kannten bislang nur die wesentlich größeren und sehr robusten Seilbagger des Herstellers aus Landskrona und so ergaben sich im praktischen Einsatz eine Vielzahl von Erkenntnissen, die folglich zur Verbesserung der Maschinen von HATRA führen sollten.

Links unten: Der Kockum-Landsverk Raupenbagger KL-110 entsprach dem HATRA R 60. Für den Einsatz in unterschiedlichen Regionen oder auf individuellen Kundenwunsch standen werkseitig immer zwei Motorenvarianten zur Auswahl. Die Schweden entschieden sich für die wassergekühlten Dieselmotoren von Ford.

Oben rechts: Der Kockum-Landsverk KL-110 (HATRA R 60) gehörte zu den erfolgreichsten Vollhydraulikbaggern, die seinerzeit in Schweden verkauft wurden. Die kompakten Abmessungen machten ihn zu einem flexiblen „Servicebagger" mit vielen Arbeitswerkzeugen. Dazu gehörte auch der Zwei-Schalen-Stangengreifer mit entsprechenden Verlängerungsstücken. Dieser eröffnete vielen Unternehmen neue Aufgabenbereiche, die nun schnell und wirtschaftlich zu erledigen waren.

deutschen Fachleuten zu Testzwecken in Augenschein genommen werden sollten. Ziel war es, aus beiden Konstruktionsansätzen zu lernen, sich weiter zu entwicklen und gemeinsam Bestehendes zu optimieren. Der Kockum-Landsverk KL-130 entstand in Schweden nach rund drei Jahren Entwicklungszeit und hatte ein Dienstgewicht von 20 t. Er besaß einen 130-PS-Volvo-Penta-Dieselmotor mit 1800 U/min und verfügte über eine Summenleistungsregelung mit automatischer Optimalschaltung sowie eine Zwei-Hebel-Steuerung. Die überaus stabil konstruierte Tieflöffeleinrichtung hatte ein Volumen von 1,0 m^3.

Rasch wurde deutlich, dass hier zwei Welten aufeinander trafen und es hieß, dass der Bagger aus Schweden in Bezug auf seine Optik, Baugröße und Hydraulik nicht mit den formschön designten HATRA Hydraulikbaggern vergleichbar gewesen wäre. Auffallend war jedoch seine robuste und überaus massive Verarbeitung – vor allem die des Auslegers und des Tieflöffels –, welche den teils brutalen Einsatzbedingungen der gefrorenen Böden in Skandinavien geschuldet sein sollten.

Links: Der Prospekt aus dem Jahr 1968 *Mitte und rechts:* In ganzseitigen Anzeigen wurde 1970 in der schwedischen Fachpresse für die Vollhydraulikbagger aus Travemünde geworben. Dabei kommunizierte Kockum-Landsverk eindeutig, dass sich das Unternehmen bewusst für die Qualität von HATRA – und später von Rheinstahl Hanomag – zur Ergänzung der eigenen Produktlinie entschieden hatte.

Nach Startschwierigkeiten erfolgreich

Die ersten Zweifel, ob die HATRA Hydraulikbagger in den rauen Verhältnissen wohl ebenso erfolgreich sein würden wie in Deutschland, wurden nur kurze Zeit nach der Auslieferung der ersten Maschinen nach Schweden zur unschönen Gewissheit. Meldungen über Risse in den Auslegern gingen nun zeitnah bei der Reklamationsabteilung des HATRA Kundendienstes ein. Tatsächlich erwiesen sich vor allem die Widerlager der Stielzylinder regelmäßig als Schwachpunkte, was zur Folge hatte, dass die ersten Chargen auf dem Seeweg wieder nach Travemünde retour gehen mussten. Das stellte Hans Hagelstein in doppelter Hinsicht vor ein Problem. Zum einen mussten nun schnellstens alle Mängel beseitigt werden, zum anderen war mit Kockum-Landsverk vorab vereinbart worden, dass die Bagger in Kommission verkauft werden sollten. Eine große Menge an ausgelieferten Maschinen wurden durch diesen Umstand schlichtweg nicht bezahlt. Beides bedeutete zunächst für HATRA hohe wirtschaftliche Einbußen.

Auch wenn der Start dieser neuen Verbindung nicht reibungslos verlaufen war, so entwickelte sich das Geschäft nach der Beseitigung aller konstruktiven Mängel doch noch recht erfolgreich und der Name HATRA wurde zu einer anerkannten Marke in Schweden. Bis zur Übernahme durch Åkerman im Jahr 1972 und der darauffolgenden Produktionseinstellung in Landskrona wurden von den insgesamt 510 Hydraulikbaggern allein 367 in Schweden verkauft. Dazu kamen noch die 215 Bagger von HATRA aus Deutschland, die damit rund 36 Prozent der verkauften Maschinen auf dem dortigen Markt darstellten.

Für Hans Hagelstein und seine Konstrukteure galt nunmehr, dass alle neuen HATRA Hydraulikbagger den harten Verhältnissen in Skandinavien standhalten mussten, um auch auf dem restlichen europäischen Markt überlegen und damit erfolgreich sein zu können. Viele Erkenntnisse, die zu Verbesserungen führten, konnten durch die Zusammenarbeit mit dem Partner aus Schweden gewonnen werden. So wurden beispielsweise die hauptsächlich verkauften Typen R 60 und M 60, die dort als KL-110 und KL-115 angeboten wurden, mit wassergekühlten Ford-Dieselmotoren vom Typ 2701 E ausgestattet. Ebenso gehörte ein ausgiebiger Testeinsatz im Schwedenwinter 1967/68 zur Bewährungsprobe des neuentwickelten HATRA Raupenbaggers R 100, der dann auch dort zu einer überaus zuverlässigen und erfolgreich verkauften Maschine werden sollte.

Bagger aus Travemünde bis 1972

Auch nachdem die HATRA-Hydraulikbaggerproduktion im Jahr 1970 an Rheinstahl verkauft worden war, blieb die Nachfrage der Schweden stabil. Vor allem die beiden weiterentwickelten Typen KL-110 und KL-115, die nun vollkommen den harten Verhältnissen trotzten, wurden auch weiterhin von den Kunden geordert. Zahlreiche Mobil- und Raupenbagger mit dem nunmehr verwendeten Hanomag-Gussgewicht verließen so auf dem Seeweg Travemünde in Richtung Schweden.

Rheinstahl Hanomag übernahm die HATRA Hydraulikbaggerproduktion

Baumaschinen aus Travemünde auch in Schweden sehr erfolgreich

Für viele der bei HATRA beschäftigten Menschen kam die Übernahme der Baggerproduktion und somit des gesamten Werk I recht überraschend. Die Chance, durch den Verkauf schnell an frisches Kapital zu kommen, musste Hans Hagelstein jetzt zügig nutzen, um den Fortbestand der restlichen Betriebsteile sichern zu können. Die Pläne der Rheinischen Stahlwerke, ihre Aktivitäten im Baumaschinengeschäft bei Hanomag zu konzentrieren und durch die Akquisition der HATRA Hydraulikbagger auf einen Schlag ein starkes Angebot bieten zu können, waren hoch ambitioniert und schon nach wenigen Gesprächen wurde man sich einig. Ab dem 1. Februar 1970 gehörte die gesamte Baggerproduktion inklusive der Liegenschaften sowie des modernen Verwaltungsgebäudes nicht mehr zum Vermögen der HATRA. Fortan wurde die Produktion von Schaufelladern und Straßenwalzen auf die Südseite des weitläufigen Geländes zu den neu errichteten großen Hallen des Werk II verlegt.

Hanomag hingegen verkündete bereits kurz nach der Übernahme ein großes Ereignis und wurde im März 1970 konkret: Auf der „Schau der Giganten" sollte Händlern, Kunden und Gästen aus dem In- und Ausland das neue Baumaschinenkonzept für die kommenden Jahre vorgestellt werden. Das Hanomag-Programm hatte „gewichtige und entscheidende Erweiterungen" aufgenommen, mit denen sich alle bis ins Detail vertraut machen sollten, wurde stolz verkündet. Auch in allen relevanten Fachmedien wurde kommuniziert, dass sich das Angebot ab sofort mit den „starken Giganten" aus der Travemünder Produktion erweitern würde. Besonders der hochmoderne Raupenbagger R 100

ALFRED HAGELSTEIN
MASCHINENFABRIK
Geschäftsleitung

2400 LÜBECK TRAVEMÜNDE 1
im Dezember 1969

AN DIE
MITARBEITER DER HATRA

In der Betriebsversammlung am 1. Dezember habe ich Ihnen die Motive aufgezeigt, die mich bewogen haben, die Werksanlagen des Werkes I und das Hydraulikbagger-Programm an RHEINSTAHL HANOMAG zu veräußern.
Dem beigefügten Auszug der FRANKFURTER ALLGEMEINEN vom 2. Dezember können Sie entnehmen, wie mein Entschluß von der Öffentlichkeit aufgefaßt und kommentiert wurde.

Der Übergang der Anlagen des Werkes I an die Firma RHEINSTAHL HANOMAG bedeutet für mich gleichzeitig die Trennung von vielen bewährten Mitarbeitern, die gemeinsam mit mir das Unternehmen aufgebaut haben.

Bei Ihnen allen bedanke ich mich nochmals sehr herzlich für den Fleiß und die Treue, die Sie mir und meiner Familie entgegengebracht haben.

Die Mitarbeiter, die weiterhin in meinem Unternehmensbereich tätig sein werden, bitte ich um Unterstützung bei unseren neuen Aufgaben.

Mit den Wünschen für ein gesegnetes Weihnachtsfest und ein erfolgreiches und gesundes Neues Jahr bin ich

Nach der Übernahme im Februar 1970 standen neben halbfertigen Hydraulikbaggern im Werk auch zahlreiche komplette Maschinen auf Halde. Diese waren aus Platzgründen unter anderem auf angemieteten Flächen in Werksnähe abgestellt. Um diese Bagger nun verkaufen zu können, wurde ein Hanomag-Blechschild über den HATRA-Gussblock geschraubt.

Offiziell wurde der Kaufpreis für die HATRA-Hydraulikbaggerproduktion nie genannt - er lag bei rund 20 Millionen Deutsche Mark. Die Transaktion zog sich jedoch aufgrund von Bankformalitäten und administrativen Hürden hin. Der zögerliche Ausgleich des Betrages durch Rheinstahl Hanomag verursachte im Anschluss eine Anspannung der finanziellen Situation bei HATRA.

Der Raupenbagger R 100 gehörte zu den Maschinen, von denen sich Rheinstahl Hanomag den größten Erfolg durch die Übernahme versprach. Zweifelsohne konnte die hochmoderne Maschine auch unter der neuen Markenbezeichnung erfolgreich abgesetzt werden. Noch unvollendet wartete dieser Bagger auf dem kleinen Werkshof zwischen dem Verwaltungsgebäude und der Montagehalle auf seine Fertigstellung. Kennzeichnend für die Maschinen aus der Hanomag-Produktion ab Baunummer 189 war die neue Konstruktion des Löffelstiels – hier in langer Ausführung.

Ins Rheinstahl Hanomag-Baumaschinenprogramm wurden nach der Übernahme endgültig nur die Typen R 100, R 60 und M 60 integriert. Die restlichen Leistungsklassen sollten dann durch die bereits im Konzern vorhandenen RUB-Baggertypen ergänzt werden. Das sich eine Zusammenlegung der verschiedenen Typen problematisch auswirken könnte, zeigte sich schon nach kurzer Zeit. Zu groß waren die Unterschiede Konstruktion und Qualität.

stand dabei im Mittelpunkt der zukünftigen Vertriebsaktivitäten.

Doch bevor das vielversprechende Geschäft beginnen konnte, mussten noch einige Formalitäten erledigt werden. Hans Hagelstein hatte vereinbart, dass die Produktion sowie die auf Lager befindlichen fertigen Bagger in das Eigentum von Hanomag gehen sollten. Halbfertige Teile, wie Verkleidungen, Getriebe oder Kabinen, verblieben bei HATRA und wurden von dort „vermarktet“. Der ein oder andere Monteur nutzte die Gelegenheit und versorgte sich auf diesem Wege günstig mit Ersatzteilen und anderem Zubehör, denn – dem damaligen Zeitgeist geschuldet – waren diese Prozesse im Laufe der Übernahmephase nicht immer ganz durchsichtig. Unberührt davon lief die Produktion im Werk I weiter. Rund 480 ehemalige HATRA-Beschäftigte konnte ihre Arbeit dort zunächst fortsetzen und versuchten nun die hoch gesteckten Ziele der Hanomag umzusetzen.

Das Baggerprogramm von Hanomag sollte nun ausschließlich in Travemünde produziert werden. Dort war geplant, ein Kompetenzzentrum für Forschung, Entwicklung und Fertigung entstehen zu lassen. Ebenso war vorgesehen, die Produktion der bis dahin in Dortmund gebauten Bagger der Rheinstahl-Brückenbau-Union (RUB) an die Travemündung zu verlegen. Für diesen Prozess wurde ein Team von rund sieben ehemaligen HATRA-Konstrukteuren damit beauftragt, die unterschiedlichen Bereiche effizient zusammenzubringen und von Hannover aus zu koordinieren. Dabei wurde rasch deutlich, dass nicht alles, was im Vorfeld der Theorie in Stimmigkeit passte, später der Realität entsprechen sollte. Auch waren einige Konzernentscheidungen wenig praxisgerecht und nutzten die Vorteile der neuen Zusammenarbeit nicht in voller Gänze. Sicherlich spielten auch firmenpolitische Gründe eine Rolle, warum bei Hanomag kein homogenes Baggerprogramm entstehen sollte. Möglicherweise lag es auch daran, dass bis dahin zu wenig Verständnis über dieses Maschinensegment bei den durch erfolgreiche Raupen und Radlader verwöhnten Niedersachsen vorhanden war. Am Ende generierte sich das Hydraulikbagger-Programm aus drei unterschiedlichen Konzepten: HATRA, RUB und Eder. Den Hersteller aus Mainburg beauftragte Hanomag damit, die kleinsten Maschinen vom Typ M 40 und R 40 zu ersetzen. Obwohl nunmehr ausreichend Kapazitäten vorhanden waren, bezog Hanomag für dieses wichtige Marktsegment ein Fremdprodukt. Nicht nur den Beschäftigten, auch den Kunden war das zum Teil rätselhaft. Immerhin gelang es, die Produktion der RUB-Bagger von Dortmund nach Travemünde zu verlagern. Zumindest wurde der R 70 dort montiert und lief neben den vollkommen anders konzipierten ehemaligen HATRA-Entwicklungen R 60, M 60 und R 100 parallel vom Band. Und obwohl die ursprünglichen Baggertypen M 40, M 80 und R 80 von der Fertigungsliste gestrichen wurden, konnten Kunden den Spezial-Moorraupenbagger R 80 M auch weiterhin unter der Bezeichnung des neuen Eigentümers bestellen. Während es Hanomag bei den Raupen und Radladern gelungen war, ein stimmiges Programm zu schaffen, wirkte der Einstieg ins Baggergeschäft zunächst eher unübersichtlich. So richtig schaffte es der Hersteller aus Hannover-Linden auch in der Zukunft nicht, denn die Bagger entstammten auch später immer aus unterschiedlichen Produktionsstätten. Bis dahin war das Travemünder Baggerwerk je-

Links: Hergestellt in Travemünde: Der Vollhydraulik-Raupenbagger R 100 von Rheinstahl Hanomag. *Rechts:* Anderer Name: In der Schweiz waren die Hydraulikbagger aus Travemünde unter der Bezeichnung Rheinstahl bekannt und recht populär. Dieser Bagger stammte aus der Übergangszeit und verfügte noch nicht über die neue verstärkte Auslegerversion. Für den durchgeführten Hebeeinsatz war das jedoch nicht von großer Bedeutung.

Vorführzug: Um die Vorzüge des Hanomag Raupenbaggers R 100 direkt vor Ort zeigen zu können, wurde die Maschine kurzerhand auch zum Kunden gefahren. Fahren in entlegene Regionen gehörte ebenfalls dazu wie anspruchsvolle Einsatzbedingungen, die der Bagger meist problemlos erfüllen konnte. Das Team bestand weiterhin aus erfahrenen HATRA-Spezialisten, die weiterhin für den technischen Service zuständig waren.

Sonderstellung: Bis zur Einstellung der Produktion im Jahr 1972 wurde auch der Spezial-Moorraupenbagger R 80 M von Rheinstahl Hanomag angeboten. Besonders in den Niederlanden wurde dieser Bagger noch oft nachgefragt.

doch bereits Geschichte. Nur zwei Jahre nach der Übernahme verließ im Jahr 1972 der letzte M 60 auf einem Eisenbahnwaggon Travemünde. Zuvor hatten bereits ab November 1970 unruhige Monate mit Kündigungen und Kurzarbeit das traurige Ende angekündigt.

Hanomag entwickelte ab dann die eigenen Bagger in Hannover weiter. Es entstanden im Jahr 1974 die neuen Typen R 7 und M 7 auf RUB-Basis, die den M 5 aus der Eder-Produktion ergänzten. Der ursprüngliche HATRA Raupenbagger R 100 blieb in der Produktion und wurde auch noch nach der Kaufübernahme durch Massey-Ferguson im Jahr 1974 als Typ MF 650 weiter angeboten. Zwei Jahre später war auch seine Bauzeit endgültig beendet.

Prospekt aus dem Jahr 1971

Hanomag Hydraulik-Raupenbagger R 100, Prospekt aus dem Jahr 1970

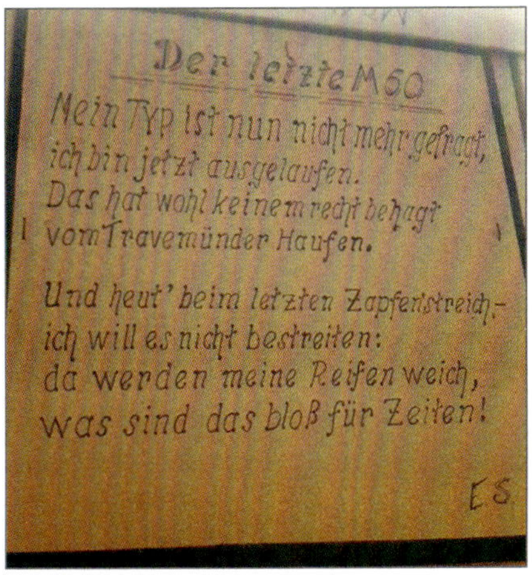

Links und Mitte: Schlusspunkt: Nur rund zwei Jahre nach dem Erwerb der HATRA-Produktion wurde in Travemünde die Fertigung der Hydraulikbagger eingestellt. Die Belegschaft war mittlerweile stark reduziert und die verbliebenen Kollegen mehr als enttäuscht üben den Verlauf dieser Entwicklung. Dieser M 60 war somit der letzte in Travemünde hergestellte Bagger, der nun auf dem Schienenweg auf die Reise geschickt wurde. *Rechts:* Vor heimischer Kulisse: Für den Fototermin wurde dieser fabrikneue Hanomag Mobilbagger M 60 im Jahr 1970 kurzerhand auf die damalige Baustelle der Autobahn A 1 gebracht. Zwischen den Anschlussstellen Lübeck und Bad Schwartau konnten dann entsprechende Arbeitsszenen von einer Brücke aus gut festgehalten werden. In Richtung Norden und somit Travemünde waren dabei die alten Fabrikgebäude der Schwartauer Werke noch gut sichtbar, die damals noch über einen Schornstein verfügten.

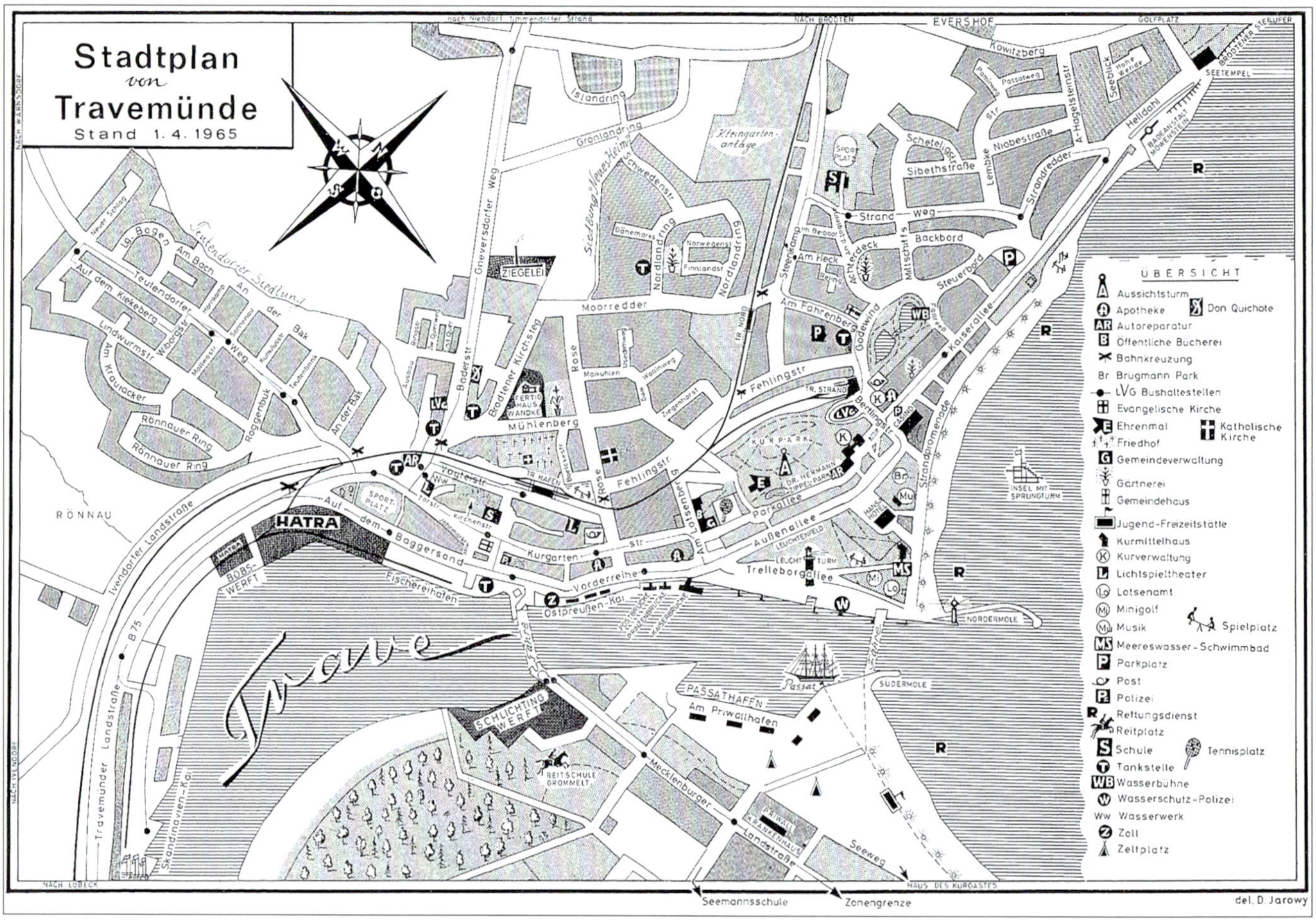

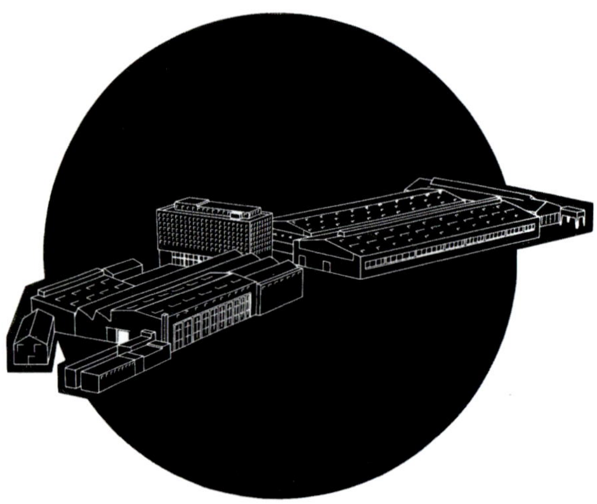

Quellen Bilder: ■ HATRA Werkfotos ■ Archiv der Hansestadt Lübeck ■ Archiv Lepoix, Erika Kübler ■ Archiv Otto Ihrig ■ Karl-Heinz Axen
Inhalte: ■ HATRA Verkaufsmitteilungen, 1962–1971 ■ HATRA Technische Dokumentationen, 1954–1971 ■ HATRA Prospekte, 1952–1971 ■ Baumaschinen und Technik, diverse Jahrgänge 1952–1971 ■ Fördern & Heben, diverse Jahrgänge, 1950–1972 ■ HANSA – Schifffahrt – Schiffbau – Hafen, diverser Jahrgänge 1953–1961 ■ Lübecker Nachrichten, diverse Jahrgänge, 1956–1973 ■ Handelsblatt, 1966 ■ Unser Travemünde, 1956, 1962
■ Erinnerungen von Ingelore Jackisch, 1944 ■ Erinnerungen von Wolfgang Noffke, 1963–1967 ■ Erinnerungen von Horst Kuppi, 1963–1973 ■ Erinnerungen von Günter Arndt, 1956–1972 ■ Erinnerungen von Uwe Derlin, 1961–1969 ■ Erinnerungen von Willi Pickel, 1969–1973 ■ Erinnerungen von Jörn Bentorf, 1956–1972 ■ Erinnerungen von Dr. Hans Hagelstein u.v.a.

Dank an ■ Kerstin Letz ■ Bettina Hagemann ■ Mike Behrens ■ Rainer Arndt ■ Todde Bensien ■ Siegfried Austel ■ Gert Lorenzen ■ Rolf Fechner ■ Klaus Bohnenkamp ■ Mats Ericson u.v.a.

Der Autor

Baumaschinen haben Ulf Böge schon immer begeistert und wenn diese zudem aus seiner Heimat stammten, war sein Interesse natürlich besonders ausgeprägt. Bereits als Heranwachsender begab er sich daher vor über 45 Jahren auf die Spuren der Firma HATRA, die in Lübeck-Travemünde einige Jahre zuvor ihren Betrieb eingestellt hatte.

Nach intensiver Recherche, unzähligen Begegnungen und Gesprächen konnten nunmehr die wichtigsten Ereignisse und Errungenschaften der außergewöhnlichen Firmengeschichte zusammengetragen werden.

Wichtig ist Ulf Böge dabei, dass vor allem die Leistung der Menschen nicht in Vergessenheit geraten soll und deren Ideen, Mut und Wirken gewürdigt wird – denn auch heute kann der Blick in die Vergangenheit einen wertvollen Beitrag dazu leisten, unser aktuelles Leben und die Zusammenhänge besser zu verstehen und einordnen zu können.

Weiterer Informationen bietet die Website hatra-baumaschinen.de sowie die gleichlautende Facebook Seite.

Weitere Bücher unseres Verlages – eine Auswahl

374 Seiten, 850 Bilder, 28 x 21 cm
Festeinband, ISBN 9783861339403
EUR 49,90 Bestellnummer **940**

360 Seiten, 800 Bilder, 28 x 21 cm
Festeinband, ISBN 9783861339830
EUR 49,90 Bestellnummer **983**

160 Seiten, 480 Bilder, 28 x 21 cm
Festeinband, ISBN 9783861339649
EUR 29,90 Bestellnummer **964**

180 Seiten, 600 Bilder, 28 x 21 cm
Festeinband, ISBN 9783861339922
EUR 29,90 Bestellnummer **992**

240 Seiten, 610 Bilder, 28 x 21 cm
Festeinband, ISBN 9783751610292
EUR 39,90 Bestellnummer **1029**

240 Seiten, 600 Bilder, 28 x 21 cm
Festeinband, ISBN 9783751610650
EUR 39,90 Bestellnummer **1065**

174 Seiten, 540 Bilder, 28 x 21 cm
Festeinband, ISBN 9783751610698
EUR 29,90 Bestellnummer **1069**

240 Seiten, 480 Bilder, 28 x 21 cm
Festeinband, ISBN 9783751610643
EUR 39,90 Bestellnummer **1064**

170 Seiten, 440 Bilder, 28 x 21 cm
Festeinband, ISBN 9783861339496
EUR 29,90 Bestellnummer **949**

170 Seiten, 420 Bilder, 28 x 21 cm
Festeinband, ISBN 9783861338406
EUR 29,90 Bestellnummer **840**

168 Seiten, 480 Bilder, 28 x 21 cm
Festeinband, ISBN 9783751610322
EUR 29,90 Bestellnummer **1032**

168 Seiten, 480 Bilder, 28 x 21 cm
Festeinband, ISBN 9783751610124
EUR 29,90 Bestellnummer **1012**

Fordern Sie unseren Prospekt an mit Büchern über Autos, Motorräder, Lastwagen, Traktoren, Forstfahrzeuge, Lokomotiven, Baumaschinen, Feuerwehrfahrzeuge, Schwertransporte, Autokrane, Flugzeuge:

Verlag Podszun Motorbücher GmbH, Elisabethstraße 23-25, 59929 Brilon
Telefon: 02961-53213, Fax: 02961-9639900, Email: info@podszun-verlag.de, Webshop: www.podszun-verlag.de

136 Seiten, 280 Bilder, 28 x 21 cm
Festeinband, ISBN 9783751610339
EUR 29,90 Bestellnummer **1033**

198 Seiten, 645 Bilder, 28 x 21 cm
Festeinband, ISBN 9783861338543
EUR 34,90 Bestellnummer **854**

160 Seiten, 540 Bilder, 28 x 21 cm
Festeinband, ISBN 9783861339892
EUR 29,90 Bestellnummer **989**

240 Seiten, 770 Bilder, 28 x 21 cm
Festeinband, ISBN 9783861339434
EUR 39,90 Bestellnummer **1028**

240 Seiten, 600 Bilder, 28 x 21 cm
Festeinband, ISBN 9783751610711
EUR 39,90 Bestellnummer **1071**

240 Seiten, 600 Bilder, 28 x 21 cm
Festeinband, ISBN 9783751610728
EUR 39,90 Bestellnummer **1072**

240 Seiten, 600 Bilder, 28 x 21 cm
Festeinband, ISBN 9783751610735
EUR 39,90 Bestellnummer **1073**

240 Seiten, 600 Bilder, 28 x 21 cm
Festeinband, ISBN 9783751610742
EUR 39,90 Bestellnummer **1074**

168 Seiten, 480 Bilder, 28 x 21 cm
Festeinband, ISBN 9783861339861
EUR 29,90 Bestellnummer **986**

256 Seiten, 660 Bilder, 28 x 21 cm
Festeinband, ISBN 9783751610131
EUR 39,90 Bestellnummer **1013**

128 Seiten, 220 Bilder, 28 x 21 cm
Festeinband, ISBN 9783751610681
EUR 24,90 Bestellnummer **1068**

176 Seiten, 480 Bilder, 28 x 21 cm
Festeinband, ISBN 9783751610704
EUR 29,90 Bestellnummer **1070**